Alexander Florin

User – Interface – Design

Usability in Web- und Software-Projekten

Technisches

Dieser Text wurde mit LaTeX (www.tug.org/mactex) unter Verwendung eines Koma-Scripts (www.komascript.de) (mit eigenen Anpassungen) gesetzt.

Verwendete Firmen- und Produktbezeichnungen sind zugunsten der Inhaber als (eingetragene) Warenzeichen geschützt. Durch die Verwendung mache ich sie mir nicht zu eigen. Ich stehe zu keiner der genannten Firmen in einer wirtschaftlichen Verbindung – lediglich als Kunde von Produkten.

Autor: Alexander Florin, Berlin, 2015

Herstellung, Verlag: Books on Demand GmbH, Norderstedt

ISBN: 9783738612387

Bibliografische Information der Deutschen Nationalbibliothek
Die Deutsche Nationalbibliothek verzeichnet diese Publikation in der Deutschen Nationalbibliografie; detaillierte bibliografische Daten sind im Internet über http://dnb.d-nb.de abrufbar.

Danke

Dieses Buch hat für mich kompilatorischen Charakter. Viele Themen werden angerissen und vorgestellt, um die Breite des Themas zu veranschaulichen und Anregungen für die vertiefende Beschäftigung zu geben. Etwas tiefer und anschaulicher sind die Passagen zu praktischen Aspekten der Umsetzung in HTML oder zur Integration in den Projekt- und Arbeitsalltag geraten.

Dass mir dieses Buch gelingen konnte, ist zahlreichen Personen zu verdanken.

Hartmut und Kosta gaben mir ihr Vertrauen und den Freiraum, die Themen zu erkunden und praktisch anzuwenden. Unbewusst verschafften sie mir (indirekt) sehr viel Anschauungs- und Lernmaterial.

Kevin, Thomas, Sven und Dirk erhellten in zahlreichen Debatten vor allem Umsetzungsfragen und haben sich auf das eine oder andere Experiment eingelassen. Zahlreiche Kolleginnen und Kollegen der vergangenen Jahre haben durch Widerspruch, Anregungen und gemeinsame Projekte Gedanken mitentwickelt oder deren Entstehen maßgeblich befördert. Deren wohlmeinende Reibefläche und Kooperation ist ein nie versiegender Quell.

Martin weckte vor über zehn Jahren durch eine unbedachte Äußerung mein Interesse am Gebiet der Usability. Volkmar und sein Team ebneten mir in zahlreichen Projekten und kreativen Diskussionen den Einstieg und legten wichtige Grundlagen. Florian und Sebastian gaben mir die Möglichkeit, vor allem im Printbereich meine Projekterfahrungen zu vertiefen und zu erweitern und mit meinem damaligen Kollaborateur Stephan das Thema Usability auf Papier auszuleben – auch wenn wir uns alle dessen oft nicht bewusst waren. Gemeinsame Online-Ausflüge ließen uns weiter reifen.

Zahlreiche Menschen teilen ihr Wissen freigiebig mit anderen: in Büchern, Web-Artikeln oder Forenbeiträgen. Als Autoren sind – zusätzlich zu den an den jeweiligen Stellen benannten – vor allem Steven Johnson (beginnend mit seinem Buch „Interface Culture") und Daniel Eran Dilger (und seine Analysen auf RoughlyDrafted.com und AppleInsider.com) eine stete Inspiration. Auch Jakob Nielsen und sein Team liefern kontinuierlich wertvolle Hinweise zum weiten Feld der Usability.

Christiane wühlte sich als Fachfremde durch die vielen Seiten, und ihre konstruktiven Hinweise taten dem Text insgesamt sehr gut.

Sascha ermöglichte durch enormes Verständnis und mitunter argen Zeitverzicht es überhaupt erst, dass ich dieses Buchprojekt trotz ungewissen Ausgangs angehen und über viele Monate betreiben konnte.

All diesen und den vielen ungenannten Menschen gebührt mein Dank.

Alexander Florin. Berlin, Mai 2015

Inhaltsverzeichnis

1 Häufige Fragen

Wer die Antworten bereits meint zu kennen, findet in diesem Buch unterstützende Argumente oder Hinweise. Was er oder sie jedoch kaum finden wird, sind endgültige Weisheiten, wie in einer bestimmten Situation die perfekte Lösung aussieht. Erstens gibt es keine perfekte Lösung, nur besser oder weniger geeignete. Zweitens handelt es sich bei Usability nicht um eine Rezeptsammlung, der man nur zu folgen braucht. Usability ist vielmehr das Verständnis, wie der Geschmacksapparat funktioniert, welche Servier- und Speise-Konventionen bestehen, welche Zutaten und Küchenwerkzeuge zur Verfügung stehen – aus diesen wird ein dem Anlass entsprechendes Mahl zubereitet und würdig serviert.

Die häufigen Fragen werden meist von denen gestellt, die sich bislang nicht eingehender mit Usability beschäftigt haben. Für diese ist Usability meist entweder ein Kostenfaktor oder ein Teil der Umsatzoptimierungsstrategie. Wie alle gern verwendeten Schlagwörter verliert der Begriff „Usability" zunehmend an Schärfe und Präzision – er wird schlichtweg für alles verwendet, was irgendwie mit der Bedienung von Webseiten oder Software zu tun hat. Für unsere Zwecke verstehen wir das Kunstwort „Usability" als Mischung aus Gebrauchstauglichkeit, Anwenderfreundlichkeit und einfacher Bedienung.

Wer sollte dieses Buch lesen?

Alle Personen, die Webseiten oder Software betreiben, verantworten, entwickeln, planen, bewerben, konzipieren, umsetzen, testen oder einfach nur einige Zusammenhänge besser verstehen wollen:

Unternehmer, Leiter: die tatsächlichen Nutzer-Interessen verstehen

Projektmanagement: Usability in Planung und Projektalltag integrieren

Anforderungserfassung: Nutzer verstehen und geeignete Dokumente erstellen

Umsetzung: technische Anforderungen berücksichtigen, Design-Grundlagen und Bedienkonzepte kennen, verfügbare Elemente und Werkzeuge anwenden

Marketing: als Schnittstelle zwischen Entwicklern und Nutzern passendes Erwartungsmanagement betreiben

Gelegentlich erweitern theoretische oder historische Ausflüge die Perspektive und inspirieren zu anderen Denkbahnen. Als Schnelleinstieg oder zum Nachschlagen dient das Glossar am Buchende, das die häufigsten Begriffe und Konzepte kurz erläutert. Viele Kapitel bzw. Unterkapitel werden durch Checklisten beschlossen. Diese unterstützen bei Entscheidungen und fassen die für die Praxis wichtigsten Punkte zusammen.

Wie beim Lernen eines Instruments benötigt es jedoch mehr als nur die richtige Lektüre. Für gutes Spielen sind mindestens 2.000 Übungsstunden nötig; wer auf Profi-Niveau spielen will, benötigt etwa 10.000 Stunden. Gleichermaßen ist für Usability-Experten die praktische Erfahrung entscheidend, Bücher (wie dieses) können allenfalls Anregegungen und Hilfestellung bieten.

Entscheidend ist vor allem, dass Usability nicht als Einzeldisziplin begriffen wird, sondern gut in alle Prozesse integriert ist. Wie beim Qualitätsmanagement oder Controlling kann der Erfolg nur interdisziplinär entstehen. Oft bedarf es einer Person oder kleinen Personengruppe, bei der die Fäden koordiniert zusammenlaufen – aber ohne die gute und kontinuierliche Zusammenarbeit mit anderen Unternehmensbereichen oder Projektbeteiligten verpufft der Effekt oder bleibt kosmetische Fassade. Für solche Usability-Verantwortlichen und alle Personen, die mit diesen zusammenarbeiten, ist dieses Buch gedacht und soll eine **gemeinsame Grundlage** bilden. Auf dieser aufbauend entwickeln die Personen dann gemeinsam ihre Lösungen für ihre Nutzer.

Wann mit Usability anfangen?

So früh wie möglich. Usability ist nicht der Zuckerguss, der am Ende drübergegossen wird, sondern das Mehl, das alles gut zusammenhält. Auch alle

Funktionen und technischen Aspekte haben Auswirkungen auf die Bedienbarkeit. Die Belange der Nutzer bereits am Anfang zu berücksichtigen, zahlt sich insgesamt aus, denn diese bezahlen mit ihrem Geld, ihrer Aufmerksamkeit oder ihrer Anerkennung.

So wie zu einem erfolgreichen Auftritt mehr gehört als die richtige Kleidung – eben auch die korrekten Umgangsformen, Körperhaltung und sprachlichen Codes –, so gehört zu einer guten Software die Usability essenziell dazu. Sonst erhält man den „Proll im Anzug" oder den „Ritter im Penner-Look", und beide bieten keinen guten Gesamteindruck.

Was kostet Usability?

Usability kostet nichts extra, wenn sie von Anfang an einbezogen wird. Gute Usability kann die Summe aller entstehenden Kosten über den gesamten Life-Cycle einer Software oder Webseite verringern. Vor allem nachgelagerte Aufwände – oft versteckte und gern ignorierte Kostenverursacher – sinken beträchtlich. Mittel- und langfristig entstehen Einsparungen:

◇ Der interne Schulungs- und externe Beratungsaufwand sinken. Wissen kann von einer Software oder Webseite auf eine andere übertragen werden und muss nicht für jede Anwendung separat erlernt werden.

◇ Die Performanz der Anwender steigt. Sie werden rascher zu Experten, können schneller arbeiten und dadurch mehr schaffen.

◇ Die Nutzer machen weniger Fehler, und es werden weniger Ressourcen für die Fehlerbehandlung benötigt.

Außerdem steigt die Nutzerzufriedenheit. Das Produkt bietet wenig Frustanlässe und hat eine hohe Empfehlungswahrscheinlichkeit.

Die praktische Erfahrung bestätigt, dass eine gute Planungsstunde zehn schlechte Reparatur-, Schulungs- oder Entwicklungsstunden spart. Das Thema Usability kann einen guten „Vorwand" bieten, um bereits in der Konzeptions- oder Planungsphase kostenintensive Nutzerprobleme zu identifizieren und zu vermeiden.

Jede realistische Projektkalkulation berücksichtigt die voraussichtlichen direkten und indirekten Gesamtkosten für die gesamte Lebensdauer: Schulung, Wartung, Nachbesserung, Pflege, Erweiterung, Änderungen, verbaute Wege. Als Richtwert können drei Jahre dienen.

Was sind die schlimmsten Ressourcenfresser?

Häufig entstehen sogenannte technische Schulden in diesen Bereichen:
- Vernachlässigen von Dokumentation
- Verzicht auf Versionsverwaltung, Datensicherung, Kontinuierliche Integration
- Nachlässiges Testen
- Keine Coding-Standards
- Folgen von Anti-Mustern, Anti-Pattern
- Missachtung von Warnungen der Werkzeuge (Compiler, Code-Analyse)
- Furcht vor der Korrektur von zu großem oder zu komplexem Code

Was in dem jeweiligen Moment Zeit und Ressourcen spart, muss durch zusätzliche Ressourcen in der Zukunft ausgeglichen werden. Ständig muss eigentlich fertige Software korrigiert, angepasst oder erweitert werden. Änderungen sind aufwändig, weil die ursprüngliche Lösung nur auf einen unflexibel-konkreten Fall zugeschnitten wurde. Fehler werden erst im Produktivbetrieb erkannt. Jede Nachbesserung beinhaltet die Folgekosten des erneuten Bereitstellens und Aktualisierens; auch wenn diese Prozesse stark automatisiert ablaufen können, so sind sie dennoch nicht umsonst zu haben. Der Entwickler selber versteht seinen Code nach einigen Monaten bereits selbst kaum noch und benötigt lange, um dessen Funktionsweise nachzuvollziehen und eine Änderung vorzunehmen. Die Auswirkungen auf andere Code-Teile errät er dabei. Ist es nicht sein eigener Code, ist die Wartung ohne Coding-Standards für ihn unanständig aufwändig.

Die Problemliste, die Wikipedia bei „Anti-Pattern" auflistet, bietet viele Anregungen, was es zu vermeiden gilt.

So lassen sich durch besseres Arbeiten an aktuellen Projekten deren technische Schulden in der Zukunft reduzieren, was Ressourcen freisetzt.

Wieso genügen Hilfe, Anleitung nicht?

Weil niemand liest. Vor allem die Nutzer nicht. Hand aufs Herz: Wie viele ungelesene Bedienungsanleitungen liegen bei Ihnen zuhause? Bei Ihren Kollegen? Dennoch ist eine gute Anleitung bzw. Dokumentation unverzichtbar; denn einige Nutzer benötigen diese. Die Nutzerdokumentation muss dem aktuellen Stand der Software oder Webseite entsprechen. Wird sie parallel erstellt, hat das oft positive Auswirkungen auf die Konzeption, da durch die Textform einige Aspekte auffallen, die sonst übersehen werden.

Für die Dokumentation ist eine geeignete Struktur zu wählen, und auch für die Dokumentation gilt der Usability-Anspruch: gut verständlich, leicht zu nutzen, passend zu den Nutzerzielen strukturiert. Für Webseiten bieten sich häufig die sogenannten FAQ an. Diese „Frequently Asked Questions" (Häufigen Fragen) beantworten Fragen, die sich die Nutzer stellen oder stellen könnten. Das Format ist etabliert, und wenn es gut angewendet wird, stellt es einen wirklichen Mehrwert dar. Ein Webshop sollte sich beispielsweise folgende Fragen stellen:

◇ Wie finde ich das geeignete Produkt?
◇ Wie bestelle ich? Wie läuft eine Bestellung ab?
◇ Welche Zahlungsoptionen gibt es?
◇ Wie kann ich reklamieren oder umtauschen?

Über solche und ähnliche Fragen lässt sich auch ein komplexer Webshop gut dokumentieren. Die Antworten beschränken sich dabei jeweils auf die konkrete Frage, unterstützend sind sie untereinander verlinkt. Die ideale Antwort besteht aus einem Satz, der die Frage kurz und bündig beantwortet. Dies ist oft nicht möglich, daher gibt der erste Absatz eine allgemeine Antwort, und weitere Absätze beschreiben Details oder geben ergänzende Hinweise.

Für Software ist der sehr ähnliche „Wie tue ich"-Ansatz geeignet. Dabei werden die Aufgaben aus Nutzerperspektive benannt und anschließend die nötigen Schritte in der korrekten Reihenfolge beschrieben (und durch Screenshots illustriert): „Bild einfügen" [die Aufgabe des Nutzers]

1. Cursor an der Stelle platzieren, wo das Bild erscheinen soll. [„erscheinen" = Ziel des Nutzers]
2. Im Menü „Einfügen" den Eintrag „Bild" anklicken. [genaue Angabe des Ortes und der Aktion]
3. Im erscheinenden Dateiauswahlfenster die gewünschte Datei wählen. (Die Dateiauswahl ist ausführlich in XY beschrieben) [ergänzender Hinweis für Novizen]
4. Den Button „Einfügen" anklicken. [Angabe, wie die Aktion ausgelöst wird – das hört sich schon nach fast fertig an.]
5. Das Bild erscheint an der Cursor-Position. [das Ziel ist erreicht]
6. Durch Rechtsklick auf das Bild erhalten Sie Möglichkeiten zur Formatierung des Bildes, diese sind in Kapitel XY beschrieben. [Hinweise zu wahrscheinlichen Folgeaktionen]

Auf diese Weise wird jede Funktion (ausgehend von der Nutzeraufgabe) auf ein bis maximal zwei Seiten beschrieben.

Zur Software-Dokumentation gehört noch mindestens ein Kapitel, das die Elemente und deren Grundbedienung sowie das Bedienparadigma vorstellt.

Auch wenn viele Nutzer die Dokumentation nicht lesen, wissen sie doch, dass sie da ist. Bereits ihr Vorhandensein und die Möglichkeit, im Bedarfsfall auf sie zugreifen zu können, erhöhen das Sicherheitsgefühl erheblich. Dazu wird sie an geeigneten Stellen im Programm integriert und der Aufruf sowie die Recherche darin sind einfach möglich. Ergänzend ist an möglichst vielen Stellen die entsprechende Hilfe-Seite aufrufbar (oft als „?"-Icon). Auch Kurztexte in der Oberfläche verlinken für detaillierte Informationen auf entsprechende Hilfe-Seiten.

Wie unterscheiden sich Design und Usability?

Die beiden Begriffe werden gern synonym verwendet, wie auch von Steve Jobs: „Design ist nicht nur, wie es aussieht oder sich anfühlt. Design ist, wie es funktioniert." Im praktischen Alltag bietet sich eine Trennung an: Design ist das konkrete Aussehen, Usability umfasst alle Aspekte der Bedienung, auch die abstrakten, esoterischen, metaphorischen oder prozessuralen.

Das Design beschreibt bei Software und Webseiten „lediglich" die Optik. Die Usability dagegen gibt an, wie gut etwas benutzbar ist, damit ist sie ein funktionales Kriterium, das nicht von persönlichem Geschmack abhängig ist. Die Usability lässt sich messen (z.B. als benötigte Zeit, die für eine Aufgabe benötigt wird).

Das Design ist der sichtbarste Aspekt der Usability, doch besitzen auch viele Programme und Webseiten ohne aufwändige Gestaltung eine hohe Usability. Zugespitzt lässt sich formulieren: „Je schicker, desto schlechter benutzbar". Nutzern fällt es in Designexzessen schwer, das gewünschte Bedienelement schnell zu finden, oder die Gestaltung verstellt den Blick auf die Funktionalität. Der Umkehrschluss gilt übrigens nicht, eine hässliche Webseite oder Software besitzt nur selten eine gute Usability – dieser Eindruck entsteht auch dadurch, dass schlecht bedienbare Webseiten und Programme schneller als hässlich wahrgenommen werden als gut bedienbare.

Wenn sich der Designer an das FFF-Credo („Form follows function") hält, dann unterstützt das Design die Usability.

Wieso gibt es Probleme, obwohl alle Standards befolgt werden?

Standards sind lediglich „Denkhilfen", Guidelines, Orientierungen. Sie wecken Erwartungen bzw. entsprechen diesen nur. Explizite Standards wie Normen beschreiben die Funktion, implizite Standards wie das Corporate Design beziehen sich auf die Optik.

Jeder Fall ist individuell und von zahlreichen Faktoren abhängig:

◇ Ist der gewählte Standard überhaupt für die Aufgabe geeignet? Für Industrie und kommerzielle Anwendungen (z.B. Banken, Versicherungen) gelten andere Standards als für Büro, Heim und Entertainment (z.B. E-Mail, Textverarbeitung, Suchmaschinen).

◇ Passen Nutzermenge und -spektrum sowie Nutzungsfrequenz und -intensität zum gewählten Standard?

◇ Benötigen die Nutzer eine andere Motivation, als sie der Standard ermöglicht?

◇ Profitieren Erlernbarkeit und Schulungsaufwand vom Standard?

◇ Hilft der gewählte Standard, Fehler-Risiken zu mindern und die Sicherheit zu erhöhen? Für lebenskritische Systeme (z.B. Reaktorsteuerung, Flugsicherheit) sind teilweise Standardabweichungen nötig, um realweltliche Risiken zu vermeiden.

◇ Unterstützt der gewählte Standard die subjektive Zufriedenheit und das Vertrauen der Nutzer?

◇ Kann der Standard die Erwartungen in Effektivität, Effizienz und Performance erfüllen?

◇ Passt der Standard zum Preis des Produkts und den verfügbaren Entwicklungsressourcen?

Wie erreiche ich eine gute Usability?

Indem von Anfang an mindestens eine Person, die sich mit deren Anforderungen und Umsetzung auskennt, in das Projekt einbezogen wird. Diese hat bei allen Usability-Aspekten die Entscheidungsbefugnis und kann in den anderen Feldern als Moderator fungieren. Eine offene, konstruktive und sachlich-kritikfähige Arbeitsumgebung lässt Usability fast von allein entstehen. Bedingung dafür ist ein fachlich buntes Team. Dieses umfasst mindestens Entwickler, Marketingmitarbeiter, Nutzer-Vertreter, Usability-Erfahrene.

Praktisch ist es von Vorteil, wenn die Beteiligten außerhalb ihrer fachlichen Kompetenz fordernde Hobbys betreiben, beispielsweise ein Instrument spielen, Modelleisenbahnen bauen, Autos reparieren oder kunstgewerbliche Stücke anfertigen. Ein breites Interessenspektrum erweitert den Kompetenzhorizont und befruchtet die Arbeit aufgrund des größeren Erfahrungsraumes.

Wieso ist gute Usability nicht der Normalfall?

Analog lässt sich auch fragen: Warum essen wir ungesund, obwohl wir wissen, wie wichtig eine gesunde Ernährung ist? Wer Hunger oder Appetit hat, konsultiert nicht die Ernährungspyramide und Nährstofftabellen, sondern das umgebende Nahrungsangebot, seine Brieftasche und die Umstände.

Essen ist situativ und sinnlich. Die Portion Pommes, das Glas Cola, der Burger, das zerkochte Gemüse, das Weißbrot, die Extra-Portion Fleisch, der Fertigpudding, die süßen Corn Flakes – darauf habe ich gerade Appetit, die werden mich schon nicht umbringen, außerdem sind sie günstig, gerade in Reichweite und günstig.

Jeden Tag ein halbes Kilo frisches Obst und Gemüse vorzuhalten und zuzubereiten, ist viel zu aufwändig. Fast nur Wasser und ungesüßten Früchtetee trinken macht ebenfalls keinen Spaß. Gesundes Essen zeigt seine Effekte langfristig. Ungesundes Essen bringt uns nicht um, verringert nur unsere Chancen auf gute und beständige Gesundheit; der Zyniker stirbt sowieso nicht an Ungesundheit, sondern an einem Unfall oder einer neuen Krebsart.

Jeden Tag gesund zu essen erfordert genauso wie das Erreichen guter Usability:

◇ (anfangs) stetige Selbstdisziplin – bevor es zur Selbstverständlichkeit und Normalität wird

◇ Blick auf mittel- und langfristige statt kurzfristige Effekte – taugt allenfalls als rationales, aber nicht als sinnliches oder situatives Argument

◇ Umdeuten der Prioritätsverschiebung nicht als Verzicht, sondern als etwas Positives

Im Gegensatz zu ungesundem Essen äußern sich die Effekte guter Usability eher, unmittelbarer und besser erkennbar. Sie haben betriebswirtschaftliche Auswirkungen, während potenzielle Gesundheitsprobleme eine Hypothek für die eigene Zukunft und die gesellschaftlich finanzierten Gesundheitssysteme aufnehmen.

Wer den Wechsel zu bewusster und gesunder Ernährung geschafft hat, weiß um die Vorteile und das verbesserte Körpergefühl. Genauso wissen jene

Teams, die Usability fest in ihre Projekte integriert haben, um die positiven Auswirkungen. Alle anderen leben auch (irgendwie) und verzichten auf gute Chancen für ein besseres Leben oder erfolgreicheres Projektergebnis.

Was ist die User Experience?

Die User Experience (abgekürzt UX) beschreibt das Gesamt-Nutzererlebnis. Dabei geraten auch Faktoren außerhalb der Software oder Webseite in die Betrachtung. Zur UX eines Webshops gehören beispielsweise auch das Verhalten bei einer telefonischen Support-Hotline, die Verpackung der Lieferung, der Umgang mit Retouren, die Präsentation in Katalogen, Broschüren oder Anzeigen. Bei Software gehören beispielsweise die Verpackung, Präsentation auf der Internetseite oder im Katalog, die Produktbeschreibung und Nutzerdokumentation, der Support, der Installations- und Aktualisierungsprozess zum Gesamterlebnis.

Ergänzend wirken sich die Leistungsfähigkeit des eigenen Geräts sowie die Internetgeschwindigkeit auf die UX aus. Bei der Konzeption sind daher die realen Verhältnisse zu berücksichtigen, die auf Nutzerseite herrschen. Insbesondere bei Mobilgeräten ist das technische Spektrum sehr breit, daher ist die Geräteverteilung unter den Nutzern bei der Entwicklung zu berücksichtigen.

Historisch hat sich die User Experience aus den Ansprüchen des Architekten und Designers Vitruv (1. Jh.v.u.Z.) entwickelt: Firmitat (Festigkeit), Utilitas (Nützlichkeit, Usability) und Venustas (Schönheit). Je nach Objekt (Gebäude, Kleidung, Software, etc.) fällt die Gewichtung der Aspekte unterschiedlich aus. Die ISO 9241-210 (Seite 320) definiert User Experience über die Wahrnehmungen und Reaktionen einer Person, die sich bei der Benutzung oder der erwarteten Verwendung eines Produkts ergeben. Das umfasst die psychologischen und physiologischen Aspekte, die Emotionen, die Erwartungen und das Verhalten.

Um die emotionale Wirkung zu steigern, ist es gelegentlich angebracht, mit Konventionen oder Regeln (und dadurch mit den Erwartungen) zu brechen. So lassen sich gezielt Akzente setzen oder Reibeflächen erzeugen, die das Verhältnis zum Produkt intensivieren.

Was unterscheidet Web-Usability von Software-Usability?

Die Grenzen zwischen Webseiten, Web-Applikationen und Software werden immer weicher. Der Hauptunterschied liegt nicht im Medium „Web oder Software", sondern in der Nutzung und Funktionalität. Daher illustrieren die Beispiele in diesem Buch jeweils prototypische Anwendungsfälle und stellen keine Dogmen für Web oder Software dar. Tendenziell gilt folgende Orientierung:

Tab. 1.1: Unterschiede zwischen Webseiten und Software

	Prototypische Webseite	Pragmatische Software
Nutzung	gelegentlich	intensiv, dauerhaft
Kontext	Freizeit	Arbeit
Motivation	eigene, selbstbestimmt	zielgerichtet, fremdbestimmt
Ziel	Unterhaltung, Information	Funktionalität, Aufgaben erledigen
Design	eigenständig, ein wenig verspielt	funktional, zurückhaltend
Farbigkeit	meist deutliche Farbigkeit	Farbigkeit nur zur Akzentuierung
Inhalte	Webseiten-Inhalte (vorwiegend Konsum)	Nutzerinhalte (vorwiegend Kreation, Bearbeitung)

Web-Apps wie Dokumentbearbeitung im Browser oder Webmailer-Oberflächen übertragen die Ansprüche von Software in das Web. Spiele oder kleine Softwaretools erfüllen teilweise mehr Web-Ansprüche. In vielen Fällen stellt sich bei neuer Software die Frage, ob sie als Web-App umgesetzt wird. Mobile Apps bilden oft optimierte Oberflächen für den Zugriff auf Webseiten-Funktionen. Daher gibt es kaum Regeln, die software- oder web-exklusiv sind. Es gelten stets die Regeln, die für die Nutzungsituation und Zielgruppe angemessen sind.

Jede Webseite und jede Software sollte in irgendeiner Form Nützlichkeit besitzen; diese kann sich in erfolgreicher Maschinensteuerung, guter Aufgabenbewältigung, effektiver sozialer Interaktion, aber auch in Spielspaß äußern. Diese Nützlichkeit spiegelt sich in der Präsentation wider, daher lohnt sich im ersten Schritt die Orientierung an pragmatischer Software. Im zweiten Schritt erhöhen soziale, ästhetische oder Gamification-Aspekte die Nutzfreude und steigern ergänzend die Motivation.

2 Einstimmung

Das Ganze ist mehr als die Summe seiner Teil. (Aristoteles)

Usability stellt den Nutzer in das Zentrum – eine Software oder Webseite dient dessen Zielen. Was heute wie ein Allgemeinplatz klingt, ist für viele Entwickler noch keine Selbstverständlichkeit. Projekte werden meist aus der technischen Perspektive vorangetrieben und dabei der Nutzen für die späteren Anwender aus dem Blick verloren.

Gute Usability befriedigt die fünf Grundbedürfnisse der Nutzer:

◇ Respekt
◇ Vertrauen
◇ Unterstützung
◇ Verständnis
◇ Kommunikation

Bei jedem Element, bei jeder Funktion, bei jeder Entscheidung über die Bedienung werden diese fünf Faktoren erfüllt, mitunter sind diese gegeneinander abzuwägen. Einige historische Beispiele illustrieren, wie unterschiedlich sich diese in der Praxis ausprägen.

Drei große Bereiche geraten in den Blick, wenn man über User-Interface-Design spricht:

Projekt: Alles ist heute ein Projekt, von der ersten Idee bis zum fertigen Ergebnis. Ein Projekt beginnt mit seiner Definition: Mit gegebenen Ressourcen (Zeit, Personal, Geld) soll zu einem bestimmten Zeitpunkt das Projektziel erreicht sein. Daraus lassen sich die Anforderungen an Projektmanagement ableiten:

- ⋄ Definition des Projektziels in messbaren Einheiten nach validierbaren Kriterien
- ⋄ Verwaltung der Ressourcen und Planung des Ressourceneinsatzes
- ⋄ Prioritätensetzung bzgl. Teilzielen, Ressourcen, Anspruchsaspekten
- ⋄ Koordination und Gewährleistung der Arbeitsabläufe
- ⋄ Steuerung des Fortschritts und Kontrolle der Zwischenergebnisse

Einige Kurzausflüge in Bereiche des Projektmanagement zeigen, wie User-Interface-Design in der Praxis integriert werden kann. Im Sinne eines ganzheitlichen Ansatzes wäre die Abspaltung dieses Aspekts eine Degradierung. In allen Projektphasen und Teilprojekten sind die Anforderungen an das User-Interface-Design zu berücksichtigen.

Software: Programme und Apps stellen Nutzern bestimmte Funktionalitäten oder Erlebnismöglichkeiten (beispielsweise Spiele) bereit. Die Software läuft auf dem Computer bzw. Smartphone oder Tablet des Nutzers und kommuniziert so direkt mit der Hardware. Die Definition einer Software umfasst mindestens:

- ⋄ Systemische Voraussetzungen: Plattform bzw. Betriebssystem, nutzbare Hardware, Ein- und Ausgabemöglichkeiten
- ⋄ Funktionale Anforderungen: Was tut die App oder das Programm? Wie werden Daten verarbeitet (Algorithmen)? Die funktionalen Anforderungen sind im Projektziel definiert.
- ⋄ Nicht-funktionale Anforderungen: Gestaltung, Benutzerführung

Auch wenn gelegentlich Spiele zur Illustrierung eines Aspekts herangezogen werden, so richten sich die Ausführungen bewusst nicht an Spiele-Designer. Ziel ist vielmehr die Entwicklung von produktiver Software, die mit einem Nutzen beispielsweise in der Arbeit eingesetzt wird.

Webseite: Eine Webseite repräsentiert in gewisser Weise das Ergebnis einer Software, die auf dem Webserver läuft; die Eingaben und Ausgaben der Software erfolgen über den Browser auf dem Nutzer-Gerät. Die funktionalen Möglichkeiten sind durch die Browser und deren Zugriff auf die Geräte-Ressourcen begrenzt. Die Definition einer Webseite umfasst mindestens:

- ◇ Systemische Voraussetzungen: Server (Version, Fähigkeiten, Ressourcen), Programmiersprache, Datenbanken, unterstützte Browser
- ◇ Funktionale Anforderungen: Welche Interaktionen bietet die Webseite dem Nutzer? Wie werden Daten verarbeitet (Algorithmen)? Die funktionalen Anforderungen sind im Projektziel definiert.
- ◇ Nicht-funktionale Anforderungen: Gestaltung, Benutzerführung

Software und Webseiten teilen sich zwar die gestalterischen Grundlagen, doch die Nutzungsszenarien unterscheiden sich. Dadurch weichen die Ansprüche an Benutzerführung und Gestaltung zum Teil erheblich voneinander ab. Bei Webseiten sind häufig gestalterische Fragen wichtiger als die Funktionalitäten im Hintergrund. Etwas vereinfacht gelten die Software-Regeln vor allem für produktive Systeme, die im Arbeitsalltag eingesetzt werden (ob nun als Software oder Webseiten-Backend). Die Webseiten-Regeln dagegen gelten vorwiegend für Webseiten, die sich an Endverbraucher richten, die Nutzung erfolgt häufig aus privatem Interesse oder in privatem Umfeld.

Mit den sogenannten Web-Applikationen rücken Software und Webseiten zusammen. Google-Docs beispielsweise bieten komplexe Möglichkeiten für Textverarbeitung und Tabellenkalkulation innerhalb einer Webseite. Die meisten E-Mail-Dienste bieten ebenfalls eine Web-Oberfläche, die sich wie ein Programm bedient. Zahlreiche Dienste stehen gleichermaßen als Software und Webseite bereit, beispielsweise der Cloud-Speicherdienst Dropbox oder die E-Mail- und Termin-Verwaltung Outlook. In diesen Fällen verdient die technische Infrastruktur besondere Aufmerksamkeit, um die benötigte Robustheit, Skalierbarkeit und Zuverlässigkeit zu gewährleisten. Wie gut ein System tatsächlich ist, zeigt sich immer dann, wenn etwas nicht wie erwartet funktioniert.

Absehbar ist, dass sich die Vielfalt der Nutzer-Schnittstellen weiter erhöht. Vom Computer über Tablet und Smartphone bis zu Smart-Watches, Smart-Brillen und anderen Wearables. Dazu gesellen sich sprachgesteuerte Systeme wie Siri, Google Talk oder Cortana, Gestensteuerung und auch ganz neue Nutzungsszenarien wie Smart-Cars oder Head-On-Displays, um die Hände im Operationssaal oder bei anderen Einsätzen frei zu haben.

Der konkrete Fokus des Buchs liegt zwar auf Software und Webseiten, die mit Computer, Tablet oder Smartphone genutzt werden. Doch die Regeln zu Projektmanagement, Design und anderen Aspekten gelten für alle Nutzer-Schnittstellen. Auf dem abstrakten Level gehorchen alle Interfaces den gleichen Ansprüchen und Regeln, erst in der konkreten Umsetzung prägen sich diese unterschiedlich aus. Je etablierter eine Schnittstelle ist, desto stärker sind Standards und Erwartungen gefestigt, neue Interface-Konzepte probieren noch zahlreiche Varianten aus.

Über funktionale Anforderungen besteht meist große Einigkeit bzw. diese lassen sich als Projektziel gut definieren:

- Die Software erfasst kontinuierlich Daten des Sensors X und stellt diese für den vom Nutzer gewählten Zeitraum als Balkendiagramm dar. Wird ein eingestellter Grenzwert der Sensorwerte überschritten, erhält der Nutzer einen Hinweis.
- Die Software ermöglicht das Ansteuern eines Scanners. Dabei kann der Nutzer verschiedene Einstellungen vornehmen und das gescannte Bild als Datei in den Formaten X, Y und Z abspeichern.
- Die Software unterstützt bei der Belegerfassung und ermöglicht das Ausdrucken von Listen sowie den Export sowie Import der Daten in den Formaten X, Y und Z.
- Die Software bietet das Erlebnis eines Rätselspiels, bei dem der Nutzer nach jeder Runde eine neue Aufgabe präsentiert bekommt. Zwischen den Runden ist der Spielstand abspeicherbar und das Spiel kann an dieser Stelle später fortgesetzt werden. Die Spielregeln sind: [...].
- Die Webseite ermöglicht den Nutzern das Anlegen eines Kundenkontos, das Hochladen von Daten (vom Typ X, bis zur Größe Y) sowie das Versenden eines Download-Links an andere Nutzer mit Kundenkonto.
- Die Webseite bietet zahlreiche Artikel zum Themengebiet X. Diese werden von mehreren Autoren erstellt und gepflegt. Der Webseitenbesucher kann über die Suche rasch gewünschte Beiträge auffinden. Jeder Artikel ist erst nach Freigabe durch einen Nutzer der Nutzergruppe Y für die Webseitenbesucher sichtbar.
- Die Webseite bietet mehrere Zugriffsarten, je nach Kundenart (kostenlose, Abonnenten und Premium-Nutzer). Davon sind die Menge der möglichen Zugriffe, die Größe der hoch- und runterladbaren Dateien sowie Support-Angebote durch Mitarbeiter betroffen.
- Die Webseite bildet einen Katalog von X Produkten ab. Diese variieren in Größe, Farbe und Textur. Für jede Kombination wird die tatsächliche Lagerverfügbarkeit angegeben. Der Webseitennutzer wählt Produkte in der gewünschten Ausprägung und kann diese online bestellen.

Die Liste ließe sich beliebig fortsetzen und verfeinern. So fehlt bereits beim ersten Beispiel eine Regelung, wie der Nutzer den Hinweis erhält. Auch die Frage, ob der Nutzer bei jedem Sensorwert jenseits des Grenzwerts den Hinweis erhält oder nur beim ersten, bleibt unbeantwortet. Handelt es sich um einen Temperatursensor, wäre folgende Logik eventuell sinnvoll:

◇ Ist der Grenzwert erstmals überschritten, wird der Nutzer auf seinem Bildschirm und/oder via E-Mail darüber informiert.

◇ Die „erstmals"-Zählung wird bei jeder Nutzerinteraktion mit der Software auf Null gesetzt. Während der aktiven Nutzung der Software (weniger als 20 Sekunden zwischen zwei Nutzereingaben) wird der Hinweis sichtbar, aber nicht behindernd integriert.

◇ Ist der „erstmals"-Zähler größer als Null und fällt der Sensorwert wieder unter den Grenzwert, erhält der Nutzer eine Information mit der Angabe des Zeitraums zwischen der ersten Grenzwertüberschreitung und dem Zeitpunkt der Normalisierung.

Mit solchen Überlegungen befinden wir uns bereits mitten im User-Interface-Design. Es ist nicht nur zu definieren, wie der Hinweis erfolgen und gestaltet sein soll. Ebenso spielen die Interaktionsprozesse eine große Rolle: Wann werden dem Nutzer welche Informationen gegeben und wie wird auf Nutzeraktionen reagiert?

Der im letzten Beispiel skizzierte Webshop wirft zahllose Fragen auf: Wer pflegt die Produkte und wie? Wie erfolgt die Kundenkommunikation? Welche Aufgaben hat die Suche? Wie wird mit nicht erfüllbaren Bestellungen verfahren? Welche Auswirkungen hat die Preispolitik: Gibt es Angebote? Wie werden diese gekennzeichnet? Werden Preise durch Automatismen oder durch Zeitsetzungen gesteuert oder nur manuell gesetzt? Welche Preissuchmaschinen oder externen Dienste werden wie eingebunden? Welche Liefer- und Zahlmöglichkeiten hat der Kunde?

Bei Webseiten sind zwei Nutzergruppen zu berücksichtigen: Die Nutzer des Backends (Autoren, Produktpfleger, Manager, Controller, etc.) sowie die Nutzer der Webseite (Leser, Kunden, Webseitenbesucher und -nutzer). Beide Nutzergruppen stellen unterschiedliche Anforderungen an die Bedienung der Webseite. Was für die Backend-Nutzer gut und effektiv ist, kann für die Webseitennutzer störend und nervig sein – und andersherum. Eine pragmatische, schnörkellose Gestaltung im Backend ist oft zielführend, aber die Webseite darf und sollte den einen oder anderen Schnörkel aufweisen.

Während die funktionalen Anforderungen gut zu erfassen sind, entziehen sich die nicht-funktionalen Anforderungen der klaren Definition. Man weiß meist erst, was gut ist und gut funktioniert, wenn man es sieht oder ausprobiert. Daher steht in Anforderungen dann der Allgemeinplatz: „Die Software, die App, die Webseite weist eine gute Usability auf."

Usability

Usability ist das Modewort, wenn über die Schnittstellen zwischen Mensch und Maschine gesprochen wird. Das betrifft Software, Webseiten, Maschinensteuerung, selbst Möbel mit Einstellungsfunktionen oder Unterhaltungselektronik. „Usability" bezeichnet – vereinfacht gesagt – ein Konglomerat aus den deutschen Begriffen „Gebrauchstauglichkeit", „Anwenderfreundlichkeit" und „einfache Bedienung". „Intuitive Bedienung", „Fehlertoleranz" oder „modernes Design" begleiten oft die Vorstellungen von Usability.

„Usability" ist kein Wert an sich, sondern zunächst nichts anderes als „Qualität" oder „Wetter" – jedes Produkt besitzt eine Qualität, manche eine hohe, andere eine geringe. Jeder Tag hat Wetter, manche gutes, andere schlechtes. Auch die am kompliziertesten zu bedienende Software besitzt Usability – nur vermutlich keine gute. Die Erfahrungen mit schlechter Usability leiten oft, was man bei eigenen Projekten vermeiden oder anders machen möchte. Doch bekanntes Schlechtes einfach nur zu vermeiden, führt nicht notwendigerweise zu einem guten Ergebnis.

Gute Usability schafft eine Verbindung zwischen Mensch und Maschine bzw. Computer, die „sich gut anfühlt". Zu diesem Wohlfühlen tragen verschiedene Faktoren bei. Es sind die gleichen Faktoren, die auch für die Beziehungen zwischen Menschen gelten – ob nun Liebesbeziehung oder freundschaftliche Verbundenheit. Für negativ aufgeladene Beziehungen würden wir über die Faktoren „Frust, Unzuverlässigkeit, Vernachlässigung, Desinteresse oder Misstrauen" sprechen. Doch diesen widmen wir uns höchstens als Negativbeispiele, denn schließlich wollen wir den Anwendern ein gutes Gefühl vermitteln – mittels einer guten Usability.

Faktor 1: Respekt

Respekt entsteht durch fachliche Kompetenz, durch angemessenes Verhalten, durch Wissen um die eigenen und fremden Stärken und Schwächen. Der respektvolle Umgang miteinander ist davon geprägt, andere Menschen nicht durch Worte oder Taten zu erniedrigen bzw. sich selbst nicht über andere zu erheben. Dazu gehört ebenso, gezogene Grenzen zu achten, Fähigkeiten zu fördern und Unfähigkeiten nicht bloßzustellen.

All das erwarten wir von unserem Computer bzw. der Art, wie dessen Software oder eine Webseite uns behandeln. Wir erwarten Aussagen über die fachliche Kompetenz (und dass wir uns auf die Korrektheit dieser Aussagen verlassen können). Wir erwarten, mit unseren Anliegen ernstgenommen zu werden, ohne uns als Bittsteller zu fühlen oder mit einer sich untertänig andienenden Software klarkommen zu müssen. Wir erwarten, dass die Software nicht mehr von uns verlangt, als wir in der Lage sind zu leisten.

Werden diese Erwartungen erfüllt, fühlen wir uns bestärkt und nutzen die Software oder Webseite gern.

Faktor 2: Vertrauen

Vertrauen ist leicht zu erschüttern und schwer zu verdienen. Besteht es jedoch erst einmal, steigen die Toleranz und die Nachsicht bei Kleinigkeiten. Vertrauen entsteht durch Zuverlässigkeit, durch gemeinsames Verständnis von der Welt und den Abläufen in der Welt, durch Offenheit, durch die Kongruenz von Worten und Taten. Jeder kennt aus seinem persönlichen Umfeld genügend Beispiele von Personen, die das eigene Vertrauen verdienen, und anderen, die das einst entgegengebrachte Vertrauen verwirkt haben. Natürlich genießen verschiedene Personen auch unterschiedliche Grade von Vertrauen. Einigen vertrauen wir in bestimmten Fachbereichen, anderen charakterlich wegen ihrer Integrität, wieder anderen nur in Bezug auf unsere emotionalen Befindlichkeiten.

Software hat den Vorteil, dass sie vorwiegend auf einer fachlichen Ebene Vertrauen erlangen muss. Das bedeutet zuvorderst, dass sie zuverlässig funktioniert und alle versprochenen Funktionen korrekt ausführt. Im Alltag bedeutet Vertrauen auch, dass man einer Software seine Daten anvertrauen möchte, da es keine Anzeichen für eine missbräuchliche Nutzung gibt. In der Bedienung kann man Vertrauen durch Konsistenz erheblich fördern. Konsistenz unterstützt den Lerneffekt, denn ein einheitliches Erscheinungsbild sorgt dafür, dass Nutzer sich schnell zurechtfinden und die Auswirkungen ihres Tuns abschätzen können. Damit entfallen überraschende oder verstörende Situationen, die Skepsis und Misstrauen säen.

Wie in einer Ehe kennt der Mensch die Geschichten, Antworten und Reaktionen des anderen bereits im Vorfeld und liegt damit meist richtig. Idealerweise dauert es bei der Beziehung zwischen Mensch und Maschine nicht viele Ehejahre, bis dieses Vertrauen aufgebaut ist, sondern dieses entsteht in den ersten Nutzungsstunden.

Faktor 3: Unterstützung

„Quid pro quo" lautet der stille Subtext vieler menschlichen Interaktionen, ich helfe dir heute, du mir morgen. Heute die Antwort auf eine Fachfrage, morgen Hilfe bei der Kinderbetreuung, übermorgen gemeinsamer Theaterbesuch und am Tag darauf kocht der eine für den anderen. Die Kette solcher gegenseitigen Gefälligkeiten kann sich über Lebensjahre hinziehen. Um manche Gefallen muss man bitten, andere ergeben sich von ganz allein, wieder andere wirken, als hätte der andere meine Gedanken gelesen und bietet genau im richtigen Moment die benötigte Hilfe.

Gegenüber dem Computer ist meine Palette an Hilfeleistungen überschaubar: einschalten, für genügend Strom während des Betriebs sorgen, die korrekte Software starten oder Webseite aufrufen, benötigte Daten bereitstellen. Als Gegenleistung erhalte ich Unterstützung bei einer Vielzahl von Aufgaben: Steuererklärungen und andere Berechnungen, Bildbearbeitung und Video-Schneiden, E-Mail-Kommunikation und Rechtschreibkontrolle, Online-Shopping und Budgetkalkulation. Viele dieser Unterstützungen sind direkte Hilfeleistungen, die sich konkret aus der Aufgabe ableiten. Wie zwischen Menschen unterscheiden sich auch die Möglichkeiten, wie wir in der Computerwelt Unterstützung erhalten.

Die Steuererklärung beispielsweise kann im Ergebnis identisch sein, doch von dem einen Steuerberater wurde ich herablassend und besserwisserisch-lehrerhaft zur Einreichung der Unterlagen aufgefordert, während ein anderer mit mir die benötigten Angaben durchging und gemeinsam eine Liste der noch vorzulegenden Unterlagen erstellte. Der zweite Fall bot eine gute „menschliche Usability", und ich würde ihn lieber benutzen als den ersten. Ebenso ist bei Software nicht nur entscheidend, die tatsächlich benötigte Unterstützung funktional anzubieten, sondern dies auch in angenehmer Weise zu tun – sodass der Nutzer sie annehmen möchte, weil er oder sie sich unterstützt fühlt. Dadurch wird er die Software häufiger (und motivierter) nutzen, und durch den begleitenden Lerneffekt steigen die Qualität der Eingaben sowie die Nutzungsgeschwindigkeit.

Der Grat zwischen dem Gefühl der Unterstützung und dem der Bevormundung ist schmal. Das weiß jede Mutter, die ihrem Kind versucht, die korrekte Kleidung für das Spielen im Freien anzuziehen. „Ich meine es doch nur gut mit dir", lässt das Kind nicht als Argument der Mutter gelten, und die User nicht als Ausrede des Computers.

Faktor 4: Verständnis

Tagaus tagein wird Verständnis erwartet: für Baustellen, für Warteschlangen, für Bearbeitungszeiten, für Probleme, für Hindernisse, für falsches Verhalten. Verständnis braucht es immer dann, wenn etwas nicht so läuft, wie es gemäß unserer Vorstellung oder Erwartung laufen sollte. Für viele Dinge fehlt uns aber das Verständnis, vor allem dann, wenn es offensiv eingefordert wird: „Wir danken für Ihr Verständnis wegen der entstehenden Unannehmlichkeiten." Verständnisbereit sind wir dann, wenn die andere Person oder die Institution unser Vertrauen erworben haben, und es sich um Ausnahmen handelt. Ein Verständnis, das aus dem Gefühl der Hilflosigkeit oder Ohnmacht erwächst, ist keines, sondern lediglich Resignation.

Verständnis setzt Verstehen voraus. Ich habe Verständnis, wenn ich verstanden habe, worin das Problem besteht und wenn es mir einsichtig ist. Eine Fehlermeldung wie „Diese Funktion steht nicht zur Verfügung" ist nicht geeignet, für Verständnis zu werben. Dagegen erhöht „Um diese Funktion zu nutzen, sind weitere Angaben nötig" meine Fähigkeit, das Problem zu verstehen: Ich muss noch weitere Daten zur Verfügung stellen. Wenn die Fehlermeldung um einen Link zu einem geeigneten Eintrag in der Software- oder Online-Hilfe ergänzt wird, werde ich befähigt, das Problem auch gleich zu lösen.

Das ist das fundamentale Verständnis der Software bzw. Webseite für mein Anliegen: Ich möchte weder die Software noch die Entwickler ärgern, sondern eine Aufgabe erledigen. Hilf mir, dies mit möglichst wenig Aufwand zu tun, und du bist mein Freund.

Verständnis funktioniert in beide Richtungen. Behandelt der Computer seine Nutzer fair, so wird ihm auch Verständnis entgegengebracht. Zur fairen Behandlung gehört, dass der Computer seine Funktionen für den Nutzer verständlich anbietet und bei Eingaben nicht nur sagt, welche er benötigt, sondern vor allem auch warum. Auf einer Shopping-Webseite ist die Angabe einer Lieferadresse selbstverständlich, da genügt die indirekte Grund-Angabe durch eine Überschrift wie „Geben Sie die Lieferadresse an" oder „An welche Adresse soll die Bestellung geliefert werde?" oder schlicht „Lieferadresse". Aber warum ist beispielsweise die Angabe einer Telefonnummer, des Geburtsdatums oder des akademischen Grades nötig? Manche Warum-Fragen beantwortet der Kontext eindeutig, andere müssen im vorauseilenden Verständnis begründet werden.

Wenn der Computer alle Eingaben so verarbeitet, wie er sie nach Nutzerverständnis verarbeiten sollte (eben die Lieferung an die angegebene Adresse veranlasst), dann steigt auch das Verständnis auf der Nutzerseite. Zu diesem Verständnis gehört auch das Wissen, dass keine anderen als die angebotenen Funktionen zur Verfügung stehen. Dass Angaben in einer bestimmten Form oder Reihenfolge benötigt werden. Dass der Computer kein Mensch ist, der zwischen den Zeilen lesen kann, sondern nur seinen vorgegebenen Bahnen folgt.

Faktor 5: Kommunikation

Verständnis wird vor allem über die Kommunikation erzeugt. Es gibt die offene Kommunikation („Das finde ich nicht gut von dir") und die indirekte (Blicke des Missfallens). Wirkungsvolle Kommunikation funktioniert nur, wenn direkte und indirekte das Gleiche erzählen. Eine Person, die gequält zwischen den Zähnen hervorpresst, dass sie sich gern mit anderen unterhält, wirkt nicht glaubwürdig. Ebenso wirkt eine Webseite in technizistischem Design wenig geeignet, um Gedichte zu präsentieren. Eine verschnörkelte, pompöse Webseite, die schwafelig die Vorteile eines günstigen Produkts anpreist, funktioniert nicht. Inhalt und Form müssen miteinander harmonieren und kongruent sein.

Dabei besteht keine Software und keine Webseite im luftleeren Raum. Design-Konventionen und Gewohnheiten verleihen dem Design eine Inhaltsebene. Bestimmte Gestaltungen treffen oder evozieren inhaltliche Aussagen. Auch wenig geübte Anwender sehen einer Software oder Webseite an, was ihr Zweck ist bzw. was sie anbieten – ohne ein Wort zu lesen.

„Man kann nicht ‚nicht kommunzieren‘‘‘, hat Paul Watzlawick einstens formuliert. Umso wichtiger ist es, sich der zahlreichen Ebenen und deren gegenseitigen Beeinflussungen und den Abhängigkeiten der Kommunikation bewusst zu sein und diese zu einem einheitlichen Ganzen zu fügen.

Jeder Mensch hat seine eigenen kommunikativen Fähigkeiten. Der eine formuliert nüchtern karg auf den Punkt, der andere weitschweifig detailverliebt und wortspielbegeistert. Inhaltlich sagen beide das gleiche, und in manchen Situationen schätzen wir die knappe Präzision des einen, in anderen die eloquenten Fabulierungen des anderen. Weder können die Extreme noch ein ausgewogener Mittelweg alle Bedürfnisse befriedigen.

Wichtig ist daher, überhaupt zu kommunizieren, lieber zu häufig als zu selten. Bewährt hat sich die Kombination aus knapper Präzision mit Verweis auf eine detaillierte Langfassung, beispielsweise bei Fehlermeldungen mit Link zu einem Hilfe-Beitrag. Aber selbst diese Lösung hat ihre Grenzen. Nämlich dann, wenn der Nutzer sie nicht als konstruktive Kommunikation wahrnimmt, die ihm hilft, sein Anliegen zu erfüllen.

Kondensierungsversuch

Software und die meisten Webseiten existieren nicht zum Selbstzweck und nur wenige aus dem Geltungsdrang eines Programmierers heraus – sie sollen Nutzer dazu befähigen, etwas Bestimmtes zu tun. Auf einem abstrakten Niveau gelten die fünf Faktoren (oder Prinzipien) daher gleichermaßen für Beziehungen zwischen Menschen und zwischen Mensch und Maschine:

Respekt: Von mir werden nur Angaben erwartet, die für die Aufgabe nötig sind und die ich zu leisten in der Lage bin. Dafür wird mir der geringstmögliche Aufwand abverlangt.

Vertrauen: Meine Daten werden nicht missbraucht, sondern ich erhalte am Ende das versprochene Ergebnis. Gleiche Daten ergeben das gleiche Ergebnis, das Sprechen über die Vorgänge bzw. deren Darstellung entspricht dem tatsächlichen Umgang mit den Daten, und gleichartige Darstellung bedeutet gleichartige Funktionalität.

Unterstützung: Ich erhalte Hilfe dabei, eine bestimmte Aufgabe zu lösen oder ein Anliegen zu erledigen. Nicht mehr, aber auch nicht weniger. Ich werde weder gegängelt noch bevormundet oder zu Aktionen gezwungen, die nicht meiner Aufgabe oder meinem Anliegen entsprechen.

Verständnis: Mein Helfer kennt mein Anliegen und den Weg, wie ich es erledige bzw. den Weg zur Lösung meiner Aufgabe. Gibt es keine vorgefertigten Wege, werden mir verschiedene Möglichkeiten so bereitgestellt, dass ich mir selber einen Weg erarbeiten kann.

Kommunikation: Ich erhalte Feedback, wenn etwas nicht wie beabsichtigt läuft oder über den erfolgreichen Abschluss einer Aktion. Ich werde in angemessenem Tonfall und geeigneter Darstellung geführt. Direkte und indirekte Kommunikation widersprechen sich dabei nicht.

Zweiter Kondensierungsversuch

Erstens: Reden und Handeln bzw. Darstellung und Funktion sind widerspruchsfrei. Immer.

Zweitens: Mein Anliegen und meine Aufgaben sind das Maß aller Dinge.

Drittens: Meine Zeit und Ressourcen sind kostbar.

Gerade mit dem zweiten Punkt haben manche Entwickler große Probleme, da sie ihre Leistung nicht gewürdigt sehen. Daraus resultieren häufig Probleme mit dem ersten Punkt: Die Marketing-Abteilung verspricht etwas, was die Software nicht leistet, Funktionen sind missverständlich betitelt, Hilfe-Seiten erklären technische Vorgänge, aber nicht, wie ich mein Ziel erreiche, ein Fortschrittsbalken entspricht nicht dem tatsächlichen Fortschritt, die „Zurück"- oder „Undo"-Taste funktioniert nicht, es gibt keine Fehlermeldung, obwohl ein Fehler auftrat, oder es gibt eine Fehlermeldung, obwohl alles in Ordnung ist.

Das Wertvollste, was ich dir geben kann, ist ein Stück meiner Lebenszeit. Zeige mir, dass du meine Zeit wertschätzt und sie nicht verschwendest.

Behandle andere so, wie du selbst behandelt werden möchtest.

„Du" bist in dem Fall der Schnittstellen-Verantwortliche, der die Struktur und das Design, die Texte und die Funktionen sowie deren Zusammenspiel definiert und vielleicht auch teilweise umsetzt. „Der andere" ist der Nutzer. Gestalte also deine Schnittstelle zwischen Computer und Mensch so, dass der Mensch anständig behandelt wird. Aber wie möchten er oder sie behandelt werden? So wie du behandelt werden möchtest? Als Entwickler möchtest du von einem Computer anders behandelt werden als ein Gelegenheitsnutzer. Daher sind Entwickler schlechte Usability-Experten – und Gelegenheitsnutzer deutlich bessere (aber sehr selten in dem Bereich aktiv).

Um zu erfahren, wie „der andere" behandelt werden möchte, musst du ihn oder sie erst einmal kennen. Deine künftige Nutzerschar wird über andere Kenntnisse, Erwartungen, Fähigkeiten und sprachliche Gepflogenheiten verfügen als du. Wenn du dir bewusst wirst, dass du es letztlich – über den Umweg einer Computerschnittstelle – mit Menschen zu tun hast, bist du auf dem richtigen Weg. Denn Menschen wollen nicht unbedingt auf eine bestimmte Weise behandelt werden, sondern sie wollen Respekt, Vertrauen, Unterstützung, Verständnis und angemessene Kommunikation erfahren.

Kein Faktor allein bewirkt eine gute Usability, sondern erst das Zusammenspiel zahlreicher Faktoren kann diese erreichen. Die fünf genannten Prinzipien geben das „Framework" oder „Mindset" oder Gedankenmodell vor, in dem eine Software oder Webseite mit Wohlfühlbedienung entstehen kann. Diese fünf Prinzipien verdeutlichen, dass Usability eine komplexe Angelegenheit ist, in deren Zentrum die anvisierte Nutzergruppe steht. Wer seine Nutzer nicht kennt, kann schwerlich eine Software oder Webseite entwickeln, deren Bedienung „sich gut anfühlt". Das bedeutet aber auch, dass sich einige Personen wohler damit fühlen als andere. Wer es allen recht machen will, wird niemanden wirklich zufriedenstellen.

Aufgrund der Vielschichtigkeit, mit der eine gute Usability erzeugt wird, sind zahlreiche verschiedene Kenntnisse und Fähigkeiten nötig. Je größer und interdisziplinärer ein Team aufgestellt ist, desto besser sind die Chancen, eine gute Usability zu erreichen. Je besser dieses Team die fünf Prinzipien in der eigenen Zusammenarbeit lebt, desto besser ist das erzielte Ergebnis. Dabei belegt sich eine altbekannte Phrase: Das Ganze ist mehr als die Summe seiner Teile.

Gute Usability zeigt sich in geringem Frust der Nutzer, in guter Konversionsrate, in motivierter und häufiger Nutzung, in der Selbstverständlichkeit, die Nutzung in den eigenen Alltag zu integrieren. Damit ist Usability für alle Software- und Webseiten-Entwickler ein vordringliches Thema, das nicht erst als Sahnehäubchen am Ende mit den Budgetresten umgesetzt wird, sondern die gesamte Entwicklung begleitet. Bereits in der Planung muss sie berücksichtigt werden und kann relevante Ziele für ein Software- oder Web-Projekt beisteuern:

⋄ Eine Software steigert die Arbeitsproduktivität. Die gleiche Menge Mitarbeiter schafft mehr in der gleichen Zeit, ohne dass es sich nach einer frustrierenden Mehrbelastung anfühlt.

⋄ Eine Software oder Webseite vereinfacht Vorgänge so, dass mehr Menschen diese ausführen können, ohne dass ein Qualitätsverlust entsteht. Das setzt personelle Ressourcen frei bzw. reduziert den Schulungsaufwand.

⋄ Ein Webshop motiviert mehr Menschen, etwas zu kaufen. Neben den verfügbaren Funktionen (Warenangebot, Zahlungs- und Lieferoptionen) sorgt die Usability für eine höhere Konversion (als prozentuale Relation zwischen den Anzahlen der Käufe und Webshop-Besucher).

⋄ Eine News-Webseite erhöht die Verweildauer der Leser, verleitet diese zum Stöbern und fördert Klicks auf Werbebanner.

⋄ Eine Webseite, die Produkte oder Leistungen vorstellt, motiviert mehr Besucher zu einem Anruf, zu einer E-Mail oder zum Bestellen (in einem Geschäft oder Online-Shop).

⋄ Ein guter Online-Support entlastet den persönlichen Support durch Call-Center oder Vor-Ort-Service, steigert die Zufriedenheit mit erworbenen Produkten und erhöht die Markenbindung, die langfristig weitere Bestellungen auslöst.

Die Kapitel stellen die wichtigsten Aspekte guter Usability vor:

⋄ **3. Unsere Nutzer:** Ansätze, um Nutzertypen zu erfassen und zu verstehen

⋄ **4. Unsere Computer:** Geschichte der Usability

⋄ **5. Ziele und Aktionen:** Interaktionsmodelle und deren Eignung für verschiedene Projekte

⋄ **6. Ordnung auf dem Bildschirm:** Ausrichtung, Dominanz, Hierarchien, Weißraum und Visuelles Gewicht

⋄ **7. Design-Nussschale:** Visuelle Variablen, Optische Achsen, Raster & Gitter, Farbe und Schrift

⋄ **8. Standardelemente:** Eingabefelder, Checkboxen, Radio-Buttons, Menüs, Tabs, etc. sowie Ansprüche an die Suche

⋄ **9. Das eigene Interface:** Vorgehen, Normen & Richtlinien, Testen

⋄ **10. Ganzheitlicher Ansatz:** 27 Elemente, die es zu berücksichtigen gilt

Der Nutzer im Zentrum

Bevor man sich an ein eigenes Interface wagt, sind drei Dinge zu klären:
 ⋄ Welche Funktionen will oder soll ich abbilden?
 ⋄ Wer ist meine Zielgruppe/künftige Nutzerschar?
 ⋄ Welche Lösungen existieren bereits?

Schließlich musste das Rad nur einmal erfunden werden und kann heute für die verschiedensten Einsatzzwecke beispielsweise optimiert als Mountainbike-, als Rennrad- oder Kinderfahrradreifen existieren. Oftmals ist die evolutionäre Anpassung des Bestehenden effektiver als eine Revolution. Fünf historische Nutzerschnittstellen illustrieren, wie (retrospektiv) die Zielgruppe definiert wird und wie sich die fünf Prinzipien auswirken.

Kommandozeile

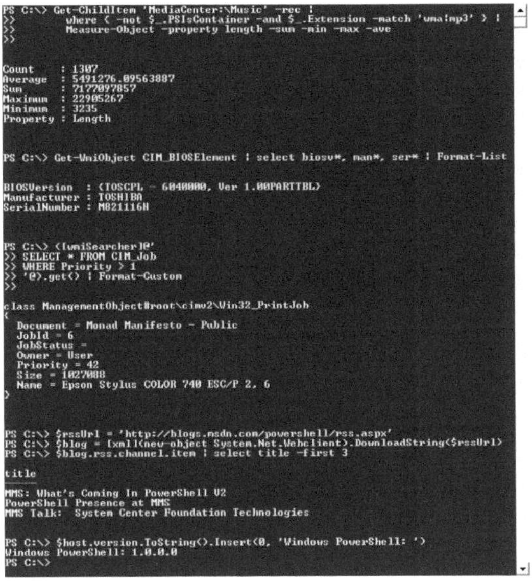

```
PS C:\> Get-ChildItem 'MediaCenter:\Music' -rec |
>>        where { -not $_.PSIsContainer -and $_.Extension -match 'wma|mp3' } |
>>        Measure-Object -property length -sum -min -max -ave
>>


Count     : 1307
Average   : 5491276.09563887
Sum       : 7177097857
Maximum   : 22905267
Minimum   : 3235
Property  : Length


PS C:\> Get-WmiObject CIM_BIOSElement | select biosv*, man*, ser* | Format-List


BIOSVersion  : {TOSCPL - 6040000, Ver 1.00PARTTBL}
Manufacturer : TOSHIBA
SerialNumber : M821116H


PS C:\> ([wmiSearcher]@'
>> SELECT * FROM CIM_Job
>> WHERE Priority > 1
>> '@).get() | Format-Custom
>>

class ManagementObject#root\cimv2\Win32_PrintJob
{
   Document = Monad Manifesto - Public
   JobId = 6
   JobStatus =
   Owner = User
   Priority = 42
   Size = 1027088
   Name = Epson Stylus COLOR 740 ESC/P 2, 6
}


PS C:\> $rssUrl = 'http://blogs.msdn.com/powershell/rss.aspx'
PS C:\> $blog = [xml](new-object System.Net.Webclient).DownloadString($rssUrl)
PS C:\> $blog.rss.channel.item | select title -first 3

title
-----
MMS: What's Coming In PowerShell V2
PowerShell Presence at MMS
MMS Talk:  System Center Foundation Technologies


PS C:\> $host.version.ToString().Insert(0, 'Windows PowerShell: ')
Windows PowerShell: 1.0.0.0
PS C:\>
```

Abb. 2.1: Windows Powershell (2008) [Abbildung: Wikipedia]

Zielgruppe: „Power-User“, die schnell tippen können.

Respekt: Ich kann nur Tastatureingaben vornehmen, und muss selber wissen, was ich will – und was die Software bzw. das Gerät kann.

Vertrauen: Jede Eingabe bewirkt eine Reaktion, entweder Fehlermeldung oder Ergebnis- bzw. Erfolgsmeldung.

Unterstützung: Ich muss selber wissen, was ich will und den Weg dahin kennen. Autovervollständigungen und andere Hilfen vereinfachen die Eingabe und reduzieren Fehler.

Verständnis: Die Software kennt meine Ziele oder Anliegen nicht, sondern ich muss diese selbst anhand der software-eigenen Sprache und in deren Grammatik vorbringen.

Kommunikation: Oft sind Befehle oder Ausgaben auf das Nötigste reduziert; Expertenwissen oder eine sehr gute Kenntnis der Software werden vorausgesetzt.

Fazit: Eine sehr flexible, wirkmächtige und funktionsreiche Möglichkeit, den Computer arbeiten zu lassen – sofern man sich auf dessen Niveau begibt.

Lektion: Manchmal kann sich hinter der unscheinbarsten Darstellung das mächtigste Werkzeug verbergen.

Norton Commander

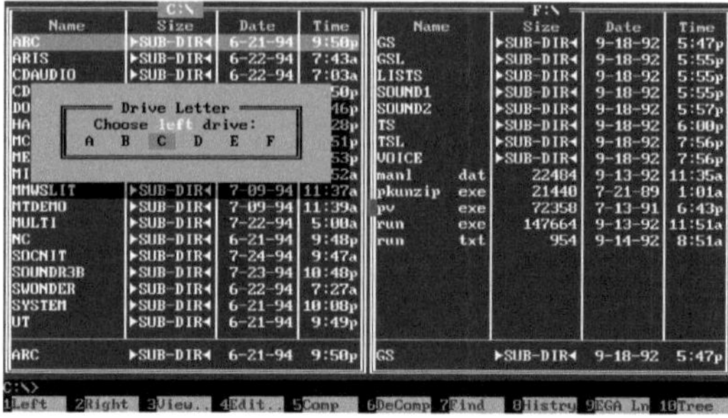

Abb. 2.2: Norton Commander (für MS-DOS) [Abbildung: Wikipedia]

Zielgruppe: „Power-User" oder User mit guten Computerkenntnissen

Respekt: Reduktion auf das Nötigste: Auflistung der vorhanden Dateien und Verzeichnisse und der Befehle zur Manipulation dieser (Kopieren, Löschen, etc.). Wird mit Tastatur gesteuert und optional ergänzend mit der Maus.

Vertrauen: Jede Aktion führt zu einem sichtbaren Ergebnis (Datei erscheint kopiert im Zielverzeichnis, Datei verschwindet nach Löschen aus der Liste, etc.)

Unterstützung: Die wichtigsten Informationen und Funktionen sind sofort sichtbar, die Bedienung folgt Konventionen (Scrollen, Auswählen, Befehl durch Sondertaste oder Mausklick aktivieren).

Verständnis: Mein Bedürfnis, zwei Verzeichnisse (ggf. auf zwei Datenträgern) miteinander zu vergleichen, den direkten Zugriff auf Dateien zu haben (statt ihre Namen in einer Kommandozeilenliste herauszulesen und anschließend einzutippen), eine direkt bearbeitbare Verzeichnisliste zu haben, wird erfüllt. So gut, dass dieses Programmmodell unter Windows noch jahrelang unter verschiedenen Namen für viele Benutzer die erste Anlaufstelle für Dateiaktionen bildete.

Kommunikation: Alle wichtigen Informationen sind sichtbar, die Präsentation der Befehle erfordert allerdings Lernaufwand für Laien. Das Ergebnis von Aktionen wird sofort kommuniziert (durch Sichtbarkeit des Ergebnisses) bzw. knappe Meldungen.

Fazit: Klarer Fokus, klare Bedienung. Nicht nur für Nerds ein Klassiker. Durch die gewachsenen Ansprüche an Dateiverwaltung jedoch in den meisten Fällen obsolet geworden.

Lektion: Eine gute Bedienungsidee hat die Produktivität der Dateiverwaltung enorm erhöht und das Vertrauen in die virtuellen Güter gestärkt.

Microsoft Bob

Abb. 2.3: Microsoft Bob (1995) [Abbildung und mehr Geschichten, Bilder und Wissenswertes über Bob: Winhistory.de]

Zielgruppe: Kinder? Comic-Fans? Computer-Neulinge? Was geschieht mit den Neulingen, wenn sie das System besser kennen?

Respekt: Theoretisch viel Respekt für mich. Ich kann mir ein Design nach meinem Geschmack aussuchen (von der klassischen Bibliothek bis zur Raumstation), ein virtueller Assistent hilft, meine (unterstellte) Furcht vor der Technik zu überwinden.

Vertrauen: Die Programme sind in die Umgebung integriert und wollen entdeckt werden (z.B. durch Klick auf den Kalender). Andere Objekte kann ich nicht anklicken (z.B. die Vase auf das Boot im Hintergrund werfen). Kann ich einem Cartoon-Kalender in einer Spielwelt tatsächlich meine wichtigen Termine anvertrauen?

Unterstützung: Der Assistent (von denen der Hund der populärste ist) gibt vor, mich zu unterstützen, doch seine Hilfsangebote entsprechen nicht meiner Lernkurve. Bald brauche ich ihn nicht mehr, und er wird lästig und bremst mich.

Verständnis: Der Computer gibt vor, meine Ziele, Aufgaben und Anliegen zu kennen. Praktisch renne ich ständig gegen Grenzen und beschränkte Funktionalitäten.

Kommunikation: Optisch kommuniziert es mir, es sei ein Spiel. Die geschäftsartig-seriöse Schriftart „Times New Roman" passt nicht in die bunte Welt (die vorgesehene „Comic Sans" kam zu spät, die Designs waren bereits fertig).

Fazit: Immerhin überlebten die Figuren lange als Microsoft-Office-Assistenten. Diesen Assistenten widerfuhr das gleiche Schicksal wie Bob: Die Nutzer spielten ein wenig mit ihnen herum, freuten sich über absurde Vorschläge und launige Kommentare, zum tatsächlichen Arbeiten wurden sie deaktiviert. Tschüs, Bob.

Lektion: Arbeit am Computer muss nicht Spaß machen; sie soll sich effektiv, produktiv, ergebnisorientiert anfühlen.

Remote Surface Inspection

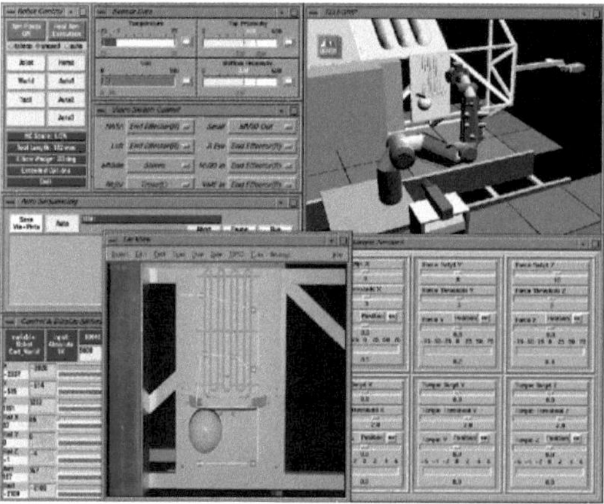

Abb. 2.4: NASA   (1990er)   [Abbildung: https://www-robotics.jpl.nasa.gov/roboticImages/
img1016-334-browse.jpg]

Zielgruppe: Leute, die von irgendetwas Kompliziertem viele Dinge auf einmal im Blick
haben müssen, evtl. um es zu steuern oder Funktionen auszulösen.

Respekt: Keinen für mich. Bunt, zu viele Informationen, keine erkennbare Struktur
oder Hierarchie der Informationen erkennbar.

Vertrauen: Unterstellt sehr hoch. Klick auf Bildschirm löst die Funktion an der Maschine aus. Beziehung zwischen virtueller Darstellung und realer Aktion besteht
direkt.

Unterstützung: Schnörkellose direkte Steuerung einer bestimmten Maschine.

Verständnis: Der Nutzer muss die zu steuernde Maschine und deren Funktionsweise
sehr gut kennen, um dieses Programm verwenden zu können.

Kommunikation: Ich weiß gar nicht, was die Software von mir will. Will sie mich
informieren, erwartet sie eine Eingabe, was kann ich überhaupt tun?

Fazit: Ganz sicher nicht für normale Anwender oder Computer-Nutzer entwickelt,
sondern nur für diesen speziellen Einsatzzweck.

Lektion: Es ist okay, für komplizierte Vorgänge eine komplizierte Software zu entwickeln – vorausgesetzt, dass die Nutzer umfangreich geschult werden. Bei
NASA-Mitarbeitern oder Piloten kann man davon beispielsweise ausgehen. Da
ist es „billiger", die Software so funktionsmächtig wie möglich zu machen und die
wenigen Nutzer gründlich zu schulen, als die Bedienbarkeit so zu vereinfachen,
dass „jeder" das Programm bedienen könnte.

Pages for iPad

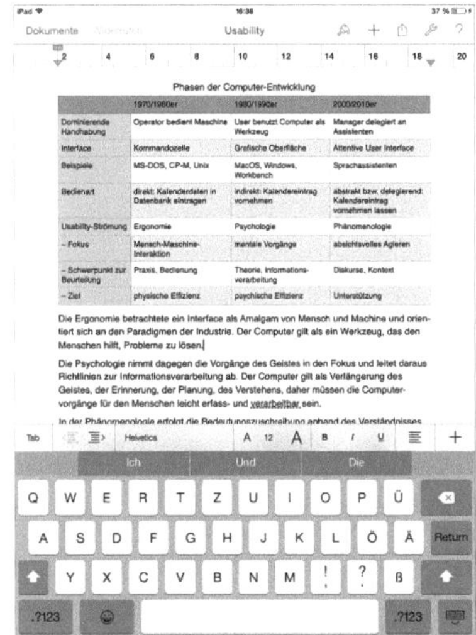

Abb. 2.5: Pages for iPad (2015) [Abbildung: Screenshot]

Zielgruppe: Menschen, die (auf ihrem iPad) etwas schreiben wollen

Respekt: Meine Inhalte erhalten den größten Teil meines wertvollen Bildschirmplatzes.

Vertrauen: Jede Änderung wird unmittelbar sichtbar umgesetzt. Die direkte Bedienung über Fingerberührung (Befehle, Optionen auswählen, Wörter markieren, Bilder verschieben) wird wörtlich genommen: Das Ergebnis ist unmittelbar sichtbar.

Unterstützung: Icons (gemäß Konventionen) präsentieren die häufigsten Format-Optionen, weitere Optionen sind durch Fingertipp direkt zu erreichen.

Verständnis: Das Programm weiß, dass ich Texte schreiben und diese formatieren will. Dafür stellt es mir Platz und die nötigsten Funktionen zur Verfügung. Ich habe Verständnis dafür, dass die Funktionspalette begrenzt ist, da die Leistungsfähigkeit des Gerätes und der Bildschirmplatz begrenzt sind.

Kommunikation: Die helle Gesamtgestaltung orientiert sich am weißen Schreibblock. Bei Berühren oder Markieren eines Bereichs werden die geeigneten Funktionen eingeblendet. Insgesamt gibt sich das Programm wortkarg und verlässt sich auf die intuitive Bedienung durch direkte Fingerberührung.

Fazit: Das Vertrauen besteht nur, wenn die direkte Bedienung tatsächlich möglich ist; sobald ich auf Reaktionen warten muss oder unbeabsichtigte Reaktionen folgen, schwindet es. Die direkte Bedienung reduziert die direkte Kommunikation. Der beschränkte Funktionsumfang (im Vergleich zur Textverarbeitung auf einem Computer) ist Teil des „Paktes" zwischen mir und dem Programm.

Lektion: Beschränkung auf das Wesentliche funktioniert nur als Gesamtpaket.

Die fünf Beispiele illustrieren, dass es nicht das eine Interface geben kann. Je nach Zielgruppe, Einsatzzweck, Funktionsumfang und anderen Parametern gelten andere Maßstäbe, wann eine gute Usability erreicht wird. Mitunter genügt bereits eine Usability, die „gut genug" ist, oder ein Zuviel an gutgemeinter Usability verkehrt etwas in sein Gegenteil.

Jedes Projekt muss den kalkulatorischen Regeln gehorchen: Aus der erwarteten Nutzermenge ergeben sich die erwarteten Einnahmen X für einen Zeitraum. Die Erstellung einer Software oder einer Webseite kostet Summe Y. X sollte immer größer als Y sein. Ist dies nicht gegeben, kann man versuchen, an Y solange herumzuschrauben, bis es niedrig genug ist. Mitunter ergibt sich daraus eine veränderte Nutzermenge oder Einnahmerechnung, sodass X und Y solange gegeneinander ausgespielt werden, bis ein akzeptables Ergebnis für alle Seiten erreicht ist.

Usability ist kein hehrer Selbstzweck, sondern muss sich in der harten Realität auch lohnen. Diese Erkenntnis kann schnell zur Ernüchterung führen, denn gute Usability hat ihren Preis. Grafiken und Animationen müssen erstellt und integriert werden. Bestimmte Funktionen werden ausschließlich für die Usability benötigt (beispielsweise die Ausgabe in einer Statuszeile des Programms statt in einer kryptischen Log-Datei oder ein Fortschrittsbalken). Das Design muss harmonisch abgestimmt werden und ästhetisch hohen Ansprüchen genügen – gute Designer sind nicht billig. Technische Grenzen sind zu überwinden oder Umwege zu erforschen. Ergebnisse von User-Tests oder das Feedback zum Alpha-Release können die ganze Arbeit zunichte machen. Der unternehmerisch gewollte Wechsel zu einem anderen Bedienparadigma oder anderen Konventionen hat unkalkulierbare Mehraufwände zur Folge.

Je eher sich das Entwicklerteam untereinander und mit den Auftraggebern auf Grundregeln und Konventionen zur Bedienung (und damit zur Usability) verständigt, desto geringer der Aufwand in der Umsetzung. Dadurch sinken die Kosten, und mit Mock-ups und Prototypen sind frühzeitig User-Tests möglich, sodass teure Überraschungen am Ende ausbleiben.

3 Unsere Nutzer

Um die Nutzer ins Zentrum aller Web- und Software-Projekte zu stellen, muss man sie erst einmal kennen. Dabei helfen etablierte Persönlichkeitstypen und situative Verhaltensmuster. Vor allem die sehr unterschiedlichen Bedürfnisse von Novizen und Experten stellen die Interface-Designer vor große Herausforderungen. Die einen beispielsweise vertrauen auf Tastenkürzel, die die anderen noch nicht einmal kennen.

Für die weitere Arbeit werden die Nutzer und ihre Anforderungen erfasst:

◇ Personas: prototypische Nutzer
◇ Akteure und Rollen: abstrakte Nutzer
◇ Use-Cases und Anwendungsfälle: (Teil-)Aufgaben
◇ User-Storys: die Nutzung aus Anwendersicht

Auch innerhalb jedes Projekts werden unterschiedlichen Rollen von verschiedenen Personen besetzt, von der Projektleitung über Design und Entwicklung bis zum Marketing. Diese stellen in einigen Software- und Web-Projekten ebenfalls zu berücksichtigende Anwender für sogenannte Backend-Prozesse und -Aufgaben dar.

Niemand muss Psychologie studieren, um zu wissen, dass Menschen sehr unterschiedlich sein können. Katharine Briggs und Isabel Myers haben den sogenannten Myers-Briggs-Typindikator etabliert, der die Persönlichkeit nach vier Gegensatzpaaren bestimmt:

- ⋄ extrovertiert ./. introvertiert
- ⋄ empfindend ./. intuitiv
- ⋄ perzeptiv ./. bewertend
- ⋄ fühlend ./. denkend

Ausgehend davon lassen sich verschiedene Typen definieren. Je nach Veranlagung werden Aufgaben beispielsweise explorativ, kreativ, kollaborativ, sozio-technisch oder determiniert angegangen.

Für uns mag die Erkenntnis genügen, das zwei völlig gegensätzliche Menschen gleichermaßen mit unserer Software oder Webseite etwas erreichen wollen. Wir könnten zwei unterschiedliche Schnittstellen entwickeln, die den jeweiligen Charakteristiken gut entsprechen – oder wir entwickeln eine Schnittstelle, die für alle Nutzer geeignet ist. Denn abgesehen von der allgemeinen charakterlichen Prägung unterliegen alle Menschen auch situativen Schwankungen. Ein geduldiger Mann kann in bestimmten Situationen sehr ungehalten reagieren, eine nervöse Frau kann in bestimmten Situationen sehr fokussiert und konzentriert arbeiten.

Somit stellt sich die Frage weniger, welche Persönlichkeit vor dem Computer sitzt, sondern ob das Interface der Aufgabe angemessen ist. Wenn es also gelingt, eine Schnittstelle so zu gestalten, dass ein geduldiger Mann seine Geduld und Ruhe behält und eine nervöse Frau ihre Nervosität ablegt, dann ist allen geholfen. Den Menschen ist bewusst, dass sie vor einer Maschine sitzen und nicht mit anderen Menschen interagieren. Insofern braucht man sich lediglich an die fünf Prinzipien der Einleitung zu halten.

Unterstützt man dabei die explorative, kreative, kollaborative, sozio-technische oder determinierte Nutzung, kann sich jeder Nutzer den Weg suchen, der am besten zu seiner Arbeitsweise passt.

Der **Explorative** wird die Webseite oder Software erkunden und sich seine Wege suchen. Also sind alle Funktionen korrekt beschriftet, und es gibt keine Sackgassen.

Der **Kreative** wird versuchen, die Grenzen der Software zu überwinden oder deren Möglichkeiten für neue Zwecke zu nutzen. Daher gestattet die Software alles, was keinen direkten Schaden anrichtet.

Der Kollaborative will eine Aufgabe gemeinschaftlich bearbeiten. Also ermöglicht die Software oder Webseite, einen Zwischenstand zu speichern, um beispielsweise nach Klärung von Fragen dort wieder einzusetzen. Außerdem werden alle geeigneten Datenimport- und -export-Formate angeboten.

Die Sozio-Technischen wollen die Arbeitsteilung zwischen Mensch und Maschine optimal nutzen. Nur wenn soziale und technische Aspekte jeweils in sich und auch miteinander in Harmonie sind, kann ein gutes Ergebnis entstehen. Also lässt die Software so oft wie möglich die Wahl, ob eigene oder menschlich bereitgestellte Daten verwendet werden. Der Nutzer wird nie zu irgendetwas gezwungen, stets über seine Möglichkeiten informiert und kann die Software entweder bis ins Detail nutzen oder nur eine ausgesuchte Funktionen.

Die Determinierten arbeiten zielgerichtet auf ein bestimmtes Ziel hin, alles andere interessiert sie nicht. Also bietet die Software oder Webseite Assistenten an oder schildert klare Wege aus, um ein Ziel zu erreichen – und nur dieses Ziel, ohne Umweg, Zusatzfunktion oder sonstige gutgemeinte Mehrwerte. Online-Hilfe oder Handbuch stellen unterstützend die Wege für Standardaufgaben vor.

Ein Programm wie Microsoft Word bietet beispielsweise Vorlagen für die Determinierten, die somit nur noch die benötigten Angaben eintragen. Jederzeit kann eine Datei gespeichert, wieder neu aufgerufen und in verschiedene Dateiformate exportiert werden. Auch das Einlesen zahlreicher Dateiformate ist möglich. Das Verfolgen von Bearbeitungen und die Möglichkeiten zur Online-Zusammenarbeit unterstützen ebenfalls die Kollaboration. Der Explorative kann sich im Ribbon (früher im Menü) stets über alle verfügbaren Optionen informieren und diese bei Eignung anwenden. Für den Kreativen stehen alle Funktionen zur Verfügung, die gerade irgendwie möglich sind (unabhängig davon, ob sie sinnvoll sind), nur gerade unmögliche werden deaktiviert. Die Sozio-Technischen können selbst entscheiden, wie sie Ihre Schreiben verfassen, ob sie sich von Word mittels Vorlagen leiten lassen, mit einer leeren Seite beginnen, ob sie das Dokument im Layout-Modus gestalten oder im Text-Modus einfach nur den Inhalt schreiben wollen.

Dass Microsoft Word im Detail viele Probleme hat, sollte nicht darüber hinwegtäuschen, dass es ein mächtiges Werkzeug ist, das für alle Nutzergruppen geeignete Arbeitsmöglichkeiten bereitstellt. Jederzeit kann man seine Arbeitsweise ändern, ohne dass die Software dies mit einer Fehlermeldung quittiert. Das ist erst dann bemerkenswert, wenn man sich aus der Nutzerperspektive herausbegibt. Es gibt zahlreiche Textverarbeitungsprogramme, und jedes hat seine Stärken. Aber so flexibel und arbeitsweisenneutral wie Microsoft Word ist keines. Wer eine bestimmte Arbeitsweise – und nur diese – bevorzugt, kann mit anderen Programmen sehr glücklich und effektiv arbeiten. Kritisch wird es erst dann, wenn man vom kollaborativen in den explorativen Modus oder von der kreativen zur determinierten Arbeitsweise wechseln möchte.

Wieso gibt es dann Dutzende Textverarbeitungen, wenn Microsoft Word alles kann? Weil Word eben nicht in allen Bereichen perfekt ist. Beispielsweise beherrschen andere Programme das Konvertieren zwischen verschiedenen Textformaten besonders gut oder bilden das Layouten oder für Autoren das fokussierte Schreiben im Schreibmaschinenstil mit rudimentären Formaten effektiver ab.

Wie gelangen Entwickler zur Idee, eine weitere Textverarbeitung zu programmieren? Sie stellen einen Mangel oder ein Problem fest, oder haben eine Idee für eine Verbesserung – oder solche werden an sie herangetragen. Wenn sie wirtschaftlich entwickeln, kalkulieren sie nun, wie groß der Zielmarkt sein könnte. Da viele Software-Entwicklungen nicht wirtschaftlich kalkulierbar sind, entstehen häufig im Hobby-Bereich oder aus Enthusiasmus spannende neue Programm-Ideen, die erst in der nächsten Evolutionsstufe zu einem Produkt werden.

Eine nützliche Software

Wenn der (Hobby-)Entwickler eine neue Software entwickelt, um ein Problem zu lösen, das er selbst entdeckt hat, kennt er seine Zielgruppe: sich selbst. Dann kann er die Zielgruppe auch genau definieren: Paul, 27, studierter Biologe, benötigt ein Tool, um Ergebnisse von Versuchsreihen schnell zu erfassen und direkt als Diagramm mit Tendenzberechnung auszugeben. Das kann Paul programmieren. Die Usability vernachlässigt er dabei, denn er ist ja seine eigene Zielgruppe.

Das Programm besteht aus einem unbeschrifteten Eingabefeld, in dem er einen Zahlenwert einträgt, [Enter] drückt, und in der unteren Monitorhälfte erscheint das aktualisierte Diagramm, eine graue Linie grenzt im Diagramm die Darstellung der Werte von der errechneten Tendenz ab. Für die Tendenzberechnung wechselt Paul mit den Tasten [A] [B] [C] zwischen drei Modellen. Andere Buchstabeneingaben werden ignoriert. Für Paul ist es ein gutes und hilfreiches Programm, aber seinen Kollegen kann er es nicht überlassen, ohne sie zu schulen. Trotz Schulung gibt es Frust im Alltag, wenn falsche Eingaben verschluckt werden, statt auf Fehler hinzuweisen und eine Korrektur zu ermöglichen. Verwendet jemand das Programm länger nicht, muss er es neu erlernen, denn nur bei Paul ist das Wissen um das Programm und dessen Bedienung verinnerlicht und selbstverständlich; weil er es selbst programmiert hat und dadurch viele Anker in seinem Langzeitgedächtnis gelegt wurden. Was für Paul eine Arbeitsvereinfachung und -beschleunigung ist, empfinden seine Kollegen als lästige Behinderung im Alltag.

Wenn Paul beabsichtigt, das Programm auch seinen Kollegen zur Verfügung zu stellen, sollte er bereits bei der Entwicklung Rücksicht auf diese nehmen. Er sollte zu jedem Kollegen, oder zumindest zu den repräsentativen Fällen, kurze Exposés anlegen.

- Marta, 54, nutzt Computer nur für das Notwendigste, kann nicht schnell tippen, macht häufig Fehler, ist unsicher.
- Fred, 37, hat in seiner Freizeit zwar bereits einige kleine Spiele programmiert, klickt aber lieber mit der Maus als auf der Tastatur zu tippen.
- Martin, 60, verwendet die Office- und Statistik-Programme souverän, wagt sich aber kaum in neue Gefilde vor.
- Emilia, 42, erfasst ihre Versuchsreihen mit Excel und zaubert beeindruckende Ergebnismappen damit.

Laut Kurzbeschreibung passt keine der vier Personen zu Pauls Programm. Aber alle sollen das Programm verwenden. Damit steht Paul vor dem klassischen 80/20-Problem. 80 Prozent – nämlich die Funktionalität – hat er in 20 Prozent der schlussendlichen Gesamtzeit entwickelt. Für die verbleibenden 20 Prozent der Arbeit wird er die verbleibenden 80 Prozent der Gesamtzeit aufwenden müssen:

- das Programm akzeptiert alle Eingaben, diese können korrigiert werden – Marta macht somit nichts mehr falsch bzw. beseitigt Fehler schnell
- der optische Aufbau des Programms orientiert sich an Excel mit Menüzeile bzw. Symbolleiste oben, darunter die Werteliste, die um den jeweils eingegebenen Wert ergänzt wird, und darunter das Diagramm – Martin und Emilia finden eine vertraute Optik vor
- das Programm kann seine Ergebnisse als CSV-Datei exportieren – Emilia und Martin nutzen die Werte dann in Excel oder anderen Programmen
- durch Anklicken eines Wertes in der Liste bzw. eines Punktes im Diagramm wird der entsprechende Wert in das Eingabefeld übernommen und kann so überschrieben/korrigiert werden – das gefällt Fred und Marta
- das Programmfenster enthält eine neue Eingabezeile, um den Namen der Versuchsreihe einzutragen, und das Eingabefeld erhält eine Beschriftung: „Versuch 1“, wobei die Zahl hochgezählt wird – das finden alle gut, denn so haben sie die Prüfung, ob die Menge der Eintragungen stimmt

- ◇ der Name der Versuchsreihe wird als Dateiname vorgeschlagen, wenn man die Werte in eine Datei exportiert – Emilia freut sich, dass sie schneller die Daten in das geliebte Excel übernehmen kann, auch Martin überträgt die Daten anschließend noch in sein Statistik-Programm
- ◇ der erfasste Bereich des Diagramms erscheint in Blau, die errechnete Tendenz in Grau, und die Fehlerabweichung als rote Linie – gerade Marta mag das
- ◇ der Name des verwendeten Tendenzberechnungsmodells wird angezeigt, per Klick darauf erscheint eine Auswahl der Alternativen, die Steuerung via Buchstabentasten funktioniert weiterhin – so spart sich Paul Debatten mit Martin
- ◇ das Programm kann mehrere Versuchsreihen miteinander vergleichen – das hatte niemand gefordert, aber alle freuen sich

Paul verwendet sein Programm weiterhin so, wie er es vorgesehen hatte, die anderen Nutzer nutzen es nun auch gern im Alltag. Aus einer kleinen Programmidee erwuchs eine leistungsfähige Software, die tatsächlich dabei hilft, schneller und effektiver zu arbeiten. Es entstanden weniger Fehler, und auch das Team arbeitete insgesamt schneller, denn bereits nach wenigen Versuchen ist sofort erkennbar, ob sich das Fortsetzen einer Versuchsreihe lohnen könnte. Bislang war es effektiver gewesen, erst eine Versuchsreihe abzuschließen und anschließend anhand der Auswertung den Erfolg bzw. häufiger den Misserfolg festzustellen. Durch die flexible Tendenzberechnung werden nun Misserfolge eher erkannt.

Pauls Lektion: Wenn du weißt, wer deine Nutzer sind, können sie auch deine Software verwenden.

User-Steckbriefe

Usability beginnt damit, dass der Entwickler – oder zumindest der Interface-Verantwortliche – weiß, wer die Software oder Webseite verwenden wird. Dabei hilft es, sich die künftigen Nutzer bildlich vorzustellen. Zur Veranschaulichung entwickelt man Personas (Seite 55), die repräsentativ für die Zielgruppe sind, und erstellt für drei bis zwölf kurze Steckbriefe.

- ◇ Ein Foto findet man in zahlreichen Fotoanbietern wie fotolia, thinkstock, istockphoto. Werden die Steckbriefe nur intern verwendet, genügen oft Ergebnisse der Google-Bildersuche.
- ◇ Jede Person erhält einen Namen, ein Alter und eine kurze Bildungsbiografie (Schulabschluss, Ausbildung, Weiterbildungen, Kurse).

◇ Der Grad der Computerkompetenz ist festzulegen: Gelegenheitsnutzer, Power-User, welche Aufgaben oder Tätigkeiten werden regelmäßig mit dem Computer erledigt.

◇ Abschließend wird definiert, in welchen Situationen die Software oder Webseite benutzt wird: konzentriert und häufig am Arbeitsplatz, unterwegs auf einem Mobilgerät, in der Mittagspause im Büro, gemütlich auf dem Sofa. Kann die Person dabei in Ruhe stöbern und probieren, oder muss sie schnell zu einem Ergebnis kommen?

◇ Jeder Person gibt man eine sogenannte User-Story (Seite 62) mit. Als „Ich"-Satz wird formuliert, was die Person erreichen möchte, welche Ressourcen sie zur Verfügung hat, welche Interessen oder Sorgen oder Erwartungen möglicherweise ihre Entscheidungen beeinflussen. Idealerweise wird auch die Motivation angegeben.

„Als interessierter Laie möchte ich mich über Usability informieren, damit meine Webprojekte erfolgreicher sind. Ich lese meist etappenweise unterwegs auf meinem Tablet. Ich befürchte, dass ich entweder nur allgemeines Blabla erfahre oder so hyperkonkret absurde Beispiele, dass ich wenig Freude beim Lesen habe und es kaum im Alltag anwenden kann."

Hat man mehrere solcher Steckbriefe verfasst, lässt sich die Richtung eines Software- oder Web-Projektes gut daraus ableiten. Viele Entscheidungen sind bereits mit der ehrlichen Anfertigung der Profile gefallen. Stellt allerdings eine Marketing-Abteilung solche Steckbriefe zusammen, sollten diese auf Plausibilität geprüft werden. Natürlich möchte das Marketing alle Menschen erreichen und ist versucht, durch ein breites Steckbriefspektrum, alle Fälle abzudecken. Ziel der Steckbriefe ist jedoch, die Kernzielgruppe zu definieren und einen Fokus zu haben, auf den man hinentwickelt.

Steckbriefe leisten außerdem gute Dienste, wenn ein Projekt voranschreitet. Dann püft man regelmäßig anhand der Profile und der User-Storys, ob man sich auf dem richtigen Weg befindet oder welche Persona man enttäuschen würde.

Novizen und Experten

Einerseits soll jede Software oder Webseite bereits bei der ersten Nutzung für Novizen verständlich sein und diese befähigen, ihre Ziele zu erreichen. Andererseits sollen Experten ebenso damit zurechtkommen und – im Idealfall – effektiver und flotter damit arbeiten können.

Expertise kann in verschiedenen Bereichen bestehen. Fachliche Kenntnisse helfen sicherlich, eine Buchhaltungssoftware zu verwenden. Ein Nutzer kann ebenso Kompetenz in der Nutzung ähnlicher Programme oder Webseiten besitzen. Für das Programm MS Word beispielsweise gibt es keine fachliche Ausbildung, sondern Expertise entsteht durch autodidaktisches Nutzen und Erforschen der Funktionen. Ein Experte tritt jedenfalls mit zahlreichen Vorkenntnissen an eine Software oder Webseite heran und erwartet, dass auch bei dieser seine Kenntnisse anwendbar sind. Ein Novize dagegen hat entweder nur geringe Kenntnisse über die fachlichen Hintergründe oder wenig Erfahrung in der Bedienung – oder beides.

Praxisbeispiel: Buchhaltungssoftware

Eine neue Buchhaltungssoftware soll sich – laut Anforderung – gleichermaßen an Novizen und Experten richten. Die Nutzerschnittstelle berücksichtigt daher:

⋄ **fachliche Ahnungslosigkeit**: Assistenten und praktische Hinweise, Hilfetexte oder klare Abfragen decken die Standardfälle gut ab. Ein umfangreiches und leicht verständliches Glossar erklärt Fachbegriffe und wie diese in der Software verwendet werden. Auswertungsmöglichkeiten, die zwar buchhalterisch nicht benötigt werden, aber alltagsvertraute Beziehungen darstellen, schaffen einen inhaltlichen Einstieg in das Thema.

⋄ **fachliche Expertise**: Klare Eingabemasken erfassen alle Buchungsfälle direkt und schnell. Die gebräuchlichen Auswertungs- und Exportfunktionen werden in Menüs angeboten.

⋄ **geringe Erfahrung mit Buchhaltungssoftware**: Ein Tutorial-Modus oder Erklärvideo stellt die grundsätzliche Bedienung vor. Bei Bedarf unterstützt die Online-Hilfe. Die Oberfläche wirkt nicht zu buchhaltungstypisch, um aufgrund ihres Zahlencharmes nicht abzuschrecken. Auto-Vervollständigen-Funktion und einfache Korrekturmöglichkeiten senken die Hemmschwelle.

⋄ **jahrelange Erfahrung mit Buchhaltungssoftware**: Die Oberfläche weist auf den ersten Blick erkennbar die etablierten Paradigmen von Buchhaltungssoftware auf. Masken und Unterstützungsfunktionen weichen nicht zu sehr von denen der anderen Programme ab.

Diese Liste verdeutlicht das Dilemma. Wird die Hauptzielgruppe nicht rechtzeitig definiert, hat der Oberflächen-Designer keine Chance, ein überzeugendes Interface zu konzipieren. Eine Buchhaltungssoftware, die sich an fachliche Anfänger richtet (die meist auch wenig Erfahrung mit Buchhaltungssoftware besitzen), kann allerdings im Hintergrund sehr mächtig sein oder über die Jahre an Mächtigkeit gewinnen – wenn die Software etabliert ist bzw. die Zielgruppe die Software akzeptiert hat. Übrigens ist bislang in allen Fällen der Ansatz gescheitert, zwei Bedienoberflächen anzubieten (eine für Anfänger und eine für Profis, zwischen denen man entsprechend seines Fortschritts wechseln kann).

Wie dramatisch der Zielgruppenwechsel ausfallen kann, erlebte Microsoft, als bei Word die Ribbon-Bedienung eingeführt wurde. Alle Experten mussten auf das neue Bedienparadigma umlernen und fühlten sich zumeist ausgebremst. Eine Software, die Anfang der 1980er mit einer Funktionsvielfalt des heutigen Wordpad gestartet war, hatte sich über die Jahre zu einem komplexen Profi-Werkzeug entwickelt. Der Wechsel zur Ribbon-Bedienung bedeutete den gefühlten Wechsel der Zielgruppe: Weg von den Experten, die mit der vorigen Word-Version wahre Wunder vollbringen konnten, zu den Novizen, die erst einmal die Nutzung einer Textverarbeitung erlernen wollten oder mussten. Auch wenn Word immer noch sehr wirkmächtig ist, verbirgt es seine Power unter einer anfängerfreundlichen Oberfläche. Microsoft als Textverarbeitungs-Marktführer war es gelungen, einen Sprung in der Bedienung zu machen und radikal alte Bediengewohnheiten abzustreifen.

Bei Buchhaltungssoftware ist kein Quantensprung absehbar, da jede neue Software auf den breiten Markt schielt und sich daher an bisherigen Programmen und deren Funktionsweisen orientiert. Ebenso sind im Bereich der Textbearbeitungen die Standards gesetzt, und keine neue Software wird große Marktanteile erhaschen. In den Nischen ist jedoch viel Platz, denn viele spezielle Zielgruppen benötigen mehr oder anderes als der Standard bietet.

Tastenkürzel

In den meisten Fällen wird man die Zielgruppe zwischen den Extremen des absoluten Anfängers und des Vollprofis anvisieren und ein gewisses Maß an fachlicher Kompetenz voraussetzen. Um den unterschiedlichen Graden der Computervertrautheit gerecht zu werden, gibt es zahlreiche Konventionen und Hilfsmittel. Neben der Bedienung über Menüs (die alle verfügbaren Befehle auflisten und so Anregungen für geeignete Aktionen bieten) haben sich Tastenkürzel bewährt.

In der Textverarbeitung beispielsweise markiert der Novize ein Wort, klickt im „Bearbeiten"-Menü auf „Ausschneiden". Dann klickt er mit der Maus den Textcursor an eine andere Stelle und klickt im „Bearbeiten"-Menü auf „Einfügen". Der versierte Nutzer wählt (nach einem Rechtsklick auf das Wort) im Kontextmenü „Ausschneiden" und an der Zielstelle dann „Einfügen". Der Power-User drückt [Strg] [X] zum Ausschneiden und [Strg] [V] zum Einfügen. Der mausgesteuerte Power-User verschiebt das markierte Wort mit der Maus an die gewünschte Stelle. Alle vier Arbeitsfolgen bewirken das Gleiche: Das Wort wird von einer Stelle an eine andere verschoben. Der unsichere Novize geht womöglich auf Nummer Sicher und wählt „Kopieren" und löscht das Wort erst nach dem erfolgreichen Einfügen von der alten Stelle. Es gibt übrigens noch die Möglichkeit, den Menü-Befehl durch Tastatursteuerung aufzurufen.

Ist es wirklich nutzerfreundlich, diese fünf verschiedenen Wege für Ein und Dasselbe anzubieten? Verwirrt man damit die Nutzer nicht vielmehr? Ja und Nein. Zum einen haben wir die direkte Manipulation angeboten (Wort mit der Maus verschieben). Dazu kommt die Menü-Steuerung (per Maus oder Tastatur auswählen oder im Kontextmenü). Als dritte Option gibt es die Tastenkürzel. In einer Software-Umgebung, wo alle drei Bedienarten (Maus, Menü, Tastatur) gleichermaßen unterstützt werden, empfiehlt es sich sogar, alle häufigen Aktionen auf allen drei Bedienwegen ausführen zu lassen. Welche Aktionen häufig sind, verrät die Analyse der Zielgruppe und derer Ziele.

Bei der Mausbedienung ist zu beachten, dass die Mausaktion plausibel und metaphorisch korrekt ist. Im Computeralltag wird „Kopieren" häufiger verwendet als „Ausschneiden", es läge nahe, beim Verschieben des Wortes mit der Maus, dieses an die neue Stelle zu kopieren. Das bräche aber die Metapher, denn in der realen Welt wird etwas tatsächlich an einen anderen Ort verschoben, verschwindet also am Ursprungsort. In der Computerwelt wird das Kopieren mit der Maus durch zusätzliches Drücken der `alt`-Taste erreicht.

Die etablierten Standard-Abkürzungen lassen nicht mehr allzuviel Auswahl, zumal die verwendeten Buchstaben zum jeweiligen Befehl passen sollten. Gegen Tastenmangel hilft die Kombinationen mit anderen Tasten: `shift` und `alt` auf Windows, auf MacOS außerdem `ctrl`. Aber auch hier gibt es bereits einige Standardbelegungen: `cmd` `shift` `S` ruft den „Sichern unter"-Dialog auf und `cmd` `shift` `P` die Einstellungen für das Papierformat zum Drucken.

Einige Programme verwenden Standard-Tastenkürzel für Sonderfunktionen. Einige Programme bieten keine oder eigene Tastenkürzel für Standard-Funktionen, beispielsweise unterstützen einige zwar Zoom-Stufen, aber nicht die entsprechenden Standard-Tasten (+, – und 0). Ist eine Standard-Funktion nicht integriert, kann theoretisch das Tastenkürzel für andere Funktionen genutzt werden, praktisch ist vorher zu eruieren, wie sehr die Nutzer auf die Standard-Belegung konditioniert sind. Handelt es sich um eine hochfrequente Funktion und eine selten genutzte Standard-Tastenbelegung, ist die Umwidmung eher verzeihlich als wenn eine Standard-Belegung wie `S` für eine gelegentliche Funktion verwendet wird. Dabei ist zu bedenken, dass die Software später weitere Funktionen erhalten kann. Fehlt beispielsweise zunächst eine Druck-Funktion, sollte das `P` dennoch nicht für eine andere Funktion genutzt werden, da es kaum Programme gibt, die nicht irgendwann irgendeine Form von Druckfunktion anbieten.

Tastenkürzel lösen häufige Aktionen schnell aus und steigern somit für Power-User oder Dauer-Anwender die gefühlte und reale Effektivität. Viele Tasten sind bereits für Standard-Aktionen vergeben (unter Windows [Strg] für „Steuerung" oder [ctrl] für „Control" und dazu die entsprechende Buchstabentaste drücken):

- ◇ [Z] – Zurück, Undo ([Strg] [shift] [Z] – Rückgängig widerrufen)
- ◇ [N] – Neu, neues Dokument, neues Fenster
- ◇ [O] – (bestehende Datei) Öffnen
- ◇ [S] – aktives Dokument in Datei sichern
  ([Strg] [shift] [S] – Sichern unter)
- ◇ [P] – Print, Drucken
- ◇ [F] – Finden / Suchen (z.T. mit [Strg] [alt] [Shift] bereichsbezogen)
- ◇ [G] – Weitersuchen
- ◇ [A] – Alle auswählen
- ◇ [X] – Ausschneiden (in die Zwischenablage)
- ◇ [C] – Kopieren (in die Zwischenablage)
- ◇ [V] – Einfügen (aus der Zwischenablage)
- ◇ [D] – (markierte Auswahl) Duplizieren
- ◇ [B] – (Textmarkierung) Bold, Fett
- ◇ [U] – (Textmarkierung) Unterstreichen
- ◇ [I] – (Textmarkierung) Italic, Kursivschrift
- ◇ [R] – Reload, Refresh, Neuladen einer Anzeige bzw. einer Webseite
- ◇ [W] – Window close, Fenster schließen
- ◇ [F1] – (ohne Zusatztaste) Hilfefenster aufrufen

Bei MacOS werden die Tastenkürzel mit [cmd] eingegeben, und es gibt einige Abweichungen und Standard-Ergänzungen:

- ◇ [Q] – Quit, Programm beenden
- ◇ [T] – Textformat (Palette mit Einstellungen zur Schrift)
  oder Neuer Tab (in Programmen ohne Texteingabe)
- ◇ [H] – Hide, aktuelles Programm ausblenden
- ◇ [M] – Minimieren
- ◇ [,] – Programm-Einstellungen
- ◇ [+] – Ansicht vergrößern (reinzoomen)
- ◇ [-] – Ansicht verkleinern (rauszoomen)
- ◇ [o] – Ansicht auf Standardgröße
- ◇ [?] – Hilfe

Mitunter ist eine Belegung nicht auf Anhieb einsichtig oder erklärt sich erst dadurch, dass viele Tastenkombinationen bereits belegt sind. Innerhalb eines Programms sind die Kürzel jedoch konsistent. Gibt es verschiedene Ansichten, so wird beispielsweise über die Zahlen zwischen diesen gewechselt, Tastenkürzel mit Zahlen lösen niemals Funktionen aus. Funktionstasten werden nur von wenigen Programmen aktiv integriert.

Da Tastenkürzel für Power-User gedacht sind, Power-User also die wichtigen Tasten-Kürzel bereits kennen, kann eine neue Software diese nicht in neuer Weise verwenden. Die Software respektiert das bereits Gelernte und die Fähigkeiten des Anwenders und baut darauf auf: Jedes Programm mit Druckfunktion ruft das Drucken über ⌨Strg⌨ ⌨P⌨ auf. Ein Power-User nähert sich mit der Erwartungshaltung einem neuen Programm, dass alles „wie immer" funktioniert. Also erhält jede Standard-Funktion das Standard-Tastenkürzel.

Davon profitieren auch Novizen, denn deren Kenntnisstand wächst mit jeder Nutzung. Je einheitlicher die Standards eingehalten werden, desto eher verlassen sich User darauf und nutzen diese. Etablierte Standards zu nutzen, erhöht das Vertrauen, verbessert die Lernkurve und lässt über die Zeit aus Novizen versierte Nutzer werden. Außerdem spart es Konzeptionsaufwand.

Im Umkehrschluss sind Experten oder Power-User für bestimmte Dinge blind. Das Löschen einer Datei wird mit reflexartigem Druck auf ⌨Enter⌨ bestätigt. Den Abfrage-Dialog, ob man sich sicher sei, die Datei löschen zu wollen, nehmen sie gar nicht mehr wahr. Würde man einen neuen Datei-Manager entwickeln, müsste man bei der Löschen-Sicherheitsabfrage ebenfalls das „Ja" vorauswählen, damit es mit ⌨Enter⌨ bestätigt werden kann – sonst entsteht Irritation.

Wie kann man erreichen, dass Sicherheitsabfragen nicht einfach weggeklickt werden? Indem keine Vorauswahl eingestellt ist? Dann klicken Power-User blind mit der Maus auf die entsprechende Schaltfläche, aber sie lesen die Abfrage höchstens die ersten zwei Male durch – wenn überhaupt. Der einzige Weg ist eine inhaltliche Datenabfrage: „Um die 18 Dateien tatsächlich zu löschen, tragen Sie die Anzahl ein." Erst wenn der User „18" eingetragen hat, wird das Löschen ausgeführt. Da ich Dateien jederzeit aus dem Papierkorb zurückholen kann, ist diese auf Dauer nervige Abfrage unnötig. Aber in bestimmten Situationen stellt eine solche Abfrage sicher, dass der Nutzer sich noch einmal aktiv mit seiner Aktion auseinandersetzt. Gerade wenn kleine Fehler große (Kosten-) Auswirkungen haben können, ist dies sinnvoll, beispielsweise wenn in einer Preiskalkulation ein Rabatt von mehr als 20 Prozent gewährt werden soll.

Praxisbeispiel: Design eines Webshops

Der überwiegende Teil von Webshop-Besuchern fällt in die Kategorie Novize oder Gelegenheitsnutzer. Kaum jemand wird in einem Webshop jeden Tag mehrere Bestellungen auslösen und so zum Experten dieses Webshops werden. Aber es gibt Menschen, die insgesamt sehr viel online einkaufen, also zahlreiche verschiedene Webshops nutzen. Diese sind quasi Webshop-Experten auf einem allgemeinen Level, aber Gelegenheitsnutzer in Bezug auf einen konkreten.

Somit orientieren sich Konzeption und Design daran, welches allgemeine Wissen über Webshops ein Besucher mitbringt. Dieses Wissen ist durch die Nutzung anderer Webshops geprägt. Der Usability-Experte Jakob Nielsen mahnt lakonisch: „Fast die gesamte Zeit nutzen unsere User andere Webseiten." Zu diesem an anderen Orten erworbenen Wissen gehört unter anderem:

◇ Mit einer Suchfunktion finde ich schnell ein bestimmtes Produkt – die Suchfunktion sollte ich nicht suchen müssen.

◇ Über einen Warenkorb sammle ich Produkte ein, diese muss ich manuell hinzufügen, dabei kann ich die Menge beeinflussen.

◇ Zu jedem Produkt gibt es eine Seite mit ausführlichen Informationen und evtl. auch Kundenrezensionen.

◇ Produkte sind in Kategorien sortiert. Durch Filter kann die Produktmenge gebändigt werden.

◇ Um die Bestellung auszulösen, muss ich „Zur Kasse". Dabei werden Rechnungs- und Lieferanschrift sowie Angaben zur Zahlung abgefragt. Erst wenn ich alle Angaben noch einmal übersichtlich auf einer Seite angezeigt bekomme und dann „Kaufen" klicke, wird die Bestellung tatsächlich ausgelöst – bis dahin kann ich den Bestellvorgang konsequenzlos verlassen.

Jeder neue Webshop muss diese Funktionen mitbringen, denn sie werden erwartet. Selbst Gelegenheitsnutzer erwarten diese, sind jedoch oft unsicher und benötigen erklärende Worte oder Hilfestellungen, um Vertrauen aufzubauen und den Prozess korrekt zu durchlaufen. Natürlich ist ein Webshop selbsterklärend, denn wenn Kunden ständig hilfesuchend anrufen, ist das zum einen für die Kunden lästig und ruiniert zum anderen für den Webshop-Betreiber die Kalkulation, wenn zahlreiche Anfragen seine Mitarbeiter auslasten.

Kaum jemand wird zum Experten eines bestimmten Webshops, sodass er oder sie ihn blind bedienen könnte. Auf der Kehrseite werden die Erwartungshaltungen auch immer auf den aktuellen Webshop projiziert, also bestimmte Funktionen an bestimmten Stellen erwartet. Werden diese nicht angeboten, ist ein versierter Webshop-Nutzer irritierter als ein reiner Gelegenheitsnutzer.

Im Normalfall erfolgt die Bedienung mit dem gerade ausreichenden Maß an Aufmerksamkeit. Mit zunehmender Versiertheit sinkt die Bereitschaft, Texte zu lesen, selbst Button-Aufschriften werden nicht mehr gelesen! Befindet sich ein Button in einem bestimmten Kontext, wird er als Standard-Funktion wahrgenommen, unabhängig davon, was seine Aufschrift sagt. Ein hervorgehobener Button in optischer Nähe zu einer Preisangabe und zu einer Produktabbildung bedeutet „In den Warenkorb legen" – ganz egal, was drauf steht. Da können Marketing-, Design- und andere Abteilungen noch so sehr argumentieren, dass ja deutlich darauf stünde „Produkt bewerten", es wird zahlreiche Fehlbedienungen geben.

So wie in der Laden-Welt alle Kaufaktionen nach dem gleichen Muster ablaufen (Ware aussuchen, dabei ggf. Hilfe in Anspruch nehmen, dann die gewünschte Ware im Kassenbereich bezahlen und anschließend mitnehmen), so sollen aus Kundensicht auch alle Webshops gleich funktionieren. Jede Abweichung – und sei sie noch so gut gemeint – verursacht Irritationen. Schließlich wollen Webshop-Besucher nicht die Bedienung eines Webshops erlernen oder studieren, sondern ihre eigenen Ziele verfolgen: bestimmte Produkte erwerben.

Auf dem abstrakten Level funktioniert Amazon sehr gut. Auf der konkreten Ebene darf man sich jedoch niemals an Amazon orientieren, denn diese kommen bei den Nutzern mit vielen Dingen durch, die auf anderen Webseiten unverzeihlich wären. Ein Grund ist sicherlich die große Nutzerschar, sodass jeder jemanden kennt, der einem helfen kann; die Nutzer schulen sich quasi gegenseitig. Durch diese große Nutzerschar genießt Amazon großes Vertrauen, das sich andere Webshops erst verdienen müssen.

„Amazon" ist für viele zu einem Synonym für Online-Shopping geworden, so wie „Google" für Online-Suche. Gretchenfrage: Ich suche ein Produkt bei Google und erhalte zwei Treffer, einen Amazon-Treffer und einen anderen Webshop. Bei welchem werde ich bestellen? Wenn der andere nicht deutlich günstiger ist oder einen klaren anderen Vorteil in den ersten Momenten erkennen lässt, werden die meisten bedenkenlos das Produkt bei Amazon kaufen. Denn bei Amazon „funktioniert es einfach", wie jeder aus Berichten von Bekannten weiß, und schließlich ist Amazon der größte Onlineshop der Welt, damit kann ich ihnen vertrauen. Ja, auch Größe und Image schaffen Vertrauen, das so lange bestehen bleibt, wie das persönliche Erlebnis den Vertrauensvorschuss nicht zunichte macht. Hat der Besucher ein positives Erlebnis bzw. erlebt keinerlei Frust, wird der Vertrauensvorschuss in Vertrauen umgewandelt, und eine neue – vermutlich langjährige – Kundenbeziehung hat begonnen.

Amazon hat den Standard-Vorgang des Ladens übernommen und durch Komfort-Funktionen erweitert. Der Warenkorb bleibt über viele Besuche hinweg erhalten, und Amazon berät als virtueller Verkäufer seine Kunden durch Empfehlungen an allen nur denkbaren Stellen. Der Bestellvorgang ist auf das Nötigste reduziert und bietet dennoch zahlreiche Optionen wie getrennter Versand an verschiedene Adressen oder Geschenkverpackung. Dazu muss Amazon nicht nur seinen Webshop gut im Griff haben, sondern auch die nachfolgende Logistik. Da der Webshop die Besucher bei jedem Besuch wiedererkennt, ist die Nutzung eines Kundenkontos so selbstverständlich integriert und auf das Notwendigste reduziert, allein dadurch sind zahlreiche Funktionen überhaupt erst möglich.

Das Nutzererlebnis wird also durch externe Faktoren maßgeblich beeinflusst. Nur Funktionen, die die anschließende Prozesskette auch erfüllen kann, werden angeboten. Der zurückhaltende Einsatz von Datenschutzrestriktionen und die technischen Möglichkeiten erweitern die Möglichkeiten zusätzlich und haben direkten Einfluss auf das Nutzer-Erlebnis. In vielen anderen Shops würde es beispielsweise nicht toleriert, dass ich bei einem späteren Besuch eindeutig auf meine vorigen Bestellungen bezogene Empfehlungen erhalte. Doch Amazon genießt das Vertrauen bzw. hat es bislang noch nicht verspielt, sodass auch Novizen den Shop mit einem Vertrauensvorschuss nutzen.

Praxisbeispiel: Software für die interne Verwendung

Wird eine Software entwickelt, für die man die künftigen Nutzer sogar persönlich kennt, gelten andere Regeln. Der Entwickler besucht beispielsweise die Mitarbeiter an ihrem Arbeitsplatz und lässt sich erklären, was die Software alles können soll. Diese Aufgabe scheint zunächst sehr einfach, denn die Nutzer können genau sagen, was sie wie haben wollen. In der Praxis ist es jedoch meist die schwerere Herausforderung.

Solange ein Webshop sich an Webshop-Standards hält und dem Besucher keine Hürden in den Weg legt, ist er auf einem guten Weg. Der Webshop-Besucher weiß, dass dieser Webshop nicht für ihn persönlich entwickelt wurde und bringt etwas Bereitschaft mit, sich in dessen Nutzung einzuarbeiten. Webshops werden zudem eher privat genutzt, und das angenehme Erlebnis steht im Vordergrund. Benötigt der Bestellvorgang vielleicht eine halbe Minute länger, als er es rein pragmatisch müsste, ist das kein Problem, solange der Kunde sich wohlfühlt.

Bei einer Software für eine konkrete Zielgruppe dagegen wissen die Nutzer, dass die Software speziell für ihre Bedürfnisse entwickelt wurde. Wohlfühlen steht nicht auf der Kriterienliste für ihre Zufriedenheit. Die Software soll sie entlasten, nicht ausbremsen oder frustrieren. Plötzlich spielt die Frage, ob der Button rot oder gelb ist, eine große Rolle. Ist es in einem Webshop relativ egal, ob der Bestellvorgang auf mehrere Seiten verteilt wird (solange es am Ende eine zusammenfassende Übersicht gibt), so wird der Entwickler bei einer internen Software an einer deutlich kürzeren Leine gehalten. Andererseits hat er einen anderen Vorteil: Seine Nutzer sind fachliche Experten. Er kann von ihnen erwarten, dass das Vokabular, die Prozesse sowie die Eingaben genau definiert sind und dass die Nutzer sich an diese halten.

Ungünstigerweise ist der Entwickler jedoch selten ein fachlicher Experte für das Thema, für das die Software verwendet wird. Also greift er auf die Zielgruppe zurück. Diese sagt ihm, wie die Fachbegriffe für bestimmte Daten lauten, sodass Beschriftungen kompakt ausfallen können und wenig Hilfe-Texte nötig sind. Durch Recherche oder Vor-Ort-Beobachtung findet er heraus, in welche Prozesse oder Abläufe die Software integriert ist. Übrigens können Nutzer nie genau sagen, was sie genau wollen. Deshalb ist es letztlich effektiver, sie zu beobachten und nicht nach ihren Wünschen zur Software, sondern nach ihren Arbeitsschritten, Prozessen und verwendeten Daten zu fragen. Erst wenn die Nutzer tatsächlich die Software verwenden, ist der richtige Zeitpunkt, sie konkret nach der Software-Bedienung zu fragen und diese entsprechend ihres Feedbacks zu optimieren. Ist eine Software sehr komplex, holt man die Meinung der Nutzer bereits zu Prototypen oder Zwischenversionen ein.

Durch Beobachtung oder richtiges Fragen erkennt der Entwickler, was wirklich wichtig ist. Werden beispielsweise 20 Daten als Eingabe benötigt, die der Nutzer aus verschiedenen Quellen zusammensuchen muss, dann erfährt der Entwickler, in welcher Reihenfolge diese üblicherweise zusammengetragen werden und wird sie auch in dieser Reihenfolge abfragen. Werden Daten von Papier übernommen, so sollte die Bildschirmmaske einen ähnlichen Aufbau wie die Papiervorlage haben, sodass ein kurzer Blick genügt, ohne die Beschriftung lesen zu müssen.

Der entscheidende Vorteil ist, dass der Entwickler seine Mitarbeiter schulen oder eine Schulung veranlassen kann. Mitunter ist es günstiger, Nutzer zu schulen als Software umzubauen. Auch eine aufgabenbezogene Dokumentation ist nützlich. Wer für die Bedienung eines Webshops eine Anleitung schreiben muss, hat seine Kunden verloren. Doch für eine Software, die regelmäßig genutzt wird, ist dies eine sinnvolle Option. Denn nach mehreren Nutzungen wird die Bedienung erlernt und kann dann tagein tagaus angewendet werden.

Das setzt zwei Dinge voraus. Erstens muss die Software tatsächlich einen Nutzen für die Mitarbeiter haben und in deren Arbeitsalltag und -prozesse passen. Zweitens muss eine konstruktive Fehlerbehandlung erfolgen. Nutzer machen immer Fehler (und immer dort und dann, wo man es nicht erwartet). Natürlich sollte auch der Webshop die häufigsten Fehler abfangen, aber dort kann noch eine Nachbearbeitung durch den Webshop-Betreiber erfolgen, wenn beispielsweise die Lieferanschrift einen Buchstabendreher aufweist. Es gibt also eine nachgelagerte Instanz, die schlimme Fehler ausmerzen kann – schließlich ist der Kunde ja kein Experte, und deshalb erwarten wir von ihm keine Fehlerfreiheit.

Wer käme jedoch auf die Idee, sämtliche Eingaben einer Buchhaltungsabteilung noch einmal einzeln nachzukontrollieren? Allenfalls stichprobenartig oder anhand der Ergebnisberechnung erfolgt eine Kontrolle. Da die Eingaben von Fachkräften vorgenommen werden, unterstellen wir Fehlerfreiheit, aber auch Fachkräfte können einen Zahlendreher verursachen oder in der Zeile verrutschen. Eine gute Buchhaltungssoftware prüft daher beispielsweise, ob die eingegebene Kostenstelle auch existiert, ob Werte in einem erwartbaren Spektrum liegen, ob Steuern oder andere Abgaben korrekt aufgenommen wurden. Natürlich ermöglicht diese Software auch die einfache Korrektur durch den Nutzer.

Wie gut eine Software ist, zeigt sich, wenn sie an ihre Grenzen stößt. Selbst eine schlampig erstellte Buchhaltungssoftware wird ihren Zweck erfüllen. Doch Sonderfälle verursachen Probleme, oder wenn unplausible Daten akzeptiert werden, die versehentlich eingetragen wurden. Ob es sich um Zahlendreher handelt oder der Mitarbeiter erschöpft über seiner Tastatur zusammenbricht und ein Eingabefeld mit wirren Zeichenfolgen befüllt – die Software sollte auch den schlimmsten Fall abfangen, wenigstens durch angemessene Korrekturmöglichkeiten.

Jede Aktion eines Mitarbeiters kann sich direkt auf das Unternehmensergebnis auswirken. Diese Macht verlangt nach einer Software, deren Usability anders zu beurteilen ist als die eines Webshops.

Weitere Nutzergruppen

Die folgenden Paare orientieren sich vorwiegend an Besuchern von Webseiten. Übrigens wechseln Menschen gern – je nach Stimmung, Motivation, Interessengebiet, aktueller Verfassung – zwischen den Typen. Bei der Suche nach einem Fahrrad agiert ein Nutzer vielleicht als Jäger, während die Auswahl eines Buches eher sammlerisch erfolgt. Muss er schnell Ersatz für sein Fahrrad finden, wird er ebenfalls zum Jäger, während das allgemeine Stöbern nach einem Fahrrad für die nächste Sommersaison ihn als Zauderer erscheinen lässt. Mitten in einer Debatte über historische Persönlichkeiten will der Diskutant nur die Lebensdaten und einige Fakten über Napoleon erfahren (15. August 1769 bis 5. Mai 1821, „Napoleon Bonaparte", korsische Abstammung), während ihn am nächsten Tag die gesamte detaillierte Lebensgeschichte interessiert.

Das Gemeine daran ist: Der Nutzer weiß genau, was er will – aber oft erst, wenn er es sieht. Der Anbieter einer Webseite kann nur spekulieren, was genau der Nutzer braucht oder sucht oder auf welche optischen oder textlichen Reize er jetzt in seiner aktuellen Situation anspringt.

Männer und Frauen

Die Aufteilung nach Geschlechtern gebiert zahlreiche Mythen:

- Männer kaufen zielgerichtet, und Frauen impulsiv, bedächtig und überhaupt ganz anders.
- Männer sind pragmatisch, Frauen gefühlsbetont.
- Männer sind Einzelkämpfer, Frauen inter-agieren mit anderen Menschen und helfen einander.
- Männer sind vom Mars, Frauen von der Venus.
- Männer können nicht einparken und Frauen nicht zuhören.

Diese Klischees sind so beliebt und langlebig, weil jeder tagtäglich Dutzende Beispiele erlebt, die sie bestätigen und bestärken. Die widerlegenden und abweichenden Verhaltensweisen nehmen wir kaum wahr oder verbuchen sie als Ausnahmen. Auch wenn die Pauschalisierungen dazu tendieren, häufiger zu stimmen als falsch zu sein, so sind sie dennoch zu allgemein, um im konkreten Fall nützlich zu sein. Auch Männer können gefühlsbetont agieren und impulsiv kaufen. Männer helfen sich ebenso und nutzen ebenfalls intensivst soziale Netzwerke und Foren. Die neuere Forschung hat ergeben, dass vermutlich alle Männer und Frauen nicht von fremden Planeten kommen, sondern von der Erde, und dass die Verhaltensweisen kontextbezogen gewählt werden.

Es gibt kein „weibliches Verhalten", das alle Frauen befolgen, und kein „männliches Gebahren", das allen Männern eigen ist. Vor allem das persönliche Interesse an einem Thema bestimmt das eigene „Involvement" und die Entscheidungsgeschwindigkeit. Es gibt statistische Korrelationen zwischen dem Geschlecht und Themen wie Fußball, Mode, Computerspiele, Garten, Sammelfiguren, Kosmetik, Werkzeuge, Nahrungsmittel etc. Daraus jedoch Kausalitäten zwischen Fußball und Männern oder Mode und Frauen zu konstruieren, wird der Realität nicht gerecht. In einem Webshop entscheidet nicht das statistische Geschlecht über die Präsentation bzw. Inszenierung der Produkte, sondern die Frage, ob es sich um pragmatische Produkte wie Werkzeuge oder um sinnliche Produkte wie Mode handelt.

Der Großteil an Impulsivkäufen, bei Männern und Frauen, ist bereits länger vorbereitet. Der Mensch hat sich über das Warenangebot beiläufig informiert, verschiedene Optionen nebenher erwogen, und beim Anblick eines geeigneten Kaufobjekts zu einem angemessen wirkenden Preis wird dann zugeschlagen. Was in dem Moment wie ein Spontan- oder Impulsivkauf wirkt, hat fast immer eine längere Vorgeschichte, derer sich die Personen oft nicht bewusst sind.

Natürlich agieren Frauen beim Anblick von Schuhen spontaner als Männer, die eher bei einem technischen Gadget impulsiv zugreifen – für solche geschlechtsspezifischen Sortimente ist die (unbewusste) Kaufvorbereitungsphase erheblich kürzer, als wenn Frauen ein Gadget oder Männer Winterstiefel besorgen sollten. Und schon sind wir wieder in die Klischeefalle getappt, die aus anekdotischen Pseudo-Evidenzien gezimmert wurde.

Dabei wird gern unterschlagen, dass Entscheidungen auch aus Unbekümmertheit oder Desinteresse an der Auseinandersetzung oder gar aufgrund thematischer Souveränität impulsiv oder raschgetroffen werden können. Dagegen können thematische Unsicherheit, Furcht vor der falschen Entscheidung, Freude an der Auseinandersetzung mit dem Thema, Lust am Stöbern oder andere Gründe eine Entscheidung schier endlos verzögern.

Fakt ist, das Verhalten hängt von mehreren Parametern ab, beispielsweise:
- ◇ Persönlichkeit, Charakter, Erfahrungen
- ◇ Thematische Interessen
- ◇ Situation, Nutzungskontext
- ◇ Aufgabe, Ziel, Bezug zu eigenem Interesse
- ◇ Verfügbare Ressourcen (Zeit, Geld, Aufwand)

Die Persönlichkeit besteht aus unendlich viel mehr Facetten als dem biologischen Geschlecht oder der Altersgruppe, auch wenn die Vielzahl der weiteren Faktoren gern unterschlagen wird. Die Situation oder der Kontext sind die Domäne der Usability, denn durch die Gestaltung, die Funktionen und deren Darbietung werden die Erwartung und das Verhalten stärker beeinflusst als durch das Geschlecht.

Tests oder detaillierte Beobachtungen vermögen, das eine oder andere geschlechtliche Klischee zu bestätigen. Dabei ist jedoch zu berücksichtigen: Werbung, Aufmachung, Slogan oder Marke wecken Erwartungen, und die Nutzer agieren dem suggerierten Bild entsprechend, so lange wie ihnen dies ohne Anstrengung möglich ist. Eine Werbekampagne, die vor Glück schreiende Frauen beim Schuhkauf zeigt, bedient ein geschlechtliches Klischee und fördert entsprechendes Verhalten. Geschlechtstypisches Verhalten basiert großteils auf zu erfüllenden Erwartungen: Jungs weinen nicht und spielen mit Panzern statt Puppen, dafür mögen Mädchen kein Fußball und sorgen sich um das Wohl ihrer Puppen. Rosa ist nicht die Lieblingsfarbe von Frauen, und es gibt technisch unbegabte Männer.

Vor dem Computer sitzen die Menschen jedoch oft allein und interagieren nur mit dem Bildschirminhalt. Aus den verfügbaren Hinweisen werden Rückschlüsse auf das erwartete Verhalten gezogen: Aufteilung, Farbeinsatz, Schriftwahl, Tonfall, Informationspräsentation und andere Elemente tragen dazu bei. Entsprechend wird ein zielgerichtetes oder rationales Verhaltensmuster gewählt, das als männlich gilt, oder ein als weiblich klassifiziertes stöberndes Verhalten. Bei Webseiten ist der Effekt stärker als bei Computerprogrammen; allenfalls bei Computerspielen wird durch die Aufmachung in einigen Fällen bewusst eine weibliche Klientel angesprochen – und durch zu offensive Femininität ein Teil der Frauen sowie der Großteil der Männer abgeschreckt.

Daher verabschieden wir uns von der Männer-Frauen-Trennlinie und betrachten andere Typisierungen, die Rückschlüsse auf das Verhalten erlauben. Dabei sind wir uns bewusst, dass die Typen nur Denkhilfen der Extreme darstellen, zwischen denen die Nutzer je nach Persönlichkeit, Befindlichkeit, Aufgabe und Kontext das situativ scheinbar geeignete Verhalten zeigen.

Jäger und Sammler

Der Jäger weiß genau, was er will. Der Sammler schaut sich mal hier um, mal dort, stolpert gemütlich durch die Webseite und nimmt erst mal alles mit, was interessant aussieht. Jedenfalls würde er das gerne tun, aber auch sein Zeitpensum ist begrenzt, irgendwann wird er schlafengehen wollen.

Der Jäger braucht eine Suche, die im Idealfall noch vor ihm weiß, was er finden will. Aus kryptischen Sucheingaben liefert sie ihm genau das Ergebnis, nach dem er gesucht hat. Der Jäger weiß, wie seine Beute aussieht oder aussehen sollte, und alles, was ihr nicht ähnlich sieht, nimmt er nicht wahr. Sucht der Jäger ein Mountain Bike in einem Webshop, so erwartet er eine bestimmte Silhouette, d.h. Rahmen, Reifen, Lenker und Sattel stehen in bestimmten Größenverhältnissen zueinander. Die Abbildung der Kiste, in der das Rad geliefert wird, nimmt er nicht als Mountain Bike ernst, sondern sucht weiter.

Der Sammler dagegen nimmt erst einmal alles mit, was irgendwie nach Beute aussieht. Erst im zweiten Schritt sortiert er aus.

Jäger: „Da ist ja, was ich suche." (= Impulsentscheidung)

Sammler: „Das sieht interessant aus." (= nachgelagerte Entscheidung)

Zielgerichtete und Stöberer

Der Zielgerichtete ist dem Jäger sehr ähnlich. Bei ihm kommt jedoch noch eine Komponente hinzu. Er kennt sein Ziel und will dieses ohne viele Umwege erreichen. Für alles, was nicht seinem Ziel entspricht, ist er blind. So erkennt er womöglich den kürzesten Weg gar nicht, weil er sein Ziel so sehr im Blick hat, und der Weg dorthin für ihn auch glasklar ist, nur diese vermaledeite Webseite will ihn nicht dorthin lassen ...

Der Zielgerichtete ist oft durch äußere Umstände veranlasst, sich auf etwas zu fokussieren und dieses möglichst schnell zu erreichen, Ablenkungen behindern nur. Möglicherweise wurde er beauftragt, etwas zu tun, worauf er gar keine

Lust hatte, oder er will aus eigenem Antrieb etwas tun, wofür ihm aber in dem Moment eigentlich Zeit und Muße fehlen.

Der Stöberer dagegen schaut sich an, was es so gibt und probiert auch Wege aus, die mit seinem Ziel gar nichts zu tun haben müssen. Einfach mal gucken, ob sich dort auch etwas Interessantes finden lässt. Wer im Stöbermodus ist, wird allerdings selten Transaktionen ausführen, sondern informiert sich meist nur für spätere Entscheidungen oder Aktionen.

Zielgerichtete: klare Vorstellung vom Ziel und Weg dorthin (= Tunnel)

Stöberer: „Oh schau mal hier, oh schau mal dort!" (= freier Blick ohne Fokus)

Abenteurer und Schutzbedürftige

Der Abenteurer kennt seine Grenzen und weiß, wann es kritisch wird. So ist ihm bewusst, dass bis zum Klick auf „Kaufen" am Ende eines Bestellvorgangs keine Konsequenzen für ihn entstehen. Souverän und selbstsicher probiert er daher alle Funktionen aus, die er noch nicht kennt. Von Entdeckerdrang getrieben arbeitet er sich durch die Angebote und nimmt auch verschlungene Pfade. Er genießt es, unpragmatische Dinge zu tun, die keinen erkennbaren Zweck haben. „Mal schauen, was passiert", ist seine Devise.

Der Schutzbedürftige braucht dagegen in jedem Moment die Versicherung, dass nichts Schlimmes passiert. Für ihn kann – je nach Erfahrung – bereits das Legen eines Produkts in den Webshop-Warenkorb eine umfangreiche Überlegung oder Abwägung zwischen Nutzen und befürchteten Nebenwirkungen auslösen. Seine Kontodaten gibt er nur widerwillig ein, denn er weiß, dass diese missbraucht werden könnten. Auch seine E-Mail-Adresse ist ein heiliges Gut, das er nicht einfach so preisgibt. Für ihn ist es daher besonders wichtig, Zeichen der Vertrauenswürdigkeit zu erhalten, auch wenn er diese häufig anzweifeln wird, wie beispielsweise die Siegel verschiedener Zertifizierungsstellen.

Das Schutzbedürfnis kann einerseits aus Unkenntnis und mangelnder Erfahrung resultieren oder andererseits aus einem sehr großen Wissen über Gefahren und Missbrauchspotenziale. Gelegentlich gibt es auch die Zwischenform des Schutzbedürftigen mit Halbwissen, der zwar um einige Gefahrenpotenziale weiß, aber nicht in der Lage ist, deren Wahrscheinlichkeit oder Auswirkungen abzuschätzen.

Abenteurer: „Mir kann nichts passieren" (= Sicherheit)

Schutzbedürftige: „Soll ich das jetzt wirklich tun?" (= Unsicherheit)

Meinungsbesitzer und Schwamm

Das Quasi-Gegenstück zum Neugierigen ist der Meinungsbesitzer, der mit einer vorgefassten Einstellung oder Meinung etwas ausprobiert – natürlich wird er Recht behalten. Er ist schnell mit seinem Urteil und verallgemeinert gern. Da er weiß, dass seine Meinung korrekt ist (und weil die anderen sowieso nicht kompetent genug sind), ergreift er jede Möglichkeit zur Meinungsäußerung. Kundenrezensionen, Forenbeiträge, Blogkommentare, Feedback- oder Chatfunktion – kein Eingabefeld ist vor ihm sicher.

Die gemäßigte Form des Meinungsbesitzers ist kommunikationsstark, argumentiert überzeugend und faktisch versiert und kann gut damit leben, dass mehrere Meinungen parallel bestehen. Ein solcher Meinungsbesitzer äußert sich nur dann, wenn er inhaltlich besonders motiviert ist, einen Mehrwert für eine Forumsdiskussion oder einen relevanten Aspekt als Kundenrezension zu beizusteuern. Oder wenn die Hürde für eine Meinungsäußerung besonders niedrig ist, beispielsweise keine Anmeldung benötigt wird und er sofort losschreiben kann.

Der Schwamm dagegen ist gar nicht dazu zu bewegen, eine eigene Meinung oder Rezension zu erstellen. Er wird sich auch nicht registrieren, nur um weitere Informationen zu erhalten oder etwas zu lesen. Er oder sie wird alles gründlich lesen und daraus so etwas wie eine eigene schwammige Meinung destillieren. Entschlossenes Auftreten ist nicht die Kernkompetenz des Schwamms, eher das Durchwursteln, „es wird schon irgendwie gehen.“

Während der Meinungsbesitzer schnell zu einer anderen Webseite wechselt, um auch dort seine Meinung kundzutun oder zumindest zu schauen, ob seine Meinung über die Webseite noch stimmt (natürlich stimmt sie noch), bleibt der Schwamm lange auf einer Webseite und studiert diese gründlich und gewissenhaft. Wenn er dann eine Meinung gebildet hat, dann ist diese zwar vage, aber dafür gefestigt. Der Schwamm gehört zu den loyalen Besuchern, die immer wiederkommen, wenn auch oft aus Furcht vor dem Unbekannten oder weil er genügend Vertrauen aufgebaut bzw. emotionale Energie investiert hat.

Meinungsbesitzer: „Das ist kompletter Mist!“ (= Kommunikationsbedürfnis)

Schwamm: „Die anderen sagen alle, das sei Mist.“ (= Rezeptionslust)

Interakteur und Konsument

Jeder Button verdient es, dass er geklickt wird, jeder Scrollbalken muss bewegt werden, jede Funktion einer Webseite gehört ausprobiert. Der Interakteur spielt damit, dass eine Webseite mehr als Texte und Bilder enthält, er will alles erleben, anklicken, austesten. Daher sind ihm Automatismen suspekt, die ihm Klicks oder Eingaben wegnehmen. Schon aus Prinzip wählt er testweise nacheinander alle Zahlungsarten in einem Webshop aus, um zu sehen, wie der Shop darauf reagiert. Spielchen oder interaktive Funktionen probiert er natürlich aus. Lange Texte dagegen meidet er und sucht stets die nächste interaktive Herausforderung.

Der Konsument dagegen möchte einfach nur am Ziel ankommen, am liebsten ohne jedes Tun. Im Idealfall bräuchte er nur „Fahrrad" zu denken und erhielte am nächsten Tag das perfekte Rad geliefert. Das Selber-Aussuchen, Recherchieren und den Bestellvorgang nimmt er nur als notwendiges Übel in Kauf und würde gern darauf verzichten. Deshalb kauft der Konsument bevorzugt bei Amazon, seine Daten sind dort hinterlegt, und er muss sie nicht erneut eingeben. Den Shop kennt er bereits und spart sich das „Erlernen" eines neuen, selbst einen Amazon-Klon in anderen Farben würde er als Lernaufwand ansehen.

Interakteur: „Lass mich das selber tun" (= Aktivität)

Konsument: „Danke" (= Passivität)

Genießer und Pragmatiker

Auf der Startseite einer Webseite verharrt der Blick des Genießers auf einem besonders ausdrucksstarken Foto. Lange. Vermutlich für mehrere Minuten. Die Geschichte zu dem Foto liest er nur, damit er sich noch länger mit dem Foto beschäftigen kann. Ihm fällt auch sofort auf, dass die Überschriftgestaltung überhaupt nicht zur Textgestalt passt, dass die Webseite unharmonisch wirkt, und die Linie unter dem Menü „geht gar nicht". Die Wohlgestalt einer Webseite dagegen zelebriert er förmlich, erkundet viele Seiten, probiert herum und möchte nichts verpassen. Kurzum, er erfreut sich an schönen Dingen, gibt sich diesen hin und kann darüber auch sein eigentliches Ziel vergessen.

Letzteres würde dem Pragmatiker nie passieren. Dieser ärgert sich eher, dass durch die vielen großen Bilder die Webseite etwas länger zum Laden braucht. Landet er in einer Sackgasse oder erkennt er nicht sofort, wie er seinem Ziel näherkommt, wird er ungeduldig und rasch ungehalten.

Genießer: „Schön, die Blumen dort im Garten am Wegesrand. Hör mal, wie die Vögel zwitschern." (= mit allen Sinnen dabei)

Pragmatiker: „Das war umständlicher als gedacht." (= Fokus auf Ergebnis)

Natürlich lassen sich zahlreiche weitere Typisierungen vornehmen. Eine erfolgreiche Webseite zeichnet sich dadurch aus, dass sie entweder ihre Zielgruppe sehr präzise und exakt anspricht oder möglichst vielen Zielgruppen bzw. Nutzertypen etwas bietet, also für den Abenteurer ebenso lohnend ist wie für den Meinungsbesitzer oder Schwamm und dem Schutzbedürftigen Vertrauen spendet. Im ersten Fall wird die Webseite zwar wenige Besucher haben, die aber viel Aktivität zeigen und eine gute Konversion aufweisen. Die Besucher bilden häufig eine Interessengruppe, die sich auch im realen Leben gut verstehen würde, beispielsweise eine Community für ein bestimmtes Computerspiel. Im zweiten Fall gibt es zwar deutlich mehr Besucher und Nutzer, aber von diesen zeigen weniger die gewünschte Aktivität oder Konversion.

Wirtschaftlich können beide Modelle lohnend sein. Eine Webseite mit täglich 1.000 Besuchern, von denen 200 konvertieren (also gewünschte Aktionen ausführen), hat eine Konversionsrate von 20 Prozent – diese Quote ist phänomenal! Eine andere Webseite hat 10.000 Besucher, von denen aber nur 1,5 Prozent konvertieren – das entspricht 150 Besuchern. Gelingt es der zweiten Webseite, ihre Besucherzahl auf 15.000 zu steigern und die Konversionsrate beizubehalten, ist sie mit 225 Konversionen letztlich erfolgreicher. Während die erste Webseite aufgrund ihrer spitzen Zielgruppe nur begrenztes Wachstum erreicht, kann die zweite aufgrund ihrer breiten Zielgruppe fast unbegrenzt wachsen.

Die Nutzertypen helfen bei der Definition der Zielgruppe für ein Webprojekt oder eine Software. Bei pragmatischer Software (wie Buchhaltung, Textverarbeitung oder Steuerungssoftware) haben sie jedoch weniger Einfluss als beispielsweise bei Spielen oder Unterhaltungssoftware. Die Nutzertypen können Anregungen für Funktionen geben oder verdeutlichen, dass bestimmte Funktionen nicht benötigt werden oder weniger prominent integriert werden sollten.

Erfassen, was Nutzer wollen

Von Henry Ford ist überliefert, dass Menschen lieber schnellere Pferdekutschen wollten als Autos – weil in ihrem Denkhorizont Autos noch gar nicht vorkommen. Dieser Gedanke lässt sich verallgemeinernd noch weiter zuspitzen: Nutzer wollen immer nur drei Dinge – schneller, besser, billiger.

Doch was wollen oder benötigen sie tatsächlich? Das gilt es herauszufinden. Dazu muss der Entwickler oder Software-Ingenieur die benötigten Aktionen kennen und kennenlernen. Oft unterscheidet sich die gelebte Praxis von der schönen Theorie. Dabei definiert er die Ist- und Soll-Zustände und vor allem auch die umgebenden Prozesse. Abhängigkeiten – ob direkt oder indirekt – gehören ebenfalls zur Anforderungsaufnahme. Ist es in einer Umgebung beispielsweise laut, kann ein Tonsignal ungehört verhallen, dann wäre eine Bildschirmausgabe angebracht. Ist der Ablauf eines Teilprozesses zeitkritisch, kann es sinnvoll sein,

Warnungen in den Folgeprozess zu integrieren, wenn der aktuelle Prozess aus dem Takt gerät. Dadurch wird der Gesamtprozess stabilisiert und optimiert.

Bei der Anforderungsaufnahme werden häufige und gelegentliche Aufgaben identifiziert. Die häufigen Aufgaben müssen effektiv bewältigt werden, jede Optimierung kann sich aufgrund der hohen Frequenz rentieren. Die Usability bei hochfrequenten Aufgaben, die mehrere Dutzend Mal in einer Stunde erledigt werden, bemisst sich vor allem an der Geschwindkeit und Fehlervermeidung. Da können kryptische Tastensteuerung effektiver sein als ein wunderschön gestalteter Bildschirmdialog. Bei gelegentlichen Aufgaben ist die Geschwindigkeit nicht so vordringlich, da kann es geeigneter sein, Assistenten oder andere Unterstützungen zu integrieren, sodass diese Aufgaben fehlerfrei, verzögerungsarm und ohne Ablenkung bewältigt werden können.

Das Allerwichtigste aber ist: Die Funktionalität muss den Anwenderbedürfnissen entsprechen. Wenn die Anwender ihre tatsächlichen Bedürfnisse nicht kennen – was meist der Fall ist – müssen diese erst entdeckt werden. „Ich möchte diese Seite schnell ausdrucken", lautet vielleicht das Anwenderbedürfnis. Doch das tatsächliche Anwenderbedürfnis wäre womöglich: „Ich muss die Daten aus diesem Dokument ohne jeden Verzug der anderen Abteilung zur Verfügung stellen." Da wäre es eventuell sogar effektiver einen E-Mail-Export zu integrieren als die Druckfunktion zu optimieren.

Die Lektion kann auch so lauten: Vertraue deinen künftigen Nutzern nicht! Mache dir selbst ein Bild und finde heraus, was tatsächlich benötigt wird. Die Masse der Nutzer will immer zuerst das Alte und Vertraute. Nur wenn das Neue deutlich erkennbar nützlicher ist, sind sie bereit, von allein zu wechseln. Fehlt die aus Nutzersicht erkennbare Nützlichkeitssteigerung, dann ist es umso wichtiger, dass das Neue in keiner Weise schlechter als das abgelöste Alte ist. Sonst wird sich statt Vertrauen in das Neue ein Nachtrauern um das Alte einstellen. „Früher war alles besser/einfacher", ist die oft zu hörende Seufzäußerung, wenn etwas Neues kommt, und dafür alte Gepflogenheiten obsolet wurden.

Aus den Erkenntnissen, was die Nutzer tatsächlich wollen, soll eine neue Software, eine Funktionalität oder eine Webseite entwickelt werden. Damit alle Beteiligten – Auftraggeber, künftige Kunden oder Nutzer, Entwickler, Projektleiter, Designer usw. – von Projektstart bis -ende die gleiche Vision verfolgen, sollte diese formuliert werden. Dabei helfen mehrere Ansätze.

Personas

Personas beschreiben prototypische Nutzer. Dazu werden Steckbriefe erstellt, die die jeweiligen Figuren mit einer kurzen Biografie vorstellen:

◇ Alter, persönliche oder familiäre Situation, Hobbys
◇ Aufgaben und Ziele
◇ Beruf, Funktion, Verantwortlichkeiten
◇ Ausbildung, fachliches Wissen, Fähigkeiten
◇ Computerkenntnisse, Nutzungshäufigkeit, -intensität und -kontext der beabsichtigten Funktion/en
◇ Vertrautheit mit vergleichbarer Software, Funktion oder Webseite
◇ Leidensdruck, Frust, Erwartungen

Einige dieser Aspekte können gut mit Zitaten aus Interviews illustriert werden. Zitate und kurze wörtliche Schilderungen beleben die Persona und verdeutlichen ihre Interessenlage.

Mithilfe der Personas werden im nächsten Schritt Szenarien beschrieben. Sie eignen sich auch als Basis für User-Storys.

Personas werden vor allem benötigt, um einen Eindruck von seinen Nutzern zu bekommen. In einem kleinen Entwicklerteam, das eng mit den Nutzern verbunden ist, sind Personas selten nötig. Arbeiten die Entwickler jedoch größtenteils isoliert von den Nutzern, erhalten sie so wichtige Einblicke in die Zielgruppe ihrer Arbeit und werden dazu motiviert, ihre Arbeit aus einer anderen Perspektive zu betrachten.

Akteure und Rollen

Für eine etwas formalere Beschreibung genügen sogenannte Akteure. Diese entsprechen nicht (theoretisch) realen Personen, sondern den Nutzer-Rollen. In einem Webshop gibt es beispielsweise die Rollen Besucher, Kunde, Neukunde, Stammkunde. Wie sich diese unterscheiden, ist für jedes Projekt zu definieren:

Besucher: jeder, der die Seite aufruft und benutzt, auch ohne etwas zu kaufen

Kunde: (Untergruppe der Besucher) jeder, der eine Bestellung auslöst

Neukunde: (Untergruppe der Kunden) jeder, der eine erste Bestellung auslöst und bislang kein Kundenkonto angelegt hat

Stammkunde: (Untergruppe der Kunden) jeder, der bereits mindestens drei Bestellungen ausgelöst hat und über ein Kundenkonto verfügt.

Je nach Shop-Funktionalität sind möglicherweise weitere Unterscheidungen möglich. Auch ist im Beispiel die Rolle „Kunde" der Oberbegriff; nur für bestimmte Situationen wird zwischen „Neu-" und „Stammkunde" unterschieden.

Je nach Software können mehrere Dutzend Akteure definiert werden. Die Menge der Akteure und deren Definitionen orientiert sich sowohl an der Realität als auch an den tatsächlichen Nutzerrechten. Mithilfe der Akteure werden im nächsten Schritt User-Storys und Use-Cases sowie Anwendungsfälle beschrieben.

Akteure eignen sich vor allem, um überschaubare Projekte oder Funktionalitäten zu beschreiben. Das Grob-Konzept einer Software oder Webseite oder bestimmte Kernabläufe beschreiben sich besser mit Personas und Szenarien. Aus diesen ergeben sich dann Einzel- oder Teilfunktionen. Während beispielsweise Personas die allgemeine Funktionsweise eines Webshop veranschaulichen, werden die konkreten (Teil-)Funktionen separat mithilfe von Akteuren beschrieben. Aus Persona-Sicht genügt es festzuhalten, dass Nutzer Produkte bewerten können. Aus Akteurssicht handelt es sich um einen in sich abgeschlossenen Vorgang, der als Anwendungsfall mit allen relevanten Details notiert wird.

Da es sich bei Akteuren/Rollen, User-Storys und Use-Cases um interne Dokumente mit letztlich technischem Charakter handelt, ist die „geschlechtsneutrale Schreibung" hinderlich.[1] „Der Kunde" oder „der Nutzer" bezeichnet jede Person unabhängig vom Geschlecht, die über die Webseite etwas kauft oder diese nutzt. Die maskuline Form ist die unmarkierte Schreibweise. Es kann angebracht sein, einige Use-Cases oder User-Storys bewusst feminin zu formulieren, wenn diese aufgrund der Zielgruppe oder bekannter Nutzungen eher weibliche Personen betreffen. Werden beispielsweise Anwendungsfälle für Baby-Sachen in einem Webshop tendenziell öfter von Frauen genutzt, ist es hilfreich, von „Kundin", „Besucherin" oder „Nutzerin" zu sprechen. Dadurch ist in allen Folge-Schritten klar, dass die Bedürfnisse von Frauen besonders zu berücksichtigen sind. Ansonsten gilt die maskuline Schreibform als neutral, also geschlechtsunspezifisch. Sätze wie „Der Kunde/die Kundin kann seine/ihre getätigten Bestellungen in seinem/ihrem Kundenkonto aufrufen" verschlechtern die Lesbarkeit und sind wenig hilfreich. Aus solchen Aussagen sollen die Beteiligten vor allem ableiten, welche Funktionen benötigt werden, daher ist sprachliche Knappheit zielführend. Für die Aufgabe ist die Präzisierung des Geschlechts nicht hilfreich.

Um arbeitsteilige Prozesse – wie das Entwickeln einer „User Experience" oder Usability – zu beschreiben, sind Akteure und Rollen ebenfalls geeignet. Dabei kann ein Akteur einer Person oder einer Personengruppe entsprechen. Manche dieser Rollen überlagern sich auch, sodass eine Person zwei oder gar drei Rollen im Rahmen eines Projektes übernimmt:

---

[1] Erstens ist auch positiver Sexismus letztlich Sexismus. Zweitens handelt es sich um technische Dokumente und keine Marketing- oder PR-Materialien. Drittens ist die Binarität der Geschlechter eine verkürzende Verfälschung der Realität und vernachlässigt zahlreiche Aspekte. Viertens steht der Gewinn an Political Correctness in keinem Verhältnis zur Behinderung des Verständnisses und zum Zweck der Dokumente.

Auftraggeber   definiert die Basis-Anforderung für eine Software oder Webseite
  ⋄ Zielgruppe und Personas
  ⋄ Basis-Funktionalitäten anhand von User-Storys und/oder Use-Cases
  ⋄ Ressourcen und Zeitraum, organisatorische Rahmenbedingungen
  ⋄ Prioritäten

Projektleiter   Stellvertreter des Auftraggebers im Alltag gegenüber den anderen Akteuren (auf Detail-Level)
  ⋄ vereinbart mit dem Auftraggeber (ggf. in einem Workshop gemeinsam mit anderen Akteuren) den Umfang anhand von Personas und User-Storys
  ⋄ leitet gemeinsam mit umsetzenden Akteuren (und/oder ggf. anderen) die Akteure und Use-Cases sowie Anwendungsfälle ab
  ⋄ dokumentiert Personas, User-Storys, Akteure/Rollen, Use-Cases und Anwendungsfälle
  ⋄ koordiniert die Umsetzung, sorgt für reibungslosen Ablauf, besorgt nötige Zuarbeiten
  ⋄ sorgt für rechtzeitiges Testen und Erfüllen der Anwendungsfälle und Use-Cases
  ⋄ verwaltet das Budget und die Ressourcen und achtet auf Einhaltung
  ⋄ achtet gemeinsam mit Usability-Experte auf Einhalten der gesetzlichen Verordnungen, Befolgung der Normen

Usability-Experte   definiert den konkreten Ablauf der Anwendungsfälle aus Nutzersicht
  ⋄ multidisziplinär, aktiv in alle fachlichen Bereiche vernetzt (u.a. Marketing, Design und Entwickler)
  ⋄ berücksichtigt technische, fachliche und ästhetische Erfordernisse
  ⋄ definiert das Set der Interaktionsformen und Interaktionsmöglichkeiten für die Software bzw. Webseite („Grammatik", Guidelines für das User-Interface)
  ⋄ verwendet die optischen Bausteine des Standards oder definiert mit dem Designer, welche noch konkret zu erarbeiten sind
  ⋄ organisiert Tests und leitet ggf. daraus Änderungen ab
  ⋄ befolgt Normen, orientiert sich an Regelsammlungen, User-Interface-Patterns, Best-Practice-„Standards"
  ⋄ moderiert zwischen den verschiedenen Ansprüchen und Erwartungen

Designer   erarbeitet die konkrete Erscheinung
  ⋄ definiert Styleguide und arbeitet aktiv daran, diesen auf die Software oder Webseite anzuwenden und überwacht dessen korrekte Anwendung

⬦ orientiert sich am Corporate Design, gestalterischen bzw. ästhetischen Vorgaben des Auftraggebers (v.a. in Bezug auf die Zielgruppe)

⬦ liefert grafische Entwürfe für bestimmte Ansichten oder benötigte Elemente: Icons/Symbole, Logos, angepasstes Aussehen von Standard-Elementen (v.a. bei Webseiten)

⬦ wird nur benötigt, wenn das Standard-Set an optischen Bausteinen nicht genügt (diese Abwägung trifft er gemeinsam mit Usability-Experte und Projektleiter oder Auftraggeber)

User-Interface-Designer Misch-Akteur, der Aufgaben des Usability-Experten, Designers und Entwicklers übernimmt; der Fokus liegt dabei weniger auf Design und Umsetzung als vielmehr auf der Schaffung einer Bedienung, die eine gute Usability aufweist

Entwickler setzt die funktionalen Anforderungen im Design um

⬦ wird bereits in der Prototyping-Phase aktiv eingebunden bzw. übernimmt Umsetzungsaufgaben in dieser Phase

⬦ formuliert nicht-funktionale Anforderungen (v.a. technische Grenzen)

⬦ in der Praxis oft als Entwicklerteam oder -abteilung mit CTO (Chief Technical Officer) oder Software-Architekt anzutreffen, insbesondere Personen mit breitem technischen Know-how werden möglichst früh eingebunden, um Lösungsansätze auf Realisierbarkeit zu prüfen oder gemeinsam Ideen zu entwickeln

Fachabteilungen liefern benötigte Zusatzinformationen oder benötigen Zwischenergebnisse für ihre Arbeit

⬦ unterstützen bei der Erstellung der Personas, User-Storys und Use-Cases

⬦ gehören sie selbst zur Zielgruppe stehen sie für Interviews zur Verfügung und/oder ermöglichen die Erfassung ihrer Anforderungen durch Vor-Ort-Beobachtungen und Inquiries

⬦ dazu gehören alle Abteilungen, auf deren Arbeit die Software oder Webseite einen direkten oder indirekten Einfluss hat, beispielsweise:

Marketing, Marktforschung, Produktmanagement, Reporting: Erfolgsmessung, Aufspüren von Stellen mit Handlungsbedarf, Erdenken neuer Funktionen und Produkte, Erstellen von PR- und Werbematerialien (verspricht nur, was die Software oder Webseite auch einlöst)

Controlling: Auswertung der Ist-Situation und Benennung von Problemstellen, Risikobewertung für künftige Projekte

Kundenbetreuung/Support und Vertrieb: Sammlung von Problemfällen und Nutzerhinweisen, Schulung für neue Software oder Webseite, Unterstützung bei der Anforderungserfassung (quasi Vertretung der Kundeninteressen bei Workshops oder später internen Tests)

Nutzer   alle Personen, die die Software oder Webseite später nutzen sollen
- ◇ für bestimmte Ziele, Aufgaben
- ◇ mit eigenen oder fremden Motivationen
- ◇ in bestimmten Kontexten (Prozesse, Umfeld, Situationen, etc.)

Besucher   (Sonderfall von Nutzern für Webseiten) alle Personen, die eine bestimmte Webseite aufsuchen oder auf diese gelangen

Kunde   (Sonderfall von Besuchern für Webseiten) alle Personen, die in einem Webshop eine tatsächliche Kaufabsicht hegen und gewillt sind, diese umzusetzen

Tester   Personen, die anhand von Aufgaben oder Szenarien die Nutzung der Software oder Webseite vornehmen
- ◇ neben den tatsächlichen Ergebnissen werden auch Daten über den Testablauf erfasst, z.B. lautes Denken, Eye-Tracking, Mausbewegungen, Frage- oder Evaluierungsbogen
- ◇ Tests werden – je nach Fokus – entweder mit Prototypen, Alpha- oder Beta-Versionen oder der fertigen Software oder Webseite durchgeführt

Use-Cases und Anwendungsfälle

Die Funktionalität der Software oder Webseite gegenüber der Außenwelt wird in Use-Cases erfasst. Diese beschreiben sachlich und präzise, was in funktionaler Hinsicht geschieht. Ein Webshop enthält mehrere Use-Cases, die teilweise ineinander verschachtelt sind:
- ◇ Nutzer informieren sich über Produkte: Suchen, durch Kategorien stöbern, Detailinformationen aufrufen, mehrere Produkte vergleichen
- ◇ Nutzer bestellen Produkte: legen diese in den Warenkorb, ändern deren Menge, merken Produkte zum Bestellen auf einer Merkliste vor
- ◇ Nutzer legen ein Kundenkonto an: separat oder während der Bestellung, ggf. mit Zusatzfunktionen, wenn sie bestimmte Kriterien erfüllen (z.B. Privat- oder Firmenkunde)
- ◇ Nutzer bewerten Produkte: mit Sternchen, mit Text, kommentieren oder empfehlen andere Bewertungen

Jeder Use-Case besteht meist aus mehreren Anwendungsfällen. Jeder Anwendungsfall ist in sich abgeschlossen. Der Anwendungsfall „nach Produkten suchen" ist sehr kurz: Besucher trägt in das Suchformular eine Suchphrase ein und erhält geeignete Suchergebnisse aufgelistet. In der Schriftform behandeln Anwendungsfälle das System wie eine Black Box und schweigen sich über konkrete Funktionsweisen oder Algorithmen aus; es werden nur die Momente angegeben, in denen eine Nutzer-Interaktion erfolgt (als Ein- oder Ausgabe). Ein- oder Ausgaben werden nur inhaltlich spezifiziert. Ein Anwendungsfall schildert den Ablauf und Informationsfluss, nicht die konkrete fertige Lösung.

Anwendungsfälle können von Skizzen, Entwürfen, Mock-ups, Algorithmen oder anderen Dokumenten begleitet werden, die bestimmte Aspekte verdeutlichen. Wie beispielsweise die konkrete Suchergebnisseite aussieht, ist nicht Aufgabe des Entwicklers, sondern eines Designers in Absprache mit anderen Fachabteilungen. Der Anwendungsfall dient somit auch Nicht-Entwicklern dazu, benötigte Zuarbeit zu leisten, bzw. der Projektleiter kann anhand des Anwendungsfalls die jeweiligen Fachabteilungen mit der Zuarbeit beauftragen. Dazu gehören neben dem Design der Suchergebnisseite auch die Verständigung, welche Art von Ergebnissen in welcher Weise angezeigt werden soll, ob Produkte beispielsweise mit Preis und Verfügbarkeit ausgegeben werden oder nur als Name und Bild. Ob Produktkategorien oder andere Shop-Inhalte ebenfalls als Suchergebnis erscheinen sollen. Der größte Aufwand dürfte die Verständigung über „geeignete Suchergebnisse" sein. Aus dieser Klärung ergeben sich Anforderungen an den Suchalgorithmus oder die verwendete Suchtechnologie.

Aus der Definition eines Anforderungsfalls resultieren weitere Entscheidungen, die festgehalten werden: Ein Besucher ruft die Produktbewertung auf, dabei kann er das Produkt mit 0 bis 5 Sternen bewerten und eine Textbewertung abgeben (entweder beides oder eines von beidem); angemeldete Besucher können den Namen pseudonymisieren, nicht-angemeldete Besucher tragen einen Namen ein, der bei der Bewertung angezeigt wird. Je stärker man in die Materie eintaucht, desto mehr Entscheidungen sind zu treffen. Dabei beschleunigt die agile Software-Entwicklung, bei der Entwickler und Nutzer eng zusammenarbeiten, die Entscheidungen – diese werden beim Anwendungsfall dokumentiert. Die textliche Beschreibung wird durch das Design der Bewertungsabgabe begleitet, und die Textausgaben für den Nutzer werden formuliert.

Während Anwendungsfälle funktionale Anforderungen beschreiben, müssen Entwickler und andere in die Umsetzung involvierte Personen auch nicht-funktionale Anforderungen berücksichtigen. Dazu zählen beispielsweise eine maximale Reaktionszeit, technische Ressourcen, vorhandene Technologien, Budgetgrenzen und im Fall der Suche der entstehende Pflegeaufwand für die Suchdatenbasis.

Mitunter besteht ein Softwareprojekt nur aus einem Use-Case. Dann ist besonders zu prüfen, ob spätere Anwendungsfälle mit vertretbarem Aufwand integriert werden können. Oft fehlt die Verständigung, ob und welche plausiblen Anwendungsfälle nicht integriert werden, Use-Cases werden vergessen, die in der näheren Zukunft integriert werden sollen. Sind diese nicht zu Anfang bekannt, können technische oder andere Faktoren deren Umsetzung verhindern. Beispielsweise könnte ein Bedienmodell oder -konzept, das präzise auf den einen Use-Case zugeschnitten ist, bei einer Erweiterung die ursprünglich effiziente Bedienung in ihr Gegenteil verkehren. Die Grenzen jedes Projekts werden für Software und Webseite bewusst sowohl positiv als auch negativ gezogen: Was kann und bietet die Software oder Webseite, was wird sie später auch können – und was kann oder bietet sie bewusst nicht.

User-Storys

User-Storys sind tatsächlich Geschichten. Sie erzählen, wie eine Persona eine Aufgabe löst: Exposition/Ausgangssituation, Geschehen/Nutzung von Webseite oder Software, Happy End. Bevor der Use-Case „Ein Besucher bewertet Produkte anhand einer Fünf-Sterne-Skala und gibt eine Textbewertung dazu ab" an die Entwickler gegeben wird, werden sowohl die Personas als auch die User-Storys erstellt. Ansonsten wird jeder Entwickler sich in den unspezifizierten Akteur hineinversetzen und von seinen persönlichen Erfahrungen des Bewertung-Abgebens Rückschlüsse auf den Anwendungsfall ziehen. Richtet sich die Webseite jedoch vorwiegend an Damen gehobenen Alters, die eine solche Webseite gemeinsam im Freundeskreis nutzen (weil die Webseite als virtuelles Pendant zu Tupper-Partys konzipiert ist), dann ist der Entwickler komplett auf dem Holzweg.

Personas und User-Storys helfen ihm dagegen, sich auf die tatsächlich anvisierte Zielgruppe und die beabsichtigte Nutzung einzulassen und den Perspektivwechsel vorzunehmen. Die User-Story würde in dem Fall möglicherweise lauten: „Hedwig trifft sich einmal im Monat mit ihren Freundinnen Klara, Berta und Herlinde, um gemeinsam das Sortiment an neuen Produkten zu begutachten. Dabei schauen sie sich Produktbilder an, lesen die Texte dazu und betrachten zu einigen Produkten kurze Filme, die die Nutzung vorstellen. Anschließend bewerten sie, ob ihnen die Produkte gefallen. Am Ende des Jahres wählen sie aus allen Produkten, die ihnen gefallen, acht aus und erhalten diese zum halben Preis." (Im Idealfall wäre die User-Story durchaus etwas länger.)

Diese User-Story und die zuvor erarbeiteten Personas beschreiben einen ganz anderen Nutzungskontext, als der konkrete Anwendungsfall der Bewertungsabgabe vermuten ließ. Aufgrund der Zielgruppe müssen Text und Bilder größer und kontrastreicher als sonst ausfallen, die Bedienung kann nicht auf dem Entdeckerdrang aufbauen und stellt besondere Anforderungen an Einfachheit, Vertrauen und Fehlertoleranz. Anhand der User-Story wissen alle Projektbeteiligten, in welchem Kontext die Webseite eingesetzt wird, was deren Ziel ist, welche Erwartungen die Nutzer haben und können funktionale, gestalterische und technische Anforderungen daraus ableiten.

Durch die User-Storys werden die künftigen Nutzer vor dem geistigen Auge lebendig, und oft entstehen daraus Use-Cases und Anwendungsfälle, die in einer formalen Notation nicht bewusst geworden wären. Denn die imaginierten Nutzer machen Fehler, dehnen möglicherweise die Nutzung über die vorgesehenen Grenzen hinaus oder schaffen ganz andere Nutzungen. In einer Mischung aus Brainstorming und Rollenspiel können sich die Projektbeteiligten anhand der Personas und User-Storys Erweiterungen der Ausgangsidee erarbeiten und so künftige Use-Cases und Anwendungsfälle frühzeitig berücksichtigen. Die Vorstellungskraft belebt die Personas, erkennt deren Agieren und Wünsche („An dieser Stelle würde ich auch gern …", „Ich hätte erwartet, dass …" oder „Die Webseite will das und das, aber mich interessiert erst mal viel mehr dies oder jenes."), und diese finden so Eingang in die Webseite oder Software.

Für solche User-Storys eignen sich alle stilistischen Mittel, derer sich die Literatur und textproduzierenden Gewerke bedienen. Ein Roman soll dabei nicht herauskommen, aber die entstehenden kurzen Geschichten dürfen durchaus angenehm zu lesen sein. Illustrationen, Skizzen lockern auf, und Comics oder Foto-Romane veranschaulichen besondere Aspekte. Der Aufwand lohnt sich. Je konkreter ein Projekt geplant und letztlich umgesetzt wird, desto weiter entfernt es sich von der Ausgangsidee. Daher helfen gerade bei großen Projekten visuelle Darstellungen, sich rasch wieder in die ursprüngliche Persona oder User-Story hineinzuversetzen und diese nicht aus dem Blick zu verlieren.

Besonders wichtige Bereiche der Webseite oder Software werden bereits frühzeitig identifiziert und können als Szenarien beschrieben, in Story-Boards skizziert oder mittels grober Prototypen veranschaulicht werden. Je erklärungsbedürftiger oder kritischer bestimmte Nutzungssituationen oder Bedienweisen sind, desto nützlicher sind solche Mittel.

Natürlich werden die Szenarien, Story-Boards und Prototypen im Verlauf der Planung mehrfach angepasst, aktualisiert und überarbeitet. Je weiter die Vorarbeiten voranschreiten, desto konkreter werden sie ausgearbeitet. Bei großen Projekten werden häufig auch Glossare angelegt, in denen die verwendeten Begriffe definiert sind. Das beinhaltet sowohl die Begriffe der Nutzerschnittstelle als auch benötigte Fachbegriffe und andere Konzepte und Bereiche.

Checkliste: Erfassen, was Nutzer wollen

Personas sollten festgehalten werden, wenn:

◇ ein Projekt viele Wochen oder Monate dauern wird

◇ eine komplett neue Software oder Webseite erstellt wird (dann kommen außer dem Auftraggeber und Projektverantwortlichen auch beispielsweise Entwickler und Marketing für die Persona-Erstellung zusammen)

◇ eine komplexe Funktionalität umzusetzen ist (für die Beurteilung der Komplexität muss sich der Projektleiter in die Nutzer versetzen)

◇ eine Software voraussichtlich Schulungsaufwand über eine Einweisung hinaus erfordern wird

◇ eine Webseite eine sehr klar umrissene Zielgruppe anvisiert

Die Definition von **Akteuren** bzw. deren **Rollen** ist sinnvoll, wenn:

◇ eine übersichtliche Funktionalität abgebildet werden soll

◇ ein Ablauf entwickelt wird

◇ nicht die Erfahrung oder Nutzung im Fokus steht, sondern die Umsetzung

◇ verschiedene Rollen an der selben Stelle verschiedene Aktionen ausführen können oder müssen

◇ Entwickler mit der Umsetzung einer konkreten Funktionalität beauftragt werden

◇ die Funktionalität in sich abgeschlossen und klar umrissen ist (Anfang/Ausgangspunkt: Nutzerinteresse, etwas zu tun; Mitte: der Nutzer tut etwas; Ende: der Nutzer erhält ein Resultat)

Die Formulierung von **Use-Cases** ist angebracht, wenn:

◇ eine Aufgabe in Funktionseinheiten zerlegt werden kann

◇ die Akteure und Rollen definiert sind

◇ ein Feature oder eine Funktionseinheit konkret umgesetzt werden soll oder eine möglichst genaue Aufwandsschätzung erwartet wird

◇ alle Anwendungsfälle bekannt sind und definiert werden können

User-Storys eignen sich, wenn:

◇ die Personas beschrieben wurden

◇ eine Nutzersituation (ein wenig) vom Erwarteten oder Üblichen abweicht

◇ eine komplett neue Webseite oder Software entwickelt wird

◇ noch keine konkrete Idee vorliegt, wie die Webseite oder Software funktioniert bzw. bedient werden soll

Mit Nutzern reden

Anhand der Skizzen, Entwürfe und Prototypen wird bereits das Feedback der Zielgruppe oder von deren Vertretern eingeholt. So sind die iterativen Prozesse von Anfang an fester Bestandteil der Konzeption und Umsetzung. Durch die frühe und kontinuierliche Einbeziehung der Nutzer bleibt das Projekt auf Kurs und entwickelt nicht an deren Interessen und tatsächlichen Zielen vorbei.

Einschränkend ist anzumerken, dass sich nicht alle Nutzer eignen, in solche Iterationen einbezogen zu werden. Einige sind so in ihrer Ist-Situation verhaftet, dass ihnen die Vorstellung der neuen Webseite oder Software schwerfällt. Diese sind nur mit späten Entwürfen oder reifen Prototypen zu begeistern. Andere sehen nur Probleme, die meist in Sätzen wie „Das ist alles so anders." oder „Ich kann mir nicht vorstellen, wie das funktionieren soll." kulminieren. Einerseits wissen Nutzer aufgrund ihrer aktuellen Belastung und Verhaftung im Alltag selten, was sie tatsächlich wollen und können keine Visionen nachvollziehen. Andererseits ist es wichtig, sie von Anfang an einzubeziehen, um ihre Interessen zu berücksichtigen und die Furcht vor dem Neuen (wenn es dann fertig ist) zu nehmen.

Nutzer sind nie so blöd, wie wir glauben. Sie sind aber selten so „intelligent", wie wir sie gern hätten. Für die Präsentation vor allem früher Entwürfe bedarf es daher besonderen Geschicks im Umgang mit Menschen. Gern vergessen Projektinvolvierte, dass die Nutzer nur wenig von den Hintergründen und Entscheidungen wissen, die bereits getroffen wurden und halten die Nachfragen und das Unverständnis für nervig und zeitraubend.

Übrigens hilft es ungemein, wenn der grafische Stil dem Status der Verbindlichkeit entspricht. Ein früher Entwurf wirkt skizzenhaft, wie eine Stiftzeichnung. Das vermeidet Detaildebatten über Pixelgenauigkeit, Farben oder andere optische Details. Je weiter das Projekt voranschreitet, desto präziser fallen die Entwürfe aus. Realistische Mock-ups werden erst dann präsentiert, wenn diese tatsächlich ernsthaft als Option für die Umsetzung erwogen werden. Dabei kann es sich anbieten, zwei oder drei verschiedene Mock-ups anzufertigen, um anhand der Reaktionen und Fragen eine Entscheidung für das weitere Vorgehen zu treffen.

Eine Klasse für sich bilden jene Nutzer, die ihre Ideen bereits als fertige Lösungsideen präsentieren. Sogenannte Nutzer-Vertreter oder Bereichsleiter, die als Hauptansprechpartner für die Entwickler dienen sollen, formulieren ihre Ziele mitunter als fertige Bildschirmmaske mit konkreter Funktionsweise. Das ist zwar löblich, aber oft genug kontraproduktiv. Insbesondere dann, wenn keine Debatten zugelassen werden, schließlich läge die Lösung ja auf dem Tisch und müsse nur noch umgesetzt werden. Das sei doch ganz einfach. Die Entwickler sollten nicht über alles debattieren, sondern ihre Arbeit tun und das endlich entwickeln.

Sicher sind solche Vorarbeiten anerkennenswert. Noch anerkennenswerter wäre es gewesen, die Lösung gemeinsam zu erarbeiten. Das setzt jedoch ein Umlernen – mitunter der gesamten Firma – und das Schaffen von Vertrauen voraus. Außerdem arbeiten Entwickler effektiver, wenn sie wirklich verstanden haben, warum sie etwas wie entwickeln sollen. Solches Verständnis entsteht weniger durch Erklärungen, denn davon bleibt nur ein Bruchteil im Gedächtnis. Die aktive Einbeziehung dagegen dauert unwesentlich länger, aber der Entwickler kann durch Workshops, Dialogrunden oder Gespräche die Interessenlage und Ziele der Anwender und Nutzer nachvollziehen und besser berücksichtigen. Gibt es außerdem User-Interface-Designer oder Usability-Experten im Unternehmen, wäre die präzise Vorarbeit fast Kompetenzüberschreitung. Letztlich verhindert sie sogar gute Software, denn aus der Nutzerperspektive ist meist nur ein kleiner konkreter Teil der Ziele bekannt oder der Fokus liegt nur auf einem Teilziel.

Die Aufgabe des Projektverantwortlichen, Designers, Usability-Experten oder User-Interface-Designers dagegen ist es, Lösungen zu entwickeln, die über den gerade konkreten Anwendungsfall hinausgehen. Im Idealfall entsteht so die Grammatik für eine einheitliche Bedienung, die sich gut um neue Funktionen ergänzen lässt und somit langfristig alle entlastet. Noch häufiger lässt sich durch die erweiterte Perspektive der Nutzen steigern, indem Funktionen besser miteinander kombiniert werden oder ganz neue Nützlichkeiten erarbeitet werden. Die Komplexität der fachlichen Anforderungen ist nur ein Hilfsargument, um eigene Interessen durchzusetzen, statt mit vereinter Kompetenz eine gute Lösung zu erarbeiten.

Gerade im Bereich der Usability entstehen gute Lösungen nie allein, sondern erst im Zusammenspiel zahlreicher Disziplinen und aus dem Spannungsfeld zwischen Nutzeranforderungen und Ressourcen der Entwickler. Die Aufgabe eines Bereichsleiters besteht dann darin, zwischen diesen moderierend zu vermitteln. Im eigenen Ausarbeiten einer Lösung ignoriert er die Kompetenzen der Entwickler und Designer. Eine solche Unhöflichkeit oder Respektlosigkeit gegenüber den anderen Abteilungen wird meist noch davon gekrönt, dass die vorgeschlagene Lösung auch den behaupteten Nutzerinteressen nicht vollständig gerecht wird. Somit schaden solche durch hierarchische Machtpositionen angeblich legitimierten Ansätze allen. Vor allem aber den Nutzern oder Anwendern, denn diese müssen mit der Lösung dann erst einmal leben – oder suchen sich eine andere.

Checkliste: Für die Nutzer

◇ Der Nutzer hat …

- seine eigenen Ziele und Erwartungen
- keine Zeit
- immer Recht

◇ Der User ist …

- ungeduldig, un- oder fremdmotiviert
- unaufmerksam, unkonzentriert
- faul, bequem

◇ Der User will …

- gebraucht und mit seinen Fähigkeiten ernstgenommen werden
- möglichst wenig Stupidität ertragen
- sich auf den Computer, dessen Daten, Hinweise verlassen können

◇ Der User hat …

- stets die Kontrolle
- das Recht auf ungenaue Eingaben und Fehler
- das letzte Wort

4 Unsere Computer

Usability entsteht im Wechselspiel aus Menschen und Computern. Wenn erfasst ist, was die eine der beiden Parteien antreibt, fehlt noch der Blick auf die andere Partei: Was ist das Wesen des Computers, wie kann er dem Nutzer überhaupt helfen? Indem man ihn als Werkzeug begreift, das von einer Menschengruppe zur Verwendung durch eine andere gestaltet wurde.

Der Blick in die Historie zeigt wichtige Meilensteine der Entwicklung der Mensch-Maschine-Schnittstelle. Dabei ist gut zu erleben, wie durch neue Interfaces die Nutzung von Computern und computerähnlichen Geräten immer mehr Lebensbereiche erfasste.

Margaret A. Boden formuliert in „Künstliche Intelligenz und Menschenbilder"
(1985) das grundsätzliche Dilemma:

> *„Obgleich Computer im Prinzip alles können, was wir können, ist die
> tatsächliche Maschinenintelligenz heute und in vorhersehbarer Zukunft von
> der unsrigen weit entfernt. Dies wird deshalb oft übersehen, weil wir so
> schlecht in dem sind, was Programme gut können [...] Was jedoch meistens
> vergessen wird, ist der Umstand, dass Computer nahezu vollständig an
> Dingen scheitern, die wir alle gut beherrschen. Schließlich besteht
> Intelligenz zum großen Teil darin, vernünftige Entscheidungen ohne
> vollständige Evidenz zu treffen."*

Menschen und Computer sind grundverschieden. Besonders deutlich wird
dies, wenn man sich die Stärken beider Spezies vor Augen führt:

Tab. 4.1: Stärken

Menschen	Computer
Schwache Stimuli aufnehmen	Physikalische Größen zählen & messen
Stimuli vor verrauschtem Hintergrund erkennen	Signale außerhalb menschlicher Wahrnehmung aufnehmen
Muster in variierenden Situationen erkennen	Kodierte Informationen korrekt speichern
Unübliche, unerwartete Ereignisse aufnehmen	Vordefinierte Ereignisse überwachen
Prinzipien & Strategien erinnern	Schnelle, konsistente Antworten auf Eingangssignale
Wichtige Details erkennen, auch ohne Wissen über Kontext	Quantitative Größen & detaillierte Informationen akkurat abrufen
Abstraktionsfähigkeit, Muster erkennen, Intuition, Entscheidungen mit wenig Datenmaterial bzw. Evidenz	*selbe Eingabe + Algorithmus = immer die selbe Ausgabe; nicht ablenkbar*

Ein gutes Interface nutzt die Stärken der Menschen, kaschiert deren Schwächen und gewährt dem Computer die gleiche Behandlung: Stärken unterstützen
und betonen sowie Schwächen ausgleichen oder abmindern. Es wäre unfair,
von Menschen die exakte Uhrzeit, millisekundengenau, abzufragen, wenn der
Computer sich diese von einem Uhrzeitserver besorgen kann. Ebenso wäre
es – derzeit – von einem Computer zu viel verlangt, aus einer Vielzahl von
Informationen die wichtigste herauszusuchen; allenfalls Vorschläge nach bestimmten Auswahlverfahren sind geeignet. Die Entscheidung, welche tatsächlich
die wichtigste ist, trifft der Nutzer: Das ist seine Kompetenz, das bestärkt ihn

und etabliert die Rollen vom Nutzer als Entscheider und dem Computer als Unterstützer.

Gerade die Gegenüberstellung offenbart, dass beide Seiten ausgeglichen sind. Beide weisen deutliche Stärken, aber auch erkennbare Schwächen auf:

Tab. 4.2: Schwächen

Menschen	Computer
Unaufmerksamkeit durch Monotonie oder Ablenkung	„Tertium non datur", benötigt eineindeutige Eingaben
Langsame Verarbeitung von Datenmengen	Abbruch bei unerwarteten Eingaben
„Schusselfehler", Fehlentscheidungen	Ergebnis nur bei vollständiger Eingabe
Niedrige, unzuverlässige Gedächtnisleistung	Begrenzte Ressourcen (Speicher, Anzeige, Eingabe)
Sensorische Kompetenz nur „gut genug" zum Überleben	Blind/taub gegenüber „Zwischentönen"
Entscheidungswege situationsabhängig, nicht wiederholbar	Gleichgültig, neutral
Irrationalität, Unzuverlässigkeit, (falsche) Sinn- und Bedeutungszuschreibungen	*stupide Regelbefolgung; keine Rücksicht auf Kontext und Wirkung*

Heinz Buddemeier geht in seiner Medientheorie „Von der Keilschrift zum Cyberspace" (2001) noch weiter und beschreibt das Wesen des Computers:

„Für das Verständnis des Computers [...] ist entscheidend, dass die Intelligenz beim Übergang in die Maschine ihre Einbettung in andere menschliche Fähigkeiten verliert. Aus der wahrnehmenden Intelligenz wird eine blinde Intelligenz, aus der fühlenden Intelligenz wird eine kalte Intelligenz, aus der sinngeleiteten Intelligenz wird eine dumme Intelligenz, und aus der verantwortenden Intelligenz wird eine gleichgültige Intelligenz."

Computer sind nicht nach menschlichen Maßstäben zu bewerten – sie sind nur Werkzeuge! Die Verantwortung liegt bei Menschen, die Computer befähigen, sich auf Menschen einzulassen. Das ermöglicht das Interface, das die Blindheit, Kälte, Dummheit und vor allem Gleichgültigkeit des Computers kaschiert. Die Benutzerschnittstelle lässt Computer als Arbeitsgefährte erscheinen und nicht als blinden, kalten, dummen und gleichgültigen Befehlsempfänger.

Bereits vor dem 19. Jahrhundert begann die Geschichte der Benutzerschnittstelle – mit mechanischen Rechenmaschinen und programmierbaren Webstühlen. Der Qualitätssprung erfolgte 1968 mit der „Mutter aller Demos". Im Folgenden werden die Etappen der Interface-Entwicklung kurz vorgestellt.

Eine kurze Geschichte des User-Interface

„Das Wissen über unsere Vergangenheit bringt uns eine bessere Zukunft."
(Annie in „Zak McKracken and the Alien Mindbenders", 1988)

Vor vielen tausend Jahren wurden zwei Kulturtechniken erfunden, die heutige Computer erst ermöglichen: Rechnen und Sprechen. Zunächst wurde nur mündlich gesprochen, und es waren nur einfache Rechenoperationen ausführbar. Dank der Entwicklung eines Alphabets konnte Sprache als Text fixiert, aufbewahrt und übersendet werden. Die Information war von ihrem Urheber gelöst und frei in Zeit und Raum. Beim Rechnen ergaben sich zwei Wege der Optimierung: Das Rechnen mit Stellvertretern (beispielsweise Fingern oder Steinen oder Kugeln auf Stangen im Abakus) und das abstrakte Rechnen mit Ziffern und Rechennotation.

Aus diesen Techniken entwickelten sich moderne Mathematik, Astronomie und Buchhaltung sowie Geschichtsschreibung und andere Textgattungen. Heute sind diese für uns selbstverständlich, aber im Zuge einer Nutzerschnittstelle ist es nötig, sich die verschiedenen Abstraktionsleistungen vor Augen zu führen:

1. Jan hat das **Gefühl**, dass es ein schöner Geburtstag werden könnte, wenn er seine Freunde zu einer Party einlädt.

2. Er formuliert das Gefühl in eine **sprachliche Aussage** (erste Abstraktion: Gefühl > Sprache; Semantik, Lexik, Syntax und Grammatik): Hallo, möchtest du am Freitag zu meiner Geburtstagsparty kommen?

3. Er transformiert die sprachliche Äußerung (ob nun gesprochen oder nur vor dem inneren Ohr gehört) in einen schriftlichen **Text** (zweite Abstraktion: Sprache > Text; Alphabet und Notationskonventionen): „Hallo, möchtest du am Freitag zu meiner Geburtstagsparty kommen?"

4. Dieser Text wird zur **Eingabe** an den Computer, mittels Tastatur übergibt Jan ihn (dritte Abstraktion: Text > Eingabedaten).

5. Der Computer wandelt die Eingabe in **Daten** um, die er speichern und weiterverarbeiten kann (vierte Abstraktion: Eingabedaten > kodierte Informationen; digitale Konvertierung).

6. Der Computer liefert ihm den eingegebenen Text als **Anzeige** auf dem Bildschirm (fünfte Abstraktion: kodierte Information > Ausgabedaten).

7. Jan versendet den Text per E-Mail an einige Freunde (die kodierten Informationen werden übertragen).

8. Toms Computer erhält die digitalen **Daten** der E-Mail. Er prüft sie auf Nutzbarkeit und vielleicht auch auf Spam (sechste Abstraktion: automatisiertes, reglementiert-eigenständiges Handeln) und zeigt sie auf dem Monitor an (fünfte Abstraktion: kodierte Information > Ausgabedaten).

9. Tom liest den dargestellten Text (wandelt die Ausgabedaten in die einstigen Eingabedaten zurück), dabei entsteht automatisch ein imaginiertes Hören in seinem Kopf (zweite Abstraktion: Text > Sprache).

10. Tom interpretiert den Inhalt und entwickelt ein Gefühl dazu (erste Abstraktion: Sprache > Gefühl): Es wäre schön, wenn ich zur Party ginge.

Das ursprüngliche Gefühl wurde vierfach umgewandelt, übertragen, und beim Empfänger vierfach zurückübersetzt. Missverständnisse sind in allen Bereichen möglich. Nur wenn Sender und Empfänger „die gleiche Sprache sprechen", wird die Information korrekt übermittelt. Das beinhaltet, dass Kodierung und Dekodierung nach den selben Regeln erfolgen, sonst erhält Tom nur unverständlichen Zeichenbrei. Dass die Eingabedaten korrekt erfasst, kodiert und versendet werden, kann Jan bereits an seinem Monitor kontrollieren, wo ihm die – hoffentlich gleichen – Ausgabedaten angezeigt werden, die Tom später auf seinem Monitor erhält. Computer sind nur an fünf der neun Schritte direkt oder indirekt beteiligt, die übrigen Schritte vollführen die Nutzer vor oder nach der Computerbeteiligung.

Zahlreiche Fortschritte bei der Entwicklung der Nutzer-Schnittstelle beziehen sich auf eine der fünf Abstraktionsebenen. In gewisser Weise ermöglichen sie, dass der Nutzer auf Abstraktionsebene Fünf unterwegs ist, aber damit seine Ziele von Abstraktionsebene Eins erfüllt. Nur wenn Ebene Fünf und Eins synchron laufen, kann ein Wohlfühlen eintreten (siehe voriges Kapitel).

1833 – Babbage beginnt Arbeit an Analytical Engine

Bereits 1623 wurde die erste mechanische Rechenmaschine beschrieben (von Wilhelm Schickard in einem Brief an Johannes Kepler). 1645 führte der Franzose Blaise Pascal seine Rechenmaschine vor, 1673 dann Gottfried Wilhelm Leibniz seine Staffelwalzen-Maschine. Die Krönung der mechanischen Wunderwerke erdachte Charles Babbage mit seiner Analytical Engine. Diese wurde zwar nicht fertiggestellt; spätere Untersuchungen ergaben, dass sie korrekt funktioniert hätte. Somit bildet sie „nur" den theoretisch-mechanischen Vorläufer unserer Computer.

Abb. 4.1: Charles Babbage (1791–1871)

Die Analytical Maschine entspricht bereits Abstraktionsebene Vier und stellt in der Bedienung die erste Zäsur dar: Im Gegensatz zu ihren Vorläufern sollte sie mit Lochkarten gesteuert werden. Diese waren bereits zur Steuerung von

Webstühlen im Einsatz und hatten sich ob ihrer Flexibilität bewährt. Zuvor hatten Menschen die Eingaben durch Räder, Hebel oder andere mechanische Mittel vornehmen müssen (Abstraktionsebene Drei). Lochkarten schufen eine Abstraktionsschicht und trennten die Programmierung und Dateneingabe bzw. -erfassung von der Ausführung durch die Maschine.

Babbages Helferin Ada Lovelace schrieb das erste Programm für die Maschine. Die Mathematikerin war somit die erste Programmiererin, ging in ihren Ideen aber über das Mathematische hinaus und visionierte bereits den kreativen Maschineneinsatz: „Die Maschine könnte kunstvolle und wissenschafliche Musikstücke in jeder Komplexität und in jedem Ausmaß komponieren."

Abb. 4.2: The Analytical Engine (Nachbau)

1846 – Morse-Telegraf-Service liefert lesbare Telegramme

Das junge Telegrafen-System hatte einen entscheidenden Nachteil: Wer den Morse-Code nicht kannte, verstand die Nachricht nicht. Der Morse-Telegraf-Service behob diesen Mangel, indem er die Morse-Signale mit einem 56-Zeichen-Rad abbildete und so lesbaren Text erzeugte. Der Sender verwendete ein gleichartiges Gerät, und so konnten direkt Textmitteilungen ausgetauscht werden, ohne dass Menschen eine Konvertierung in den

Abb. 4.3: Ein „Printing Telegraph" als Vorläufer des Fernschreibers.

Morse-Code vornehmen mussten (Abstraktionsebenen Vier und Fünf).

Der Morse-Telegraf-Service, der zunächst auf der Strecke Washington D.C. und New York eingesetzt wurde, war wieder eine Abstraktionsschicht, die dafür sorgte, dass die Menschen in der ihnen gewohnten Art miteinander kommunizieren konnten, ohne diese selbst in Maschinentext zu übersetzen. Damit ist dieser Service der Vorläufer des Fernschreibers, der wiederum der Vorläufer der Kommandozeile ist. Die Kommandozeile geht natürlich über den Morse-Service hinaus, unterliegt allerdings der selben Logik: Der Mensch nimmt eine Eingabe mittels Tastatur vor, diese wird in Maschinenzeichen übersetzt, übertragen und gegebenenfalls bearbeitet und anschließend in für den Menschen lesbare Zeichen auf dem Monitor zurückverwandelt. Dabei erfolgt die Ausgabe nur als eine lange Zeile, wie auf dem alten Telegrafenband. Durch Spezialzeichen kann allerdings ein Zeilenwechsel ausgelöst werden, um die zwei Dimensionen des Bildschirms besser zu nutzen.

1884 – Patent für Lochkarten von Herman Hollerith

Auch wenn Lochkarten zur Webstuhlsteuerung bereits im Einsatz waren, so hielt Herman Hollerith die Anwendung zur statistischen Datenerfassung für patentwürdig. Bis in die 1970er hinein wurden Computer über Lochkarten programmiert und die Daten über Lochkarten oder -streifen eingegeben. Das ermöglichte einerseits eine große Flexibilität, denn mittels Lochkarten konnte der Computer programmiert werden. Andererseits mussten die Wünsche und Daten der

Abb. 4.4: Dank Lochkarten fanden in den 1950ern und 1960ern viele Frauen und Studenten Jobs in der EDV.

Menschen in maschinenlesbare Lochkombinationen übersetzt und eingestanzt werden. So mancher Computerwissenschaftler berichtete später von seinen ersten Studentenjobs als Lochkartenstanzer.

In abstrakter Hinsicht stellen Lochkarten also einen Rückschritt auf Ebene Drei dar, denn die Menschen mussten die Kodierung der Eingabe und Dekodierung der Ausgabe wieder selbst vornehmen. Dafür gewannen sie ein großes Maß an Flexibilität bei der Maschinennutzung.

1960er – Kommandozeile

Die Kommandozeile, vielen als Eingabe-Prompt von C64, CP/M- oder MS-DOS, als CMD unter Windows, als Shell, CLI oder Terminal in Unix- und Mac-Systemen bekannt, dominierte die Bedienung bis Anfang der 1990er. Über die Kommandozeile sendet der Nutzer Text „direkt" an den Computer (Abstraktionsebene Vier) – sind die Anweisungen korrekt, führt der Computer sie aus.

Damit kombiniert die Kommandozeile Fernschreiber und Lochkarte: Der Nutzer muss genau wissen, was er tut und wie die entsprechenden Befehle an den Computer lauten, kann diese aber in einer vertrauten Zeichensprache (Buchstaben und Ziffern) eingeben und erhält die Ausgabe ebenfalls in dieser Sprache (Abstraktionsebene Fünf). Da Entwickler die Kommandozeilensprache für Entwickler entwickelt haben, ist sie für „Normalanwender" oft kryptisch, schwer verständlich und erfordert hohen Lernaufwand. Wäre eine Eingabe in Alltagssprache möglich, hätte diese Schnittstelle sich einer größeren Beliebtheit erfreut. Das Computerspielgenre der Textadventures beispielsweise führte vor, wie flexibel der Computer auf menschliche Texteingaben reagieren kann.

1960er – Datenbanken

Bereits in den Anfangsdekaden der Computer wurden die Grenzen der Datenspeicherung in Einzeldateien erkennbar. (Tabellen-)Dateien waren größenmäßig beschränkt, und eine Verknüpfung der enthaltenen Daten mit anderen Daten oder Dateien war umständlich. Datenbanken lösten das Problem, indem sie die Infrastruktur für immense Datenmengen bereitstellten.

Aus Sicht der Nutzer-Schnittstelle sind Datenbanken wegen zwei Aspekten besonders wichtig. Zum einen sorgten sie für Formulare, in denen die Daten erfasst wurden. Alle gleichartigen Vorgänge sind formularisierbar und können somit in Datenbanken erfasst, abgelegt und ausgewertet werden. Zum anderen bieten Datenbanken zahllose Varianten, die erfassten Daten auszuwerten, was die Schnittstellen-Designer immer wieder vor neue Herausforderungen stellt. Die Errechnung neuer Werte aus erfassten Daten, die Entwicklung über einen Zeitraum, der Einfluss von Faktoren, die in anderen Datenbanken erfasst sind, die Abweichungen von Standardfällen etc. Achja, und die Notwendigkeit einer leistungsfähigen Suche wurde durch Datenbanken mehr als offensichtlich.

1967 – Jef Raskin: „The Quick-Draw Graphics System"

In seiner Doktorarbeit „A Hardware-Independent Computer Drawing System Using List-Structured Modeling: The Quick-Draw Graphics System" beschrieb der spätere „Vater des Macintosh" die theoretischen Grundlagen einer grafischen Benutzeroberfläche. Die interaktiven Anforderungen des Systems schienen den Computerwissenschaftlern der Zeit unnötig, resümierte Raskin später, er brachte dennoch einen Teil seiner Gedanken dazu in der Arbeit unter. Unter anderem beschrieb er die Funktionsweise von Dialogboxen, orientierte sich allerdings an der Bedienung mit einem Lichtstift statt mit einer Maus. Das Quick-Draw-System war konzipiert, jede darzustellende Form (ob in Pixel- oder Vektorformat) flexibel abzubilden und integrierte selbst perspektivische Verformungen. Auch Schrift war in diesem Modell nur eine Menge von grafischen Elementen.

Die Arbeit schuf eine theoretisch-programmatische Basis (teilweise auch in FORTRAN umgesetzt), deren „Design- und Implementierungsphilosophie die

76

Allgemeinverwendbarkeit und Nutzer-Tauglichkeit (Usability) über Geschwindigkeit und Effektivität" erhob. Mit seinen Ansprüchen an Usability konnte Raskin keine Freunde unter Computerwissenschaftlern jener Zeit gewinnen, für die meisten waren beispielsweise Zeichensätze („Fonts") Fremdwörter aus anderen Disziplinen.

Mit dem ersten Macintosh wurden einige der Prinzipien Wirklichkeit, und das Grafiksystem des Mac erhielt den Namen Quick Draw.

1968 – „Die Mutter aller Demos" von Douglas Engelbart

Douglas Carl Engelbart präsentierte am 9. Dezember 1968 die Grundlagen, die für uns heute selbstverständlich sind, damals aber so sehr nach Utopie aussahen, dass es mehrere Jahrzehnte dauerte, bis sie alle umgesetzt wurden. Engelbart demonstrierte unter anderem ein optisches Zeigegerät, das sich zu der uns bekannten Maus weiterentwickelte. Er war damit in der Lage, den Textcursor frei zu platzieren, Text zu markieren, auszuschneiden und an anderer Stelle einzufügen. Er zeigte die Arbeit an miteinander vernetzten Computern und führte einen Online-Chat mit integriertem Video. Die Computersteuerung verfügte sogar über eine kontextabhängige Hilfefunktion.

Abb. 4.5: Das Video zur Vorführung ist als Video online abrufbar: http://sloan.stanford.edu/ MouseSite/1968Demo.html

Mit seiner Präsentation eines „computer-based, interactive, multiconsole display system" läutete Engelbart die Ära des interaktiven Umgangs mit dem Computer ein. Die „Augmentation Research" hatte als Ziel, Mensch und Computer optimal miteinander verschmelzen zu lassen – Usability spielte als Konzept dabei keine Rolle.

In einem Zeitalter, in dem die Bedienung eines Computers per Textein- und -ausgabe über Terminals, die von einem Server abhängig waren, erfolgte, waren die vorgeführten Bedienweisen revolutionär. Die komplette Vorführung dauerte über anderthalb Stunden und endete mit stehenden Ovationen.

1970 – Erster digital verfasster Roman erscheint

In den 1960ern prägte IBM-Manager Ulrich Steinhilper den Begriff „Textverarbeitung", der als „Word Processing" Eingang in die englische Sprache fand. 1964 führte IBM die Magnetic Tape/Selectric Typewriter (MT/ST) ein, eine Kugelkopfschreibmaschine mit einem externen Magnetbandspeicher. Damit brachte die Maschine gespeicherten Text auf das Papier, ohne dass ein Nutzer in dem Moment eine Taste drücken musste (quasi Abstraktionsebene Sechs). Dass diese Erfindung ihre Nützlichkeit in der computerfernen Welt der Romanverfassung erst 1970 zeigte, überrascht.

Abb. 4.6: Cover: „Bomber" von Len Deighton

Deightons Roman ist eine fiktionalisierte Wiedergabe der Ereignisse vom 31. Juni 1943, als ein RAF-Bombenangriff auf das Ruhrgebiet scheitert.

1973 – Erste GUI im Einsatz: Xerox Alto

Die Kopiererherstellerfirma Xerox hatte erkannt, dass bedrucktes Papier im Zuge der Computerisierung seinen Wert verlieren würde und daher ein Forschungszentrum gegründet, um an vorderster Front die Computerentwicklung mitzugestalten. So die Theorie hinter dem Xerox PARC (Palo Alto Research Center). Praktisch war das Management nicht in der Lage, den Wert der Erfindungen zu erkennen: Laserdrucker, Ethernet, Videobildmanipulation, grafische Textverarbeitung, grafische Benutzeroberfläche, Seitenbeschreibungssprache, objektorientierte Programmierung. All diese Errungenschaften wurden später von anderen

Abb. 4.7: Ein Palo-Alto-Arbeitsplatz

Unternehmen, teilweise von ehemaligen PARC-Forschern gegründet, am Markt etabliert, beispielsweise Ethernet von Robert Metcalfe mit 3Com oder PostScript von John Warnock mit Adobe.

Der „Star"-Vorgänger „Alto" war ein vernetzter Computer mit einer grafischen Oberfläche, die unseren Gepflogenheiten bereits großteils entsprach.

Die WIMP-Oberfläche mit Fenstern (Windows), Icons, Menüs und Mauszeiger (Pointer) war geboren. Die Forscher nutzten das System intensiv im Alltag, und zahlreiche weitere Erfindungen bauten darauf auf, wie die grafische Textverarbeitung „Bravo" von Charles Simonyi, die später von Microsoft als „Word" weiterentwickelt wurde.

1976 – Erste PC-Textverarbeitung: Electric Pencil

Ursprünglich als Tool zum Verfassen einer Programm-Dokumentation entwickelt, war „Electric Pencil" für den MITS Altair 8800 die erste Textverarbeitung auf einem Computer. Der New Yorker Filmemacher Michael Shrayer legte damit die Basis für einen der wichtigsten Anwendungsfälle der Computernutzung: ein Programm zum Erfassen, Bearbeiten und Gestalten sowie Speichern von Text für den späteren Ausdruck.

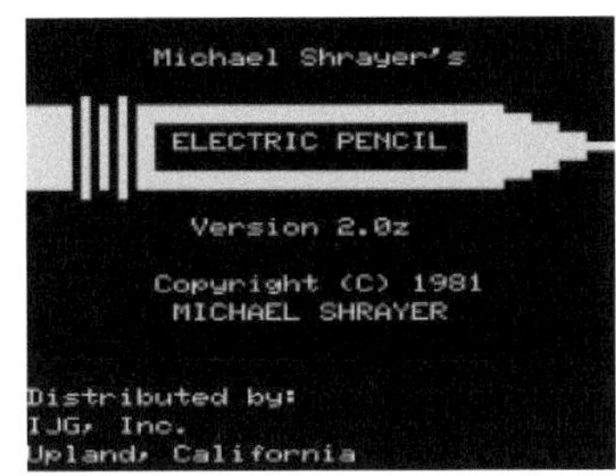

Abb. 4.8: Screenshot: Electric Pencil

Bald entstanden zahlreiche Textverarbeitungen für verschiedene Systeme, beispielsweise WordStar, Word Perfect, Papyrus, TextMaker, Microsoft Word. Nahezu jeder Softwarehersteller hatte eine Textverarbeitung im Sortiment. Microsoft gab für Word die Devise aus, dass Word jedes Feature erhält, das ein Hersteller entwickeln würde. Der Funktionsumfang der ersten Word-Version entsprach dem heutigen WordPad. Die Funktionsvielfalt wuchs über die Jahre – und die Bedürfnisse der Nutzer ebenfalls: Format- und Zeichenvorlagen, „WordArt", Aufzählungen, Gliederung, Seitenlayout, Vorlagen, Assistenten, Überarbeiten-Verfolgung, automatische Rechtschreibkontrolle, Zusammenarbeit über Netzwerk, verschiedene Darstellungsmodi, Felder und Indexe, etc.

Frühe Textverarbeitungen kannten kein Wysiwyg: Der Text erschien in Standardschrift auf dem Bildschirm, und Sonderzeichen markierten Auszeichnungen wie Fett, Kursiv oder Überschriften. Erst im Ausdruck sah der Text aus wie gewünscht. Mit dem Mac (und später auch Windows) begann die Ära der Textverarbeitungen, die den Text bereits als Druckvorschau auf dem Monitor darstellen.

1979 – Steve Jobs besucht Xerox PARC

Die beiden Besuche von Steve Jobs (und anderen Apple-Ingenieuren) im Xerox PARC sind für die Geschichte der Usability deshalb bemerkenswert, weil diese den Ausgangspunkt für eine Transformation der Computerlandschaft legten. Steve Jobs erkannte den Wert des Gesehenen und beschloss – im Gegensatz zum Xerox-Management – den vom „Alto" gezeigten Weg konsequent zu verfolgen.

Aus experimentellen Versuchen wurden so marktreife Systeme, die bereits in der ersten Konzeption auf ein breites Publikum abzielten. In der ersten Planung sollte der Macintosh für 500 Dollar verkauft werden und somit für jedermann erschwinglich sein. Das bedeutete ebenso, dass seine Bedienung für jedermann leicht erlernbar sein musste. Damit war der Nutzer als Zentrum der Computerentwicklung gesetzt.

Abb. 4.9: Xerox' Palo Alto Research Center (PARC)

1979 – Erste Tabellenkalkulation: VisiCalc

Die erste Tabellenkalkulation demonstrierte eindrucksvoll, dass der Personal Computer (PC) seiner Hobby- und Nerd-Ecke entwachsen und für solide Geschäftsaufgaben geeignet war. Das Prinzip ist simpel: In einer zweidimensionalen Tabelle werden Werte erfasst, und diese können mit Formeln flexibel verarbeitet werden. Ändert der Nutzer den Wert in

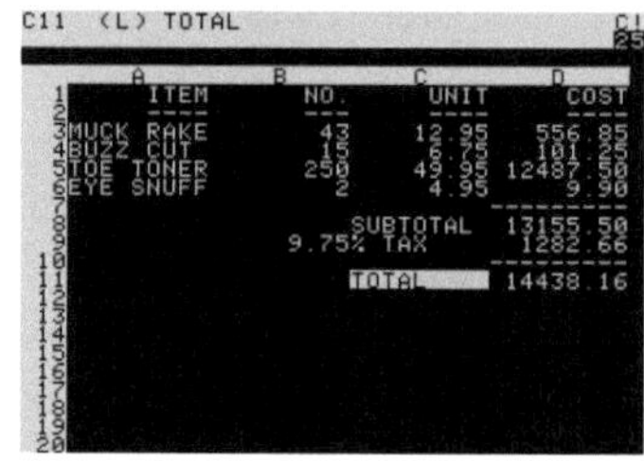

Abb. 4.10: Screenshot: VisiCalc

einer Zelle, wird das Formelergebnis angepasst. Damit waren nicht nur Buchhaltung und Betrachtungen über die Vergangenheit möglich, sondern beispielsweise ließ sich der Verlauf der Geschäftsentwicklung in die Zukunft berechnen. So wurde der Computer zum wichtigen Werkzeug für wirtschaftliche und finanzielle Entscheidungen.

VisiCalc war der Marktführer und dominierte auch nach der Übernahme durch Lotus als „1-2-3" in den 1980ern den Markt. Das frühere „Multiplan" von Microsoft erschien als „Excel" 1985 exklusiv für den Mac (ab 1987 auch für Windows). Aus Usability-Sicht gab es den ersten leisen Quantensprung mit „Improv" (wieder von Lotus) auf dem NeXT-System, das jedoch keine weite Verbreitung fand. Es verwaltete seine Daten und die Logik dahinter getrennter, als Pivot-Funktionen sind einige Konzepte in anderen Programmen übernommen worden.

Das grundsätzliche Konzept der zweidimensionalen Tabellen (mit Spalten und Zeilen) hat sich seitdem nicht verändert. Hinzugekommen sind leistungsfähige Diagramm- und Analyse-Funktionen sowie die Möglichkeit, die Daten mehrerer Tabellen und anderer Datenquellen miteinander zu verknüpfen. Dass Tabellenansichten durch Schriften, Farben und andere Grafiken sehr flexibel gestaltbar sind, nehmen wir heute als selbstverständlich. Im Alltag übernehmen Tabellenkalkulationen häufig die Aufgaben kleinerer Datenbanken oder dienen dem bequemen Führen von Listen sowie der Erstellung von Diagrammen.

2007 befreite „Numbers" die Tabelle aus ihrem Fensterkorsett. Bis dahin füllte eine Tabelle stets das gesamte Fenster (und meist den gesamten Bildschirm). In Numbers werden Tabellen oder Diagramme voneinander unabhängig auf einer Arbeitsfläche angeordnet. Somit ist nicht mehr der scheinbar unendliche Tabellenraum der Arbeitsbereich, in dem sich der Nutzer orientiert, sondern die Tabellen sind nur so klein/umfangreich, wie es für die aktuelle Aufgabe nötig ist.

1981 – Erster mit PC verfasste Roman

Der Computer eroberte sich weitere Nischen außerhalb der Hobbyisten- und Nerd-Szene. Dass Computer auch für kreative und nicht nur für Geschäftsarbeiten nützlich sein können, bewies der futuristische Roman „Oath of Fealty" von Jerry Pournelle und Larry Niven, der u.a. mehrfach für den Prometheus-Award nominiert wurde.

Heutzutage Standard mit jeder Textverarbeitung – vor drei Jahrzehnten war es die Ausnahme, Romanmanuskripte an einem Computer zu erstellen. Dank Textsatzsystemen (wie FrameMaker, LaTeX, TUSTEP, Arbortext 3B2, BroadVision Quicksilver) verläuft heute die gesamte Produktion von der Erstellung bis zum Druck digital.

Abb. 4.11: Cover: „Oath of Fealty" von Jerry Pournelle und Larry Niven

1984 – Erste GUI im Massenmarkt: Apple Macintosh

Im Nachhinein erscheint die Leistung eher klein und wirkt, als wären nur zahlreiche Puzzleteile zu einem neuen Ganzen gefügt worden. Doch aus der historischen Perspektive war allein die Herstellung eine Herausforderung. Eine völlig neue Hardwarekomponente namens „Maus" musste so entwickelt werden, dass sie in großen Stückzahlen zu kleinen Preisen hergestellt werden konnte und zuverlässig den Belastungen des Alltags trotzte. Monitore mussten quadratische Bildpunkte haben, damit Kreise rund und nicht oval aussehen. Eine komplett neue Software-Architektur musste implementiert werden, die trotz der beschränkten technischen Parameter eine befriedigende direkte Manipulation der Bildschirmobjekte ermöglichte.

Das Bahnbrechende war außerdem die Vorschrift für externe Entwickler, wie diese ihre Software zu gestalten hatten, dafür konnten sie auf die gleichen Software-komponenten zugreifen (die sogenannte ToolBox), die auch Apple für seine Systemsoftware verwendete. Die Vorschrift („Human Interface Guidelines") erklärte, wie Menüs aufgebaut sind, wie Dialogboxen zu gestalten sind, welche Tastenkürzel für welche Aktion zu nutzen sind und zahlreiche weitere Aspekte. Somit brauchten Programmentwickler keine eigene Oberfläche zu entwickeln, sondern konnten sich auf die Funktionalität ihrer Programme fokussieren. So entstanden

Abb. 4.12: Der erste Mac beeindruckte nicht mit technischen Daten, sondern mit Design und der Bedienung.

Standards, die Entwicklern halfen und Nutzern eine einheitliche Bedienung des Systems und aller verfügbaren Programme bescherte.

Übrigens ist das Mac-System auf menschliche Performanz optimiert. Für Tastenkürzel wird die ⌐cmd⌐ -Taste verwendet, die sich direkt neben der Leertaste befindet. Der Daumen erreicht sie bequem, und die übrigen Finger finden rasch die ergänzende Taste. (Unter Windows ist die ⌐Strg⌐ -Taste mit dem kleinen Finger zu drücken, der somit nicht mehr für Buchstabentasten frei ist.) Das Menü am oberen Bildschirmrand ist mit Maus schneller und weniger fehleranfällig zu bedienen als ein Menü (mit kleinerer Schrift) irgendwo auf dem Bildschirm.

Besonders hervorzuheben ist die systemweite Zwischenablage. An jeder Stelle kann ein Textteil in die Zwischenablage übernommen und an anderer Stelle eingefügt werden. Innerhalb eines Programms funktionierte das auch mittels „Drag'n Drop" (mit Maus anfassen und an einer anderen Stelle fallenlassen), später auch zwischen Programmen verschiedenster Hersteller.

Zahlreiche Hersteller zogen nach und lieferten grafische Oberflächen, meist als Zusatzoberfläche für kommandozeilenbasierte Systeme. In funktioneller Hinsicht boten sie wenig Mehrwert. Es erschienen GEOS für Commodore 64, GEM, Geoworks und Windows für PC und viele mehr. Der Mac war in den 1980er Jahren das einzige verbreitete Computersystem, das ausschließlich eine grafische Oberfläche bot. Der Amiga hatte mit seiner leistungsfähigen GUI („Workbench") und modernen Systemarchitektur zwar einen Vorsprung, landete aber in der Ecke der Spiel-Computer und besetzte nur im Bereich der Videobearbeitung eine winzige Nische im professionellen Umfeld.

1984 – PostScript von Adobe

Bei der Entwicklung des ersten Laserdruckers im Xerox PARC entstand die Notwendigkeit, dem Drucker das Aussehen der Seite mitzuteilen. Das ursprünglich verwendete „Press"-Format war nicht allzu flexibel, eine neue Lösung wurde benötigt. Aus dieser entstand später die Seitenbeschreibungssprache „PostScript". Darin sind die Daten für den Drucker so aufbereitet, dass dieser – abhängig von der eigenen Druckauflösung und anderen Parametern – stets einen sauberen Auszug erzeugt; und PostScript-Dateien waren kleiner und handlicher als die Seite als Bilddatei.

PostScript ermöglichte die Büro-Revolution, die mit Laserdruckern in den 1980ern begann, und schuf eine Daten-Infrastruktur für das Desktop-Publishing. Denn PS-Dateien gaben Laserdrucker im Büro (beispielsweise für Testdrucke) genauso aus wie Hochleistungsdruckmaschinen für hohe Auflagen. Die Weiterentwicklung zu PDF hat heute die Funktion von PostScript übernommen; das PDF-Format hat weitere Aufgaben und Möglichkeiten erhalten, aber seine Kernaufgabe ist, eine stabile Darstellung der Inhalte – egal auf welchem Gerät.

Das NeXT-System (späte 1980er) nutzte eine PostScript-Variante sogar für die Bildschirmdarstellung. Das bedeutete, der Prozessor errechnete eine PostScript-ähnliche Beschreibung des Monitorinhalts, und die Grafikkarte stellte diesen dar. Wurde ein Fenster verschoben, brauchte die Darstellung nicht neu berechnet, sondern nur die Koordinaten der Fensterposition angepasst zu werden. Das entlastet den Computerprozessor von der Berechnung der Bildschirmdarstellung, und das System stellt auch aufwändige Grafiken flott und responsiv

Abb. 4.13: Das Next-System (hier auf einem Next-Computer) legte die Basis für moderne Software-Techniken.

dar. Mit MacOS X (2000) und der Weiterentwicklung zu Display-PDF wurde dieser Ansatz fortgeführt. Damit waren technische Grundsteine gelegt, um dem Nutzer stets eine reagierende Benutzeroberfläche zu bieten, ohne den Prozessor allzu sehr mit der Bildschirmdarstellung zu beschäftigen.

Das EPS-Grafikformat begründete eine parallele Kreativitätsindustrie, die der digitalen Illustrationen und Grafiken. EPS steht für „Encapsulated Postscript" und beschreibt auszugebende Grafiken als Vektoren; diese können beliebig skaliert und somit in jeder Größe ausgegeben werden. Die „Programmierung" von Grafiken im Postscript-Format ist mühsam, so entstand das Bedürfnis, wie beim Text-Wysiwyg die Formen direkt auf dem Monitor zu erstellen. James R. Von Ehr entwickelte das Programm FreeHand (1988 von Aldus veröffentlicht; 2008 von Adobe zugunsten von Illustrator beendet). Damit konnten, wie bei der Schriftsoftware Fontographer vom gleichen Entwickler, grafische Formen mittels sogenannter Bezier-Kurven direkt auf dem Monitor erstellt werden. Jedes Grafikelement besteht dabei aus Vektorlinien, die beliebig verformt und deren Fläche gefärbt wird.

1985 – Desktop-Publishing-Revolution beginnt

Mit „PageMaker" (1985 von Aldus veröffentlicht; 2004 vom neuen Besitzer Adobe zugunsten von InDesign eingestellt) wurde es möglich, Dokumente für die Druckerei am Monitor zu erstellen; diese wurden anschließend als PostScript-Datei übertragen. PageMaker orientierte sich an der Arbeitsweise von Schriftsetzern und erleichterte diesen den Umstieg auf das digitale Produzieren („DTP – Desktop Publishing"). 1987 trat Quark XPress an

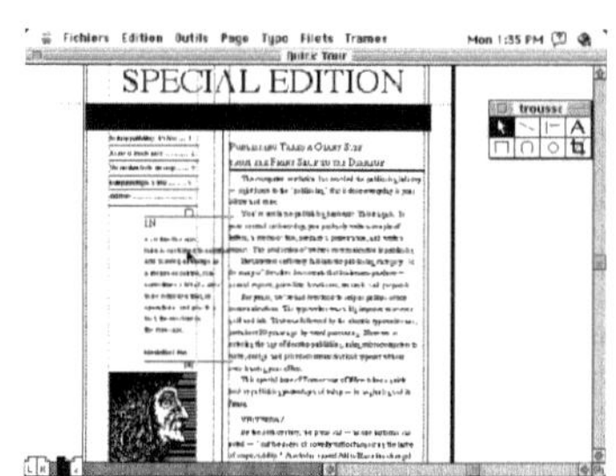

Abb. 4.14: Screenshot: PageMaker unter MacOS

und beherrschte bald die DTP-Landschaft, bevor InDesign (von Adobe ab 1999) dank nativer PDF-Integration und Verzahnung mit PhotoShop und Illustrator die Marktführerschaft übernahm.

Mit DTP fand die gesamte Druckvorstufe digital am Monitor statt: Texte verfassen und redigieren (mit Textverarbeitungen), Bilder einscannen und bearbeiten (mit PhotoShop, ab 1990), alles auf einer Seite platzieren und ganze Publikationen layouten. Was früher handwerkliches Geschick und zahlreiche Geräte erforderte, vermochte nun jedermann mit der geeigneten Software. Seit den späten 1990ern war die digitale Produktion Standard und in nahezu allen Verlagen etabliert, von Regionalzeitungen über Katalogagenturen und Kunstdruckverlage bis zu Taschenbuchverlagen für Bestseller-Zweitverwertung. Damit einher wuchs der Menge der jährlich gedruckten Bücher, Broschüren, Kataloge und sonstiger Papierwerke.

1986 – Modernes Komponieren

Mit „Music Shop" von Brøderbund oder „Music Studio" von Activision (beide 1985 für Commodore 64) gab es bereits frühe Notensatzprogramme. Diese spielten gesetzte Stücke auch ab und ermöglichten einfaches Komponieren. 1986 veröffentlichte Chris Huelsbeck den „Soundmonitor" für den C64, der zahlreiche Nachahmer-Programme auf dem Amiga inspirierte, oft als „Tracker" betitelt.

So wie Freehand das Programmieren von PS-Grafiken vereinfachte, wurde das Programmieren von Musik auf das tatsächliche Komponieren „reduziert": Jede der drei Stimmen des C64-Soundchips lief in einer Spalte, die (in scheinbar kryptischen Zeichen) aktuelle Tonparameter und -eigenschaften darstellte. Die Spalten scrollten beim Abspielen parallel nach oben, sodass der Komponist erkannte, wo Eingriffe nötig waren.

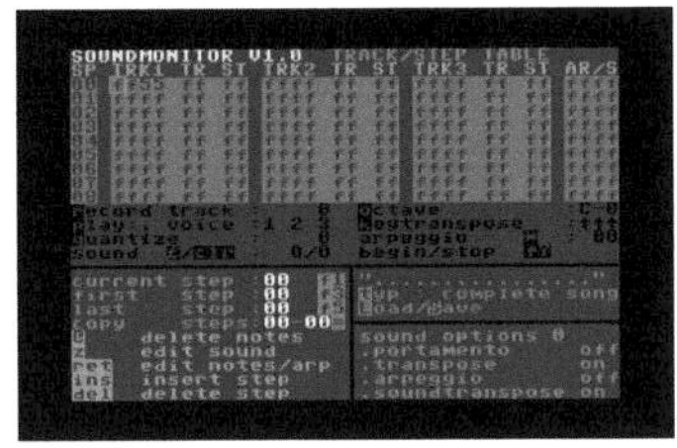

Abb. 4.15: Screenshot: Soundmonitor

Bei der „Aufnahme" wurde jede Spur einzeln bearbeitet. Der Soundmonitor forderte die Kreativität der Computer-Komponisten heraus und verführte zu komplexen Collagen. Beispielsweise übernahm die Klavierspur in Klavierpausen einige Takte Schlagzeug. Durch geschicktes Wechseln entstand so der Eindruck vielschichtiger Musik. Auf dem Amiga mit seinen acht Stimmen, von denen nur sieben gleichzeitig gespielt werden konnten (die achte diente Effekten), war dieses Erstellungsparadigma besonders effektiv. Die zahlreichen Klangeigenschaften ließen dank flexibler Ausnutzung beeindruckende Musikstücke entstehen. Mit seinen Turrican-Soundtracks demonstrierte Huelsbeck auf beiden Computersystemen die Leistungsfähigkeit dieser Musikproduktionsweise.

In der PC-Welt waren vergleichbare Musikerlebnisse erst ab Mitte der 1990er mithilfe spezieller Soundkarten möglich, die ab etwa 2000 zur Standardausstattung gehörten. Mit steigender Leistungsfähigkeit spielte die Spurenanzahl keine Rolle mehr, so wie wir uns heute auch bei Grafikchips nicht mehr für die Menge der darstellbaren Farben oder die Bildschirmauflösung interessieren – selbst billigste Grafik- und Sound-Chips erfüllen Grundanforderungen.

Abb. 4.16: Screenshot: Garage Band

Das spurorientierte Arbeiten transferiert effektiv analoge Konzepte in die digitale Welt, die damals durch technische Beschränkungen viele Kompromisse eingehen musste. Auch heutige Programme, wie Garageband oder Logic Pro, arbeiten meist spurenbasiert, wirken aber optisch ausgefeilter und zeigen beispielsweise Schallwellenkurven an. Das Wechseln der Klangeigenschaften und Instrumente auf einer Spur während eines Titels ist unnötig geworden, aktuelle Programme legen jeweils eine eigene Spur an. Die Tonberechnung geschieht in Software und ist nicht von den konkreten Eigenschaften spezieller Soundchips beschränkt.

1989 – Tim Berners-Lee schlägt ein WWW vor

Die technischen Vorläufer des Internet reichen bis in das Xerox PARC zurück, wo Ethernet und TCP/IP-Netzwerkprotokolle entwickelt wurden. Die Vernetzung von Computern war lange üblich, ob als Infrastruktur zwischen Mainframe-Servern und Terminals in den 1960ern und 1970ern oder zwischen PCs und Servern in einer 1980er-Bürolandschaft. Mit HyperCard entstand 1987 für den Mac ein Tool, um interaktive Erlebnisse zu gestalten. Das Spiel „Myst" (1993) beispielsweise wurde ursprünglich mit HyperCard umgesetzt.

Doch Tim Berners-Lee schwebte mehr vor. Er schuf die Hypertext Markup Language (HTML) und stellte diese der Öffentlichkeit zur Verfügung, ebenso wie die kostenlose Software für einen Webserver sowie den ersten Browser. Mittels HTML lassen sich Texte interaktiv verknüpfen, ein populäres Beispiel bildet heute die Wikipedia, deren Texte eng miteinander verlinkt sind. Später kamen Stylesheets (Cascading Style Sheets, CSS) zur Steuerung des Aussehens und JavaScript für interaktive Elemente innerhalb einer Webseite hinzu.

Der User bewegt sich frei in den Hypertexten, folgt dabei Links und erschließt sich so Themenwelten. Ob Links für die strukturierte Navigation (beispielsweise als Quasi-Inhaltsverzeichnis) oder für das Hin- und Herspringen zwischen verschiedenen Seiten genutzt werden, ist nachrangig. Primär ist, dass der Nutzer sich selbständig bewegt, unabhängig von vorgegebenen Pfaden; letztlich folgen kaum zwei Nutzer zehn Links in der selben Reihenfolge. Jeder erkundet das World Wide Web (der Teil des Internets, der mittels Webbrowser erkundbar

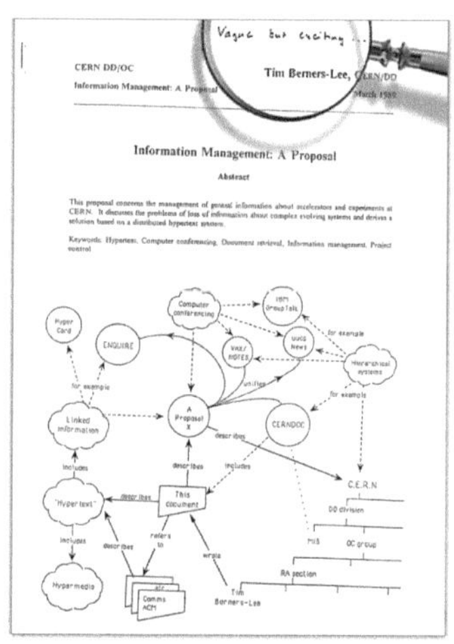

Abb. 4.17: Titelblatt des HTML-Vorschlags von Sir Tim Berners-Lee

ist; auch eMail, FTP und andere Netzdienste gehören in technischer Hinsicht zum Internet) auf seine Weise und auf den ihm gefallenden Wegen.

Das World Wide Web ist heute im Privatbereich eine der häufigsten Nutzungsformen von Computern. Es dient der Information (News-Seiten, Webblogs), Kommunikation (Foren, Chats), Vernetzung (Facebook, LinkedIn, Xing), dem Einkaufen (ebay, Amazon und Millionen weitere Webshops), der Verwaltung (Online-Banking), Unterhaltung (Online-Spiele, Videos) und vielem mehr. Kaum ein Lebensbereich findet keine Verlängerung in die virtuellen Welten.

Die Browser-Bedienung mit Adresszeile, Vor- und Zurück-Button sowie Lesezeichen ist so selbstverständlich geworden, dass sie ihre Übertragung in andere Computerbereiche nach sich zog. Vor- und Zurück-Tasten gibt es jetzt auch beim Stöbern in Dateiverzeichnissen. Diese Entwicklung führt weg vom räumlichen Verständnis des Monitors als Büroabbild mit Ordnern, Dokumenten und Papierkorb hin zu einem virtuellen Da-

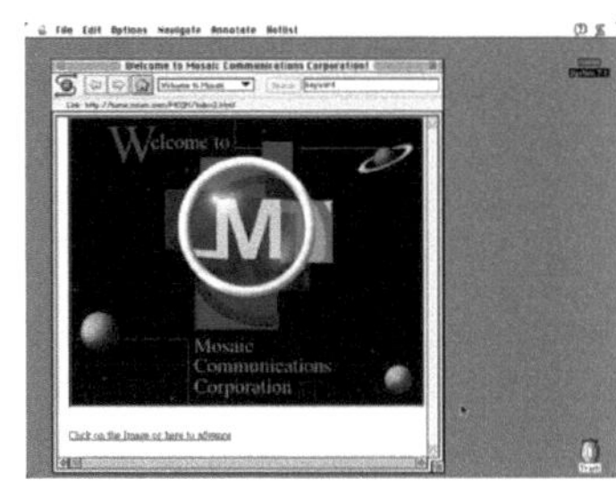

Abb. 4.18: Der erste grafische Browser Mosaic 1 (1993, unter MacOS 7.1).

tenraum, durch den die Nutzer flexibel navigieren. Dabei hilft eine leistungsfähige Suche (analog zur Websuche Google), den Überblick in den Dateien zu behalten.

1991 – Multimedia wird wahr: QuickTime

Während QuickDraw die grafische Oberfläche des Mac-Systems ermöglichte, trat QuickTime an, um Multimedia voranzubringen. QuickTime war in vielerlei Hinsicht ein großer Schritt nach vorn. Denn es handelt sich um die Kombination aus drei verschiedenen Elementen: ein Player zum Abspielen von Musik und Videos und interaktiven Shows, ein Framework für die Funktionalität auf dem Computer zur Verarbeitung von Multimedia (inkl. verschiedener Medien-Codecs) sowie Möglichkeiten zur Bearbeitung der Multimedia-Inhalte (Abspeichern in anderen Formaten, Beschneiden, Ton- und Bildanpassung).

Durch das Framework konnten alle Programme multimediale Möglichkeiten nutzen – lange bevor Betriebssysteme Video- und interaktive Fähigkeiten mitbrachten. QuickTime wurde im Video-Bereich dank seiner mitgelieferten Codecs und der robusten Dateistruktur zum Quasi-Standard. Entwickler von Video-Programmen konzentrierten sich auf ihre Funktionen, statt eigene Video-Frameworks konzipieren zu müssen. Auf dem modernisierten QuickTime-Framework basieren auch iTunes, iMovie, Garageband.

Jede QuickTime-Datei war gleichermaßen anschaubar wie weiter bearbeitbar. Das Framework stellte unter anderem sicher, dass Ton und Bild in Video-Dateien immer synchron blieben – der Microsoft-Entwurf (AVI) konnte gleiches nie gewährleisten, sondern war von der Qualität der verwendeten Codecs abhängig. Die Codec-Landschaft wurde bunter, und viele Nutzer beschränkten sich nicht auf QuickTime-Standard-Codecs, sondern nutzten eigene. Diese arbeiteten teilweise effektiver, was bei knappen Internetbandbreiten ein Vorteil war, der mit schlechterer Kompatibilität und Zuverlässigkeit erkauft wurde.

Mit den interaktiven Funktionen wurden beispielsweise Multimedia-CD-ROMs erstellt, bevor Flash (damals noch von Macromedia) diesen Bereich okkupierte. Video-Sequenzen in Computerspielen (wie in Myst) wurden Standard, denn die Spiele-Entwickler brauchten keine eigene Video-Abspielsoftware entwickeln oder einkaufen, sondern produzierten „lediglich" Videos, die zum Spiel passen. Dank der kostenlosen QuickTime-Version für Windows profitierten auch Windows-Nutzer von den Multimedia-Möglichkeiten, wenn ihnen auch viele Bearbeitungswerkzeuge fehlten, die durch andere Software-Anbieter zur Verfügung gestellt wurden.

1991 – Wichtigster Lehrmeister: Microsoft Windows 3

Solitaire, auf Millionen Computern mit Windows 3 installiert, kann als eines der wichtigsten Programme überhaupt angesehen werden. Mit diesem einfachen Kartenspiel lernten Millionen Menschen die Mausbedienung kennen, wurden mit ihr vertraut und bauten ihre Ängste gegenüber der Computermaschine ab. Windows 3, das im Gegensatz zu seinen Vorgängern eine tatsächliche grafische Darstellung bot, gewöhnte die Nutzer an

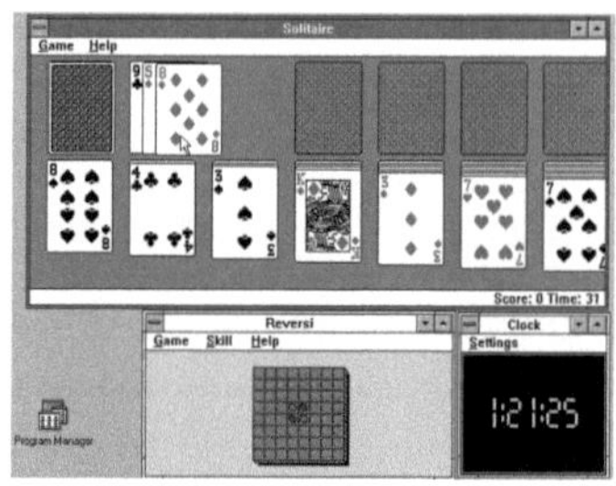

Abb. 4.19: Screenshot: Solitaire unter Windows 3

überlappende Fenster und die Grundprinzipien der WIMP-Bedienung. Das gilt zumindest für jene Nutzer, die keinen Mac oder eine andere grafische Oberfläche besaßen, wie die Workbench auf Amiga, GEOS auf C64 oder C128 oder GEM auf Atari ST. Trotz der Vielfalt hatten sich grafische Oberflächen in Büros noch nicht durchgesetzt, sondern waren auf wenige professionelle Einsatzgebiete (wie DTP) und den Freizeitbereich beschränkt.

Mit Windows 3 lernte die große Bürobelegschaft, die sonst wenig Berührungspunkte zu grafischen Systemen hatte, die grafische Benutzeroberfläche kennen. Damit war der Samen gesät, der dazu führte, dass zehn Jahre später mit Windows XP die grafische Bedienung selbstverständlich war und kein Computerrezensent die Notwendigkeit einer „Maus" mehr infrage stellte (wie bei der Vorstellung des ersten Mac). Dank der Marktherrschaft der IBM-kompatiblen PC (wie sie damals hießen) und Windows von Microsoft hatte die grafische Benutzeroberfläche auch den fernsten Winkel der Bürolandschaft erobert, und die Nutzermasse gewöhnte sich schnell an die Standards der WIMP-Bedienung.

1993 – Erster PDA: Newton

Der Newton war ein sogenannter „Personal Digital Assistant" (PDA) für die Verwaltung von Kontakten, Terminen, Notizen und auch für E-Mail. Er wurde auf einem großen Display mit einem speziellen Stift bedient und konnte – theoretisch – seine Daten mit einem Computer synchronisieren. Die zwar fortschrittliche aber auch fehleranfällige Handschrifterkennung war jahrelang das Ziel von Spott.

Abb. 4.20: Das Newton Pad von Apple

Insgesamt wurden etwa 140.000 Geräte verkauft, 1997 stellte Apple die Gerätesparte ein.

Palm war mit seinen PDAs wesentlich erfolgreicher. Aus heutiger Sicht sind PDAs wie Smartphones ohne Telefon; so wurde diese Geräteklasse mit dem Aufziehen der Smartphones etwa zehn Jahre später obsolet. Palm scheiterte 2009 mit seinen Smartphones und ihrer modernen WebOS-Entwicklung. Zu wenige Käufer interessierten sich für den einstigen PDA-Marktführer.

Windows CE fand seine Nische im Business-Markt. Wie bei Newton und Palm-PDAs erfogte die Eingabe mit einem spitzen Stift („Stylus"). Die Bedienung erforderte Konzentration wie auf einem PC und benötigte beide Hände. Für Freizeit-Situationen war das kaum geeignet. Erst mit dem Siegeszug der Touch-Bedienung verschwanden die Bedienstifte aus dem Alltag.

1994/95 – Erstes Smartphone: „Simon"

Der „Simon Personal Communicator" konnte telefonieren, Faxe und E-Mails senden und empfangen. Erste Entwürfe für ein Gerät, das Telefon- und Computerfunktionalität kombinierte, gab es bereits in den frühen 1970ern, doch Simon war das erste nutzbare Gerät auf dem Markt. Bei den für die Zeit beeindruckenden Features des Simon fehlt jedoch eine aus heutiger Sicht relevante Komponente: Es gab keine SMS, nur eine Pager-Funktion.

Bereits 1985 wurde der „Short Message Service" in den Mobilfunk-GSM-Standard integriert. Die 160-Zeichen-Grenze war statistisch bedingt: Der Großteil an Postkarten und Telexe enthielt damals weniger Zeichen. 1992 wurde die erste SMS versendet, und die Textnachrichten wurden bald zum wichtigen Feature für Mobiltelefone, das die Textdarstellung und -eingabe auf Handys erforderte.

Später stellten Nokia und andere Hersteller verschiedene Mobiltelefone vor, die zahlreiche PDA-Funktionen enthielten. Kalender, Notizbuch und kleine Spiele für Zwischendurch gehörten bald zum Standard. Die stetig kürzeren Innovationszyklen weckten ein weiteres Bedürfnis: Kontakt- und andere Daten von einem Gerät schnell und unaufwändig auf ein anderes zu übertragen.

Abb. 4.21: Simon, der „Personal Communicator" von BellSouth und IBM

Smartphones mit vielen Funktionen oder Programmen wurden oft mit Stylus bedient, meist waren es Geräte mit PDA-Funktionalität, die auch telefonieren können. Die Funktionspalette wuchs: Mediaplayer und E-Mail-Funktion sowie Kamera gehörten in den frühen 2000er Jahren zum Quasi-Standard. Die Blackberry-Geräte wandten sich mit ihren verschlüsselten E-Mail-Diensten speziell an Geschäftskunden. Das World Wide Web war für Smartphones jedoch noch unerreichbar, allenfalls zeigten Pseudo-Browser eine kleine Internet-Welt an, nämlich speziell angepasste Webseiten.

1995 – Microsoft Windows 95

Windows 95 setzt weiterhin auf MS-DOS auf, die grafisch Oberfläche dient nur der Bedienung. Der Windows-95-Bedienlogik folgt Windows bis „Windows Sieben": Taskleiste, Startmenü, Kontextmenü, Windows-Explorer für Dateizugriffe, Systemsteuerung, Desktop mit Papierkorb und Fenster, die einen Maximieren-Button enthalten. Die Ironie, dass „Windows" [Plural, sic] Vollbildschirm-Fenster prominent unterstützt, ist mit den Wur-

Abb. 4.22: Screenshot: Windows 95 beim ersten Start

zeln der Bedienung zu erklären. In MS-DOS war es Standard, nur ein Programm auf einmal zu sehen, das den gesamten Bildschirm in Anspruch nahm.

Maximierte Fenster fördern zwar einerseits das fokussierte und konzentrierte Arbeiten. Doch sie verhindern die Nutzung von Drag'n Drop über Fenstergrenzen hinweg, und paralleles Arbeiten an mehreren Fenstern führt zu ständigem Umschalten (optisch und geistig). Was in einigen Situationen (Mono-Tasking) durchaus produktivitätssteigernd wirken kann, ist in anderen (Multi-Tasking) bremsend und hinderlich.

Die Nachfolger erweiterten und modernisierten einige der Konzepte von Windows 95 und verbesserten die Technik darunter nachhaltig. Grundlegende Änderungen der Bedienung erschienen erst mit Windows 8.

2000 – MacOS X

MacOS X ist mehr als nur eine Verbesserung der technischen Basis des klassischen Mac OS. Die Grafikschnittstelle „Quartz" (die auf Display-PDF basiert) legte ein solides Fundament, um die Bildschirmausgabe vom Prozessor zu entkoppeln und die direkte Manipulation der Bildschirmelemente zu gewährleisten. Ein Fenster konnte – inklusive seines Inhaltes – quer über den Bildschirm bewegt wurden, es klebte förmlich am Mauszeiger, ein laufender Film in diesem Fenster

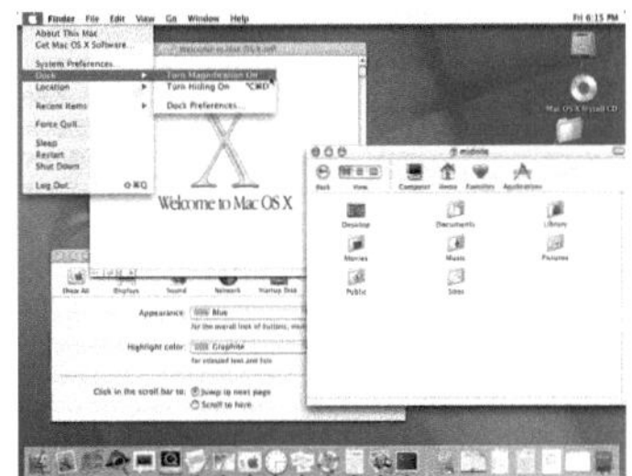

Abb. 4.23: Screenshot: Mac OS X 10.0 beeindruckte mit seinen grafischen Fähigkeiten, v.a. den Transparenz-Effekten.

lief einfach weiter. Das Dock kam als zentrale Anlaufstelle für häufig benutzte Programme hinzu, die Systemeinstellungen versammelten zentral alle Einstellmöglichkeiten.

Bemerkenswert ist MacOS X in seiner Andersartigkeit zu Windows. Der Dateibrowser („Finder") ermöglicht direkten Zugriff auf alle Festplatteninhalte, die nicht vom System ausgeblendet werden – unter Windows finden sich nur Vertreter statt der eigentlichen Dateien oder Verzeichnisse (Persönliche Daten, Desktop, Systemeinstellungen, Drucker, Einträge im Startmenü, unübersichtliche Programmverzeichnisse). Der Mac-Nutzer hantiert dagegen stets mit den konkreten Dateien und Verzeichnissen an deren tatsächlichen Orten.

Auch respektiert MacOS X weiterhin die räumliche Orientierung des Nutzers. Fenster erscheinen beim erneueten Öffnen an der selben Stelle, wo sie zuvor geschlossen wurden. Werden Icons in Ordnern manuell umsortiert und (beliebig) angeordnet, erscheinen sie bei jedem Aufruf des Ordners an dieser Stelle. Dank seines räumlichen Gedächtnisses orientiert sich der Nutzer schnell und findet ohne Suchen seine Dateien. Auch die Animation beim Erscheinen von

Fenstern fördert die räumliche Orientierung, indem sie den Bezug zwischen Datei-Icon und -Fenster verdeutlicht. Mit MacOS X wurden die Animationen ausgefeilter, statt sich vergrößernder Rechteck-Rahmen erwuchs nun tatsächlich das Dokumentfenster aus dem Icon; Fenster wurden beim Minimieren optisch in das Dock eingesogen.

Das Mac-System lebte von Anfang an von Meta-Daten. Etiketten für Ordner und Daten machten die Handhabung im Alltag nicht nur farbenfroher, sondern unterstützten den Nutzer in vielerlei Hinsicht, ebenso wie manuelle Schlagworte für die interne Suche. MacOS X brachte weitere Möglichkeiten: sehr detaillierte Rechtevergabe, Dokument-Versionen, automatische Back-Ups (mit Time Machine) oder farbige Tags bzw. Schlagworte. Auch kann der Nutzer definieren, dass eine bestimmte Datei von einem anderen Programm geöffnet wird als alle anderen gleichartigen Dateien.

Die Funktion „Exposé" brachte 2004 die nächste Evolutionsstufe der Fensterbedienung. Auf Tastendruck werden alle vorhandenen Fenster so verkleinert, dass sie noch erkennbar bleiben, aber alle auf den Bildschirm passen. So behält der Nutzer den Überblick, welche Fenster geöffnet sind und kann Daten zwischen Fenstern austauschen. Die Erweiterung von MacOS X um Touch-Gesten war möglich, da Apple gleichermaßen die Hardware wie die Software seiner Rechner entwickelt. Moderne Touchpads sind mehr als nur ein Mausersatz, sondern erkennen verschiedene Gesten (Zoomen, verschieben, Scrollen mit zwei Fingern usw.) und lösen die entsprechende Funktion auf dem Monitor aus.

Dass 2011 die Scrollrichtung umgedreht wurde, ist da nur konsequent. Während ein Mausrad dem Scrollbalken am Fensterrand entspricht und nach unten gedreht wird, schiebt der Mac-Nutzer mit einer Zwei-Finger-Wischgeste den Fensterinhalt direkt nach oben. Prinzipien der Touch-Bedienung hielten also – in begrenztem Umfang – auch auf dem Computer Einzug; es werden nicht mehr die Steuerelemente wie Scrollbalken, sondern der Inhalt selbst direkt manipuliert.

2001 – iTunes

Auf den ersten Blick ist iTunes nur ein Programm zum Abspielen von Musik. Die wahre Bedeutung liegt jedoch in der Kombination aus Medienverwaltung und Abspielsoftware. Seine Bedeutung hat iTunes durch die einfache Verwaltung großer Datenmengen. Die Medienbibliothek enthält alle vorhandenen Dateien,

Abb. 4.24: Screenshot: iTunes 2.0

eine Teilmenge kann nach bestimmten Regeln in sogenannten „Smart Playlists" organisiert werden, oder man stellt sich manuell eine Playlist zusammen. Die Suchfunktion unterstützt den Nutzer effektiv dabei, den Überblick zu behalten. Der einstige iTunes-Slogan „Rip. Mix. Burn" unterstreicht den Fokus des Programms, das übrigens auch Musik-CDs direkt brennen kann. Somit war der Bezug zur Nutzerwelt klar, die sich zumeist um Musiksammlungen auf CDs drehte.

iTunes legt dabei die verwalteten Dateien in einem Bereich auf der Festplatte nach einem transparenten und einheitlichen System ab und hält die Meta-Daten mit den Dateien stets synchron; wird ein Albumtitel geändert, werden automatisch der entsprechende Ordnername angepasst und die Informationen in den Dateien (bei MP3 die ID3-Tags) aktualisiert.

Mit iTunes verlieren Gelegenheitsnutzer und Nicht-Computerfreaks die Furcht vor Datenmengen. Egal wie umfangreich die Musikbibliothek ist, mit iTunes bleibt sie übersichtlich und verwaltbar. Damit fiel eine weitere Furcht oder Zurückhaltung. Die Funktionsschwemme, die iTunes seit Version 6 erfahren hat, erschwert heute den Einstieg, und mit iTunes 11 erschien eine stark überarbeitete Benutzeroberfläche. Doch in den ersten Versionen war iTunes der Maßstab für benutzerfreundliche Software.

2004 – iTunes Music Store

Der iTunes-Musikladen vollbrachte das Wunder, die Nutzer zu erziehen. Hatten diese zuvor ihre eigenen CDs in MP3 konvertiert und verwaltet und ihre Sammlung mit MP3-Dateien von Bekannten und Freunden stetig erweitert, wollte Apple nun Geld für einzelne Dateien kassieren. Und die Nutzer zahlten. Für Dateien. Für virtuelle Güter.

Dass Dateien einen Wert darstellen, weiß jeder, der einmal eine wichtige verloren hat. Aber für fremde Dateien bezahlen? Nicht für Programme mit Funktionen, sondern nur für Dateien? Für Dateien, die dem rein passiven Konsum dienen? Für Dateien, die im Gegensatz zu einer Musik-CD auch noch völlig virtuell sind? Also für Güter, die man nicht einmal anfassen oder ins Regal stellen kann?

Abb. 4.25: Screenshot: iTunes Music Store

Doch die Menschen begannen, Geld für Dateien auszugeben. Offenbar hatte Apple mit dem iTunes Music Store die fünf Prinzipien erfolgreich umgesetzt:

Respekt: Meine Bedürfnisse, Musik auch auf CD zu brennen, werden anerkannt, bis zu zehn Brennvorgänge sind gestattet (heute unbegrenzt). Ich möchte mich auch mit nichts anderem beschäftigen müssen, nicht mit Dateiablage, Datenorganisation, Rechnungslegung etc. – das übernimmt alles iTunes.

Vertrauen: iTunes schuf das Vertrauen in meine Fähigkeiten, auch große Datenmengen verwalten zu können. iTunes gewährleistet einen Standard an Audio- und Datenqualität, z.B. bei ID3-Tags, die in fremden MP3-Dateien oft katastrophal waren und kaum Mindestansprüchen genügten. Die Wahrscheinlichkeit, einen gesuchten Titel zu finden, sind hoch, da der Store von Anfang an mit mehreren großen Musik-Labels zusammenarbeitete.

Unterstützung: Der Shop ist einfach zu bedienen und erleichtert das Finden gewünschter Titel. Alle Titel werden gleich behandelt, egal von welchem Künstler oder Label sie stammen, somit benötige ich keine Unterstützung, um verschiedene Musikdateien auf die anderswo geforderte (unterschiedliche) Weise zu behandeln.

Verständnis: Ich möchte nur Musik genießen – sonst nichts. Keine Zusatzfunktion lenkt von meinem Ziel ab: Musik finden, kaufen, herunterladen und hören – fertig. Mir ist es egal, welches Label ein Album herausgebracht hat und welche Restriktionen dieses für sinnvoll hält – im Store sind alle Dateien gleich, entscheidend ist ihr musikalischer Wert für mich.

Kommunikation: Der anfängliche Einheitspreis von 99 Cent pro Titel und 9,99 Euro bzw. Dollar pro Album ist eine klare Aussage. Das Marketing verspricht mir nichts, was der Shop nicht einlöst – es gibt keine unangenehmen Überraschungen.

Heute ist es selbstverständlich, mit einer Vielzahl von Geräten virtuell einzukaufen. Ob Filme, Musik, Hörbücher, Lesebücher oder andere virtuelle Güter wie Spiel-Utensilien oder Apps. Der iTunes-Music-Store war nicht der erste auf dem weiten Feld, aber der erfolgreichste. Er etablierte ein Grundvertrauen in den Wert von virtuellen Gütern, sodass wir bereit sind, dafür Geld auszugeben.

Seit 2008 bietet der iTunes-Store auch Apps für iPhone und iPad zum Download an. Er ist somit die erste Anlaufstelle, um entweder neue Inhalte oder neue Funktionen für seine Geräte zu kaufen. Anfang 2011 startete der Mac-App-Store für die Mac-Computer. Der Zugriff auf neue Inhalte (Musik, Filme, Bücher, etc.) und Funktionen (Apps) geschieht auf iOS und Mac über verschiedene Wege, die Shop-Basis ist jedoch die gleiche, und die Trennung ist für Nutzer nachvollziehbar.

2007 – Grafische Menüs: Ribbons

Abb. 4.26: Screenshot: Das Ribbon-Band von Microsoft Word

Die sich immer stärker füllenden und unübersichtlich gewordenen Menüs in seinen Office-Programmen ließen Microsoft nach einer alternativen Bedienung suchen. In Office 2007 wurden erstmals die sogenannten Ribbons vorgestellt. Diese bieten alle verfügbaren Befehle grafisch als Symbole an, dabei sind häufig genutzte Funktionen größer als seltene. Word besitzt insgesamt acht Ribbons, in denen die verschiedenen Funktionen gruppiert sind. In gewisser Weise kombinieren Ribbons Symbolleisten mit der Funktionalität von Menüs und Tab-Navigationen. Seit Windows 8 verfügen alle Bereiche des Betriebssystems über die Ribbon-Bedienung.

Insbesondere Vielnutzer waren verärgert, da sie die Bedienung komplett neu lernen mussten und sich unproduktiver fühlten. Häufiger Kritikpunkt ist, dass zwar die Format-Symbole verständlich sein mögen, aber viele Funktionen als Symbol nicht selbsterklärend sind, der einstige Menüeintrag war aussagekräftiger, insbesondere bei Excel fiel die Umstellung schwer. Für Gelegenheitsnutzer wirken die Symbole in den Ribbons einladender als die teilweise langen und verschachtelten Menübäume.

Vielnutzer müssen nun, statt in jeweils einer Liste von Befehlen nach dem passenden Eintrag zu suchen, jetzt einen optischen Bereich absuchen. Wer eine Fußnote einfügen möchte, schaute im „Einfügen"-Menü nach „Fuß. . . ", dazu liest man nicht, sondern scannt die Menüeinträge ab. In der Ribbon-Welt ist jedoch jedes Piktogramme einzeln zu betrachten, denn das Aussehen des Fußnoten-einfügen-Symbols ist ungewiss. Symbole für häufig verwendete Funktionen lernt man schnell, die für gelegentliche Nutzung verursachen höheren Suchaufwand. Die Bezeichnung eines seltenen Menü-Eintrags ist für viele verständlicher als die Gestalt eines Symbols. Zusätzlich behindert die Anordnung in Blöcken sowie die vorgegebene Wichtung (groß = wichtig, klein = weniger wichtig?) das rasche Scannen. So wird die Suche nach dem Fußnote-Einfügen zu einer echten Suche. In Standard-Situationen fühlen sich Ribbons für viele Nutzer angenehmer an, für Vielnutzer ergibt sich oft das Gefühl, weniger flott arbeiten zu können.

Quasi nebenbei wurde die direkte Unterstützung ausgebaut. Beim Markieren eines Bereiches erscheint sofort an der Maus eine kleine Palette mit den häufigsten Befehlen. Beim Einfügen kann man unmittelbar auswählen, ob der Text formatiert oder nur als Inhalt eingefügt werden soll. So erhalten Nutzer aktive Unterstützung, indem geeignete Funktionen verfügbar sind, wenn sie theoretisch benötigt werden. Vielnutzer argumentieren dagegen, dass sie häufige Befehle sowieso auf Tastenkürzel gelegt haben oder wissen, wo sich die entsprechenden Symbole befinden. Daher würden sie die Maus automatisch an die richtige Stelle auf dem Monitor bewegen – was genauso schnell ist, wie in der erscheinenden Palette den korrekten Befehl auszuwählen. Aus Usability-Sicht stört, dass die Palette ohne Vorankündigung erscheint, es keine sichtbare Möglichkeit gibt, sie erneut aufzurufen und man sich einfach blind auf sie verlassen können muss.

2007 – Das erste Gerät mit überzeugender Touch-Bedienung: iPhone

Bei der iPhone-Vorstellung präsentierte Steve Jobs drei Geräte in einem: Telefon, MP3-Player und ein neues Internet-Gerät. Das Bemerkenswerte waren jedoch weniger die kombinierten Funktionen als die Bedienung. Es gab nur einen Knopf, der Rest wurde über Fingerberührungen und -bewegungen auf dem Bildschirm umgesetzt; Einschalt-, Tastensperr- sowie Laut- und Leise-Tasten am Gerät sind für die eigentliche Bedienung nicht direkt nötig und duplizieren im Fall der Laut- und Leise-Tasten lediglich Software-Funktionen.

Abb. 4.27: Das erste iPhone in Aktion

Beim Aufruf einer Internet-Seite zeigt sich die Touch-Bedienung in all ihrer Leistungsfähigkeit: Webseiten kleben beim Scrollen förmlich am Finger und schnipsen mit einem Gummibandeffekt zurück, wenn sie zu weit geschoben werden. Mit einer Zweifingergeste zoomt man in Webseiten hinein oder hinaus. Touch bedeutet also die Bedienung mit mehr als einem Finger. Die Berührungen mehrerer Finger gleichzeitig sowie deren Bewegungen wurden als Eingabe ausgewertet.

Das iPhone demonstrierte die gelungene Kombination aus Hard- und Software. Es verfügte über eines der präzisesten Touch-Displays in Consumer-Geräten und über eine Software, die auf dem selben System wie MacOS X basiert. Dadurch entstand eine intuitive und zuverlässige Bedienung – ohne Verzögerung und ohne speziellen Bedienstift. Zunächst als iPhone OS bezeichnet, folgte nach der Einführung des iPad die Umbenennung in iOS. MacOS und iOS teilen sich auf Systemebene viele Funktionen, verfügen jedoch über eigenständige Benutzeroberflächen. iOS lehnte sich bis 2013 an die Nachbildung realer Objekte an, beispielsweise der Kalender als Kalenderbuch mit Ledereinband. Seit iOS 7 verabschiedete sich Apple auf iPhone und iPad vom Skeuomorphismus und setzt auf eine abstraktere und schlichtere Darstellung.

Allein der Effekt, dass Bildelemente beim Verschieben oder Zoomen an den Fingern zu kleben scheinen, vermittelt das Gefühl der direkten Manipulation und schafft so Vertrauen in die Technologie. Statt mit einem Mauszeiger als Stellvertreter interagieren die Nutzer direkt mit den Bildschirminhalten; die Zwischeninstanz in Form einer Maus ist obsolet geworden. Mit einem Mauszeiger ist auch nichts umsetzbar, was Multitouch entspricht. In der Folge übernahm MacOS verschiedene Multitouch-Funktionen; diese sind über das spezielle Touchpad bedienbar: Zoomen, Scrollen (bzw. Inhalte nach oben/unten/links/rechts verschieben), bestimmte Funktionen über Sondergesten aufrufen (beispielsweise fünf Finger spreizen oder drei Finger nach oben bewegen).

Auf handlichen Geräten und in bestimmten Nutzungssituationen fühlt sich die Touch-Bedienung natürlich und unkompliziert an. In professionellen Arbeitsbereichen, wo es wie in der Bildbearbeitung auf pixelgenaue Steuerung ankommt oder wo wie in der Buchhaltung Tastatureingaben den Großteil der Nutzereingaben ausmachen, ist bislang kein Wechsel zur Touch-Bedienung auszumachen. Viele Nutzer möchten nicht auf einem Monitor herumtouchen, sondern nutzen lieber die Maus, die neben ihrer Tastatur liegt; das fühlt sich für sie angenehmer an, als mit ausgestrecktem Arm auf dem Bildschirm vor ihnen zu agieren.

Das iPhone trat den Trend zur Touch-Bedienung los. Das ursprünglich tastenbasierte Android-System wechselte ebenso auf diese Bedienweise wie Windows Phone und Blackberry-Betriebssystem.

Die Touch-Bedienung hat Nebeneffekte für die Nutzerschnittstelle. Dank der pixelgenauen Maus-Bedienung bleiben kleine Elemente bedienbar, die optische Wichtung kann der funktionalen Bedeutung entsprechen; auf einem Touchdisplay muss dagegen jedes Interaktionselement mindestens einen halben Zentimeter Breite und Höhe besitzen. Zwei Elemente dürfen nicht zu dicht nebeneinander platziert werden. Ein häufiger Ausweg ist, unwichtige oder seltene Funktionen in tieferen Hierarchien unterzubringen, sie quasi in Menüs zu „vergraben“. Ein weiterer Effekt ist das Fehlen des Zeigens. Auf einem Touch-Display sind Zeigen und Klicken die selbe Aktion. Bei Webseiten erkennt man den Unterschied, wenn Links bereits bei der Mauszeigerberührung hervorgehoben werden. Auf Touch-Geräten entfällt die Unterscheidung; entweder etwas wird angeklickt oder nicht – es gibt nichts dazwischen. Klickbare Elemente müssen daher eindeutig klickbar gestaltet sein, ohne bestätigende Berührungsreaktion bzw. nicht klickbare Elemente dürfen nicht den Anschein erwecken, dass sie Bedienelemente wären.

2010 – Das erste Tablet: iPad

Das iPad kann als großes iPhone (ohne Telefonfunktion) angesehen werden. Das greift allerdings zu kurz. Denn die Größe (etwa Din-A4) ermöglicht andere Nutzungsszenarien als das kleinere iPhone. Auf einem Tablet scheint das Internet tatsächlich in der Hand zu liegen, es lässt sich in angenehmer Größe lesen und bietet meist genausoviel Inhalt wie der entsprechende Ausschnitt auf einem Computermonitor. Außerdem ist die Bildschirmtastatur entsprechend größer und eignet sich durchaus auch für das Verfassen von längeren E-Mails.

Abb. 4.28: Steve Jobs präsentiert das iPad

Die Geräteform bestimmt die Einsatzmöglichkeiten und Erwartungen der Nutzer wesentlich mit. Ein iPad (oder anderes Tablet) ersetzt den Laptop, denn für Online-Shopping, Internet-Surfen, E-Mail-Verwaltung, gelegentliche Spielchen und andere Aufgaben eignet es sich genausogut wie ein kleiner Laptop. Außerdem taugt es gut zum Filmeschauen, Musikhören, Kommunikation in sozialen Netzwerken oder zum Lesen von Internet-Seiten oder eBooks. Zahlreiche Apps beweisen, dass Tablets nicht auf passiven Konsum beschränkt sind: In Musik-, Zeichen-, Text-, Verwaltungs- oder Planungs-Apps funktioniert produktives Arbeiten, und die Touch-Bedienung fördert das Umsetzen kreativer Ideen.

Insbesondere beim iPad, das für den Nutzer ein großer interaktiver Bildschirm ist, kommt der Grafikleistung besondere Bedeutung zu. Durch seine eigene Chip-Entwicklung erhöht Apple mit jeder iPhone- und iPad-Version die Leistung bei etwa gleichbleibender Batteriedauer. 2014 erschien die Grafik-Schnittstelle Metal. Deren Funktionalität entspricht etwa dem Industriestandard OpenGL, jedoch erreicht Metal auf iOS-Geräten die etwa zehnfache Leistung, da es die Funktionen des weiter optimierten Grafikchips optimal ausnutzt. Das stärkt das iPad als Alternative zur Spielekonsole.

Der Nutzer erfährt nichts von Prozessortakt, Arbeitsspeicher oder Grafik-Rendering-Pipelines und GPU-Takt. Diese Angaben sind nebensächlich, da erst das Zusammenspiel aller Chips die Gesamtleistung bestimmt. Wie bei MacOS X entlastet der Grafik-Chip, der inzwischen PC-taugliches Niveau besitzt, den Prozessor und ermöglichte 2012 die Einführung von hochauflösenden Display („Retina Displays"), was die zu verwaltende Bildauflösung vervierfachte.

Das iPad ersetzt den Computer in vielen Situationen. Gelegenheitsnutzer brauchen nicht die Bedienung (und Wartung) eines Computers zu erlernen. Auch Profis schätzen in gewissen Umständen die direkte Bedienung und fokussierte Funktionalität. Für diverse Nutzergruppen oder Nutzungsszenarien sind Tablets ideale Begleiter, die nicht gestartet werden müssen, sondern mit Tipp auf den Home-Button bereit sind. Dass die Nutzeroberfläche die ungenauen Eingaben durch Finger, die niemals so präzise wie ein Mauszeiger agieren, korrekt verarbeitet, ist die große Herausforderung des Schnittstellendesigns. Daher benötigen Programme eine Anpassung an die Tablet-Umgebung. Erstens um erwartete Tablet-Funktionen (wie Zoomen oder Wischen) zu unterstützen und zweitens um die Oberfläche an die Finger anzupassen. Bleibt Letzteres nur kosmetische Korrektur oder ist nicht an das Nutzungsszenario angepasst, sind enttäuschte Nutzererwartungen die Folge. Wie ein Computer kann ein Tablet (und auch ein Smartphone) für verschiedenste Zwecke eingesetzt werden, erst die Software und die Nutzerschnittstelle entscheiden über den Erfolg bei den Kunden – sowohl des Tablet-Systems als auch jeder einzelnen App.

2012 – Microsoft Windows 8

Windows 8 ist das einheitliche System für Tablets und Computer. Das etablierte Start-Menü verschwand zugunsten eines Startbildschirms, der die Apps in Kacheln präsentiert. Für die Fingerbedienung auf Tablets ist das sogenannte „Modern UI"-Design (ursprünglich „Metro" genannt) optimiert: große klare Bedienelemente. Daneben existiert weiterhin die „klassische" Windows-Oberfläche, in der Programme wie bisher funktionieren. Microsoft stellte zum neuen System eigene Tablets – „Surface" genannt – vor. Diese Tablets bringen als Abdeckung eine Tastatur mit, sodass sich das Gerät ähnlich wie ein Laptop benutzen lässt.

Abb. 4.29: Marketingfoto Windows 8

Bemerkenswert war die kurzlebige „Windows RT"-Variante für ARM-Prozessoren. Diese Chips sind für Mobilgeräte optimiert und erzielen den guten

Kompromiss aus Leistung und langen Akkulaufzeiten. Auf Windows RT funktionieren Programme nicht, die für Intel-Prozessoren optimiert sind. Somit stehen nur Windows-Store-Apps zur Verfügung. Anfang 2015 stellte Microsoft das letzte ARM-Gerät mit Windows RT ein.

Mit Version Windows 8.1 beseitigt Microsoft einige Kritikpunkte der Nutzer. Vor allem irritierte die Vielfalt der Aktionen, die ohne Hinweis auslösbar sind. Bewegt man den Mauszeiger in die Ecke unten links (wo früher der Startmenü-Button war), so landete man auf dem Start-Bildschirm mit den Kacheln. Zieht man den Finger (oder die Maus) vom rechten Monitorrand in das Bild, erscheint die sogenannte „Charm-Bar" mit Tasten für die häufigsten Funktionen (wie Suchen, Teilen, Einstellungen). In den Einstelldialogen war optisch nicht erkennbar, welche Texte nur einen Status abbildeten und welche angeklickt/angetippt werden sollten.

Usability-Profis wie Jakob Nielsen haben der Windows-8-Oberfläche Verrisse zukommen lassen. Insbesondere die unvorhersehbaren Aktionen, die durch nicht sichtbare Elemente ausgelöst werden, sorgten für Kritik. Dennoch wird sich angesichts der Marktmacht von Microsoft – auch da Microsoft nach 13 Jahren Windows XP außer Dienst gestellt hat – Windows 8 auf Laptops, Computern und Tablets durchsetzen. Damit wird eine neue Oberfläche mit neuen Standards etabliert, die die Erwartungen und Möglichkeiten der Nutzer direkt beeinflusst.

2012 – Computer direkt im Alltag: Google Glass und Smart Watches

Computer werden zunehmend in den Alltag integriert, das Abrufen von E-Mails auf einem Smartphone beispielsweise ist für viele selbstverständlich. Die nächste Hürde ist die Integration von Computern in einer Weise, dass nicht mehr bewusst ein bestimmtes Gerät ergänzend zur Realität genutzt wird, sondern die Realität und die Computerwelt (inkl. Internet) miteinander verschmelzen. Den fortgeschrittensten Ansatz präsentierte Google mit seiner Brille „Google Glass". Diese kann Bilder und Ton aufnehmen, wie der Nutzer sie sieht und hört, und passende Informationen dazu einblenden. Dank Sprachsteuerung benötigt sie keine zusätzlichen Eingabegeräte, sondern zeigt gewünschte Informationen direkt im Sichtfeld des Benutzers an und reagiert auf dessen mündliche Befehle.

Von der Erfüllung der nahtlosen Rundum-Integration ist Google Glass noch weit entfernt, aber in einigen Anwendungsszenarien kann es als durchaus nützlich wahrgenommen werden. Beispielsweise im medizinischen Bereich wurden zunächst Tablets verwendet, sodass Ärzte stets unmittelbaren Zugang zur digitalen Krankenakte hatten. Nun haben sie beide Hände frei, denn benötigte Daten werden direkt über die Brille eingeblendet. Insbesondere bei einer Operation ist dies vorteilhaft. Ob sich digitale Brillen in breiten Nutzerschichten durchsetzen oder ein nützliches Accessoire in Nischen bleiben werden, ist noch abzuwarten.

Die sogenannten Smart Watches bieten eine andersgeartete Verlängerung der Computernutzung in den Alltag. Statt ein Smartphone oder Tablet in die Hand nehmen zu müssen, können Ausgaben dieser Geräte auf einer Smart Watch am Handgelenk angezeigt werden. Über diese spezielle Uhr ist auch die Eingabe von Daten möglich, entweder durch gesprochene Sprache oder Touchbedienung auf dem Uhren-Display. Bislang benötigen Smart Watches für viele Funktionen ein verbundenes Gerät wie ein Smartphone oder Tablet.

Drei Phasen der Entwicklung

Von den Lochkarten bis zur Smartwatch lassen sich verallgemeinernd bislang drei Phasen in der Computerbedienung erkennen. Diese entsprechen etwa den drei Strömungen zur Usability.

Tab. 4.3: Drei Phasen der Entwicklung

	1970/80er	1980/90er	2000/10er
Paradigma	Operator bedient Maschine	User benutzt Computer als Werkzeug	Manager delegiert an Assistenten
Interface	Kommandozeile: *MS-DOS, CP/M, Shell, Terminal*	Grafische Oberfläche: *Mac, Windows, Workbench; WIMP, Wysiwyg*	Attentive User Interface: *Assistenten, Google, Siri*
Usability-Ära	Ergonomie: *Mensch-Maschine-Interaktion*	Psychologie: *mentale Vorgänge*	Phänomenologie: *absichtsvolles Agieren*
Fokus	Praxis, Bedienung, physische Effizienz	Theorie, Informationsverarbeitung, psychische Effizienz	Diskurse, Kontext, Unterstützung

Die Ergonomie betrachtet ein Interface als Amalgam von Mensch und Maschine und orientiert sich an den Paradigmen der Industrie. Der Computer gilt als ein Werkzeug, das Menschen hilft, Probleme zu lösen.

Die Psychologie nimmt die Vorgänge des Geistes in den Fokus und leitet daraus Richtlinien zur Informationsverarbeitung ab. Der Computer gilt als Verlängerung des Geistes, der Erinnerung, der Planung, des Verstehens, daher müssen die Computervorgänge für den Menschen leicht erfass- und verarbeitbar sein.

In der Phänomenologie erfolgt die Bedeutungszuschreibung anhand des Verständnisses der Menschen als situative menschliche Wesen, die sich selbst, die Welt und die Aktionen aus ihrer Verhaftung in einer physischen und sozialen Welt ableiten. Diese dritte Denkweise entwickelten Steve Harrison, Phoebe Sengers und Deborah Tatar 2007, um die neuen Entwicklungen systematisch zu erfassen. Dabei berücksichtigen sie beispielsweise, dass sich unser Verhalten und unser Wissen je nach sozialem Kontext verändert. Plakativ zugespitzt: Auf Arbeit nutzen wir Computer anders als zuhause. Ergänzend ist die Computernutzung zwischen Arbeit und Zuhause durch Smartphones und Tablets hinzugekommen, die aufgrund ihrer eigenen Kontexte andere Usability-Anforderungen gebiert. Aus der unterschiedlichen Nutzung resultieren andere Anforderungen an Software und Webseiten, je nachdem ob sie auf die Nutzung in der selbstbestimmten Freizeit (im kontrollierten Heim oder in der unkontrollierbaren Öffentlichkeit) oder die Nutzung in der fremdbestimmten Arbeitszeit abzielen.

Die früheren Ansprüche der Ergonomie und Psychologie gelten weiterhin. Heute sind jedoch auch die Aspekte der Phänomenologie zu berücksichtigen, um eine erfolgreiche Nutzerschnittstelle zu entwickeln. Die Nutzer haben mit der technischen Entwicklung Schritt gehalten. So wie heute kein Fahranfänger ein Ford-T-Modell benutzt, so erwarten auch Computeranfänger eine moderne Schnittstelle. Das Auto-Beispiel verdeutlicht, das Modernität sich nicht nur im Design äußert, sondern auch in Funktionalität und Bedienkomfort.

Zur Ergonomie gehört die Einrichtung des Arbeitsplatzes; dessen räumliche, akustische, visuelle Präsenz beeinflusst die Produktivität, ebenso wie einstellbare Büromöbel und Geräte. In den USA ist übrigens die RSI (repetitive strain injury) als Berufskrankheit anerkannt. Diese Erkrankung entsteht durch falsche Einstellungen und/oder monotone Bewegungen. Der sogenannte „Mausarm" ist keine seltene Erscheinung bei Büro-Arbeitern. Büro-Arbeit bedeutet heute in den meisten Fällen auch Computerarbeit, mitunter besteht die Arbeit nur aus Computerbedienung, beispielsweise bei der Datenerfassung.

Nicht nur für die konkrete Maschinenbedienung, sondern für jede Schnittstelle sind die physischen Fähigkeiten der Menschen zu berücksichtigen: Sehen (Schärfe, Farben, Kontrast, Bewegungsempfindlichkeit), Hören, Fühlen (Tastsinn). Alter oder Routine beeinträchtigen die Bewegungspräzision und -empfindlichkeit, die momentane Verfassung und Umgebung beschränken die physischen Fähigkeiten zusätzlich. Daher stellt jede Schnittstelle nur die geringstmöglichen Anforderungen an die Sinne der Menschen: Der Kontrast ist möglichst stark, Informationen sind nicht nur in Farbe kodiert, sondern auch als Form, wichtige Tonsignale erklingen genügend laut und in einer schwer zu ignorierenden Frequenz, Tasten und andere Eingaben mittels Tastsinn sind auch bei flüchtiger Berührung klar als Bedienelemente wahrnehmbar. Am einfachsten geht man davon aus, dass der Durchschnittsnutzer seine Sinne nur zu maximal 30 Prozent von deren potenzieller Leistungsfähigkeit nutzt oder dass er abgelenkt ist – und dennoch soll er die Schnittstelle möglichst aufwandsarm und fehlerlos benutzen können.

Außerdem müssen verschiedene Aspekte der Barrierefreiheit berücksichtigt werden, um auch Menschen mit Behinderung die Nutzung zu ermöglichen. Aktuelle Computersysteme bringen bereits viele Dienste mit, von der Anpassung der Bildschirmdarstellung über Unterstützung für spezielle Eingabegeräte bis hin zur Sprachausgabe. Zu Recht erwarten die Nutzer, dass solche Dienste in allen Programmen und auf allen Webseiten funktionieren. In einigen Fällen kann es geboten sein, weitere Hilfen oder Funktionen zur besseren Nutzung einzubauen.

Zu den physischen Grenzen gesellen sich kulturelle Unterschiede: Leserichtung, Sonderzeichen, Zahlenformate, Maßeinheiten, Sortierung, Farbenbedeutung, Schreiben (Satzzeichen, Wortlänge, Grammatik etc.), Etikette, Tonfall, Metaphern. Dank Unicode sind für moderne Computersysteme zumindest die Sonderzeichen keine Herausforderung mehr, auch sind die meisten Systeme auf die verschiedenen Leserichtungen vorbereitet.

Die meisten anderen Punkte obliegen dem Interface-Designer. Mit einer schlichten Übersetzung der Beschriftungen, Befehle und anderer Textbestandteile einer Software oder Webseite ist es nicht getan. Sprachen benötigen unterschiedlich viel Platz für die selbe Information, der Sprachduktus ist womöglich ein völlig anderer. Bestimmte Metaphern oder Begriffe funktionieren teilweise nicht.

Sind alle physischen Grenzen und Anforderungen berücksichtigt, darf man das menschliche Gehirn nicht vergessen. Zu den kognitiven Prozessen gehören:

   ◇ Langzeitgedächtnis und semantisches Gedächtnis
   ◇ Kurzzeit- und Arbeitsgedächtnis (7 ± 2 Daten im Kurzzeitgedächtnis)
   ◇ Problemlösen und logisches Denken
   ◇ Entscheiden und Risikobewertung
   ◇ Sprachliche Kommunikation und Verstehen
   ◇ Such-, bildliches und sensorisches Gedächtnis
   ◇ Lernen, Skill Development, Wissenserwerb und Erwerb von Konzepten

Diese Fähigkeiten wollen gefordert, aber nicht überfordert werden. Wer seine Nutzer zu reinen Abarbeitern vorgegebener Abläufe ohne jede Entscheidungsmöglichkeit degradiert, senkt deren Motivation und nimmt in Kauf, dass diese inkompetent in unvorhergesehenen Situationen reagieren. Verlangt das Umfeld, in dem eine Software eingesetzt wird, bereits zahlreiche Entscheidungen, will der Nutzer am Computer möglichst wenige treffen. In einem Callcenter beispielsweise stellen die Anrufer bzw. Angerufenen genügend Abwechslung und Herausforderung dar; die Software ist daher so direkt und unaufregend und funktional wie möglich. Kein Stress oder Bedienfrust belastet die Callcenter-Agents zusätzlich.

Ist das Umfeld jedoch eher ereignisarm und öde, kann die eine oder andere virtuelle Entscheidung oder Herausforderung nicht schaden. Werden in einer Lagerverwaltung nur fünf verschiedene Sorten von Schrauben ein- und ausgelagert, so kann es ratsam sein, die Software etwas aufzumotzen, um gegen die Monotonie anzukämpfen. Beispielsweise könnten die Nutzer gezwungen sein, die ein- bzw. auszulagernden Schrauben jeweils auf einem Bild zu erkennen und dieses anzuklicken, dabei tauschen die fünf Abbildungen jedes Mal ihre Plätze. Auf diese Weise muss sich der Nutzer aktiv mit der Aufgabe auseinandersetzen, das beugt Routine vor und kann die Fehlerquote senken.

Nur weil Nutzer sich eventuell beklagen, dass etwas kompliziert scheint, muss man es nicht zwangsläufig vereinfachen. Nutzer brauchen kleine Reibeflächen, um geistig munter zu bleiben. Eine ausgewogene Mischung zu finden, die den Nutzungskontext berücksichtigt, ist die große Herausforderung.

Hat man das perfekte Interface entwickelt, wird es trotzdem Probleme und Fehler geben. Die „Bio-Schnittstelle" Mensch ist per se fehlbar und unterliegt starken Schwankungen. Variabilität entsteht vor allem durch situative Faktoren, die sich auf Wahrnehmung, Leistungsfähigkeit und Motorik auswirken:

  ◇ Erregung und Wachsamkeit
  ◇ Müdigkeit und Schlafentzug
  ◇ Sensorische und mentale Belastung, Stress, Hektik
  ◇ Wissen über Resultate und Feedback
  ◇ Monotonie und Langeweile
  ◇ Sensorische Entbehrungen
  ◇ Ernährung
  ◇ Angst, Beklemmung, Stimmung, Emotionen
  ◇ Drogen, Nikotin, Alkohol
  ◇ Physiologische Rhythmen

Checkliste: Computer

◇ Der Computer kann ...

- stupide, wiederholende Tätigkeiten übernehmen
- Daten entgegennehmen und angemessen aufbereitet bereitstellen
- den User bei seinen Zielen unterstützen

◇ Der Computer soll ...

- zuverlässig arbeiten und Daten vor Verlust schützen
- auf Dinge hinweisen, die die Aufmerksamkeit des Users erfordern
- die Arbeit nicht unnötig verkomplizieren

◇ Der Computer darf niemals ...

- dem User etwas mitteilen, was dieser nicht verstehen kann
- unvorhersehbar reagieren
- sich selbst über die Ziele des Users stellen

User-Interface-Design	Kapitel 4. Unsere Computer

5 Ziele und Aktionen

Sind die Nutzer und Computer verstanden, gilt es nun, diese an der (eigenen) Schnittstelle zusammenzubringen. Um ein User-Interface zu konzipieren, gibt es verschiedene methodische Ansätze. Ausgehend von den User-Storys und Use-Cases wird ein Ansatz gewählt, der zur Aufgabe passt.

Da sich die vorgestellten Ansätze nicht gegenseitig ausschließen, ist es nützlich, alle zu kennen. So kann der beste gewählt werden, und Erkenntnisse aus den jeweils anderen Herangehensweisen verbessern die Aussagekraft des Konzepts. Oft bietet es sich an, einzelne Bereiche einer Software oder Webseite nach einer anderen Methodik oder zusätzlich in einer zweiten Konzeptualisierung zu erfassen.

Die Sieben Stufen der Aktion

Der Usability-Berater Donald Norman hat 1988 in „The Design of Everyday
Things" sieben Stufen definiert, die jeder Nutzer durchläuft:

1. Formulierung des Ziels
2. Formulierung des Plans
3. Spezifikation der Aktion
4. Ausführung der Aktion
5. Wahrnehmung des Systemstatus
6. Interpretation des Systemstatus
7. Auswertung des Resultats

Praxisbeispiel: Einkauf im Webshop

Erstens: Mein Ziel. Ich möchte ein neues Fahrrad haben.

Zweitens: Mein Plan. Ich werde mir ein neues Fahrrad kaufen. (Man beachte
den Unterschied zwischen „haben" und „kaufen" – ersteres interessiert
den Nutzer tatsächlich, zweites ist nur Mittel zum Zweck, er würde es
auch „haben", wenn er es nicht kaufen würde, sondern geschenkt bekäme,
irgendwo stähle oder bei einer Tombola gewänne.)

Drittens: Meine Aktionen. Ich definiere die Kriterien, die für mich entscheidend
sein sollen (Pflicht-, Kür-, Ablehnungskriterien, auch der Preisrahmen ist
ein Kriterium). Ich sichte das Sortiment und wähle mehrere Fahrräder
aus, zwischen denen ich mich im nächsten Schritt entscheide. Sollte ich
keine finden, nutze ich die Kenntnisse aus der Sortimentsrecherche und
überarbeite meine Kriterien und wähle anschließend neu aus. Anschließend kaufe ich das entsprechende Fahrrad.

Viertens: Die Ausführung. In Online-Shops suche ich Fahrräder, die zu meinen
Kriterien passen, dabei helfen mir die Suche, die Shop-Kategorien sowie
Filter für den Preis und bestimmte Funktionen. Innerhalb eines Webshops
hilft mir ein Merk- oder Wunschzettel, alle Kandidaten zusammenzutra-
gen. Anschließend beginnt der Detailvergleich, manche Fahrräder fallen
aufgrund weicher Kriterien – beispielsweise falsche Farbe, schlechtes Foto,
fehlende Angaben über Ausstattung oder Funktionen, unsympathischer
Webshop, zu hoher oder zu niedriger Preis – schnell wieder aus der
Selektion. Die verbleibenden prüfe ich hinsichtlich der Kriterien und ob
sie mir gefallen. Eventuell berate ich mich auch mit einem Bekannten,
hole in Foren Informationen und Erfahrungsberichte über ein Modell
ein, oder breche die Suche erst einmal ab und schaue mich lieber bei

örtlichen Fahrradhändlern um, wo ich auch gleich eine Testrunde drehen kann. Habe ich mich endlich für ein Modell entschieden, lege ich es in den Warenkorb, lege eventuell noch Zubehör dazu und bestelle es.

Fünftens: Der Status. Der Merk- oder Wunschzettel (bzw. der Warenkorb, den ich ja für diese Zwecke ebenso nutzen kann), zeigt die Anzahl der enthaltenen Elemente und listet diese auf. Im Checkout-Prozess werden die konkreten Produkte, die ich bestelle, noch einmal aufgelistet, ebenso die Lieferadresse, Zahlungsart und gewählte Lieferoptionen. Innerhalb des Bestellvorgangs wird die Gesamtzahl der nötigen Schritte bis zum „Kaufen"-Button dargestellt und bei welchem ich mich gerade befinde. Nach erfolgter Bestellung erhalte ich eine E-Mail, die noch einmal alle Angaben der Bestellung zusammenfasst.

Sechstens: Die Interpretation des Status. Ich gleiche die Produkte im Warenkorb und auf der abschließenden Übersichtsseite des Bestellvorgangs mit meiner Erinnerung ab, ebenso prüfe ich, ob meine Angaben zu Lieferadresse und Zahlungsart korrekt übernommen wurden. Nötigenfalls korrigiere ich diese. Beim Betreten des Bestellvorgangs sehe ich, wie viele Schritte noch vor mir liegen, bis ich endlich bestellen kann. Die E-Mail mit den Angaben zur Bestellung gibt mir die Sicherheit, dass meine Bestellung korrekt aufgenommen wurde und ich demnächst mein neues Fahrrad erhalte.

Siebtens: Das Resultat. Oha, das neue Fahrrad ist da. Entspricht es dem, das ich bestellt habe? Erfüllt es die Erwartungen, war die Lieferung in Ordnung, gibt es Reklamations- oder Beschwerdegründe?

Beabsichtige ich, statt eines Fahrrads ein bestimmtes Kosmetik-Produkt oder ein Buch, dessen Titel ich bereits weiß, zu kaufen, ist der Vorgang natürlich deutlich schneller zu bewältigen. Die sieben Stufen verdeutlichen die unterschiedlichen Perspektiven. Denn das Ziel weicht häufig vom Plan ab. Webseiten-Betreiber und Software-Entwickler konzentrieren sich meist auf die zweite Stufe, dass irgendetwas getan werden soll, und vergessen darüber das zugrundeliegende Ziel des Besuchers oder Nutzers.

Je nach Kompetenz und Erfahrung werden einige Nutzer die Stufen drei und vier auf einmal bewältigen, also anhand der vorhandenen Funktionen ihre Aktionen planen und immer gleich umsetzen, dann erfolgt die Planung der Aktionen immer nur in Bezug auf den nächsten Schritt und nicht übergreifend; diese Nutzer springen quasi zwischen den Stufen drei und vier hin und her und bewegen sich so auf ihre Zielerreichung zu. Erfahrene Nutzer dagegen haben bereits einen mentalen Ablauf der Aktionen zusammengestellt und vollziehen ihn dann nur noch; sie suchen also bewusst nach dem Zugang zum

Bestellvorgang im Webshop, während unerfahrene suchend umherschauen, wie sie jetzt ihre Bestellung abschließen können und nicht wissen, nach welchen Begriffen oder optischen Anhaltspunkten sie Ausschau halten müssen.

Ziele als Projekte

Jedes Ziel beinhaltet eine Zeitvorstellung, die als Zeitkorridor oder Zeitpunkt benannt wird. Ich will das Fahrrad im Sommer haben, etwas noch diesen Monat schaffen, muss etwas bis 13 Uhr erledigen oder ähnliches. Damit entspricht das Nutzerziel der Projektdefinition im Projektmanagement: Zu einem Zeitpunkt X soll ein Status Y mit den verfügbaren Ressourcen Z erreicht sein. Der Status kann ein Ja/Nein-Status sein wie „Ich habe das Fahrrad" oder „Ich habe das Fahrrad nicht." In anderen Fällen enthält der Status ein Ergebnis in Zahlenform oder stellt einen anderen quantifizierbaren also messbaren Zustand dar. Da Y jedoch von Menschen meist ohne Projektmanagementkenntnisse formuliert wird, ist das Ziel selten konkret und messbar formuliert, sondern bedeutet beispielsweise nur, dass jemand ein „besseres Fahrrad" haben möchte – was auch immer „besser" bedeuten mag und wie auch immer geprüft werden könnte, nach welchen Kriterien dieses Fahrrad tatsächlich besser ist, oder ob es sich einfach nur besser anfühlt.

Die verfügbaren Ressourcen sind noch kritischer, denn die Anforderung lautet immer: mit dem geringstmöglichen Aufwand, am besten automatisch ohne jeden Aufwand. Im Gegensatz zum Projektmanagement bestehen die Ziele der Nutzer meist aus vagen Angaben, und deren Erreichung wird zumeist intuitiv und gefühlsmäßig bewertet. Damit entziehen sich Debatten über Usability-Probleme oftmals der rein faktischen und sachlich-neutralen Perspektive, sondern bedürfen Empathie, emotionaler Aufgeschlossenheit und psychologischer Versiertheit.

Menschen agieren, denken und fühlen eben nicht rational wie der „Homo oeconomicus", sondern irrational und impulsiv. Der Großteil der Nutzer wird sich dennoch innerhalb eines überschaubaren Spektrums bewegen, der durch die Personas und User-Storys repräsentativ abgebildet ist. Dass einzelne Menschen Gebrauch von Ihrem Recht auf Individualität machen, darf nicht darüber hinwegtäuschen, dass der überwiegende Anteil fast vorhersehbar und plausibel agiert und reagiert. Je effektiver die verschiedenen Grundinteressen und -bedürfnisse im Zuge der Aufgabenerledigung berücksichtigt wurden, desto weniger Einzelfälle mit Problemen gibt es. Aber es wird immer diese Einzelfälle geben! Die größte Schwierigkeit ist dabei herauszufinden, ob es sich tatsächlich um Einzelfälle oder relevante Korrekturaufforderungen handelt.

Wenn Deborah sich beschwert, dass sie eine bestimmte Funktion nicht korrekt bedienen kann, sind mehrere Ursachen möglich. Deborah wendet ein falsches mentales Modell an, sucht beispielsweise an der falschen Stelle oder nach den falschen Beschriftungen. Vielleicht ist sie durch eine andere Software oder Webseite so vorgeprägt, dass sie aus deren Denkmustern gar nicht herauskommt. Möglicherweise basiert die Funktion auf einem bestimmten Vorgang in der Praxis, der ihr nicht geläufig ist. Eventuell hatte sie auch einen schweren Tag und ist sowieso von jeder Eingabe und jedem Klick genervt oder enttäuscht, weil sie ein umfangreicheres Ergebnis erwartet hatte. Andererseits könnte Deborah auch diejenige sein, die als einzige das Problem laut anspricht und sich nicht still-leidend damit abfindet.

Praxisbeispiel: Erfassen der Ein- und Ausgaben

Erstens: Mein Ziel. Ich möchte wissen, ob ich diesen Monat noch Geld für die Anschaffung eines Fahrrads habe.

Zweitens: Mein Plan. Ich errechne die Differenz zwischen Einnahmen und Ausgaben. Ggf. berücksichtige ich Sparrücklagen.

Drittens: Meine Aktionen. Ich trage alle Unterlagen zusammen, werde diesen dann die Werte für Einnahmen und Ausgaben entnehmen, beide Bereiche jeweils addieren und aus den entstehenden beiden Werten die Differenz bilden (die hoffentlich positiv ist).

Viertens: Die Ausführung. Anhand bestehender Verträge (Versicherungen, Miete, Abonnements) trage ich die jeden Monat auflaufenden Kosten zusammen. Der Kontoauszug verrät mir, welche weiteren diesen Monat bereits hinzugekommen sind. Aus dem Gedächtnis oder mithilfe von Aufzeichnungen und Erfahrungswerten weiß ich, welche Ausgaben diesen Monat noch anstehen werden. Für die Einnahmen gehe ich gleichermaßen vor und stelle so eine Liste aller Ausgaben und Einnahmen zusammen. Am Ende addiere ich alle Ausgaben und alle Einnahmen und ziehe die Ausgaben von den Einnahmen ab – genügt der Betrag für den Fahrradkauf?

Fünftens: Der Status. Meine Erfahrungswerte – vermutlich habe ich eine solche Aufstellung bereits früher vorgenommen – sagen mir, wie lang die Ausgaben- und Einnahmenliste sein werden. Wenn ich die Erfassung mit einer Tabellenkalkulation vornehme, kann ich die Berechnung vorab einrichten, sodass ich nach jeder Eintragung sofort erkenne, wie hoch die Ausgaben bzw. Einnahmen sind und welcher Betrag in diesem Moment noch verfügbar wäre. Als Status dienen mir also der Abgleich mit Erfahrungswerten sowie die Höhe des Unterlagenstapels, den ich noch abzuarbeiten habe.

Sechstens: Die Interpretation des Status. Ist die entstehende Summe bei Ausgaben zu hoch oder zu niedrig (im Vergleich zu meinen Erfahrungswerten), habe ich vermutlich eine Zahl nicht korrekt erfasst oder mich bei der Addition vertan und korrigiere entsprechend.

Siebtens: Das Resultat. Der entstandene Wert entspricht entweder meiner Erwartung oder nicht. Natürlich hatte ich im Vorfeld eine gute Ahnung, ob er genügen würde. Vielleicht wollte ich mich mit der Berechnung davon überzeugen, dass meine Ahnung tatsächlich stimmt. Vielleicht hatte ich auf ein finanzielles Wunder gehofft, dass durch die ausführliche Berechnung zutage treten und mir den Fahrradkauf ermöglichen würde. Jedenfalls habe ich nun mein verfügbares Budget ermittelt und kann anhand dessen entscheiden, ob ich mir mein Wunschfahrrad leisten kann.

Im Zuge der Aktionsplanung (Stufe drei) entsteht eine Erwartungshaltung über das Ergebnis. Mit diesem wird – oft unbewusst – das tatsächliche Ergebnis stets abgeglichen, und größere Abweichungen führen zur Fehlersuche. Auch Zwischenergebnisse werden kontinuierlich daraufhin geprüft, ob sie der Erwartungshaltung (bei mathematischen Problemen der Überschlagsrechnung) nahekommen. So entsteht ein unsichtbarer Dialog zwischen äußerem Tun und mentalem Abbild, in dem die Zulässigkeit der Ergebnisse stets neu ausgehandelt wird bzw. im schlimmsten Fall der Abbruch oder ein Neustart ausgelöst werden.

Befinden sich Erwartungshaltung und erhaltene Ergebnisse im Einklang, sinkt auf Dauer die Aufmerksamkeit, und Fehler werden nicht mehr wahrgenommen. Vor allem Fehler, die durch den falschen Ansatz sowohl die Erwartungshaltung als auch die Ergebnisse beeinflussen, bleiben so unentdeckt. Daher ist Feedback nicht nur wichtig, um den Nutzer „bei Laune zu halten" oder zum Fortfahren zu motivieren, sondern dient auch der Evaluierung der Herangehensweise.

Eine Bildbearbeitung, die erst zahlreiche Parameter abfragt und anschließend den Effekt in das Bild einrechnet, ist weniger effektiv als eine, die entsprechend der Parameter zumindest eine Vorschau des Ergebnisses anzeigt. Dadurch erkennt der Nutzer schnell, ob sein Aktionsplan überhaupt funktioniert und der verwendete Effekt in die richtige Richtung führt. Der Status bzw. das Feedback wird so zeitig wie möglich gegeben und nicht als Ergebnis präsentiert, das dann gegebenenfalls zu korrigieren ist. Dieses Beispiel verdeutlicht, wie sich über die Jahre Bildbearbeitungsprogramme verändert haben. Was früher das Ergebnis einer Aktion war (der angewendete Effekt) ist heutzutage auf den Rang eines Status, Zwischenergebnisses oder Feedbacks gesunken. Denn es ist üblich geworden, zahlreiche Effekte nacheinander auszuführen und nicht jeden als einzelne Aktion zu planen, sondern ein Effekteset als Gesamtaktion.

Norman selbst hat auf zwei Alltagsprobleme hingewiesen:

Kluft der Ausführung: Mismatch zwischen dem Plan des Anwenders und den verfügbaren Aktionen. Der Software oder Webseite fehlen die Funktionen, die ich benötige, um meinen Plan umzusetzen. Mein mentales Bild passt gar nicht zu den real verfügbaren Möglichkeiten. Benennt die Software ihre Funktionen eindeutig und klar, kann der Nutzer die verfügbaren Aktionen mit seiner Erwartung abgleichen. Entweder wählt er anschließend eine für die Software geeignete Herangehensweise oder eine andere Software oder Webseite, um sein Ziel zu erreichen.

Kluft der Auswertung: Mismatch zwischen Systemstatus bzw. dessen Repräsentation und den Erwartungen des Anwenders. Eine Funktion liefert andere Ergebnisse als erwartet, entweder weil ich sie und ihr Wirken falsch verstanden habe oder weil ich falsche Erwartungen hatte. Will ich eine Datei an einen anderen Ort kopieren, erwarte ich, dass sie dort auftaucht. Ansonsten unterstelle ich ein Versagen des Systems. Die Funktion kopiert also nicht nur die Datei korrekt, sondern stellt auch sicher, dass mir das Ergebnis automatisch und verzögerungsfrei angezeigt wird.

Ziel ist, den Nutzer zum frühestmöglichen Zeitpunkt über solche Klüfte zu informieren. Es ist besser, der Nutzer bemerkt die Kluft bereits in Stufe drei, und er kann seine Planung korrigieren, als wenn sie erst in Stufe sieben wahrnehmbar wird. Je eher und schneller der Nutzer sein Handeln und seine Erwartungen anpassen kann, desto besser – desto weniger (emotionale) Energie hat er auf den falschen Weg verschwendet, und desto geringer ist sein Frust.

Der Vorteil ist, dass Menschen sehr flexibel auf Unerwartetes reagieren können. Sie passen ihren Plan oder ihre Erwartung an. Diese Bereitschaft besteht allerdings nur, wenn sie motiviert sind bzw. die Klüfte für sie nachvollziehbar und verständlich bestehen. Führt der Klick auf „Drucken" zum Aufrufen der Wikipedia-Webseite über Druckverfahren, fehlt allerdings das Verständnis.

Aus den sieben Stufen und den Klüften ergeben sich Prinzipien des guten Interface-Designs:
  ◇ Der Systemstatus und die jeweils verfügbaren Aktionen sind immer sichtbar.
  ◇ Das System bietet ein gutes konzeptionelles Modell und ein konsistentes Erscheinungsbild.
  ◇ Das Interface weist gute Abbildungen auf, welche die Beziehungen zwischen Stadien darstellen.
  ◇ Die Anwender erhalten kontinuierliches Feedback.

Die folgenden Problempunkte lassen sich damit allerdings nicht vollständig verhindern:

◇ Der Nutzer formuliert ein inadäquates Ziel.

◇ Ein Interface-Objekt ist nicht findbar (entweder weil es nicht existiert oder weil es an den falschen Stellen gesucht/erwartet wird).

◇ Der Nutzer weiß nicht, wie eine Aktion spezifiziert/ausgelöst wird.

◇ Der Nutzer erhält ein unangemessenes oder irreführendes Feedback.

Je besser ich meine Zielgruppe kenne, desto besser kann ich meine Webseite oder Software für sie gestalten:

◇ Welche Funktionen werden benötigt oder erwartet: Pflicht, Kür, unnötig?

◇ Wie heißen die gebräuchlichen Bezeichnungen für die Funktionen: Namen von Icons, Menüeinträgen, Feldbeschriftungen, Buttons?

◇ Welche Darstellungsformen werden für die Aktion erwartet: Button, Menüeintrag, Platzierung, Icon-Gestalt?

◇ In welchen Kontexten werden diese benötigt: Menüstruktur, Kontextmenü, verfügbare Aktions-Buttons?

◇ Welche Vorgänger- oder Nachfolgeaktionen werden erwartet?

◇ Welche Daten stehen bereits zur Verfügung, welche muss der Nutzer erst besorgen, und welche erwartet er als Ergebnis?

◇ Welchen Umfang sollte die Hilfe/Unterstützung haben: Hinweise direkt an Objekten, als Overlay bei Verweilen mit Mauszeiger, Führung durch Assistenten, Dialoge, Detailtiefe der Online-Hilfe, Platzierung von Einstiegen in Online-Hilfe, Ausführlichkeit von Hinweisen, Fehlermeldungen, Statusangaben?

◇ Welche Ziele verfolgt die Zielgruppe eigentlich: Vorlagen oder Assistenten für bestimmte Ziele, Darstellung der Ergebnisse?

◇ Welche Ergebnisse interessieren überhaupt: Auswahl der dargestellten Status, Darstellung der Ergebnisse?

Meine Ziele

Der Computer soll dem Nutzer helfen, dass dieser seine Ziele umsetzen kann, denn der Computer ist das Werkzeug. Der Nutzer benutzt einen Computer nicht, um dessen Ziele zu erreichen. Jedenfalls wird er keinen Computer benutzen wollen, nur um dessen Zielen zu dienen, dann könnte er ihn auch ausgeschaltet lassen und etwas anderes tun. Übrigens folgen Computerspiele anderen Motivationsschemata.

Ein Computerspiel zwingt den Nutzer in seine Welt und fordert das Befolgen der Spielregeln. Oft gilt es auch, bestimmte Spielziele zu erreichen. Durch Belohnungssysteme und Unterhaltungsreize schaffen Spiele andere Anreize zur Nutzung, und gute Spiele verfügen über ein hohes Suchtpotenzial. Ein Spiel wie „Solitaire" oder „Angry Birds" basiert auf sehr einfachen Grundregeln, und die Spielrunden sind kurz. Eine Niederlage kann rasch durch einen Sieg wieder ausgeglichen werden. Ein Sieg wird angemessen gewürdigt, bei Solitaire durch eine Animation der Kartenstapel und die Ergebnisanzeige, bei Angry Birds durch eine Ergebnistafel und Freischalten des nächsten Levels. In beiden Fällen ist nicht nur das Siegen entscheidend, sondern auch die Qualität des Sieges, ob besonders viele Punkte erreicht wurden, sodass es auch attraktiv erscheinen kann, ein Level oder eine Kartenrunde zu wiederholen, um eine andere Strategie auszuprobieren.

Jedes Spiel verfügt über einen eigenen Satz an Motivatoren, der Spieler an das Spiel bindet. Komplexität und Schwere des Spiels entscheiden nicht allein über Spiellust und -frust. Das Wichtigste ist, dass das Spielprinzip als fair und die Aufgabenstellung als bewältigbar wahrgenommen werden. Ist ein Rätsel unlösbar, verfügen Computergegner über Fähigkeiten, die Spieler nie erreichen, verstoßen Computergegner gegen Spielregeln oder werden Spielereingaben nicht korrekt verarbeitet, sinkt die Motivation. In den 1980er und 90er Jahren gab es beispielsweise viele „Ballerspiele" mit ungenauer Kollisionsabfrage. Das Spielerraumschiff zerschellte an Wänden, obwohl es mehrere Pixel entfernt war, oder ein Schuss traf, obwohl er das Ziel nicht berührte. Solche Fälle strapazieren das Vertrauen des Spielers in die Zuverlässigkeit der dargebotenen Spielwelt; fantastische Grafiken und bombastischer Sound kompensieren diesen Mangel nicht.

Von Computerspielen kann man gut lernen, denn viele Computerspiele stellen in gewisser Weise ihre eigene Benutzeroberfläche dar, mit deren Hilfe der Nutzer die Aufgaben bewältigt. Manche Angaben werden bewusst verschleiert (versteckte Eingänge zu Bonusleveln in „Turrican"), andere stark betont (die Restenergie der Spielfigur in „Turrican 2"). Einige Spiele nutzen Tipps durch andere Spielfiguren oder Hinweissysteme, um den Spieler auf bestimmte Lösungen zu bringen (die Aussagen von Herman Toothroot in „The Secret of Monkey Island " oder die Zeitungsschlagzeilen in „Sim City 2000"). Andere bleiben bewusst wortkarg oder erwarten, dass der Spieler eine Lösung von selbst erarbeitet (die Kristallkombinationen in „The Dig" oder die Rätsel in „Myst"). Einige gestalten ihre Spielwelt besonders herausfordernd (der „Katakis-Level" in „Turrican 2") oder die Steuerung konsequent hyperpräzise („Flappy Birds").

In Computerspielen ist es für Entwickler insofern einfacher, als diese die Spielziele vorgeben. In Produktiv-Programmen oder auf Webseiten will der

Mensch allerdings weniger als Spieler denn als Nutzer wahrgenommen werden. Er oder sie will seine oder ihre Ziele umsetzen. Die Belohnung besteht darin, dass der Nutzer ein Ziel erreicht – dazu ist es für ihn als erreichtes Ziel erkennbar.

Daraus resultiert eine wichtige Lektion: Positive Ergebnisse oder Zustände müssen kommuniziert werden, am besten auf mehreren Kanälen. Beispielsweise bestätigt MacOS das Papierkorbleeren mit zwei Effekten: ein Zisch-Geräusch und ein geändertes Papierkorb-Icon (leer statt vorher voll). Je kritischer eine Aktion, desto wichtiger die Bestätigung. Windows signalisiert den Abschluss des Startvorgangs mit einer Tonsequenz, sodass der Nutzer nicht nur sieht, sondern auch hört, dass er nun losarbeiten kann.

Zu viel Bestätigung schlägt ins Gegenteil um. Alle fünf Minuten eine Meldung mit dem Hinweis, dass alles in Ordnung ist und der Nutzer arbeiten kann, ist belästigend. Da genügen subtile Hinweise wie eine stets korrekt laufende Uhrzeit, ein verzögerungsfreies Reagieren auf Maus- oder Toucheingaben und natürlich das Vertrauen, dass der Computer sofort einen Hinweis gibt, wenn etwas nicht korrekt ist. Programme zur Maschinensteuerung zeigen beispielsweise mit einer Ampelanzeige den Status der gesteuerten Maschine an. Zeigt die Ampel grün, ist die Maschine bereit und die Datenverbindung funktioniert. Zeigt die Ampel rot, gibt es ein Problem mit der Maschine oder mit der Verbindung zum Computer. Bei Gelb würde der Nutzer eine konkrete Aussage erwarten, ob beispielsweise die Maschine gerade ausgelastet ist und daher keine neuen Anweisungen entgegennehmen kann, ob ein Verbrauchsmaterial zu ersetzen ist oder die Datenverbindung gerade neu aufgebaut wird.

Bestätigungen über die Tonausgabe sind grundsätzlich sparsam einzusetzen. Wenn es in einer Büroumgebung ständig pfeift und brummt und zischt, nerven sich die Nutzer gegenseitig. In manchen Büros sind daher die Sound-Fähigkeiten global deaktiviert.

Ein Webshop gibt die Erfolgsmeldung ebenfalls auf mindestens zwei Kanälen. Zum einen erhält der Nutzer zum Bestellabschluss eine Seite mit der Information, dass seine Bestellung aufgenommen wurde. Zum anderen wird ihm eine E-Mail mit den Bestellinformationen gesendet. Die Präsentation solcher Ziel-Erreichungs-Meldungen basiert auf der positiven Emotion. Handelt es sich um ein privates Ziel, beispielsweise die Anmeldung zu einem Newsletter oder das Bestellen in einem Webshop, unterstützt eine grafisch ansprechende Aufmachung die emotionale Befindlichkeit, die diesem Nutzerziel zugeordnet ist. Bricht diese Erfolgsmitteilung mit dem üblichen Design der Webseite oder Software, verursacht sie eher Irritation als ein gutes Gefühl. Bei professionellen Zielen, beispielsweise einen komplizierten Fräs-Auftrag an eine angeschlossene Fräsmaschine zu übermitteln, genügt eine nüchtern-kurze Mitteilung ohne viel Prosa. Je fokussierter und prägnanter die Mitteilung, desto höher ihr Nutzwert.

Idealerweise wird die Erfolgsmeldung mit potenziellen Folgeschritten kombiniert. Die Bestell-Erfolgsseite könnte auf andere Angebote des Webshops, die Newsletter-Anmeldung, den Status des Kundenkontos oder die Funktion der Paketverfolgung hinweisen. Somit wird die Bestellung zu einem Glied in der Kette von Interaktionen mit dem Webshop, und der Webshop wird nicht als bloße „Hier kann ich Bestellungen aufgeben"-Seite wahrgenommen, sondern als Anbieter, der seine Kunden als Menschen ernstnimmt. Für Menschen endet auch nach einem Einkauf im Supermarkt nicht einfach der Tag, sondern andere Tätigkeiten schließen sich an: Einkäufe nach Hause bringen und verstauen, vielleicht aus diesen ein Gericht kochen oder etwas als Geschenk einpacken oder ein neues Produkt ausprobieren oder sich ärgern, dass etwas Wichtiges vergessen wurde.

Bei der Fräsmaschine könnten die Folgeschritte – je nach Softwareaufbau und Maschinenintegration – sein: das Teil noch einmal fräsen, die Fräs-Vorlage auf der Maschine speichern, den Fräs-Auftrag an andere Maschinen übertragen, die Fräs-Vorlage überarbeiten, die Maschine das gefräste Teil an eine andere Abteilung senden lassen, die Selbstreinigung der Maschine auslösen. Je wahrscheinlicher das Auftreten einer bestimmten Folgeaktion ist, desto wichtiger ist es, diese ohne weiteren Zwischenschritt zu ermöglichen. Stehen alle benötigten Funktionen direkt in der Software zur Verfügung, dann genügt die Statusangabe „Teil XY gefräst, Uhrzeit" (nicht als Hinweis mit „Ok"-Schaltfläche, sondern in einer Statuszeile des Programmfensters). Ist jedoch eine der üblichen Folgeaktionen nicht direkt ohne Weiteres aufrufbar, sollte der Nutzer unterstützt werden, diese aufzurufen; dann wäre eine Dialogbox mit der Erfolgsmeldung und Buttons für geeignete Folgeaktionen durchaus sinnvoll.

Das Fräsen entspricht in gewisser Weise dem Drucken aus einer Textverarbeitung heraus. Da ich jederzeit den Drucken-Befehl erneut auslösen und ebenso alle anderen Aktionen aus dem Programm heraus schnell aufrufen kann, benötige ich keine Erfolgreich-Gedruckt-Meldung. Dass bedrucktes Papier aus dem Drucker kommt, ist Bestätigung genug. Bei Programmen zur Steuerung von Fräsmaschinen sind die Abläufe womöglich nicht so standardisiert wie bei Textverarbeitungen. Allgemein neigen selbstprogrammierte Anwendungen dazu, von Standards abzuweichen. Dies kann in vielen Fällen produktivitätssteigernd wirken. Es wird nur dann zum Hemmschuh, wenn die Aktionskette reißt, weil benötigte Aktionen nicht dann verfügbar sind, wenn der Nutzer sie auslösen möchte.

Vereinfachtes Aktionsmodell

Aus dem Bedürfnis des Nutzers erwächst ein **Ziel**, das es zu erreichen gilt. Dieses Ziel ist gleichzeitig die **Ergebniserwartung**.

Daraufhin entwickelt der Nutzer eine **Idee**, wie er dieses Ziel erreichen könnte. Dieses wird als **Plan oder Konzept** konkret ausgeformt. Dabei verwendet er ein mentales Modell und schreitet gedanklich den Weg ab.

Als nächstes wird er die **Aktion** oder Aktionen ausführen. Je nach Komplexität des ursprünglichen Plans kann gegebenenfalls die **Koordination** und **Organisation** bzw. Strukturierung in mehrere Teilziele nötig sein. Für diese gilt dann jeweils der Gesamtablauf, d.h. ein Teilziel steht wie ein Ziel am Anfang, es werden eine Idee sowie ein Plan zur Zielerreichung erstellt und die entsprechenden Aktionen ausgeführt. Es ist auch möglich, dass der Nutzer Teilziele an andere Nutzer delegiert und deren Ergebnisse erwartet. Die jeweilige Aktion folgt zwei Parametern: der **Intention** und der **Operation**, also: Was will der Nutzer mit dieser Aktion erreichen, und wie erreicht er es.

Abschließend erhält er ein **Ergebnis** und **prüft** dieses gegen seine Erwartung und vor allem hinsichtlich der Frage, ob sein Bedürfnis gestillt wurde oder nicht.

Dieses Modell setzt voraus, dass der Nutzer vernünftig vorgeht und sich unterwegs von seinem Ziel nicht abbringen lässt. Im Alltag sind jedoch Nutzer oft mit Zwischenergebnissen hinreichend zufrieden und erreichen daher mitunter gar nicht ihre ursprünglichen Ziele. Damit bleiben ihre Bedürfnisse (teilweise) unbefriedigt, was langfristig zu sehr frustrierten Nutzern führt.

Auch dieses Modell setzt den Nutzer mit seinen Zielen an den Anfang einer Kette von Ereignissen. Somit müssen sich alle folgenden Schritte diesen unterordnen bzw. deren Qualität bemisst sich an ihrem Anteil an der Zielerreichung – und diese kann nur gelingen, wenn der Entwickler die Ziele der Nutzer kennt und die Software oder Webseite für diese vorbereitet.

Klarheit in der Darstellung

Um meine Ziele zu erreichen und zu erkennen, welche Wege geeignet sind bzw. wie weit ich auf dem Weg zu meinem Ziel bereits vorangekommen bin, ist die Präsentation auf dem Bildschirm meine erste Anlaufstelle. Sidney L. Smith und Jane N. Mosier definierten 1986 fünf abstrakte Ziele für gutes Interface-Design:

Konsistenz der Datendarstellung: Was gleiche Bedeutung (abstrakt, strukturell, funktional) hat, wird gleich dargestellt bzw. was unterschiedlich aussieht, hat auch unterschiedliche Bedeutung. In einem Menü gibt es entweder nur Menütitel mit jeweils mindestens zwei Unterpunkten, oder es wird gleich auf eine Zeile mit Befehlen reduziert; keine Mischung aus Menüzeile mit direkten Befehlen, wie sie sich gern in Webseiten findet, wo der Klick auf einen Menüeintrag mal ein Menü aufruft, mal direkt auf eine bestimmte Unterseite führt und mal eine komplett andere Webseite öffnet.

Effiziente Informationsaufnahme: Nutzer geben nur die Daten ein, die tatsächlich benötigt werden, und idealerweise in der Reihenfolge, die ihren sonstigen Prozessen entspricht. Oft kann es hilfreich sein, Default-Werte vorzugeben oder über ein Auswahlmenü die üblichen Eintragungen anzubieten. Ist die Eingabe nach einem gewissen Standard gefordert, so sollte dieser beispielhaft angegeben werden, beispielsweise als „TT.MM.JJJJ" für eine erwartete Eingabe in der Form „03.08.1983". Und niemals fragt der Computer zweimal nach den selben Daten, dann verwendet er bereits gegebene Informationen und zeigt diese erneut an. Auch kann er beispielsweise aus einem Geburtsdatum das Alter errechnen – es ist also nicht nötig, beide Angaben abzufragen. Ebenso kann aus einer PLZ oder Telefonvorwahl – zumindest bei Großstädten – der Ort gleich vorausgefüllt werden, was die Menge der einzugebenden Daten reduziert.

Minimale Gedächtnisbelastung: Das Kurzzeitgedächtnis speichert etwa ein halbes Dutzend Informationen. Habe ich meine Lieferadresse für die Bestellung korrekt eingegeben oder doch die von Tante Hedwig? Also stellt der Bestellvorgang des Webshops alle bereits getätigten Eingaben noch einmal übersichtlich dar. Grundsätzlich sollten immer alle Daten, die bereits eingegeben wurden, auch in den Folgeschritten sichtbar sein, aus Platzgründen ist mitunter eine Verdichtung oder Reduktion nötig. Einzige Ausnahme für Doppelabfragen sind Prüfungen auf Plausibilität und Sicherheitsabfragen.

Kompatibilität Datendarstellung – Datenwert: Für jede Information gibt es etablierte Darstellungsoptionen. Das Alter würde man als Zahlwert erwarten, nicht ausgeschrieben als Wort oder gar als einzelnen Balken in einem Diagramm. Eine zahlenmäßige Entwicklung als Balken- oder Liniendiagramm, aber nicht als Kreisdiagramm, einen Status als kurze Wortaussage oder Ampel, einen Warnhinweis als Kurztext und nicht in Iconsprache.

Flexible Anwenderkontrolle bzgl. Dateneingabe und -darstellung: Ob der Anwender sein Datum als 03.08.1983 oder als 08/03/83 oder als 1983-08-03 oder als 3. August 1983 oder als Aug 3rd 1983 eingeben möchte, sollte ihm überlassen sein, d.h. alle Schreibweisen sind zulässig, und im Hintergrund prüft ein Validierungsalgorithmus auf Plausibilität gegenüber den Datum-

Schreibweisen. Gerade bei Ergebnisanzeigen besteht großer Bedarf an Flexibilität. Vielen Nutzern ist bereits geholfen, wenn Zahlendaten in Excel übernommen werden können, denn darin kennen sie sich aus und können die Darstellung so anpassen, wie sie sie benötigen. In anderen Fällen ist herauszufinden, welche Darstellungsoptionen benötigt werden könnten, sodass der Nutzer zwischen diesen wählen kann, beispielsweise zwischen der Statusanzeige als Ampel und in Wortform oder zwischen Zahlenliste und Diagrammtypen. Auch die Funktion, bestimmte Hinweise in Programmen deaktivieren zu können, gehört in den Bereich der flexiblen Anwenderkontrolle.

Vier-Ebenen-Modell

Statt eine Schnittstelle anhand der Kette Nutzerziel–Aktionen–Ergebnis zu entwickeln, ist auch ein ganzheitlicher Ansatz möglich. Dieser ist vor allem bei größeren Software-Projekten effektiv. Dabei werden die Nutzerziele zusammengefasst und anschließend ausgehend von diesen die Software in vier Ebenen konzipiert:

Konzeptuelle Ebene

Die oberste Ebene etabliert ein mentales Modell des Anwenders. In dem entstehenden Entwurf werden die wesentlichen Konzepte der Anwendung definiert. Auf dieser Ebene wird das wesentliche mentale Interaktionsmodell aus Anwendersicht betrachtet. Bei einem DTP-Programm oder bei einer Wysiwyg-Textverarbeitung ist dies beispielsweise die Darstellung der entstehenden Druckseite. Bei iTunes und ähnlichen Verwaltungsprogrammen ist es das abstrakte Modell einer Gesamtbibliothek, aus der manuell oder automatisiert Teilmengen als eigene Listen extrahiert werden können. Bei einer Abspielsoftware für Mediendateien ist es meist ein Gerät wie CD- oder DVD-Player, dessen Steuerungselemente nachempfunden werden (Play-, Pause-, Stopp-, Vor-, Zurück- und andere Tasten sowie deren Darstellung und Anordnung). Im Finanzbereich bestimmen zumeist Formulare das Geschehen, der Nutzer füllt bestimmte Felder aus und erhält ein aus den Eingaben errechnetes Ergebnis.

Entscheidend ist dabei, dass das mentale Modell für die gesamte Software tragfähig ist, d.h. über das ursprüngliche Modell hinausgehende Funktionen müssen sich in dieses integrieren lassen, ohne das konzeptionelle Modell zu negieren oder die verwendete Metapher zu brechen.

Semantische Ebene

Der nächste Schritt beleuchtet die Bedeutung der Ein- und Ausgaben. Im Rahmen des semantischen Entwurfs wird die Systemfunktionalität genau festgelegt. Hierzu werden z. B. die Signaturen der zu implementierenden Funktionen spezifiziert. Insbesondere erfolgt auf dieser Ebene eine Definition der Bedeutungen der Ein- und Ausgabeoperationen. Darüber hinaus empfiehlt sich auf dieser Ebene eine Betrachtung der eventuell auftretenden semantischen Bedienfehler.

Ganz vereinfacht ist zu definieren, aus welchen Eingabedaten welche Ausgabedaten errechnet werden. Dabei werden die Funktionen, Algorithmen, Logiken allgemein und unabhängig von der späteren Präsentation auf dem Monitor definiert. Dabei wird auch festgelegt, welche Wertebereiche für die Ein- und Ausgabedaten vorgesehen sind. Idealerweise gibt es auch Regelungen, wie mit Fehleingaben verfahren wird.

Bei einer Textverarbeitung sind der Text und dessen Formatierungen die gültigen Eingabeformate, und die Hauptaufgabe des Programms besteht darin, diese korrekt abzubilden. Bei einer Medienverwaltung sind die Musik- und Filmdateien die Eingabedaten, die es zu verwalten und abzuspielen gilt. Bei Finanzprogrammen können die Eingabedaten sehr umfangreich ausfallen, die Algorithmen komplexe Berechnungen erfolgen und das Ergebnis „nur" ein schlichter Score-Wert sein.

Syntaktische Ebene

Nachdem die Elemente der „Anwendungssprache" definiert sind, werden im nächsten Schritt die Grammatik und der Satzbau bestimmt. Wie werden Elemente miteinander verknüpft, um sinnhafte Ergebnisse zu erzeugen. Der syntaktische Entwurf definiert die Folgen der Ein- und Ausgaben, d. h. die grammatikalische Struktur der „Tokens", die für die Umsetzung der auf semantischer Ebene festgelegten Operationen verwendet werden. Die auf semantischer Ebene spezifizierten Operationen werden in elementare Interaktionseinheiten zerlegt.

Für die Textverarbeitung sind Zeichen, Wörter, Sätze, Absätze, Kapitel und Texte die Basiselemente. Auf diese können jeweils Formatfunktionen angewendet werden. Dazu müssen sie und die zugewiesenen Formate in geeigneter Form in der Textdatei repräsentiert sein. Insbesondere muss gewährleistet sein, dass beim erneuten Öffnen der Datei diese genauso angezeigt wird wie vor dem Speichern. Die Medienverwaltung muss ihre Daten irgendwie verwalten, also entweder eine Index-Datei aller zu verwaltenden Dateien pflegen oder sich bei jedem Start einen Überblick über vorhandene zu verwaltende Dateien verschaffen. Ist es möglich, innerhalb des Programms beispielsweise Musiktitel zu bewerten oder diesem Informationen mitzugeben, so müssen diese gespeichert und später weiterverwendet werden. Die Finanzsoftware muss alle Eingabedaten genau definieren, beispielsweise alle Felder, die für eine valide Adresse benötigt werden. Diese Daten müssen nicht nur gespeichert und wieder aufgerufen, sondern auch in Algorithmen verarbeitet werden können.

Lexikalische Ebene

Nach den teilweise abstrakten Konzeptionen, die aus der Nutzungsperspektive erfolgten, ist es nötig, die Verbindung zur technischen Basis herzustellen. Die lexikalische Ebene beschreibt Gerätespezifika und Mechanismen. Der lexikalische Entwurf bestimmt, wie die Ein- und Ausgaben aus primitiven Hardware-nahen Operationen zusammengesetzt werden. Erst in diesem Schritt wird für jede Funktion und jede Datenoperation festgelegt, was genau passieren wird. Dies ist die Vorlage, anhand der ein Entwickler dann das eigentliche Programm erstellt.

Je komplexer eine Aufgabe, desto sinnvoller ist es, die vier Ebenen der Reihe nach abzuklären. Bei hinreichend kleinen Projekten, die innerhalb einer Woche oder gar binnen eines Tages abzuarbeiten sind, ist dies meist unnötig. Wird länger als eine Woche an einem Programm gearbeitet oder die Arbeit auf verschiedene Entwickler oder Teams verteilt, gewährleisten die Ebenen eine verbindliche gemeinsame Sprache und die Grundlagen für alle Entscheidungen, die der Entwickler beim Programmieren treffen muss.

GOMS-Modell

Das GOMS-Modell basiert auf Goals, Operators, Methods und Selection Rules. Diese schaffen ähnlich wie das Vier-Ebenen-Modell einen abstrakten Überblick und unterstützen dabei, die Software zu verstehen, bevor der Entwickler sie fertig programmiert hat. Das GOMS-Modell ist gut zur Beschreibung mittels Transitionsmodellen geeignet bzw. kann durch diese veranschaulicht werden.

Goals: Ziele und Teilziele des Anwenders

Wir klären, welche Ziele die Anwender mit einer Software oder Webseite erreichen oder welche Aufgaben sie damit lösen wollen. Dazu eignen sich User-Storys oder Listen mit Zielen und Aufgaben:

- ◇ Als Mitarbeiter der Abteilung XY erfasse ich Buchungen. Diese enthalten mindestens einen Titel, einen Betrag sowie Kostenstelle und Buchungskonto.
- ◇ Als Mitarbeiter der Abteilung YZ werte ich bestehende Buchungen aus. Die Summen der Einnahmen und Ausgaben nutze ich, um verschiedene Zeiträume miteinander zu vergleichen.
- ◇ Als Chef der Abteilungen XY und YZ erwarte ich wenig Fehler und dass die Mitarbeiter kontinuierlich arbeiten.

Einige dieser Ziele müssen natürlich genauer spezifiziert werden, aber sie geben zunächst einen Überblick über benötigte Funktionen: Buchungserfassung, -auswertung und Fehlerbehandlung. Darüberhinaus ließe sich aus dem zweiten Chef-Ziel ableiten, dass die Software in geeigneter Weise die Performanz der Mitarbeiter erfasst bzw. diese davon abhält, untätig zu sein.

Grundsätzlich lassen sich die Ziele meist in zahlreiche Aufgaben und Unteraufgaben zerlegen. Es ist aber hilfreich, diese strukturiert aufzunehmen, also entweder die Aufgaben zu den groben Zielen zu erfassen („Top down") oder aus vielen Einzelaufgaben allgemeinere Ziele zu formulieren („Bottom up").

Operators: Grundlegende Aktionen

Wir definieren, welche Aktionen zur Verfügung stehen. Dazu gehören bestimmte Arten von Dateneingaben, Ausgaben oder Berechnungen. In einem klassischen Programm können dies beispielsweise die Befehle in einem Menü oder die Funktionen in einer Symbolleiste oder Palette sein.

Bei der Definition spielt die konkrete Repräsentation oder Darstellung eine untergeordnete Rolle. Es kann hilfreich sein, Entwürfe für Menübefehle, Symbolleisten und Paletten parallel zu erarbeiten, solange diese nur den Status von Denkhilfen, Entwürfen, Hypothesen oder Skizzen behalten.

Methods: Sequenzen von Operatoren

Hier wird bestimmt, welche Aktionen auszuführen sind, um ein Ziel oder Teilziel zu erreichen. Auf diese Weise werden die Nutzerprozesse oder Bedienschritte definiert. Somit ist klar zu erkennen, welche Operatoren zusammengehören, welche einander ausschließen, welche aufeinander aufbauen oder voneinander abhängig sind. Diese Erkenntnisse müssen sich in der Nutzeroberfläche widerspiegeln.

Eine erkennbare A-B-C-Schrittfolge könnte beispielsweise als Assistent umgesetzt werden, die Entscheidung zwischen zwei oder drei Optionen als Abfrage oder mehrere Ja-Nein-Entscheidungen zu einem Befehl als Einstellfenster.

⋄ Das Versenden eines Standardbriefes an eine Gruppe von Empfängern wäre in einem Assistenten möglich: Auswahl des Briefes, Auswahl der Empfängergruppe, Erstellen eines Testausdrucks, Auslösen des Ausdrucks aller Schreiben.

⋄ Das Schließen eines Dokuments trotz vorgenommener Änderungen soll natürlich einen Hinweis auslösen, der mich fragt, ob ich die Änderungen speichern oder verwerfen möchte.

⋄ Kann ich einem Wort mehrere Formate gleichzeitig zuweisen, dann kann es geeignet sein, das Wort nur einmal zu markieren, in einem Formatbereich alle gewünschten Formatierungen vorzunehmen, und mit Klick auf „Übernehmen" alle auf einmal anzuwenden. Statt eines solchen modalen Dialogs („modal" weil ich, während der Dialog geöffnet ist, nichts anderes tun kann, als mich diesem zu widmen) wären auch eine Formatpalette oder Symbolleiste möglich.

Eine bestehende Software im Nachhinein mittels Methoden zu erfassen, ist wesentlich leichter, als selbst die Methoden zu definieren. Denn die Menge der verfügbaren Aktionen sollte so klein und präzise wie möglich sein – aber dennoch so umfangreich wie der Nutzer sie benötigt.

Um eine Überschrift beispielsweise in einer größeren Schriftgröße, mit einer anderen Farbe und einer automatischen Nummerierung zu versehen, wäre die Zuweisung einer entsprechenden Formatvorlage sinnvoll. Damit nutze ich nichts weiter als eine softwareseitig flexible Methode: Weise dem markierten Absatz alle der entsprechenden Formatvorlage zugeordneten Auszeichnungen zu.

Genauso werden die Einzelaktionen in Methoden gebündelt. Einige Methoden entsprechen nur einem Befehl des Nutzers, führen aber im Hintergrund mehrere Aktionen aus, andere legen fest, welche Aktionen der Nutzer ausführen muss, um ein bestimmtes Ergebnis zu erhalten.

In einer Finanzsoftware beispielsweise wäre eine übliche Methode, sich den laufenden Kalendermonat nach bestimmten Kriterien auswerten zu lassen. Diese Methode besteht aus mindestens drei Aktionen: Aufrufen der entsprechenden Bildschirmmaske oder -ansicht, Abrufen und Berechnen der geforderten Werte und Darstellung dieser. Natürlich würde der Nutzer dafür nur einen einzelnen Befehl aufrufen, der die Aktionen für ihn abarbeitet. Aber er kann beispielsweise in der Bildschirmmaske den Auswertungszeitraum nachträglich verändern. Dann löst er anschließend selbst die Neuberechnung aus; die aktualisierte Darstellung erscheint aber automatisch, sobald die Berechnung abgeschlossen ist.

Selection Rules: Regeln zur Nutzung von Methoden

Zum einen gibt es Regeln, wann welche Methoden verfügbar sind und wann nicht. Zum anderen – das ist für die Nutzerschnittstelle der entscheidende Punkt – muss der Nutzer entscheiden, wann er welche Methode nutzt, um ein Ziel zu erreichen.

Der Entwickler oder Designer muss also die Ziele des Nutzers kennen, um dafür zu sorgen, dass dieser die geeigneten Methoden vorfindet. In Textverarbeitungen gibt es beispielsweise mehrere Methoden, um ein Wort fett zu markieren: Symbol in der Symbolleiste, der Fett-Befehl im Format-Menü oder ein Format-Dialogfeld, das über das Menü oder das Kontextmenü aufgerufen wird. Welche Methode wird der Nutzer wählen? Wieso gibt es eigentlich so viele? Womöglich konnte der Entwickler sich nicht entscheiden, welche Methode für den Nutzer die einsichtigste ist. Oder – was häufiger der Fall ist – das Menü enthält alle verfügbaren Methoden, während in Symbolleisten und Kontextmenü nur die statistisch häufigsten Methoden oder Aktionen aufgeführt sind.

Wenn der Entwickler oder Designer die Denkweisen eines Nutzers nicht nachvollziehen oder antizipieren kann, ist es ihm kaum möglich, eine Methode so anzubieten, dass der Nutzer sie als geeignet zur Zielerreichung erkennen wird. Oder es wird nötig, die Nutzer zu schulen, welche Methoden zu welchen Zielen gehören. Entwickler und Designer müssen daher das prozedurale Wissen des Anwenders besitzen und die gleichen Modelle benutzen. Ansonsten wird die entstehende Software sehr gute Noten im Bereich O und vielleicht noch M erhalten, während G und S kaum zueinander finden werden.

Wer mit dem GOMS-Modell exakte Aussagen über Ausführungszeiten für Aufgaben erhalten will, wird das Keystroke-Level-Modell (eine Erweiterung zu GOMS) nutzen. Dessen Aussagen gelten allerdings nur bei fehlerfreier Ausführung durch Experten. Reale Nutzer machen ständig Fehler, nehmen je nach Tagesform den „falschen" Weg oder lassen sich von ihren Zielen abbringen. Ermüdung, Routine, Ablenkung oder andere psychische und physische Faktoren wirken sich im Alltag auf die Performanz deutlich aus.

Entwirft man ein neues Feature, kann das GOMS-Modell helfen, dieses korrekt zu integrieren. Dabei muss man sich zuallererst ehrlich die Frage stellen, ob dieses neue Feature die Arbeitsprozesse tatsächlich verbessert. Passt es zu den bestehenden Modellen, zu den Zielen, Aktionen, Methoden und Nutzerwegen?

Auch Fehler sind übrigens Prozesse und müssen geplant werden: Was geschieht, wenn etwas schief läuft? Wo landet der Anwender? Was geschieht mit den Daten? Zu den meisten Methoden werden in der Planung also Aktionen oder Prozesse definiert, die im Fehlerfall aktiv werden. Niemandem nützt eine Software oder eine Webseite, die nur an guten Tagen alles richtig macht. Wie gut eine Software oder Webseite ist, zeigt deren Umgang mit Fehlern oder Problemen.

Widget-Level

Oft ist es möglich, eine Software auf einem Framework aufzubauen. Dieses bringt bereits benötigte Funktionen und Bedienelemente mit. Eine Schnittstelle auf dem Widget-Level zu entwickeln setzt voraus, dass die Nutzeranforderungen komplett erfasst und verstanden wurden.

Definition der Interface-Elemente

Zunächst ist zu klären, welche Elemente überhaupt benötigt werden: Menüs, Listen, Checkboxen, Texteingabefelder sind häufig verwendete Elemente. Dazu werden alle Anwendungsszenarien und Bedienschritte und die dabei jeweils benötigten Interface-Elemente erfasst. Dabei ergeben sich möglicherweise bereits Gruppierungsmöglichkeiten. Eine Adresseingabe kann entweder als aus sechs Textfeldern bestehendes Formular aufgefasst werden oder als eigenes Element, das aus sechs Texteingabefeldern besteht.

Reduktion des Interface auf benötigte Widgets

Die entstehende Liste wird verkürzt, indem häufig verwendete Kombinationen von Elementen zu einem eigenen Widget zusammengefasst werden (wie eine Adresseingabe). Ziel ist, so viel wie möglich wiederzuverwenden, sodass die gleichen Elemente auch in anderen Kontexten gleich aussehen. Das schafft Vertrauen und optische Konsistenz. Außerdem reduziert es einerseits den Entwicklungsaufwand und etabliert andererseits die optische Sprache einer Anwendung oder Webseite. Dazu gehört, dass auch Dialoge oder Einstellungsfenster oder Paletten innerhalb eines Programms immer gleich aussehen sollten. Eine Palette mit Einstellungen für Textformate wäre ein Hauptwidget mit einigen Unterwidgets. Das gleiche Hauptwidget lässt sich wiederverwenden, um eine Palette für Tabellenformate anzulegen. Die Unterwidgets lassen sich in Dialogen, die aus dem Menü heraus aufgerufen werden, wiederverwenden. Kommt eine neue Funktion hinzu, muss der Entwickler sie nur einmal im entsprechenden Widget hinzufügen, und sie steht in allen Widgetvorkommen automatisch zur Verfügung.

In einem Webshop beispielsweise werden selten mehr als vier Darstellungsarten für ein Produkt benötigt: als eigene Seite, als Eintrag in einer Produktliste, als Position in einem Slider und als herausgehobene Präsentation in Teasern. Aus diesen vier Produkt-Widgets lassen sich dann die zahlreichen Webseiten, aus denen ein Webshop besteht, zusammenfügen. Der Entwickler baut also nicht für jedes Produktvorkommen eine neue Produktansicht, sondern verwendet eine der definierten Darstellungen als Widget.

Standards nutzen

Auf Computern und bei Webseiten haben sich Standards etabliert. Menüs befinden sich am oberen Fenster- oder Bildschirmrand; Paletten kann der Nutzer optional nutzen und dort platzieren, wo es ihm am angenehmsten ist; Dialoge bestehen aus Titelzeile, Icon zur Darstellung des Schweregrades, Mitteilungstext und Buttons zum Bestätigen oder Aktion-Auslösen; mit einer Tab-Navigation kann zwischen funktional oder strukturell verwandten Ansichten gewechselt werden usw. usf.

Selbst der gelegentliche Computernutzer kennt die häufigsten Bedienstandards und weiß, was er von ihnen erwarten kann. Wer also Standard-Elemente nutzt, vereinfacht den Einstieg in die Nutzung der Software, senkt die Hemmschwelle und den Lernaufwand und schafft ein Anfangsvertrauen. Das setzt aber voraus, dass die Standardelemente auch standardkonform verwendet werden.

Eine Tab-Navigation beispielsweise schaltet immer zwischen gleichartigen, gleichwertigen Ansichten und Funktionen hin und her. Beliebt sind sie in Browsern, jeder Tab enthält eine eigene Webseite. Bei Fenstern mit Einstellungen grenzen Tabs verschiedene Einstellbereiche voneinander ab. Es wäre jedoch irritierend, wenn eine Textverarbeitung einen Tab mit einer Art Dateibrowser bietet, in dem Dateien verwaltet werden, und in allen weiteren Tabs wären Textdokumente untergebracht. Genauso irritierend wäre es, wenn ein Browser seinen Download-Manager als eigenen Tab neben den Webseiten unterbringen würde.

In einigen Fällen gestattet es das konzeptionelle Modell, alle möglichen verschiedenen Dinge in Tabs abzubilden, dazu muss das konzeptionelle Modell transparent und nachvollziehbar und konsequent umgesetzt werden. Der Browser Chrome ist eines der raren Beispiele, wo wirklich alles als jeweils eigener Tab erscheint. Das führt dazu, dass der Nutzer bei Einstellungen den „Speichern"- oder „Übernehmen"-Button sucht; um die Einstellungen zu übernehmen genügt es, den Tab zu schließen, was allerdings den gelernten Verfahren zuwiderläuft.

Gängige Programmierumgebungen bringen jede Menge Standard-Elemente mit, sodass diese nicht neu erfunden werden müssen. Dadurch wirkt das eigene

Interface in sich stimmig und passt zum Rest der Computerumgebung des Nutzers. Es ist selten nötig, neue Elemente zu erfinden und zu programmieren. Die Standard-Elemente sind quasi Mini-Widgets mit definierter Erscheinung und Funktion.

Standardelemente sind in jeder Hinsicht der zu bevorzugende Weg. Die Nutzer brauchen sie nicht neu zu erlernen, die Entwickler brauchen sie nicht neu zu entwickeln und können bestimmte Standardfunktionen nutzen, was Entwicklungszeit spart und Fehlerquellen eliminiert. Scheidet beispielsweise ein Entwickler aus einem Team aus, fällt es anderen Entwickler oft schwer, dessen individuelle Mini-Widgets korrekt zu verwenden und weiterzuentwickeln. Bei Standard-Elementen ist das Wissen von Tausenden Entwicklern und mehreren Nutzergenerationen eingeflossen, diese sind gut dokumentiert und flexibel einsetzbar.

Die Bibliothek der Standardelemente variiert zwischen den Systemen (Windows, Mac und Linux) und deren Verhalten unterscheidet sich. Daher ist eine Eins-zu-eins-Anpassung meist komplex bzw. eine eins-zu-eins-konvertierte Anwendung fühlt sich auf dem anderen System irgendwie falsch an.

Im Web-Bereich gibt es ebenfalls Standards, die immer dann zum Einsatz kommen, wenn der Webdesigner keine eigenen Formate definiert. Die Nutzer sind daran gewöhnt, dass die Webdarstellung – innerhalb bestimmter Erwartungskonventionen – variiert; sie erkennen ein Menü, einen Button oder eine Liste trotzdem. Wie stark eine Webseite eigene optische Standards entwickelt oder die des Systems darunter aufgreift, hängt von der Ausrichtung und Zielgruppe der entsprechenden Webseite ab. Die optische Abweichung von Standards wird zwar toleriert, die funktionale Abweichung kann jedoch Probleme hervorrufen. Beispielsweise löst ein Button immer eine Aktion (entsprechend seiner Beschriftung) aus, unabhängig davon, wie er gestaltet ist.

Mock-up-Tools oder Skizzen

Mithilfe von Mock-up-Tools lassen sich rasch visuelle Eindrücke der Software kreieren. So erkennt man schnell, ob ein Interface funktioniert oder Nacharbeiten benötigt. Dabei werden alle Bedienelemente im korrekten Größenverhältnis und in der geplanten Anordnung platziert. Mock-up-Tools enthalten eine Bibliothek mit meist abstrakten Versionen von Standard-Bedienelementen. Es empfiehlt sich, mit diesen die Software oder Webseite mit ihren wichtigsten Ansichten umzusetzen. Anders ist schwer herauszufinden, ob der Platz tatsächlich sinnvoll genutzt wird und Elemente an den geeigneten Stellen platziert sind. Wichtige Abläufe wie der Bestelltunnel in einem Webshop sollten dabei komplett umgesetzt werden.

Für Webseiten hat sich die Erstellung von Wireframes etabliert, diese entsprechen den Mock-up-Tools für Software. Wireframes oder Mock-ups helfen beim Layout der Software oder Webseite, unabhängig von der konkreten Gestaltung.

Legendär ist eine Schnittstellenskizze aus dem Jahr 2000. Steve Jobs stellte sich vor sein Team, zeichnete ein Rechteck an die Tafel und sagte: „Here's the new application. It's got one window. You drag your video into the window. Then you click the button that says burn. That's it." Daraus wurde die Software iDVD. In diesem Fall stand ein Software-Design ganz am Anfang und definierte die entstehende Anwendung entscheidend mit.

Lektion für uns: Aus einer überzeugenden Grundidee und Bleistiftskizzen können bahnbrechende Software-Projekte erwachsen. Die Grundidee basiert auf einem simplen mentalen Modell, dem sich die Funktionalität und das Interface der Software unterordnen.

Für Mock-ups oder Skizzen können auch andere Tools genutzt werden. Grafikprogramme sind allerdings zu vermeiden, da diese den Fokus meist auf die optische Gestaltung legen und dabei die funktionalen Abhängigkeiten und Abläufe in den Hintergrund treten lassen. Außerdem ist ein Design mittels Grafikprogramm aufwändiger an geänderte Funktionen oder neue Ideen anzupassen.

Flash kann für manche Software eine geeignete Umgebung sein. Damit erhält man interaktive Modelle, um sie als Prototyp zu testen. Auch Webtechnologien (HTML, CSS, Javascript) sind in einigen Fällen geeignet, um Entwürfe zum Leben zu erwecken, sodass diese auf Nutzereingaben reagieren können und die Benutzung somit simuliert wird. In einigen Situationen bietet es sich an, den Prototypen gleich mit einer Entwicklungsumgebung wie Java, Microsoft Visual Studio oder Xcode zu entwickeln.

Je eher eine Software oder Webseite anfassbar wird, also auf Eingaben reagiert und bestimmte Abläufe erlebbar macht, desto eher fallen Probleme und Nachbesserungsbedarfe auf. Mit Bleistiftskizzen, Wireframes oder Mock-up-Tools erstellt man quasi sowohl Storyboards als auch Übersichten der zu entwickelnden Software. Mit Prototyp-Software wird eine in der Filmbranche als „Previsualisation" bezeichnete Version erstellt. Diese ist noch etwas grobschlächtig und simuliert nur Funktionalität. Frühestens im dritten Schritt entsteht dann die tatsächliche Software.

Standardisierung & Vereinfachung

Mit Widgets erreicht man ein in sich konsistentes Interface, das sich an Standards orientiert und so einfach wie möglich ist.

Man erhält dabei sogenannte „BuildingBlocks". Diese bilden beispielsweise das Funktionsset eines Menüs ab. Anschließend können an allen Stellen Menüs verwendet werden, ohne diese mehrfach zu entwickeln.

Ab der ersten Skizze sind bereits Abschätzungen möglich, um die Angemessenheit und Geeignetheit des Interface frühzeitig zu erkennen. Die Wahrnehmungskomplexität, der geforderte kognitive Aufwand und die motorische Belastung lassen sich spätestens im Mock-up-Stadium realistisch abschätzen.

Viele Entwickler sind in der Lage, ein Interface vor ihrem inneren Auge zu erarbeiten. Diese Interfaces landen aber alle in der Pareto-Falle, denn sie decken nur 80 Prozent der Funktionalitäten ab. Die kritischen verbleibenden 20 Prozent werden dann während der eigentlichen Entwicklung umgesetzt. Die Orientierung am Widget-Modell zwingt alle Beteiligten, sämtliche benötigten Funktionseinheiten vorher zu definieren, sodass Überraschungen bei der Umsetzung ausbleiben. Ein Mock-up ist dann schnell erstellt, und an diesem können die sonst fehlenden 20 Prozent einfacher integriert werden als in eine fast fertige Software.

Object/Action-Interface

Für die Programmierung, für Datenbanken und für Oberflächen zur direkten Manipulation kann man sein Interface nach dem Objekt-Action-Modell entwickeln. Führt man sich vor Augen, welche Aufgaben bei der Dateiverwaltung anstehen, sind die vier Schritte gut nachvollziehbar.

Verstehe die Aufgabe/n

Auch hier steht das Verständnis für die Ziele und Aufgaben der Nutzer am Anfang. Häufige Aktionen sind das Finden, Öffnen, Drucken, Kopieren, Umbenennen und Löschen von Dateien.

Es werden also **Objekte** und **Aktionen** benötigt.

Welche Objekte werden angeboten bzw. welche werden benötigt? Diese können sich an Objekten aus der realen Welt orientieren. Jede Datei ist eine Entität, auf die ich Aktionen ausführen kann.

Objekte und Aktionen basieren auf bedeutungsvollen erlernten semantischen Konzepten. Diese sind strukturiert und stabil im Gedächtnis verankert. Auswendig gelernte syntaktische Details dagegen benötigen regelmäßige Auffrischung. Dass ich ein Icon auf ein anderes legen kann und dadurch eine Aktion auslöse, ist abstrakt für jeden nachvollziehbar. Dass je nach Icon-Kombination ein anderes Ergebnis entsteht, sind syntaktische Details, die sich mancher Nutzer nie merken wird. Egal welches Icon ich auf den Papierkorb ziehe – es wird gelöscht. Ziehe ich ein Dokument-Icon auf den Drucker, wird es gedruckt, bei einem Anwendungs-Icon geschieht jedoch nichts oder eine Fehlermeldung erscheint. Ziehe ich den Papierkorb auf das Drucker-Icon würde ich erwarten, dass eine Liste der enthaltenen Dateien ausgedruckt wird. Ziehe ich ein Anwendungs-Icon auf ein Dokument-Icon, sollte nichts geschehen – oder sollte die Anwendung versuchen, das Dokument zu öffnen? Betrachtet man jede Objekt-Kombination mit der Aktion „ziehen auf", ergibt sich eine erkleckliche Liste von Möglichkeiten. Nicht jede davon erscheint sinnvoll, einige bleiben ergebnislos, andere bewirken etwas anderes als erwartet. Welche Objekt-Aktion-Beziehungen wie funktionieren, muss ich lernen. Für den Großteil der Interaktionen ist es aber nicht nötig, ein konkretes Wissen mental zu speichern, sondern der Nutzer agiert auf einem abstrakten Level.

Wie beim Widget-Modell sollen die Menge der Objekttypen und Aktionsmöglichkeiten möglichst klein gehalten werden. Im Gegensatz zu Kommandosprachen sind in grafischen Oberflächen die syntaktischen Details reduziert. Werden für eine Aktion Parameter benötigt, fragt das Interface diese ab, der Nutzer muss sie nicht bereits beim Auslösen der Aktion mitgeben.

Metaphorische Repräsentation

Wie werden die Objekte dem Anwender präsentiert? Wie sind die Aktionen dargestellt? Dateien werden als Icons dargestellt, meist als hochkant stehendes Rechteck mit abgeknickter Ecke, durch eine vereinfachte Darstellung in der Rechteck-Mitte erhält der Anwender Informationen zum Dateiinhalt, ob es sich um ein Bild, einen Text oder eine Musikdatei handelt. Die Aktionen sind schwerer zu visualisieren. Zum einen stehen die Menübefehle zur Verfügung, zum anderen auch Klick- und Zieh-Aktionen:

Öffnen: Doppelklick oder Ziehen des Dokument-Icons auf ein Anwendungs-Icon

Drucken: Ziehen des Icons auf ein Drucker-Icon

Kopieren: Ziehen des Icons an einen anderen Ort (wenn er auf einem anderen Datenträger bewegt wird, erfolgt das Kopieren; auf dem gleichen Datenträger wird verschoben), dabei die „Alt"-Taste drücken.

Umbenennen: Anklicken des Icon-Namens und mit kurzer Verzögerung ein zweiter Klick, sodass der Name bearbeitbar wird

Löschen: Ziehen des Icons auf das Papierkorb-Icon

Diese Aktionen entsprechen in abstrakter Hinsicht den Vorgängen in der realen Welt. Ein Papier (Dokument) muss in die benötigte Umgebung gebracht werden, um es mit Inhalt zu füllen oder den Inhalt zu bearbeiten: zu einer Schreibmaschine, auf einem Zeichenbrett eingeklemmt oder auf eine Staffelei gepinnt. In der realen Welt muss ich zum Kopieren allerdings einen Fotokopierer verwenden, da entspricht das Bewegen an einen anderen Ort tatsächlich dem Bewegen und nicht dem Kopieren. Um etwas loszuwerden, werfe ich es in einen realen Papierkorb. Das Umbenennen und das Finden lassen sich in der realen Welt jedoch schwer abbilden.

Zum Finden benötige ich ein Eingabefeld, das mir entweder live bei der Eingabe oder nach Auslösen eines Suchkommandos die entsprechenden Fundstellen präsentiert: eine Liste der Dokument-Icons, die zur Suchanfrage passen. Das ist wesentlich komfortabler als in der realen Welt auf die Suche zu gehen – daher spricht man auf dem Computer auch lieber von Finden statt von Suchen. Der Nutzer will finden, der Computer muss suchen. Daher ist das Tastenkürzel auch ⌷Strg⌷ bzw. ⌷cmd⌷ und ⌷F⌷ .

Visualisierung der Ausführung

Eine ausgelöste Aktion benötigt eine visuelle Abbildung der Ausführung. Beim Kopieren hat Windows 95 die fliegenden Ordner eingeführt, die über einem Fortschrittsbalken den Vorgang noch einmal bildlich veranschaulichen. Beim Öffnen eines Dokuments erwächst das Dokument-Fenster aus dem Dokument-Icon (früher als mehrere größer werdende Rechtecke veranschaulicht). Das Papierkorb-Icon zeigt einen Papierkorb-Inhalt, wenn mindestens eine Datei darin liegt.

Eine visuelle Abbildung muss nicht der Realität entsprechen, sie muss aber den abstrahierten realistischen Gehalt abbilden.

Je länger ein Vorgang dauert, desto wichtiger ist ein visuelles Feedback, spätestens nach 0,4 Sekunden erwartet der Nutzer entweder das Ende einer Aktion oder eine Rückmeldung zu deren Fortschritt.

Hierarchie

Objekte und Aktionen können hierarchisch organisiert sein. Diese Abhängigkeiten sind zu definieren, auch wenn sie so selbstverständlich scheinen wie dass Dateien in Ordnern liegen können, aber keine Ordner in Dateien (außer Archiv- oder Zip-Dateien).

Aktionen werden hinsichtlich ihrer Funktionalität hierarchisch zusammengefasst. Die vier Aktionen Kopieren, Ausschneiden, Löschen und Einfügen bilden ein Subset, das sich hierarchisch verstehen lässt. Je nach konkreter Umsetzung besteht der Ausschneiden-Befehl aus den Aktionen

1. Kopieren in Zwischenablage
2. Löschen der Ursprungsdaten
3. manuell Einfügen
   Nebenwirkung: wird die Zwischenablage neu belegt oder das Einfügen vergessen, sind die Ursprungsdaten verloren

oder aus

1. Kopieren in Zwischenablage
2. markieren als „zum Löschen vorgemerkt"
3. manuell Einfügen
4. automatisch Löschen der Ursprungsdaten
   Nebenwirkung: wird das Einfügen vergessen, bleibt eine als löschbar markierte Datei zurück.

Die für das Drucken benötigten Aktionen sind ebenfalls hierarchisch organisiert (wenn man aus dem Dateibrowser heraus druckt):

1. Öffnen der Standard-Anwendung mit dem Dokument,
2. automatisches Auslösen des Druck-Befehls
3. dabei Wahl des Druckers entsprechend der vorigen Nutzeraktion
4. Schließen der Datei und ggf. Beenden der Anwendung.

Nach dem GOMS-Modell liegen hier Sequenzen von Operationen vor, die der Nutzer aber nicht als Einzelschritte aufruft, sondern die aus dem Auslösen einer Einzelaktion resultieren.

Checkliste: Ein Modell für mein Projekt

Sich für ein Modell zu entscheiden, bedeutet nur, dass die Unterlagen nach dessen Konventionen aufgebaut werden. Die anderen Modelle behalten alle ihre Gültigkeit und können in verschiedenen Phasen bei Entscheidungen helfen.

Bei Webprojekten spielt das Design meist eine ebenso große Rolle wie das Layout, während in Softwareprojekten das Layout oft Kernaufgabe ist, denn das Design basiert auf den Standards des entsprechenden Computersystems. Mit einem sehr guten Design lassen sich zwar manche Layout-Schwächen kaschieren. Basiert das Design aber auf einem stimmigen und nutzerfreundlichen Layout, reduziert sich meist der Design-Aufwand, und es gilt vorwiegend, eine stimmige optische Umsetzung für Elemente und Widgets zu finden, die der Webseite bzw. den Gestaltungsrichtlinien des betreibenden Unternehmens entspricht.

Die sieben Stufen der Aktion unterstützen dabei, den künftigen Nutzer und dessen Vorgehensweise zu verstehen. Dieses Modell eignet sich besonders für übersichtliche Vorgänge, die in wenigen Sätzen beschrieben werden können. Denn in diesen Fällen – zumeist Aktionen auf Webseiten – bestimmt die Präsentation wesentlich den Erfolg der Nutzung mit.

Meine Ziele steht als Ausgangspunkt über allen anderen Modellen. Es bildet kein eigenständiges Modell, sondern ist ein dauerndes Ausrufezeichen, die Ziele des Nutzers im Blick zu haben. Diese müssen in allen Phasen der Konzeption oberste Richtschnur bleiben. Nicht das schönste Design, das cleverste Layout, der beeindruckendste Algorithmus werden verwendet, sondern nur jene, die den Nutzer darin aktiv unterstützen, seine eigenen Ziele zu verfolgen und zu erreichen.

Das Vereinfachte Aktionsmodell betont die Reihenfolge Nutzerbedürfnis – Nutzerziel – Ergebniserwartung – Umsetzungsidee – Plan oder Konzept – Aktion oder Aktionen ggf. mit Koordination und Organisation – Ergebnis – Ergebnisprüfung. Auch wenn Software und Webseiten nur den sechsten und siebten Punkt abdecken, so stehen sie doch im Kontext des ersten bis fünften Punktes und des achten Punktes. Insbesondere der Aspekt, dass eine Aktion in Teilaufgaben zerlegbar ist, die separat und unabhängig abgearbeitet werden, hilft bei der Strukturierung und Planung.

Ordnung auf dem Bildschirm ist unabdingbar, um die Nutzer aktiv zu unterstützen. In dessen Alltag, in dessen Kopf und Umgebung ist bereits genügend Unruhe und Chaos zu finden. Die fünf Punkte (Konsistenz der Datendarstellung, Effiziente Informationsaufnahme, minimale Gedächtnisbelastung, Kompatibilität Datendarstellung – Datenwert und flexible Anwenderkontrolle) bilden quasi Checkpunkte für ein Layout und Design. Nur wenn diese erfüllt sind, lohnt sich überhaupt ein Nutzertest.

Das Vier-Ebenen-Modell eignet sich gut, ein Softwareprojekt zu erfassen, indem es die konzeptuelle, semantische, syntaktische und lexikalische Ebene definiert. Aufgrund des gebotenen Abstraktionsgrades bietet es sich auch für umfangreiche Projekte an. Da die erste Ebene sehr abstrakt auf dem mentalen Nutzermodell basiert, kann dieses Modell am einfachsten mit einem Projekt mitwachsen, sofern das konzeptuelle Modell flexibel und allgemein genug angelegt wurde.

Das GOMS-Modell beschreibt bestimmte Aspekte der Software oder Webseite sehr genau: Goals, Operators, Methods und Selection Rules. Damit lässt sich bestehende Software gut beschreiben bzw. ein ausgearbeitetes Softwarekonzept für die Umsetzung aufbereiten.

Widget-Level helfen vor allem bei der Erstellung komplexer Anwendungen. Auch die Erstellung von Webseiten profitiert davon, wiederkehrende Elemente als Widgets zu erfassen. Mithilfe des Widget-Level-Modells lässt sich beispielsweise die Grobplanung einer umfangreichen Software vornehmen, während die Detailplanung jedes Widgets nach dem GOMS-Modell erfolgt. Bei der Verschränkung zweier Modelle ist besonders darauf zu achten, dass jedes einem Test gegen das andere Modell standhält, die Widget-Planung muss also einer Betrachtung aus GOMS-Perspektive (auf einem abstrakten Niveau) ebenso standhalten wie die GOMS-Notation einer Prüfung nach Widget-Kriterien. Auf der GOMS-Ebene müssen beispielsweise die Standards, die für die Widgets gelten, ebenso eingehalten werden, die Widgets wiederum müssen u.a. den Anforderungen der klaren Ziel-Kommunikation (G) entsprechen. Was scheinbar höheren Planungsaufwand verursacht, reduziert Missverständnisse, Fehlentwicklungen und unterstützt dabei, eine Software „aus einem Guss" zu entwickeln.

Das Objekt/Action-Interface findet seinen größten Nutzen in der Beschreibung von Umgebungen mit Objekten zur direkten Manipulation wie der Dateibrowser, ein Touch-Interface oder für Spiele, beispielsweise die klassischen Grafik-Adventures (wie „The Secret of Monkey Island") oder Strategiespiele (wie „Dune 2000"). Daher scheint es zwar für viele „ernsthafte" Anwendungen wenig geeignet, kann aber für einige Aspekte einer Software oder für bestimmte Bereiche oder Modi durchaus nützlich sein. Die exakte Definition der Objekte und derer verfügbarer Aktionen hilft bei der Planung und Umsetzung, wenn beispielsweise Datenbankabfragen grafisch zusammengestellt werden oder in Oberflächen, in denen Elemente nicht nur platziert, sondern auch in verschiedener Weise in Beziehung zueinander gesetzt werden können.

6 Ordnung auf dem Bildschirm

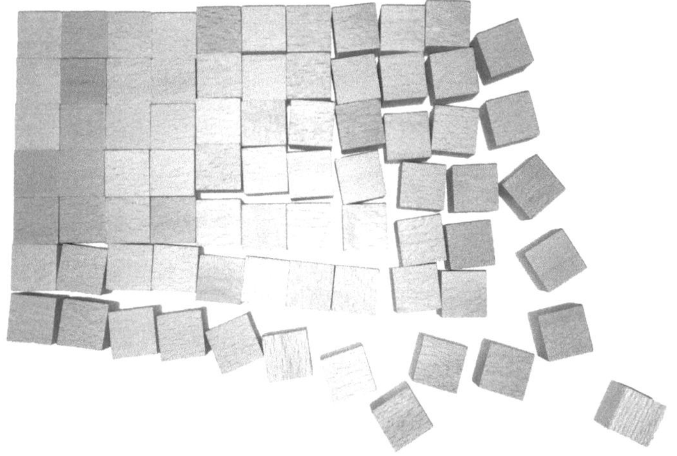

Die bisher vorgestellten konzeptuellen Ansätze beschreiben vorwiegend, wie in der Planung die Anforderungen geeignet erfasst werden. Widmet man sich nun der konkreten Nutzerschnittstelle, landet man auf dem zweidimensionalen Bildschirm als Informations- und Interaktionsfläche für den Nutzer. Die Grenzen können durch verschiedene Darstellungsarten (Single View, Scrolling, Zooming) überwunden werden. Entscheidend ist vor allem, dass alle benötigten Informationen und Funktionen bereitgestellt werden.

Um diese geeignet zu präsentieren, hilft das Verständnis über die menschliche Blickführung und Fokussierung. Daraus ergeben sich fünf Parameter, um die Elemente auf dem Bildschirm anzuordnen:

⋄ Ausrichtung
⋄ Dominanz
⋄ Hierarchien
⋄ Weißraum
⋄ Visuelle Balance

In den meisten Fällen wird ein Interface über einen Bildschirm bedient. Sprachsteuerung und andere Eingabemethoden folgen anderen Regeln, aber die zugrunde liegenden Prinzipien sind gleich:

- ◇ begrenzte Ein- und Ausgaberessourcen:
  - **eindimensional**: Schallwelle (Töne und gesprochene Worte) oder Textfluss ⇒ Linearität
  - **zweidimensional**: Fläche (Papier, Monitor) ⇒ Rändergrenzen
  - **dreidimensional**: Raum (Hologramm oder 3D-Simulation) ⇒ Horizont
  - **vierdimensional**: Raum mit Zeit ⇒ Erstellungsaufwand
- ◇ klare Informationspräsentation und Nutzerführung
- ◇ funktionale, strukturelle und optische Strukturierung
- ◇ Trennung zwischen Wichtigem und weniger Wichtigem
- ◇ Erkennbarkeit der Bedienelemente und deren Bedienung
- ◇ unmittelbare Reaktion auf Nutzeraktion

Ein Sprach-Interface eignet sich vorwiegend für einfache Aufgaben ohne wechselnden Fokus. Dabei werden Ein- und Ausgaben linear angeordnet, Hierarchien oder Strukturen der Daten müssen ebenfalls linearisiert werden, das Vergleichen von zwei Informationen ist schwer möglich. Im dreidimensionalen Raum steigt die – im Vergleich zur Fläche – für den Nutzer zu verarbeitende Informationsdichte erheblich. Für eine effiziente Bedienung müssen relevante Informationen besonders betont und Bedienelemente noch deutlicher hervogehoben werden. Geeignete Eingabegeräte sind nötig, um ein flüssiges Bedienen im Raum zu ermöglichen.

Die hauptsächliche Nutzung von Computer-Software oder Webseiten findet – derzeit noch – in der zweidimensionalen Fläche auf dem Monitor statt. Die dritte Dimension wird allenfalls metaphorisch simuliert, wenn sich Fenster hintereinander befinden oder Schatten werfen. Als Eingabegerät stehen eine Maus für die Navigation in der Fläche und die Tastatur für die lineare Eingabe von Zeichen zur Verfügung. In zahlreichen Anwendungsfällen wird die Maus inzwischen von einem Touch-Interface abgelöst oder ergänzt; die Nutzer agieren also nicht mehr indirekt über eigenständige Eingabegeräte, sondern das Ausgabemedium dient gleichzeitig der Eingabe.

Die Grenzen des Bildschirms

Für Software und Webseiten gilt die gleiche Einschränkung: Was nicht auf dem Monitor sichtbar ist, kann der Nutzer nicht wahrnehmen. Entweder erfährt er durch ein deutlich erkennbares Zeichen, dass sich beispielsweise das Scrollen oder das Wechseln in eine andere Ansicht lohnen kann, oder er ist gerade im Stöbermodus, und entdeckt dabei, was noch nicht sichtbar ist. Wissen Software-Entwickler, welche Monitore bei den Anwendern eingesetzt werden, haben sie bereits eine Orientierung für den Bildschirmaufbau. Sie können natürlich auch in den Produktinformationen des Programms angeben, dass eine bestimmte Mindestauflösung benötigt wird.

Es stellt sich von Anfang an die Frage, nach welchem Modell eine Software oder Webseite aufgebaut oder bedient werden soll:

Single View: Die Ansicht nutzt nur die Monitorfläche, und zwischen verschiedenen Ansichten kann gewechselt werden. Hypercard oder das Spiel „Myst" basieren auf diesem Prinzip.

Scroll-View: Die Ansicht erstreckt sich über die Monitorfläche hinaus; es wird also nur ein Ausschnitt angezeigt, und die übrigen Inhalte müssen erscrollt werden. Eine Textverarbeitung oder Vertikale Shooter-Spiele wie „Katakis" oder „R-Type" oder die Simulation „SimCity" funktionieren so.

Kombination: Die meisten Webseiten kombinieren beide Varianten. Sie bestehen aus vielen Seiten, zwischen denen gewechselt werden kann, aber innerhalb einer Seite ist Scrollen nötig, um alle Inhalte zu erhalten.

Zoom-Scroll-View: Durch Hineinzoomen wird immer Scrollen nötig. Die Bedienung basiert auf einer Ansicht, die vollständig und benutzbar und nützlich ist. Das Spiel „Angry Birds" fällt in diese Kategorie, auch Bildbearbeitungen funktionieren so. Das Zoomen liefert eine bessere Detailtiefe und präzisere Steuerung, und Scrollen ist ein Nebeneffekt des Zoomens. Jef Raskin hat eine solche Bedienlogik für ein komplettes Computersystem unter der Bezeichnung „Skalierbare Benutzeroberfläche" in seinem Buch „Das intelligente Interface" beschrieben, und als Demosoftware gibt es verschiedene Entwürfe, die bislang nur begrenzt für den Alltagseinsatz taugen.

Während die skalierbare Benutzeroberfläche auf absehbare Zeit ein Exot bleibt, orientieren sich Software oder Webseiten meist an der Kombination aus Single- und Scroll-View. Die strikte Einhaltung eines dieser beiden Modelle ist heute eher die Ausnahme. Aber jede Software oder Webseite entscheidet sich für eine primäre Funktionsweise: Besteht sie in erster Linie aus Einzelansichten, zwischen denen gewechselt wird, und das Scrollen innerhalb einer Ansicht liefert optional weitere Informationen? Oder nutzt sie primär nur eine (oder wenige) Ansichten, innerhalb derer gescrollt wird, und die Wechsel zu anderen Ansichten sind selten? MS Excel wäre ein Fall für Scroll-View, wobei der Wechsel in andere Arbeitsmappen möglich ist, aber die Programm- und Bedienlogik orientiert sich an der Scroll-View. Buchhaltungs-Software dagegen nutzt verschiedene Ansichten (Ein- und Ausgabenerfassung, Auswertungen, Listen und Übersichten), zwischen denen gewechselt wird; innerhalb einer Ansicht wird dann gegebenenfalls gescrollt.

Viele Statistiken erfassen, ob und wieviel Nutzer auf einer Webseite scrollen. Das kann zu sehr verzerrten Erklärungen führen. Die alte Regel „User scrollen nicht" gilt seit der Erfindung der Mausräder kaum noch. Gerade für jüngere Zielgruppen ist das Scrollen selbstverständlich. Wenn den Besucher einer Webseite etwas interessiert, dann scrollt er auch. Wenn er nicht scrollt, ist er vielleicht im falschen situativen Modus, hat das Benötigte bereits gefunden oder hat nicht den Eindruck, dass sich das Scrollen lohnen würde. Werden Informationen am unteren Ende einer Scroll-Ansicht erwartet, dann wird der obere Teil kaum genutzt bzw. diese Information dort gar nicht erst gesucht.

Ziel ist, dass alle wichtigen Informationen sofort auf dem Monitor sichtbar sind und das Scrollen nur zusätzliche, vertiefende oder ergänzende Informationen sichtbar macht. Ob der Nutzer scrollt, entscheidet sich an der ersten Ansicht und der Erwartung, die anhand dieser entsteht. Vor allem für Webseiten resultieren dadurch Herausforderungen. Der erste Ansatz ist, alle Webseiten-Angebote in einem Menü unterzubringen; der Nutzer würde dann allerdings in einem Browser-Fenster mit eigenem Menü gleich wieder ein Menü vorfinden. Daher lassen Webdesigner ihre Webseiten-Menüs nicht wie Standardmenüs eines Computers aussehen, auch wenn dies der effektivste Weg sein könnte. Für pragmatische Webseiten, beispielsweise die CRM-Lösung in einem Firmenintranet, gelten natürlich andere Ansprüche als für Webseiten, die sich an unbekannte Nutzer richten. Einsatzzweck und Zielgruppe beeinflussen direkt und indirekt die Gestaltung und die Wahl und Platzierung der Bedienelemente.

Wer eine Software einsetzt, ist sich bewusst, dass diese Software für eine optimale Nutzung bestimmte Mindestvoraussetzungen stellt. Niemand wird es Photoshop anlasten, wenn sich dieses auf einem Netbook-Monitor wenig komfortabel bedienen lässt, oder wenn der Tabellenausschnitt von Excel dort zu klein ist. Wenn aber Webseiten sich nur an Besucher mit besonders großen Monitoren richten oder so klein gestaltet sind, dass sie auf großen Monitoren verloren wirken, fühlt der Nutzer sich behindert.

Lange galt die Bildschirmauflösung von 1024 x 768 Pixel als gute Standard-Orientierung. Seit der Erfindung der Netbooks gilt diese Regel nicht mehr. Einige Netbook-Modelle sind zwar breiter, aber weniger hoch. Außerdem nehmen Bedienelemente wie Browser-Menüs und Taskleiste ebenso Bildschirmplatz in Anspruch – so können mitunter weniger als 600 Pixel Höhe verfügbar bleiben. Auf Tablets und Smartphones kann der Bildschirm noch kleiner sein. Auf einem großen Monitor stehen dagegen über 2.000 Pixel in der Breite und vielleicht 1.600 Pixel in der Höhe zur Verfügung. Da wirkt die selbe Webseite schnell verloren. Auch wenn sich Groß-Monitor-Benutzer daran gewöhnt haben, dass viele Webseiten die Breite nicht optimal nutzen, so ist doch ihr Webseitenausschnitt fast dreimal so hoch wie auf einem Netbook. Dadurch ergibt sich teilweise eine ganz andere optische Dynamik und Nutzerführung.

Daher zahlt es sich aus, für Webseiten die Zielgruppe gut zu definieren. Dadurch lassen sich Rückschlüsse über die verwendete Monitorgröße ziehen. Eine Shopping-Webseite für Privatkunden wird beispielsweise tendenziell oft auf Tablets oder Netbooks genutzt. Eine Shopping-Webseite für Büro-Zubehör dagegen öfter im Büro-Umfeld, wo größere Monitore vorhanden sind.

Webseiten gehen unterschiedlich mit den unterschiedlichen Monitorgrößen um:

◇ Ein sogenanntes **Responsive Design** passt sich flexibel der jeweiligen Bildschirmgröße an. Dabei wird die eigentliche HTML-Datei nicht verändert, sondern nur die Darstellung und Platzierung der Elemente mittels CSS. Der Begriff „Responsive Design" fungiert als Oberbegriff für alle Seiten, die sich flexibel der Bildschirmgröße anpassen. Als Basis dient ein Fluid Grid, dessen Bereiche je nach Bildschirmgröße verschoben, vergrößert oder verkleinert werden.

◇ Bei einem **Fluid Design** werden nur die Proportionen verschoben, die Blöcke haben beispielsweise 20 Prozent Bildschirmbreite, erscheinen also auf kleinen Monitoren lediglich schmaler als auf breiten.

◇ Beim **Template-Ansatz** werden für jede relevante Bildschirmgröße separate HTML-Vorlagen angelegt, um eine jeweils optimale Bildschirmnutzung zu erreichen. Je nachdem, an welches Gerät eine Webseite ausgeliefert wird, sendet der Webserver eine andere HTML-Variante der Webseite.

◇ Ein **Adaptives Design** ist eine Zwischenvariante. Dabei werden Zwischenstufen definiert, zwischen denen die Darstellung mittels CSS umgeschaltet wird. Die Anpassung erfolgt nicht stufenlos, sondern je nach Bildschirmgröße wird eine von beispielsweise drei oder vier Darstellungsvarianten verwendet. Dies lässt sich mit dem Fluid Design kombinieren, indem sich bestimmte Blöcke dynamisch an die verfügbare Breite anpassen.

◇ Es ist auch legitim, nur eine Variante zu erstellen, die sich an einer geeigneten Standardgröße orientiert. Dann können die Besucher die Zoomfunktionen ihrer Smartphones, Tablets oder Browser verwenden, um auf der Webseite zu navigieren.

Alle vier Optionen haben ihre Vor- und Nachteile. Für Responsive und Adaptives Design ist die HTML-Datei optimal auf alle verschiedenen Bildschirmgrößen vorbereitet, also die Bildschirmelemente so anordnen und strukturieren, dass mittels CSS die Formatierungen und Platzierungen funktionieren. Bei allen Veränderungen zwischen den verschiedenen Darstellungen muss der Nutzer die Webseite in allen Größen immer noch als die selbe erkennen können – und alle benötigten Funktionen stets an der üblichen Stelle vorfinden. Auf einem Smartphone-Bildschirm erwartet man diese mitunter an anderen Positionen.

Dafür stellt auf Smartphones das Scrollen keine Hürde dar; da es fast nie möglich ist, alle Informationen auf einer Bildschirmseite unterzubringen, gehört es zur Nutzererwartung, dass Scrollen nötig ist. Die Inhaltspflege ist für Webseiten mit Responsive oder Adaptive Design meist unaufwändiger, dafür muss im Vorfeld mehr geplant und berücksichtigt werden, damit in jeder Ansicht alle benötigten Elemente sichtbar und bedienbar sind.

Je nach Programm- oder Webseitentyp sind andere Paradigmen geeignet.

Single-View

Diese Variante funktioniert nur, wenn der Fokus bzw. das Thema jeder Ansicht eindeutig ist, und auch nicht mehr Platz dafür benötigt wird. Programm- oder Systemeinstellungen sowie kleine Programme oder Apps (die keine Dokumente verwalten) profitieren von der Einfachheit. Da der Nutzer alles auf einmal sieht, was zur aktuellen Aufgabe gehört, findet er sich schnell zurecht – komplexe Vorgänge sind in der Single-View oft schlecht abzubilden.

Eine populäre Ausnahme bildet das Programm iDVD. Steve Jobs zeichnete ein Rechteck an die Tafel – und das war das gesamte Programm. Aus dem technisch komplexen Vorgang der DVD-Erstellung wurde so ein einfacher Vorgang für den Nutzer. Die technische Komplexität wurde komplett vor dem Nutzer verborgen, der nur die wenigen Optionen und Funktionen bedient, die für ihn relevant waren.

Nur wenige Webseiten können alle Informationen auf jeweils einer Bildschirmseite unterbringen; als Bestandteil vieler Seiten funktionieren aber Diashows nach diesem Prinzip: Es gibt nur jeweils ein Bild mit kurzer Information dazu und eine rudimentäre Navigation (meist: vor, zurück, Übersicht, Ende). Einige Webseiten wirken insgesamt wie eine Galerie, beispielsweise von Fotografen, Künstlern, Designern oder anderen, deren Webseite vorwiegend zur Werkpräsentation dient.

Für einige Tablet- oder Smartphone-Apps ist die Single-View ebenfalls geeignet, beispielsweise für Apps zum Anfertigen von Skizzen. Dann ist der gesamte Bildschirm die Zeichenfläche, und ein Scrollen ist nicht nötig – genauso wie man ein Blatt Papier nicht scrollen kann.

Daumenregel für Webseiten: Werden mehr als 15 Zeilen Text auf einer Seite benötigt, ist die Single-View nicht die erste Wahl.

Beachten: Es bedarf einer klaren, eindeutigen Navigation, wenn zwischen mehreren Ansichten gewechselt wird.

Scroll-View

Sobald eine Webseite Textbereiche vorsieht, deren Länge nicht durch Vorgaben oder technische Grenzen beschränkt ist, muss sie als scrollbar gestaltet werden. Ob dabei der gesamte Inhalt gescrollt wird, oder beispielsweise ein Navigationsbereich stets sichtbar bleibt, ist von den Nutzerzielen abhängig. Beispielsweise nutzt das Backend des Magento-Shopsystems eine clevere Navigation: Beim Seitenaufruf sind alle wichtigen Funktionen im oberen Seitenbereich vorhanden und sichtbar. Sobald der Navigationsbereich nach oben weggescrollt wird, verschmälert sich dieser Bereich auf eine Zeile, die nur noch die wichtigsten Funktionen enthält und im sichtbaren Bereich bleibt. Somit kann der Nutzer fünf Bildschirmseiten weiter unten seine Änderungen vornehmen und behält den „Speichern"-Button dennoch in Reichweite – eine gute Kombination aus Platznutzung und Funktionsangebot.

Für Programme ist dann die Scroll-View effektiv, wenn der Nutzer Dokumente in Listen verwaltet oder eigene Dokumente erstellt. In vielen Fällen sind dies Texte in jeder Form und zu den verschiedensten Zwecken. Bei dokumentbasierten Programmen ist außerdem zu entscheiden, ob es sich um Single-Dokument-Programme oder Multi-Dokument-Programme handelt.

Single-Dokument-Programme: Das Programm kann nur ein Dokument zur gleichen Zeit öffnen/bearbeiten. Das bedeutet, das Programmfenster beinhaltet stets das Dokument. Werden mehrere Dokumente gleichzeitig bearbeitet, besitzt jedes dieser Dokumente sein eigenes Programmfenster. Die Microsoft-Office-Programme könnten geeignete Beispiele für diese Form sein, doch handelt es sich bei ihnen – trotz ihrer Erscheinung – um Multi-Dokument-Programme. Ihr Verhalten in dieser Hinsicht ist oft nicht eindeutig und hat sich von Version zu Version geändert und ist selbst zwischen Programmen der selben Office-Version unterschiedlich. Spiele wie Sim City entsprechen dem Anspruch an Single-Dokument-Programme noch am ehesten, denn sie können nur ein Dokument auf einmal öffnen. Auch Produktiv-Apps für Tablets benehmen sich wie Single-Dokument-Programme, da die Bedienmöglichkeiten und der Bildschirmplatz kaum die parallele Bearbeitung mehrerer Dokumente gestatten. Da auf Tablets jede App nur einmal geöffnet sein kann, muss die App sich selbst darum kümmern, wie Nutzer zwischen verschiedenen Dokumenten wechseln, meist führen sie zu einer Übersichtseite zurück, auf der dann ein anderes Dokument zum Öffnen gewählt wird – sodass immer nur ein Dokument auf einmal geöffnet ist.

Multi-Dokument-Programme: Ein Programm kann mehrere Dokumente gleichzeitig öffnen und bearbeiten. Das Programm bildet sozusagen das Eltern-Fenster, in dem die Dokumente als Kinder-Fenster untergebracht sind, bis Version 2003 basierte Microsoft Office erkennbar auf dieser Logik. Die meisten dokumentbearbeitenden Programme basieren auf dem Multi-Dokument-Verhalten; einige verbergen dies jedoch, indem sie jedem Dokumentfenster eine Symbolleiste mitgeben.

Der Unterschied zwischen Single- und Multi-Dokument-Programmen ist einerseits technischer Natur und andererseits Usability-Thema. Technisch handelt es sich bei den meisten Single-Dokument-Programmen um Multi-Dokument-Programme, die nur für den Nutzer als Single-Dokument-Programme agieren. Als Vorteil gilt, dass jedes Dokumentfenster, dem ja in dem Moment die Aufmerksamkeit des Nutzers gehört, auch gleich alle Programmfunktionen anbietet. Als Vorteil der Multi-Dokument-Fenster gilt, dass die Programmfunktionen immer an den gleichen Stellen sind, unabhängig davon, wo sich ein Dokumentfenster befindet. Der Anwender profitiert von seinem räumlichen Gedächtnis und findet die entsprechende Funktion nicht immer an einer anderen Bildschirmstelle vor. Statt sich relativ zum aktuellen Dokumentfenster zu orientieren, bleiben die Bedienelemente immer an den selben absoluten Positionen.

Browser und andere Programme nutzen häufig die **Tab-Darstellung**, um mehrere Dokumente gleichzeitig geöffnet zu haben. Diese Variante kombiniert die Vorteile von Single- und Multi-Dokument-Programmen. Die Bedienelemente sind relativ zum Dokument im Fokus immer an der selben Stelle. Beim Wechseln zwischen den Dokumenten wechseln sie auch nicht die Position, sondern bleiben auch absolut an den selben Stellen.

„Listen-Programme" dienen vor allem der Verwaltung von Dateimengen. Der Dateibrowser, Musikverwaltungsprogramme wie iTunes oder Foto-Verwaltungen gehören dazu. Diese listen alle Elemente auf und bieten allenfalls rudimentäre Bearbeitungsfunktionen in einer separaten Ansicht. Dabei kann die Ansicht im Hauptfenster zwischen der Liste und Detailansicht alternieren, oder die Detailansicht wird in einem untergeordneten Fenster präsentiert. Alle Elemente werden gleichartig und in der selben Informationstiefe angezeigt. Solche Programme erstellen oder bearbeiten keine eigenen Dokumente, sondern verwalten Dateien oder Daten. Damit gehören sie zu den Scroll-View-Kandidaten, denn die Menge der zu verwaltenden Objekte erfordert Scrollen.

Aus den Anwendungsszenarien und User-Storys lässt sich die Entscheidung zur Präsentation ableiten:

◇ Single-Dokument-Programme für
  - gelegentliche, seltene Nutzung
  - zumeist nur ein Dokument geöffnet, dem volle Aufmerksamkeit gilt
  - Hauptnutzergruppe sind Novizen oder Normalnutzer

◇ Multi-Dokument-Programme für
  - häufige Nutzung
  - mächtige, viele Funktionen
  - Bedienelemente können vom Nutzer selbst arrangiert werden (beispielsweise in Paletten)
  - Parallelarbeit an mehreren Dokumenten ist häufig
  - Drag'n Drop zwischen zwei Dokumenten als reguläre Funktion
  - Hauptnutzergruppe sind Power-User oder Experten

◇ Tab-Darstellung für
  - hohe Wahrscheinlichkeit mehrerer gleichzeitig geöffneter Dokumente
  - nur gleichartige, voneinander unabhängige Dokumente (beispielsweise Webseiten, Texte, Bilddateien)
  - leichte bis mittlere Komplexität bzw. überschaubar wenig Funktionen mit hoher Frequenz
  - die Bedienung ohne Drag'n Drop zwischen den Dokumenten
  - Hauptnutzergruppe sind (Normal-)Nutzer mit Expertenanforderungen

◇ Listen-Darstellung für
  - (zahlreiche) gleichartige Elemente verwalten oder auswerten
  - Bearbeitung von Daten oder Dateien allenfalls als Sekundärziel
  - Drag'n Drop zum Sortieren und zur Übergabe einer Datei oder eines Eintrags an andere Programme (Fenster) oder Listen
  - Hauptnutzergruppe sind (Normal-)Nutzer mit Expertenanforderungen

Allerdings bieten viele Listen-Programme einige Möglichkeiten, die Dateien zu bearbeiten, in iTunes beispielsweise kann man die Titelinformationen editieren, in einem Foto-Verwaltungsprogramm einige Bildkorrekturen vornehmen, Dateibrowser bieten eine Vorschau und können bestimmte Datei-Eigenschaften ändern. Für solche Sekundärfunktionen – Primärzweck ist ja die Datenverwaltung – eignet sich vor allem die Single-View, also kompakte, übersichtliche Ansichten, in denen kein Scrollen nötig ist. Dadurch bleibt das Gesamt-Programmerlebnis kompakt und fühlt sich beherrschbar an. Häufig sind die Funktionen in den Single-View-Ansichten auf mehrere Tabs oder in einem Akkordeon verteilt – das Scrollen bleibt somit der Primärfunktion des Programms vorbehalten. Bei den Zusatzfunktionen stellt sich die Notwendigkeitsfrage doppelt stark: Ist es wirklich notwendig, eine Datei auf diese Weise noch innerhalb des Listen-Programms zu bearbeiten, oder wäre es nicht effektiver, diese Bearbeitung an ein anderes Programm zu delegieren (das aufgrund seiner anderen Zielrichtung insgesamt viel effektiver und leistungsfähiger ist).

Während es in der Listendarstellung durchaus vertretbar ist, auch horizontal zu scrollen, um jeweils weitere Informationen (in weiteren Listenspalten) zu erhalten, wäre dies in der sogenannten Kachel-Ansicht nicht akzeptabel. Das Horizontalscrollen liefert für alle Einträge weitere Informationen, somit wird die Aussagekraft der Liste qualitativ beeinflusst. Das Vertikalscrollen dient der quantitativen Betrachtung (mehr vom Gleichen), das horizontale Scrollen der qualitativen (mehr Informationen über die Objekte).

Würden beide Scroll-Richtungen der quantitativen Betrachtung dienen, also nur gleichartige Informationen liefern, beispielsweise nur Kacheln, dann ist es dem Nutzer erschwert, einen Überblick zu erhalten. Beim quantitativen Scrollen in einer Dimension sieht der Nutzer stets einen kompletten Bereich seines Bestandes, der Bestand wird gefühlt linearisiert, was das Gefühl der Kontrolle fördert. Deshalb werden, wenn beispielsweise in der Fotoverwaltung größere Kacheln gewählt werden, weniger pro Zeile dargestellt – somit wird weiterhin nur eine Scroll-Richtung benötigt, um den Bestand quantitativ zu erkunden.

Beachten: Nur in wenigen Fällen (beispielsweise in einer Tabellenkalkulation) wird das Scrollen in zwei Dimensionen als akzeptabel empfunden. Das vertikale Hoch-/Runter-Scrollen ist die unaufdringlichste Form und wird beispielsweise durch Mausräder gut unterstützt.

Infinite Scrolling

Spätestens seit Twitter und Facebook ist das endlose Scrollen auf Webseiten eine erwägenswerte Option. Dabei werden automatisch weitere Inhalte nachgeladen, sobald der Nutzer das untere Ende der Webseite erreicht. Die Überlegung dahinter ist, den Nutzer nicht zu fragen, ob er mehr sehen möchte, sondern es ihm einfach zu liefern. Dieses Verhalten ist in einigen Situationen sehr nützlich, in anderen wirkt es kontraproduktiv. Auf Touch-Geräten ist Scrolling weniger kritisch als am Computer.

Überlegenswert ist das Infinite Scrolling bei:

- ⋄ Elementen, deren Sortierung für den Nutzer im strengsten Sinne nachvollziehbar ist (beispielsweise zeitlich, alphabetisch).
- ⋄ Elementen, die vor allem optisch wirken (Bilder, Grafiken).
- ⋄ Elementeliste, die quasi in Echtzeit aktualisiert und ergänzt wird.
- ⋄ Elementen, die keine Entscheidung verlangen.

Durch eine solche endlose Liste stöbert der Besucher, bis ihm langweilig wird. Die Liste dient der Inspiration, lockeren Beschäftigung.

Wenig geeignet ist Infinite Scrolling bei:

- ⋄ Elementen, bei denen der Nutzer die Platzierung innerhalb der Liste nicht vorhersagen kann.
- ⋄ Elementen, bei denen der Text wichtiges Inhaltselement ist.
- ⋄ Elementen, die miteinander verglichen werden sollen bzw. aus denen eines gewählt werden soll.
- ⋄ Elementen, die eine Entscheidung (beispielsweise Kaufentscheidung) bewirken sollen.

In einer eCommerce-Webseite kann das Infinite Scrolling kontraproduktiv wirken, wie der Anbieter Etsy.com 2013 herausfinden musste. In Sortimenten, die wie Mode vorwiegend optisch funktionieren, ist der Effekt weniger störend als in pragmatischen Sortimenten wie Lebensmittel, Heimwerkerzubehör oder Autoteile.

Während in Content-Situationen alle Elemente gleich wichtig sind, wird in Webshop-Situationen der Nutzer meist nur ein Produkt aus einer Liste wählen. Das Element ist somit nicht selber sein Nutzwert, wie ein Twitter- oder Facebook-Eintrag, sondern steht stellvertretend für den eigentlichen Nutzwert: das eine Produkt. Es ist quasi eine Entweder-Oder-Situation: Der Besucher kauft entweder dieses Produkt oder ein anderes oder keines. Das verlangt ihm eine Entscheidung ab, und je übersichtlicher die Informationen für diese Entscheidung bereitstehen, desto leichter kann er sie treffen.

Durch Filter reduziert der Nutzer die Liste, aber nur ein kleiner Nutzeranteil nutzt die Filtermöglichkeiten effektiv – es könnte einem ja etwas entgehen. In diesem Spannungsfeld zwischen „alles sehen wollen" und „nicht zu viel sehen" befindet sich auch das Infinite Scrolling.

Hauptnachteile des Infinite Scrolling:

- ⋄ Der Nutzer verliert die räumliche Orientierung, und seine mentalen Raummodelle funktionieren nicht mehr.
- ⋄ Der Nutzer fühlt sich – im schlimmsten Fall – wie in einem Informationsabgrund, in den er immer weiter hinabgezogen wird.

⋄ Die alternativ mögliche Aufteilung in Einzelseiten gibt dem Nutzer jeweils einen erkennbaren Orientierungsrahmen und ermöglicht das Vor- oder Zurückspringen auf bestimmte Seiten.

⋄ Der Nutzer wird motiviert, immer noch mehr zu sehen, statt sich mit dem bereits Sichtbaren auseinanderzusetzen.

⋄ Das ständige Mehr verhindert eine effektive Entscheidungsfindung. Gerade bei Suchergebnissen werden nicht mehr die ersten Ergebnisse als relevant genug wahrgenommen, denn „es gibt ja noch mehr", das verzögert Entscheidungen.

⋄ Der Footer ist nicht mehr zu erreichen.

⋄ Das Kontrollbedürfnis wird untergraben; nicht der Nutzer entscheidet, wie viel er sieht, sondern er bekommt immer noch mehr Informationen.

⋄ Der Scrollbalken verliert seine Aussagekraft.

⋄ Die Browser-Navigation mit „Zurück"-Button funktioniert oft nicht, der Nutzer wird an den Anfang der Liste gebracht und nicht zum 143. Element, das er angeklickt hatte. Durch technische Tricks lässt sich dieser Effekt vermeiden.

⋄ Für Google ist es schwer, solche Seiten korrekt zu indexieren. Es sind besondere technische Vorkehrungen nötig, um die Anforderungen an gute Suchmaschinen-Erkennbarkeit zu erfüllen.

In einigen Fällen ist es geeignet, die Einzelseiten-Navigation durch einen Nachlade-Button zu ersetzen. Statt also eine zweite Seite aufzurufen, klickt der Nutzer einen Button „nächste 25 Produkte laden", wodurch die Liste entsprechend verlängert wird. Diese Option gibt dem Nutzer zwar die Kontrolle zurück und lässt ihn auch wieder den Footer erreichen. Aber die Liste wird möglicherweise dadurch wieder so lang, dass der Nutzer sich schwerer orientieren kann.

Zoom-Scroll-View

Google Maps und andere Kartenprogramme sind populäre Vertreter dieser Bedienung. Mittels Hinein- und Herauszoomen stellt der Nutzer das gewünschte Detailniveau ein. Das bringt jedoch nur Vorteile, wenn die Zoomstufen tatsächlich einen Mehrwert bieten.

⋄ Hineinzoomen:

  – Pixel werden größer, und in Bildbearbeitungen ist somit sehr präzises Arbeiten möglich

  – Weitere Details oder kleine Straßen werden in der Karte sichtbar.

  – Die Steuerung oder Bedienung kann filigraner erfolgen.

◇ Hinauszoomen:
- Nutzer erhalten einen Überblick und können die Wirkung im Kontext begutachten, beispielsweise in Mal- oder Designprogrammen.
- Die Komplexität wird reduziert, beispielsweise zeigen Karten-Apps ab einem gewissen Zoom-Level Orte nur noch als Punkte und nur noch Bundesstraßen und Autobahnen an.
- Die Steuerung oder Bedienung erfolgt gröber bzw. bezieht sich auf größere Einheiten.

Selbst Textverarbeitungen und andere Programme bieten heutzutage Zoomstufen an. Vor allem Textverarbeitungen, die sich als Layout- oder Gestaltungsprogramme verstehen, benötigen solche Ansichten. Für die reine Textarbeit wird sie kaum benötigt, der Mehrwert, die Schrift größer oder kleiner darzustellen, ist gering. Allenfalls eine Zoomstufe für die Seitenansicht (die ja sonst nicht auf den Monitor passt) ist für Programme mit Druckfunktion erwägenswert. Diese vermittelt dem Nutzer bereits vor dem Ausdrucken einen guten Eindruck, ob das Ergebnis den Erwartungen entsprechen wird.

Ob die Zoom-View in wenigen fixen Schritten oder in vielen kleinen Schritten oder gar stufenlos skaliert bzw. zoomt, ist von der Anwendung abhängig. Auch die zugrunde liegende Technologie entscheidet mit darüber, ob stufenloses Skalieren möglich ist und ansehnliche bzw. nützliche Ansichten ergibt. Eine Bildbearbeitung sollte eher in Vielfachen der Pixelgröße zoomen, während ein Programm mit Vektorzeichnungen tatsächlich stufenlos skalieren kann.

Auf Tablets sind viele Nutzer an die Spreiz-Geste zum Zoomen gewöhnt. Gerade bei Bildern wird die Zoom-Möglichkeit auch erwartet. Das Hin- und Herschieben des Ausschnitts mit dem Finger ist weniger aufwändig und störend als das Hin- und Herscrollen mit der Maus auf dem Computer.

In vielen Fällen besteht die Zoom-Funktion in Ergänzung zur Scroll-View. Auch Browser beispielsweise können die Webseiten vergrößert darstellen. Das ist auf manchen Webseiten mit kleiner Schrift sehr praktisch – allerdings werden dadurch die Bilder unscharf; effektiver ist es, die Darstellung der Schrift auf die erwartete Zielgruppe zu optimieren, sodass kein Zoomen nötig ist. Dagegen öffnen Bildbearbeitungsprogramme Bilddateien meist so, dass sie komplett sichtbar sind – dann ist das Hineinzoomen in die zu bearbeitenden Bereiche die Hauptbedienung, und das Scrollen ergibt sich aus der Konsequenz, dass durch die vergrößerte Darstellung die anderen Bereiche ausgeblendet werden.

Daumenregel: Bieten die verschiedenen Zoomstufen tatsächlich einen Mehrwert oder Nutzungsvorteil – dann sollte die Zoom-View erwogen werden.

Hinweis: Wenn die Zoom-Funktion nur einen Zusatznutzen darstellt (das Programm also auch ohne sie alle Funktionen gut erfüllen kann), dann rechtfertigt der zusätzliche technische Aufwand selten den Nutzungsmehrwert. Lieber eine durchdachte Standardgröße entwickeln, als sich mit der Zoomfunktion behelfen. Für textbasierte Apps lohnt es sich dann eher, zwei oder drei verschiedene Schriftgrößen anzubieten als die Nebenwirkungen des Zoomens einzubauen.

Beachten: Webseiten sind letztlich nur Dokumente, die im Browser-Programm dargestellt werden. Bei der Entwicklung sind dessen Funktionen zu respektieren, also das korrekte Zoomen und Scrollen zu gewährleisten bzw. nicht zu behindern.

Die Mitte im Zentrum

Jede Bildschirmansicht hat einen klaren Fokus. Dieser befindet sich – sofern keine anderen Elemente um Aufmerksamkeit heischen – etwas oberhalb der geometrischen Mitte des Bildschirms. Deshalb erscheinen Hinweismeldungen oder andere Elemente beim ersten Aufruf meist an dieser Stelle auf dem Monitor. Dies ist quasi der Default-Bereich, wohin der Nutzer zuerst schaut. Bei Webseiten ist dies der Bereich kurz unterhalb der Na-

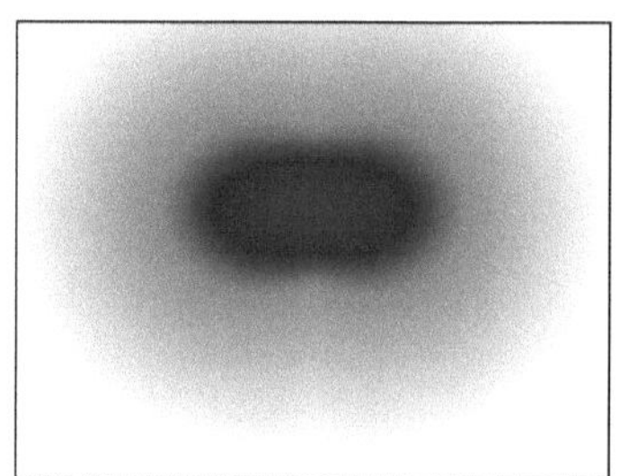

Abb. 6.1: Der Hauptfokus liegt im dunklen Bereich, alles andere wird nur peripher wahrgenommen.

vigationszeile und links bzw. rechts von der Navigationsspalte. Natürlich wird auch der Bereich außerhalb des Fokus' wahrgenommen, doch als erstes geht der Blick in den mittleren Bereich, und der Anwender bildet sich binnen Sekundenbruchteilen eine Meinung, ob die Ansicht zu seinem Ziel passen könnte oder ob sich das Fokussieren auf andere Bereiche lohnt – wir sprechen hier von der ersten halben Sekunde. Daneben wird der unscharfe Gesamtaufbau beurteilt, ob er für die Zielerreichung zweckdienlich sein könnte und zu den Erwartungen passt.

Praktischer Test: Rufen Sie einige Internetseiten in Ihrem Browser auf. Was sehen Sie prominent in der Mitte des Bildschirms? Bei Spiegel Online und anderen News-Seiten ist es der große Bild-Teaser für den obersten Beitrag, bei Online-Shops wird es eine sogenannte Bühne sein, die auf bestimmte Angebote hinweist. Wenn Sie ehrlich sind, werden Sie als erstes den Teaser oder die Bühne einschätzen, ob diese für Sie interessant sind – erst im Anschluss nehmen Sie die anderen Elemente (Navigation, Spalten links oder rechts, Textblöcke) bewusst wahr. Auf kleinen Monitoren wird dieses Haupt-Fokus-Element selten oberhalb der Mitte liegen, sondern oft eher darunter. An irgendeiner Bildschirmgröße müssen sich die Webdesigner ja orientieren, und das Management und das Marketing wollen so viele Informationen im Seitenkopf oder in der Navigation unterbringen, sodass Sie entweder einen großen Monitor benötigen oder etwas scrollen müssen.

Optisch sind die Bühne bzw. der Teaser das Wichtigste in der ersten Ansicht und bestimmen wesentlich mit, wie Sie die Seite wahrnehmen. Unbewusst bilden Sie sofort eine Hypothese, was die Seite von Ihnen will oder was Sie von der Seite erwarten können. Diese verifizieren Sie anhand der übrigen Elemente; ist diese jedoch nicht binnen der ersten zwei Sekunden kohärent und tragfähig, geben Sie auf und besuchen eine andere Webseite.

Für ein Programm gilt das Gleiche: Ihr Blick geht nur aus der Mitte heraus, wenn es einen Grund dafür gibt. Schließlich befindet sich im Zentrum das Dokument, das Sie bearbeiten und dem Ihre Aufmerksamkeit gilt, und am Rand sind die Werkzeuge in Menüs oder Paletten untergebracht. Wenn Sie beispielsweise einen Text schreiben, ist Ihr Blick meist so sehr fokussiert, dass Sie alles außerhalb Ihrer gerade aktiven Textzeilen ausblenden und gar nicht mehr wahrnehmen. Aber die Werkzeuge sind da, wenn Sie sie benötigen. Für Programme, die keine Dokumente bearbeiten, gilt die gleiche Blickführungslogik: Das Wichtigste, der Einstieg in die Auseinandersetzung mit den Inhalten oder Aufgaben ist im Hauptfokus-Bereich platziert. Von diesem ausgehend arbeiten sich die Nutzer voran. Deshalb öffnen Dialog- und andere Zusatzfenster standardmäßig in dem Hauptfokusbereich: zentriert auf dem Bildschirm, die Fenstermitte etwas über der Bildschirmmitte.

Gerade bei der Menübedienung zeigen sich die Vorteile von Standards und Konventionen. Diese bilden und unterstützen die Erwartung des Nutzers, der daran gewöhnt ist, seine Menüzeile am oberen Rand und den gesuchten Eintrag im Mittelfeld des Menüs zu finden. Befindet sich der Befehl tatsächlich dort, ist die Fokusverlagerung vom Hauptfokus-Bereich nur kurz und wird nicht als Störung wahrgenommen. Je ungewöhnlicher die Platzierung der Steuerelemente, desto stärker wird die nötige Verlagerung des Sichtfokus als Unterbrechung empfunden. Gibt es in Ihrer Software Gründe, Funktionen an anderen Stellen zu platzieren, dann nutzen Sie stets den selben Bereich auf dem Bildschirm, beispielsweise eine Palette oder eine Spalte links oder rechts oder eine Zeile mit den Funktionen am Ende der aktuellen Ansicht. Dann muss der Nutzer nicht suchen, sondern weiß nach kurzer Gewöhnung, wohin er schauen muss, um etwas zu finden.

Der größte Anteil des Bildschirmplatzes steht übrigens immer dem Nutzer zur Verfügung. Das ist der Inhalt einer Webseite oder einer anderen Datei, die wahrgenommen wird, das ist der Arbeitsbereich von Programmen oder das Formular, das auszufüllen ist. Ihr Programm hat vielleicht zweihundert Befehle oder Funktionen, die alle bereitstehen müssen, höchstens ein Drittel davon wird täglich benötigt. Bei einer Auflösung von 1280 x 1080 Pixel stehen insgesamt fast 1,4 Millionen Bildpunkte zur Verfügung. Abzüglich der zwei Drittel, die mindestens dem Nutzer gehören, bleiben maximal 460.800 Pixel zur Verfügung. Das bedeutet pro Funktion 2.304 Pixel, also eine Fläche von nicht mal 50 mal 50 Pixel. Versuchen Sie sich vorzustellen, wie das Meer von zweihundert Befehlen in dieses Maximalraster gebracht werden kann. In der Icon-Variante erzeugen Sie so viele kleine Bildchen, dass die Orientierung schwer fällt, und in Textform wird es nicht viel besser, zumal sie sehr kurze Befehlsnamen benötigen. Wenn Sie sich jetzt vorstellen, wie ein Drittel Ihres Monitors damit belegt wird, weisen Sie sicher darauf hin, dass ja nicht alle Befehle auf einmal sichtbar sein müssen, der Nutzer hätte dann sogar noch mehr Nutzfläche auf dem Monitor.

Sie beginnen also, Ihre Befehle in Hierarchien oder Gruppen zu sortieren und möglichst platzsparend unterzubringen, beispielsweise als Menü oder in Paletten wie bei Photoshop. Auch mit dem Verbergen von Funktionen überwinden Sie die Grenzen des Bildschirms, denn diese sind erst nach einer Nutzeraktion (Klick auf einen Menütitel oder Aufruf einer Palette) sichtbar. Die Nutzeraktion erfolgt aber nur, wenn ein Interaktionselement als solches erkennbar ist und der Nutzer einen Wert für sich darin erkennt, es zu verwenden. Ergänzend stellen Sie wichtige bzw. häufig benutzte Funktionen an anderer Stelle zur Verfügung, beispielsweise in einem Kontextmenü, in einer Symbolleiste, in einem Funktionsbereich.

Schauen Sie sich verschiedene Programme an, wie diese ihre jeweilige Befehlsvielfalt für den Nutzer anbieten. Vergleichen Sie die verschiedenen Ansätze. Bis auf den Browser basieren übrigens alle genannten Programme auf der Scroll-View.

MS Word, Excel, PowerPoint (vor 2007) OpenOffice, LibreOffice: Menüs und Symbolleisten. In der Mac-Version von MS Office enthielt außerdem eine sogenannte Toolbox (quasi als Palette neben dem Dokumentfenster) häufige Formatbefehle.

MS Word, Excel, PowerPoint (ab 2007; nur Windows): Befehle werden als Piktogramme in Ribbons dargestellt, dabei werden Icons und Symbole gleich behandelt. Zwischen Ribbons wechselt der Nutzer wie zwischen Tabs.

Photoshop, Illustrator, InDesign: Menüs und jede Menge Paletten. Der Nutzer wählt die benötigten Paletten selbst und platziert sie. Das Gruppieren von Paletten erleichtert das Arbeiten, da verschiedene Arbeitsumgebungen definierbar sind, zwischen denen der Nutzer je nach Aufgabe wechselt.

Adobe Acrobat (ab Version 11): Menü und Funktionsliste in rechter Spalte.

Pages, Numbers, Keynote (Mac): Menü und zwei Spalten. Alles befindet sich innerhalb eines Fensters. Die linke (optionale) Spalte zeigt die Miniaturen der Seiten an. In der rechten Spalte sind alle für das gewählte Objekt verfügbaren Format- und andere Funktionen verfügbar.

Webbrowser (Firefox, Chrome, Opera): Das Menü ist in einem einzelnen Button untergebracht und wird nicht als Menüzeile integriert. Die häufigsten Funktionen stehen als Icons in der Oberfläche zur Verfügung. Die Zeile zur Eingabe der Webadresse ist das prominenteste Steuerelement. Mittels Tabs können mehrere Webseiten gleichzeitig innerhalb eines Browserfensters geöffnet sein, zwischen denen gewechselt wird.

iTunes (bis Version 10): Menü, wenige Symbole und linke Spalte. iTunes verwendet eine ähnliche Darstellungslogik wie ein Dateibrowser; die linke Spalte listet verschiedene Bereiche (Mediathek, Playlisten, Geräte) auf. Bei Klick darauf wird der jeweilige Inhalt im Hauptbereich dargestellt. Die häufigsten Funktionen stehen als Symbole bereit, alles andere findet sich in Kontextmenüs oder im Menü.

Absichtlich sind keine Entwicklerprogramme erwähnt. Diese nutzen oft weitere Möglichkeiten oder kombinieren bestehende. Aufgrund der speziellen Zielgruppe von Entwicklerprogrammen folgen diese anderen Anforderungen an Usability. Schauen Sie sich solche Software an, die Ihre Zielgruppe kennen dürfte und häufiger benutzt.

Generell lässt sich ein Trend erkennen. Bietet ein Programm verschiedene Ansichten oder Inhalte, so werden diese über die linke Spalte oder Tabs (oben) ausgewählt. Beeinflussen Befehle den Inhalt, befinden sich diese rechts oder in einem Menü oberhalb des Inhalts. Die Nutzerführung folgt entweder linear von links nach rechts oder in L-Form von oben nach unten und dann nach rechts.

1. Auswahl der Ansicht (bzw. der anzuzeigenden Inhalte): links oder oben
2. Auswahl des Elements in der Ansicht: Mitte
3. Anwendung einer Funktion, um Inhalt zu verändern: rechts oder via Kontextmenü oder selbstplatzierter Palette oder klassisch im Menü oben.

Es ist Usus, alle Funktionen im Menü zur Verfügung zu stellen, sodass der Nutzer nur eine Anlaufstelle für alles durchsuchen muss. Mittels Paletten, Symbolleisten, Kontextmenüs oder Befehlslisten werden ausgewählte Befehle noch einmal an anderer – schneller zugänglicher – Monitorposition wiederholt. Dort ist die Bedienung teilweise etwas anders, beispielsweise werden Icons oder die Direkteingabe von Werten genutzt, während die gleiche Funktion im Menü ein Abfragefenster oder einen Dialog aufruft oder eine gewählte Option als aktiv markiert. Übrigens ist auch das Kontextmenü nur eine Zusammenstellung häufig genutzter Menü-Befehle. Der Doppelklick entspricht meist dessen erstem Eintrag, also dem, der laut Statistik am häufigsten genutzt wird, beispielsweise bei Datei-Icons „öffnen". Die Ribbons in MS Office und Windows ersetzen die funktionsvollständigen Menüs durch Quasi-Symbolleisten, damit sind keine separaten Symbolleisten für die häufig benutzten Funktion mehr nötig.

Funktionen, die sich ausschließlich auf die Ansicht beziehen (also nicht den Inhalt verändern, beispielsweise Zoom, Blättern, Wechsel zwischen Listen- oder Kacheldarstellung) sind entweder am oberen oder unteren Rand des Fensters integriert. Außerdem erwarten Vielnutzer, dass sie die Symbolleiste (so vorhanden) anpassen können. Die Ribbons lassen sich ebenso umsortieren und verändern wie Symbolleisten und so den Nutzerbedürfnissen anpassen.

Haben Sie sich für eine primäre View-Variante entschieden und definiert, welche Ansichten Ihre Software anbieten soll, sorgen Sie dafür, dass diese so effektiv wie möglich funktionieren. Niemanden nützt eine tolle neue Ansichts-option, die ewiglange braucht, bis sie angezeigt wird, oder die den Computer regelmäßig zum Absturz bringt. Wenn Sie Tabs integrieren, um mehrere Ansich-ten gleichzeitig anzubieten, achten Sie besonders auf die Performance. Nutzer machen immer mehr Tabs auf, als Sie sich vorstellen können. Gehen Sie immer mindestens von der doppelten Menge an geöffneten Tabs aus, als theoretisch nützlich wäre. In diesem Fall hat die Usability ganz konkrete Auswirkungen auf die Entwickler, die ein sehr gutes Speichermanagement integrieren müssen, damit die Software bei sehr vielen Tabs nicht in die Knie geht.

Auch scheinbare Bagatellen wie flüssiges Scrollverhalten ohne Aussetzer beeinflussen direkt die Wirkung auf den Nutzer. Ruckelt und zuckelt es auf dem Bildschirm, bis der gewünschte Ausschnitt sichtbar ist, erhält der Nutzer den Eindruck, dass die Software insgesamt ruckelt und zuckelt und nicht so zuverlässig ist, wie sie sein sollte. Aus dem Aussehen und dem optischen Verhalten werden sofort Rückschlüsse auf die gesamte Software gezogen. Daher erhalten viele Programme regelmäßig neue Icons oder Symbole. Nur ein als modern empfundenes Icon verdeutlicht, dass die ausgelöste Aktion auch modern und zeitgemäß ist, auch wenn sie seit Jahrzehnten exakt so besteht.

Der menschliche Blick

Es gibt drei Regeln, nach denen Sie die Blicke der Nutzer vorhersagen können. Alle drei gelten gleichzeitig; welche Regel das Verhalten eines Nutzers in einer konkreten Situation dominiert, hängt von dessen Erfahrungen, Erwartungen, Kenntnissen und Tagesform ab. Deshalb wird jeder effiziente Bildschirmaufbau und jedes erfolgreiche Webseitenlayout allen drei Regeln gleichzeitig gerecht.

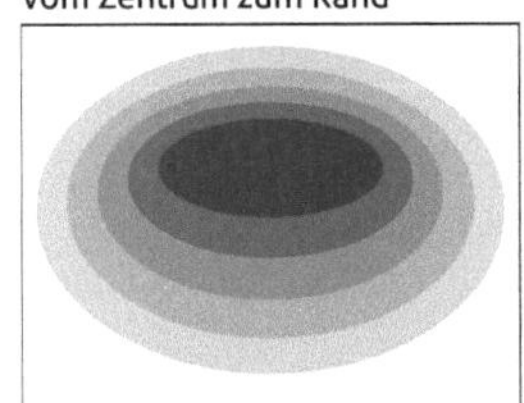

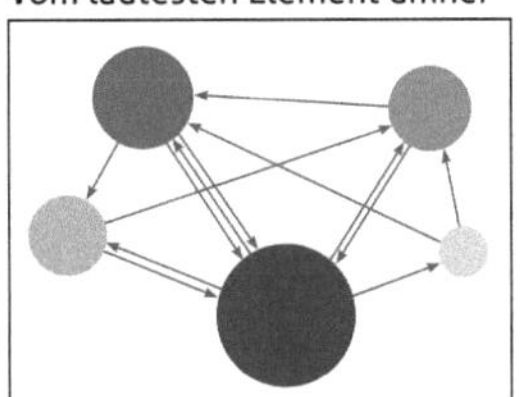

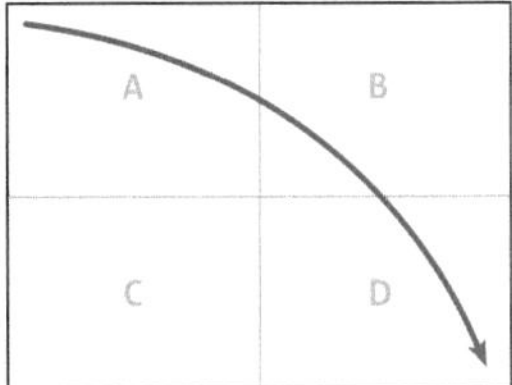

Abb. 6.2: Alle drei Blick-Führungen gelten gleichzeitig.

Vom Zentrum zum Rand

Gibt es nichts, was die Aufmerksamkeit auf sich zieht, oder ist der Nutzer an den Bildschirmaufbau gewöhnt, fokussiert der Blick zunächst auf den Bereich knapp oberhalb der Bildschirmmitte. Von dort ausgehend wird der Rest in Augenschein genommen. Der Blick präferiert den Komfortbereich in der Mitte des Bildschirms, und für längere Zeit wird bevorzugt dort fokussiert. Den Text oder die Tabelle oder den Bildausschnitt, den man gerade bearbeitet, wird man selten an einen Bildschirmrand verschieben, sondern möglichst zentral auf dem Bildschirm platzieren. Ist dies nicht möglich, dann wird es nur so weit Richtung Rand geschoben, wie unbedingt nötig. Würde man den Blick dauerhaft auf einen Randbereich fokussieren, dann müsste der Nutzer den Kopf wenden und würde dadurch den anderen Rand aus dem Sichtbereich verlieren. Da der Nutzer den Kopf möglichst wenig bewegen und nicht vor dem Monitor hin- und herwackeln möchte, liegt der größte Aufmerksamkeitsanteil in der Mitte. Nur für kurze Momente, beispielsweise um einen Befehl im Menü oder in einer Palette aufzurufen, wird er an den Rand verlagert.

Alles, was kontinuierliche Aufmerksamkeit verlangt, geschieht in der Mitte des Bildschirms. Alles, wofür kurze Aufmerksamkeit genügt, kann am Monitorrand untergebracht werden.

Die optische Mitte befindet sich etwas oberhalb der geometrischen Mitte. Aus diesem Grund ist im Buchdruck der untere Rand etwas höher als der obere. Schaut man sich Buchstaben an, so erkennt man, dass diese (fast) nie die exakte Mitte nutzen. Kleinbuchstaben haben etwa 55 bis 65 Prozent der Höhe von Großbuchstaben, der Querstrich im kleinen „e" ist nicht mittig, sondern darüber, die untere Wölbung des „S" ist größer als die obere, wodurch die Mitte des Bogens leicht nach oben verschoben wird, die mittleren Querlinien der Buchstaben „PFE" befinden sich knapp oberhalb der geometrischen Mitte. Selbst eine scheinbar geometrisch perfekte Schrift wie die Helvetica weist diese Verschiebungen auf.

Da der Mensch die geometrische Mitte nicht als optische Mitte wahrnimmt, ist auf dem Monitor der Bereich oberhalb des Fokusbereichs schmaler als jener unterhalb. Somit ergibt sich ein Hauptarbeitsbereich von etwa 60 Prozent der Bildschirmbreite und 40 Prozent der Bildschirmhöhe. Alles, womit der Nutzer sich längere Zeit beschäftigen wird – der aktuelle Abschnitt eines Online-Beitrags, eine Eingabemaske für eine Abfrage, ein

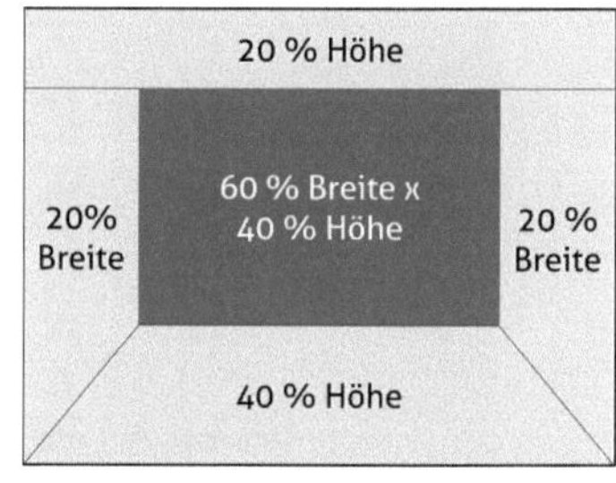

Abb. 6.3: Die empfohlene Bildschirmaufteilung platziert die wichtigsten Elemente im dunklen Bereich.

zu bearbeitender Text, ein Diagramm oder Tabellenausschnitt – wird er in diesen Bereich bewegen. Eine gute Software unterstützt ihn darin, indem die voraussichtlich wichtigen Elemente bereits dort erscheinen. Zu den wichtigen Elementen gehören selten Befehle oder Funktionen, sondern zumeist zu bearbeitende Dokumente, darzustellende oder einzugebende Daten. Das Auslösen eines Befehls erfolgt mittels kurzer Fokusverlagerung an den Rand.

Der begrenzte Fokus ist einer der Hauptgründe, warum Novizen mit einer neuen Software deutlich langsamer arbeiten als Experten. Für sie genügt keine kurze Fokusverlagerung, sondern sie müssen aktiv jedes Element in den Fokus nehmen, um es eindeutig zu identifizieren und seine Nützlichkeit oder Geeignetheit abzuschätzen. Nach einiger Gewöhnung erfolgt die Nutzung deutlich schneller, da kein Absuchen des Monitors mehr nötig ist, sondern kurze Fokusverlagerungen genügen. Richtet sich eine Software an Novizen oder wird sie nur gelegentlich genutzt, ist dieser Faktor besonders wichtig. Zugespitzt ist das Abweichen von Standards oder das Erfinden eines eigenen Bildschirmstandard-Aufbaus nur geeignet, wenn eine Software sehr intensiv genutzt werden wird.

Bei der Bildschirmgestaltung ist zu berücksichtigen, dass außerhalb des fovealen Bereichs, der fokussiert und somit scharf wahrgenommen wird, auch die peripheren Bereiche wahrgenommen werden. Diese erscheinen zwar unscharf, verleihen dem fokussierten Bereich aber Kontext und tragen dazu bei, dass die Umgebung vertraut oder fremd wirkt, dass der Nutzer sich orientiert oder verloren fühlt. Beim Autofahren liegt der Fokus ebenfalls auf dem Straßenabschnitt direkt vor dem eigenen Fahrzeug. Das Geschehen in den Bereichen weit voraus sowie links und rechts der eigenen Fahrbahn wird nur peripher wahrgenommen. Der Blickfokus verlagert sich nur dann dorthin, wenn etwas nach Aufmerksamkeit verlangt, also etwas Unerwartetes dort sichtbar ist oder das Geschehen in seiner Unschärfe unverständlich bleibt. Auch der kurze Kontrollblick zum Tachometer oder einer anderen Anzeige erfolgt nur bei Bedarf und mit minimaler Kopfbewegung.

Genauso springt der Blick vom Zentrum der Webseite, wenn sich am Rand Dinge ereignen oder Elemente vorhanden sind, die entweder nach Aufmerksamkeit verlangen oder dort unerwartet sind. Handelt es sich um animierte Werbeanzeigen, so wird die Fokusverlagerung meist von kleinem Frust begleitet, denn in den meisten Fällen ist Werbung ein Störfaktor und keine inhaltliche Bereicherung. Menschen können nicht anders, sie reagieren auf Gesichter und Bewegung: reflexartig, impulsiv und unkontrolliert. Umso ärgerlicher sind Werbeanzeigen oder Bildschirmelemente, die ständig um Aufmerksamkeit flackern, aber für den Anwender keinen Nutzwert haben.

Die sogenannte „Banner-Blindness" ist der kognitive Prozess des Ignorierens aufgrund der Erfahrung unnützer Werbe-Anzeigen. Das Banner wird zwar wahrgenommen, aber nicht vom Gehirn verarbeitet, weil es – so die Erfahrung – keinen Mehrwert bringt.

Vom „lautesten" Element umherspringend

Schaut man sich Bilder von sogenannten Eye-Tracking-Untersuchungen an, erkennt man, dass der Blick wild umherspringt. Markante Elemente, wie Gesichter, Bewegungen oder intensive Farbflächen, werden häufiger angesprungen als reine Textelemente. Einfarbige Hintergrundflächen werden nur überflogen, auf diesen bleibt der Blick nicht ruhen.

Je optisch „lauter" ein Element ist, desto häufiger wandert der Blick dorthin. Diese springenden Blicke sind allerdings

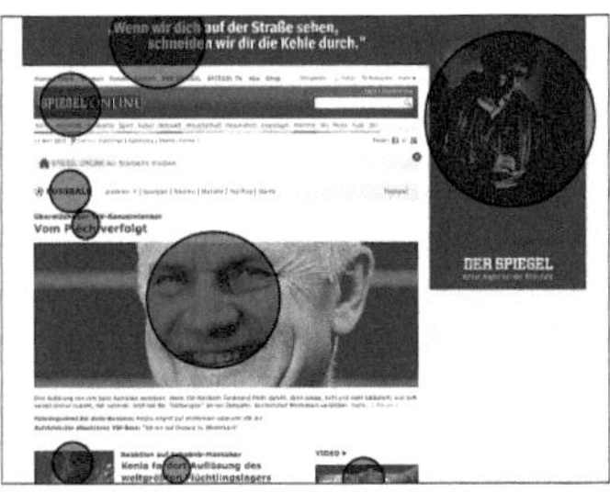

Abb. 6.4: Zwischen den optischen Elementen der Spiegel-Startseite springt der Blick hin und her – bis er sich für ein Element zum Fokussieren entschieden hat.

nur in der Kennenlern-Phase einer Oberfläche so scheinbar ziellos. Je vertrauter ein Nutzer mit einer Software oder Webseite ist, desto seltener springt sein Blick auf irrelevante Bereiche. Blickwanderungen lassen sich steuern, durch optische „Lautstärke". Dazu gehören Kontraste, Schriftgrößen, Bilder, letztlich alle Elemente, die gestalterisch hervorstechen.

Für das Zeitungslayout gilt die Regel, dass jede große Zeitungsseite drei „laute" Elemente haben soll, die ein möglichst großes Dreieck über die Seite aufspannen, das können beispielsweise die große Überschrift nebst Untertitel des Hauptartikels, ein großes Foto sowie zwei kleine nebeneinander angeordnete Fotos sein (die als ein Element wahrgenommen werden). Dieses Dreieck gewährleistet eine optische Spannung auf der Seite und sorgt dafür, dass der Blick gezwungen ist, einen sehr großen Bereich der Seite wahrzunehmen, indem er zunächst über diese hin- und herspringt. Dabei gewinnt der Leser einen Überblick über das Angebot der Seite und wird sich – im Idealfall – für einen Bereich entscheiden, auf den er anschließend seinen Fokus konzentriert.

Monitore sind kleiner als Zeitungsseiten und werden anders genutzt. Nicht mehr acht verschiedene Artikel auf einer Seite sollen wahrgenommen werden, sondern der aktuelle Bildschirm hat stets einen konkreten inhaltlichen Fokus: Auswahl eines Beitrags zum Lesen, einen einzelnen Beitrag, eine Fotogalerie, ein Bild bearbeiten, einen Text verfassen, eine Tabelle oder ein Formular mit Daten füllen. Daher ist statt eines optischen Dreiecks ein optischer Fokuspunkt zu gestalten, der den Anwender dazu anhält, den Blick rasch auf das entscheidende Element zu fokussieren.

Übersichtsseiten, wie die Startseite von News-Websites oder die Google-Ergebnisseiten, begegnen dem Problem, dass sie nicht wissen, was für den Nutzer der Fokusbereich sein wird, mit mehreren Strategien. News-Websites entscheiden sich für einen besonders wichtigen Artikel, den sie prominent platzieren, die übrigen werden gleichwertig angeordnet. Somit folgt der Besucher entweder der redaktionellen Empfehlung oder wählt aus einer Reihe gleichwertig präsentierter Angebote, die meist nach (indirekt) erkennbaren Kriterien sortiert sind. Auf News-Websites ist Aktualität ein relevantes Kriterium, deshalb werden die neuesten Beiträge prominenter präsentiert als ältere. Google und andere Suchmaschinen dagegen sortieren ihre Ergebnisse nach inhaltlichen Kriterien, wobei die Aktualität einen Teil-Einfluss auf die Sortierung hat. In einem separaten Bereich werden anders geartete Ergebnisse gleichwertig aufgeführt: Anzeigen, Verweise zu Bildern oder Videos. Eye-Tracking-Untersuchungen bestätigen, dass das Hauptaugenmerk auf der Ergebnisliste liegt und die Blicke zwischen den Ergebnissen springen, während die Anzeigen-Spalte nur selten eine Fokussierung erhält.

Von links oben nach rechts unten

In der westlichen Kultur wird von links oben zeilenweise bis rechts unten gelesen. Das gleiche Verhalten lässt sich auf dem Monitor auch bei Nicht-Texten beobachten. Wird eine Funktion gesucht, beginnt die Suche oben links und arbeitet sich nach rechts unten vor. Elemente, die sich links oder oben befinden, werden als potenziell wichtiger wahrgenommen als solche am unteren oder rechten Bildschirmrand. Der Blick beginnt in Bereich A, streift dann durch B zu D. Bereich C wird meist vernachlässigt oder erst fokussiert, wenn entweder die periphere Wahrnehmung einen guten Grund dafür liefert oder in den drei anderen Bereichen das Gesuchte nicht zu finden ist.

Diese inhaltliche Gewichtung schlägt sich auf die Bildschirmgestaltung nieder. In der linken Spalte beispielsweise bietet der Dateimanager (Unter Windows der Explorer, unter Mac OS der Finder) eine Liste der Datenträger und andere Festplattenbereiche an. Deren Inhalte sind im Mittelbereich des Fensters aufgeführt, und rechts oder unten befinden sich Informationen zur gewählten Datei oder deren Vorschau. So sind die Inhalte von

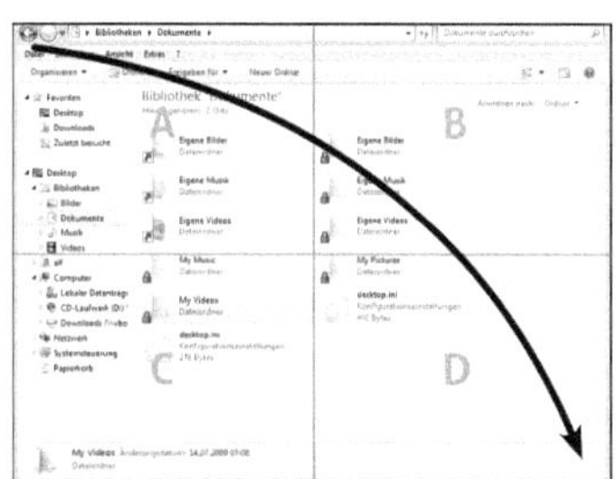

Abb. 6.5: Im Windows Explorer geht der orientierende Blick von links oben nach rechts unten.

links nach rechts hierarchisch strukturiert. Nur lange Listen in der linken Spalte oder im Hauptbereich geraten in Bereich C, in vielen Fällen benötigt der Nutzer nur die Bereiche A, B und D.

Durch diese natürliche Blickbewegung und die optische Hierarchie zwischen Oben und Unten fühlt sich ein Menü am oberen Rand korrekt an, denn seine Befehle beziehen sich auf die Inhalte darunter. Deshalb sind Menüs links ausgerichtet, und gegebenenfalls bleibt rechts Freiraum in der Menüzeile. Befehle am rechten Bildschirmrand, beispielsweise in einer Palette, beziehen sich vor allem auf Elemente, die innerhalb des Hauptbereichs ausgewählt wurden.

Eine „Weiter"-Schaltfläche wird rechts oder unten erwartet (im Bereich D), da diese erst nach Bearbeiten des aktuellen Bildschirms betätigt wird, eine „Zurück"-Schaltfläche links (mindestens links neben der „Weiter-Schaltfläche"). Ist bekannt, welche Aktionen ein Nutzer auf einer bestimmten Bildschirmansicht ausführen soll oder wird, so werden die entsprechenden Elemente gemäß der „von links oben nach rechts unten"-Doktrin angeordnet. Die Aktivität auf dem Bildschirm folgt der natürlichen Blickbewegung, und es gibt keine gegenläufigen Bewegungen, weder zurück nach oben noch zurück nach links.

Je nach Aktivität bevorzugen Nutzer eine bestimmte Richtung. Das Abarbeiten ähnlicher Aktionen, beispielsweise Datenfelder ausfüllen, findet vertikal in schmalen Zeilen (die durchaus mehrere Eingabefelder enthalten können) statt. Dabei besteht die Bereitschaft, nach oben oder unten zu scrollen. Wird ein Formular zweispaltig aufgebaut, muss es auf eine Bildschirmseite passen. Grundsätzlich fühlt sich das Hoch- bzw. Runterscrollen (was Mausräder unterstützen) natürlicher an als das Links- bzw. Rechtsscrollen. Das Bedienelement, das einen Vorgang bestätigend abschließt, ist immer unten rechts außen, kein anderes Bedienelement des aktuellen Vorgangs ragt weiter nach rechts hinaus.

F-Scannen

Insbesondere bei textlastigen Webseiten hat sich eine vierte Blickführung herausgebildet. Diese besteht faktisch und ist – anders als die drei anderen – erlernt und nicht instinktiv. Vereinfacht gesagt, beginnt der Nutzer in der Ecke oben links und scannt den Text von oben nach unten, und immer, wenn etwas sein Interesse weckte, wird der Blick nach rechts geführt. Vor allem Überschriften, Zwischentitel, Aufzählungen und optische Markierungen im Text bewirken einen solchen Rechtsblick.

Bei diesem Scannen erarbeitet sich der Betrachter eine Hypothese, ob sich das tatsächliche Lesen lohnt und wird gegebenenfalls den einen oder anderen Abschnitt tatsächlich lesen. Die Google-Suchergebnisseite ist optimal auf diese Blickführung ausgerichtet, auch zahlreiche Übersichtsseiten für Content-Webseiten unterstützen dieses inzwischen habituelle Erfassen und Bewerten der Inhalte.

Die Herausforderung besteht darin, den Nutzer zum einen in diesem erlernten Verfahren zu unterstützen, andererseits aber auch die Monotonie zu unterbrechen und Anreize zur intensiveren Beschäftigung zu geben, die über das bloße Abscannen hinausgehen. Dazu werden bewusst Störer integriert, um den Betrachter aus dem F-Scannen herauszulösen. Beispielsweise Abbildungen, Tabellen, Textkästen oder andere Elemente, die die linksbündige Textanfangslinie unterbrechen, sind dazu geeignet. Ganz bewusst können solche Elemente nach links aus dem Textblock herausragen oder eingerückt sein.

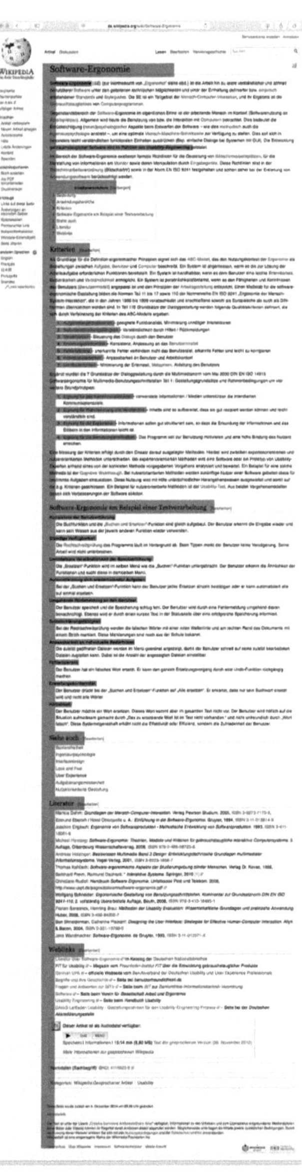

Abb. 6.6: Der Blicklauf bei einem Wikipedia-Artikel: Die Rechtsblicke folgen Textmarkierungen wie Zwischentiteln, Aufzählungen oder Hervorhebungen.

Präsentation der Informationen

Die Bildschirminhalte sind so organisiert, dass das natürliche Blickverhalten des Nutzers unterstützt wird. Das Layout definiert dabei, welche Funktionen in welchem Bereich untergebracht sind und wie diese Bereiche zueinander angeordnet sind. Während das Makro-Layout festlegt, wie groß die benötigten Bereiche und wie diese angeordnet sind, regelt das Mikro-Layout, wie sich die Elemente innerhalb dieser Bereiche zueinander verhalten. Für die Gestaltung sowohl auf der Makro- als auch auf der Mikro-Ebene werden die folgenden fünf Layout-Mittel genutzt:

Tab. 6.1: Layout-Mittel

	Ziel, Funktion	optische Wirkung
Ausrichtung	Ordnung schaffen	Basis, Ruhe
Dominanz	Wichtiges markieren	Orientierung
Hierarchien	Wichtigkeitsabstufungen	Struktur
Weißraum	Übersicht	Kontrast
Visuelle Balance	Ausgewogenheit	Harmonie

Die Evolution der folgenden Abbildungen zeigt die Anwendung dieser Mittel in der Praxis.

Ausgangstext

Ich bin ein wichtiger Gedanke.
Nein, ich bin wichtig!
Ich bin noch viel wichtiger!
Ich bin am allerwichtigsten.
Ich bin so wichtig, ihr könnt mich alle mal ...
Wichtige Gedanken verblassen in meiner Präsenz.
„Wichtig" ist mein zweiter Name.
Ohne mich wärt ihr alle gar nichts.
Wichtig? Das kann nur mich meinen.
Mein Bild steht neben „wichtig" im Lexikon.

Ausrichtung

Ich bin ein wichtiger Gedanke.
Nein, ich bin wichtig!
Ich bin noch viel wichtiger!
Ich bin am allerwichtigsten.
Ich bin so wichtig, ihr könnt mich alle mal ...
Wichtige Gedanken verblassen in meiner Präsenz.
„Wichtig" ist mein zweiter Name.
Ohne mich wärt ihr alle gar nichts.
Wichtig? Das kann nur mich meinen.
Mein Bild steht neben „wichtig" im Lexikon.

Dominanz

Ich bin ein wichtiger Gedanke.
Nein, ich bin wichtig!
Ich bin noch viel wichtiger!
Ich bin am allerwichtigsten.
Ich bin so wichtig, ihr könnt mich alle mal ...
Wichtige Gedanken verblassen in meiner Präsenz.
„Wichtig" ist mein zweiter Name.
Ohne mich wärt ihr alle gar nichts.
WICHTIG? DAS KANN NUR MICH MEINEN.
Mein Bild steht neben „wichtig" im Lexikon.

Hierarchien

– Ich bin ein wichtiger Gedanke.
  – Nein, ich bin wichtig!
  – Ich bin noch viel wichtiger!
  – Ich bin am allerwichtigsten.
    – Ich bin so wichtig, ihr könnt mich alle mal ...
    – Wichtige Gedanken verblassen in meiner Präsenz.
  – „Wichtig" ist mein zweiter Name.
    – Ohne mich wärt ihr alle gar nichts.
  – Wichtig? Das kann nur mich meinen.
– Mein Bild steht neben „wichtig" im Lexikon.

Weißraum

Ich bin ein wichtiger Gedanke.

Nein, ich bin wichtig!
Ich bin noch viel wichtiger!
Ich bin am allerwichtigsten.
Ich bin so wichtig, ihr könnt mich alle mal ...
Wichtige Gedanken verblassen in meiner Präsenz.

„Wichtig" ist mein zweiter Name.
Ohne mich wärt ihr alle gar nichts.
Wichtig? Das kann nur mich meinen.

Mein Bild steht neben „wichtig" im Lexikon.

Visuelle Balance

Ich bin ein wichtiger Gedanke.

Nein, ich bin wichtig!
Ich bin noch viel wichtiger!
Ich bin am allerwichtigsten.
Ich bin so wichtig, ihr könnt mich alle mal ...
Wichtige Gedanken verblassen in meiner Präsenz.
„Wichtig" ist mein zweiter Name.
Ohne mich wärt ihr alle gar nichts.
Wichtig? Das kann nur mich meinen.
Mein Bild steht neben „wichtig" im Lexikon.

Abb. 6.7: Optisches Informationsmanagement: Vom Informationshaufen zur geordneten Informationspräsentation.

Das Ausgangsmaterial ist eine ungeordnete Sammlung wichtiger Sätze.

Durch die **Ausrichtung** – hier an der linken Seite – kommt etwas Ruhe in das Bild, und die zehn Zeilen können unaufwändiger wahrgenommen werden.

Alle Zeilen halten sich für wichtig und verlangen nach **Dominanz**, doch in dem optischen Chaos ist letztlich nichts wirklich wichtig. Wenn sich der Leser eines Zeitungsartikels von zehn Fakten drei merkt, ist das bereits ein Erfolg. Der Autor steuert durch Dramaturgie und Schreibstil, welche Fakten der Leser sich voraussichtlich merkt. Analog entscheidet der Interface-Designer, welche Elemente so wichtig sind, dass sie tatsächlich optische Dominanz erhalten.

Die Zeilen stehen – auch wenn sie es nicht zugeben würden – in einer **Hierarchie**, die sich direkt in der Darstellung niederschlagen kann: Offenbar gibt es eine Überschrift und fünf Punkte, von denen zwei jeweils Unterpunkte enthalten. Mittels **Weißraum** lässt sich die Hierarchie ebenso bzw. unterstützend abbilden. Die Strukturierung mittels Weißraum wirkt ruhiger und harmonischer als die etablierte Variante mit Anstrich und Einrückung.

Nutzt man etablierte typografische Verfahren zur Hervorhebung sowie Weißraum zur Unterstreichung der Hierarchien (und der Abhängigkeiten), ergibt sich eine Auflistung, deren innere Struktur sofort optisch erfassbar ist.

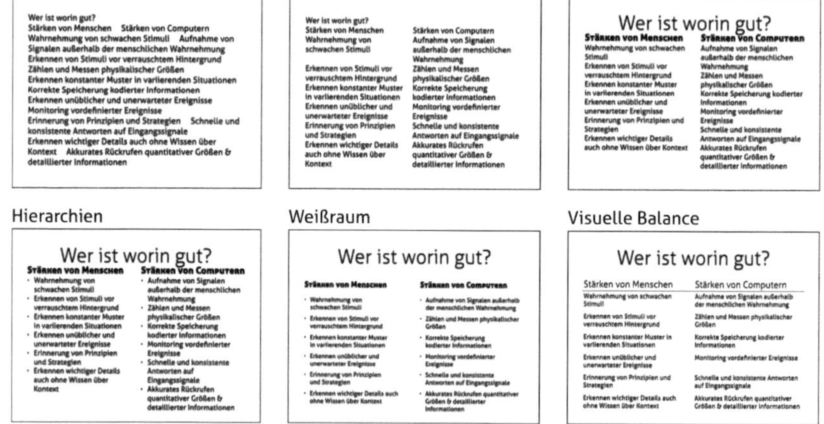

Abb. 6.8: In diesem Fall entsteht eine Tabelle mit Titel aus dem Informationshaufen.

Praktisch sind die einzelnen Layout-Mittel selten so übertrieben deutlich. Die Transformation der zunächst schwer erfassbaren Aussagen zu einer harmonisch gestalteten Tabelle erleichtert das Verständnis. Je nach Einsatzzweck unterscheiden sich die konkreten Möglichkeiten für die Layout-Mittel. Gedruckt wirkt die Tabelle in der Darstellung von Seite 70 angemessener, während diese Darstellung im Rahmen einer Präsentation besser funktioniert.

Ob in diesem Beispiel eine visuelle Balance erzielt wurde, muss jeder für sich selbst entscheiden. Aber auffällig ist, dass jede Zeile durch ihre Gestaltung und ihr Verhältnis zu den anderen eine weitere Inhaltsebene erhalten hat, die über ihren reinen Textgehalt hinausgeht bzw. diesen unterstreicht.

Im Datei-Browser beispielsweise trägt die linke Spalte mit den Datenträgern und Sprungmarken zu einzelnen Bereichen oder Ordnern keinen Titel. Allein durch die Platzierung und die Gestaltung erschließt sich ihre Funktion, und es ist nicht nötig, Bildschirmplatz für einen Spaltentitel zu opfern.

Ausrichtung

Innerhalb einer Ansicht gibt es möglichst wenige optische Kanten oder Achsen. Die vier Monitorkanten bilden die äußeren Ränder, innerhalb derer die Bereiche eigene optische Ränder definieren. Beispielsweise sind alle Zeilen dieses Textes im Blocksatz ausgerichtet, dadurch ist links und rechts ein Rand sichtbar, obwohl dieser nicht durch grafische Mittel explizit eingetragen ist. Auf der Mikro-Ebene bilden die Zeilen die Elemente des Textbereiches und haben vier klare Ränder: die oberste Zeile, die Zeilenanfänge und -enden sowie die unterste Zeile als Abschluss. Damit kennzeichnet der Textbereich selbst seine Größe.

Im Layout-Entwurf würde man ihn als graue oder schraffierte Fläche eintragen, in der Design-Umsetzung ist es nicht nötig, die Flächengrenzen durch andere Mittel darzustellen. Die Tabelle „Layout-Mittel" dagegen kennzeichnet auch auf der Design-Ebene durch horizontale Linien ihre Bereichsgrenzen.

Dieser Effekt kann auch unbewusst entstehen. Das nebenstehende Bild zeigt scheinbar eindeutig ein Dreieck – obwohl gar keines da ist. Das Auge ergänzt automatisch die vermutlich fehlenden Informationen und konstruiert einen plausiblen Sinn in die Abbildung. Genauso wird in jedem Bildschirmlayout ein Bezug zwischen nebeneinanderliegenden Elementen hergestellt. Werden diese an gängigen Rändern ausgerichtet, entstehen weniger Fehlinter-

Abb. 6.9: Kreise mit Lücke oder Dreieck?

pretationen, und die Verarbeitung der optischen Informationen geschieht schneller, da keine Sinnzuschreibung erfolgen muss.

Übliche Ausrichtungen sind unter- und nebeneinander. Dabei entstehen die optischen Ränder linksbündig oder bilden am oberen Rand eine imaginäre Linie. Bilden gleichgroße oder -artige Elemente eine Reihe, werden diese als gleichwertig wahrgenommen oder als Einzelschritte einer Sequenz.

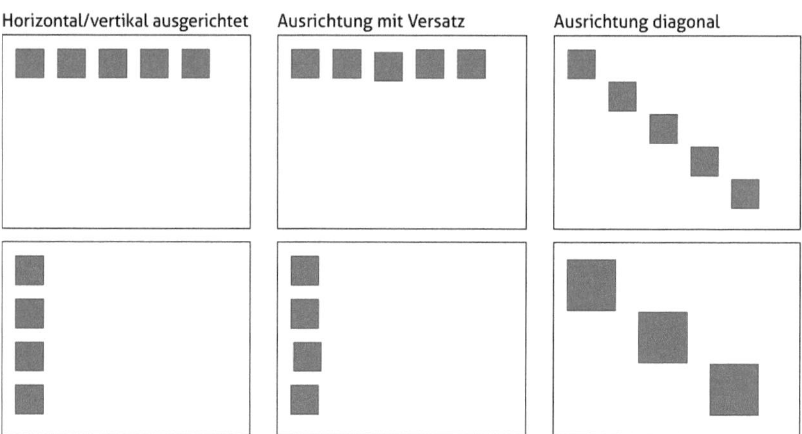

Abb. 6.10: Die gleichmäßige Ausrichtung an einer optischen Achse schafft Ruhe.

Bereits wenige Bildpunkte Versatz zur imaginären Ausrichtungslinie irritie-ren und werden als inhaltliche Aussage interpretiert, beispielsweise dass dieses Element auf einer anderen Hierarchieebene steht, besonders wichtig ist oder dass der Entwickler geschlampt hat. Die Abweichung wird wahrgenommen und nach ihrem Sinn geforscht. Solche Gedanken lenken von der eigentlichen Aufgabe des Nutzers ab und schmälern die Wahrnehmung der Zuverlässigkeit der Software oder Webseite, deren Oberfläche solche Schwächen aufweist. Ein Versatz muss als beabsichtigt erkennbar sein, um inhaltlich zu wirken, sonst lenkt er durch seine Harmoniezerstörung ab.

Der Default-Wert für die Ausrichtung sind Ränder, die parallel zum Bild-schirmrand verlaufen. In einigen Fällen ist auch eine diagonale Ausrichtung geeignet, je mehr Objekte von kleiner Größe diese umfasst, desto eher wird diese ungewöhnliche Ausrichtung als plausibel empfunden.

Dominanz

Sind alle Elemente gleichmäßig in Reih und Glied ausgerichtet, besteht die Gefahr von Monotonie. Außerdem fehlen optische Hinweise, welche Elemente wichtig sein könnten. Der Nutzer muss alle Elemente einzeln hinsichtlich ihrer Bedeutung und Wichtigkeit prüfen. Um den Blick optimal zu führen, ist eine optische Betonung nötig; diese ist inhaltlich oder funktional gerechtfertigt.

Dominanz wirkt in beide Richtungen: Durch bestimmte Verfahren erschei-nen Elemente dominanter als andere oder rücken gegenüber diesen in den Hintergrund. Die Gestaltung schafft damit eine optische Hierarchie. Diese dient den Zielen und Prioritäten des Nutzers und leitet ihn über den Bildschirm. Zur Hervorhebung stehen viele Mittel zur Verfügung:

◇ Größe: größere Schrift, größeres Bild
◇ Farbigkeit, Intensität: gesättigte, intensive Farben
◇ Kontrast zur Umgebung: inhaltlich (bildlich) oder gestalterisch
◇ Zusätzliche Elemente: Rahmen, Farbhinterlegung
◇ Detailgrad
◇ Aufmerksamkeit erheischen: Blinken, Pulsieren, Bewegen

Damit diese Mittel wirken, müssen sie sparsam eingesetzt werden. Auf jedem Bildschirmausschnitt existieren nur wenige Elemente mit Hervorhebung. Ansonsten heben sich die Hervorhebungen gegenseitig auf. Je harmonischer und ausbalancierter die Gesamtanmutung auf dem Bildschirm ist, desto weniger Aufwand benötigt die Hervorhebung. Akustisch lässt sich das verdeutlichen: Auf einer Party mit ruhigen Gesprächen fällt bereits eine Aussage in mittlerer Lautstärke auf, ein Schreien würde sämtliche Gespräche abtöten. Auf einer lauten Party mit unruhiger Geräuschkulisse benötigt es jedoch ein Schreien, um überhaupt gehört zu werden – dennoch könnte das Schreien untergehen oder die geschrieene Botschaft unverstanden bleiben. Wenn Sie Ihre Oberflächen ruhig und ausgewogen gestalten, verfügen Sie über eine gute Basis, um wirkungsvolle Akzente zu setzen und den Nutzer unaufdringlich zu führen.

Nicht alle Elemente verdienen Dominanz. Der aktuelle Arbeitsbereich ist durch den Fenstertitel bereits beschriftet, dieser dominiert durch die Standardplatzierung oberhalb des Arbeitsbereiches. Ein Dialog oder eine Abfrage benötigen optisch klare Führung, damit der Nutzer schnell wieder zu seiner Arbeit zurückkehren kann, daher sind die Standard-Aktions-Buttons meist etwas hervorgehoben. Bei einigen Systemen pulsieren diese Buttons leicht. Üblicherweise gibt es keine anderen pulsierenden oder bewegten Elemente, sodass ein zurückhaltender Effekt genügt, um die Aufmerksamkeit des Nutzers anzuziehen, ohne ihn anzuschreien.

Eine Fehlermeldung oder ein kritischer Hinweis arbeiten oft mit roter Farbe oder einem roten Symbol. Damit sind sie meist die dominantesten Elemente auf dem Bildschirm. Die rote Farbe wirkt oft besonders intensiv, da sie auf einem möglichst hellen Hintergrund steht; das erhöht den Kontrast und die Farbwirkung, sodass keine große rote Fläche nötig ist.

Bei der Entscheidung, welche Elemente hervorgehoben werden, ist vor allem die Frage nach dem Nutzen für den Anwender entscheidend. Löst das Element eine relevante Aktion aus oder enthält es einen sehr wichtigen Status, ist eine Hervorhebung angebracht. Ein Fortschrittsbalken dagegen verdeutlicht lediglich den Status einer bereits ausgeführten Aktion; da der Balken wächst, besteht bereits eine optische Bewegung, die Kombination mit einer kräftigen Pulsierung würde ihn überbetonen. Der Nutzer hält einen solchen Fortschrittsbalken dann für so wichtig, dass er abwartet, bis diese Aktion beendet ist – dabei hätte er in der Zwischenzeit längst etwas anderes tun können.

Dominiert ein Element die aktuelle Bildschirmansicht deutlich, muss es für den Nutzer plausibel und nachvollziehbar wichtig sein. Dass der jüngste Beitrag einer News-Webseite oder ein Angebot in einem Online-Shop wichtig und daher dominant gestaltet sind, erschließt sich sofort. Warum aber soll eine bestimmte Funktion in einer Software so wichtig sein, dass sie sofort die Aufmerksamkeit auf sich zieht? In einem Programm zur Scanner-Steuerung beispielsweise wäre es angebracht, dass der „Scannen"-Button den Bildschirm dominiert, denn die anderen Buttons („Abbrechen", „Kalibrieren", „Scanner-Tools" oder sonstige) werden seltener benötigt. Ein Scan-Programm wird nur für einen einzigen Zweck genutzt: zum Scannen. Daher sollte der Nutzer dies ohne Verzögerung tun können; die Hervorhebung hilft, das Ziel schnell zu erreichen.

Die Erfassungsmaske eines Buchhaltungsprogramms lässt ebenfalls nur eine Aktion erwarten (abgesehen von „Abbrechen"): „Erfassen" oder „Buchen" oder „Speichern". Da jedoch vor dem Anklicken Eingaben nötig sind, wird die Aufmerksamkeit nicht zu sehr auf den Abschluss- oder Bestätigungs-Button gezogen. Es genügt die Hervorhebung des Betriebssystem-Standards.

Eine Textverarbeitung dagegen bietet verschiedene Einsatzmöglichkeiten, sodass kaum eine Voraussage möglich ist, welche Aktion der Nutzer sucht. Daher stellen Ribbons häufig genutzte Befehle größer dar, die Betonung erfolgt aufgrund der bisherigen Nutzungsstatistik statt des aktuellen Nutzerinteresses. Zur optischen Orientierung sind die Befehle jeweils in Gruppen zusammengefasst, die einen Titel tragen. Dieser ist zwar nicht dominant gestaltet, aber prominent platziert, sodass der Nutzer anhand der Gruppentitel schnell einen Überblick bekommt, um das benötigte Symbol zu finden.

Für alle relevanten Fälle bietet jedes Betriebssystem geeignete Standards zur Hervorhebung, an die der Nutzer gewöhnt ist. Er wird daher am Ende einer Aktion beispielsweise einen Button suchen, der genau diese Hervorhebung aufweist, um seine Aktion abzuschließen. Der Entwickler kennzeichnet den Button als „Default", dann erscheint er als vorausgewählt und ist entsprechend der dominante Button, den der Nutzer rasch entdeckt.

Hierarchien

Hierarchien verdeutlichen Strukturen und beschleunigen den Zugriff. Ribbons und Menüs sind Hierarchien in mindestens zwei Stufen: Menü- bzw. Ribbon-Titel auf der ersten Ebene und die Befehle auf der zweiten Ebene. Oft schließt sich eine dritte Ebene an, die in Ribbons über Gruppen abgebildet wird und in Menüs durch Untermenüs. Statt die dritte Ebene innerhalb der Hauptfunktionen abzubilden, kann auch ein Dialog die dritte Ebene enthalten, dabei werden weitere Optionen abgefragt. In früheren MS-Word-Versionen klickte man zum Einfügen eines Inhaltsverzeichnisses im Menü „Einfügen" den Eintrag „Index und Verzeichnisse". Im erscheinenden Dialog wählte der Nutzer zwischen mehreren Tabs für die verschiedenen Indexe und Verzeichnisse und nahm die Einstellungen für diese vor. In der Ribbon-Welt entfällt dieser Auswahl-Dialog, der entsprechende Verzeichnistyp wird direkt im Ribbon gewählt.

Alle Elemente befinden sich in einer Struktur, die hierarchisch abgebildet wird:

◊ Eine Datei ist in einem Ordner enthalten, der wiederum auf einer Festplatte abgelegt ist.

◊ Das Erfassungsformular in der Buchhaltung gehört zu einem anderen Vorgangsbereich als das Erstellen einer Steuererklärung.

◊ Ein Textdokument besteht aus mehreren Seiten oder Abschnitten. Diese enthalten die aktuell sichtbare Textpassage, die wiederum aus Sätzen und Worten besteht.

◊ Menüs sind nach bestimmten Aspekten hierarchisiert: nach Bezugselement (ganze Datei, markierter Bereich$_{\text{Inhalt}}$, markierter Bereich$_{\text{Form}}$, neue Elemente, Darstellung), jeweils sortiert nach Häufigkeit der Nutzung, nach Alphabet, nach Workflow-Reihenfolge usw.

Nutzer sehen überall Strukturen oder interpretieren diese in das Gesehene hinein. Der Entwickler hat keine Chance, gegen eine als vermeintlich plausibel erkannte Struktur anzugehen. Wird sie falsch interpretiert, führt das zu Missverständnissen und Fehlbedienungen. Die sichtbare Struktur und Hierarchie muss sich dem Nutzer ohne Studium des Handbuchs erschließen (Nutzer lesen nicht!), sie muss aus sich heraus plausibel wirken und dem mentalen Modell des Nutzers entsprechen – oder diesem zumindest nicht widersprechen.

Zur Darstellung von Hierarchien gibt es verschiedene Mittel:

◊ Reihenfolge gleichwertiger Elemente als zeitliche Hierarchie

◊ Sichtbares Clustern oder Zusammenfassen von Einzelelementen zu Gruppen

◊ Von links nach rechts entspricht von groß nach klein (das jeweils rechte Element ist im jeweils linken enthalten)

◊ Von oben nach unten

◊ Nutzung der selben Mittel wie für Dominanz, aber konstante Anwendung auf jeweils alle Elemente auf einem Hierarchielevel

Hierarchie kann sich auch auf Wichtigkeit beziehen. Dabei besteht die Gefahr, dass sich mehrere Hierarchie- oder Struktur-Angebote gegenseitig überlagern und die Nutzer eher verwirren als sinnvoll leiten. Die Betonung einer inhaltlichen Wichtigkeit ist daher nur auf dem untersten Hierarchie-Level sinnvoll, beispielsweise innerhalb einer Dialogbox.

Die Hierarchie besitzt zahlreiche Analogien zur Strukturierung von Texten mit Überschriften verschiedener Ebenen, dabei bildet der Absatz die unterste Hierarchie. Während es unüblich und irritierend wäre, innerhalb von Überschriften, bestimmte Worte zu betonen, ist dies innerhalb eines Absatzes mitunter sinnvoll. Stellt man sich die Nutzung der Software als Sammlung von Sachgeschichten vor, entsteht die Struktur mit Kapiteln, Unterkapiteln, Zwischentiteln, Merksätzen usw. wie von allein.

Auf Makro- und Mikro-Ebene leiten Hierarchien und Strukturen den Anwender. Das umfasst sowohl den Gesamtbildschirm in seinem Layout und Funktionsdesign wie auch das konkrete Design von Einzelelementen oder Widgets, beispielsweise Dialogboxen, Formulare oder Paletten.

Weißraum

Es braucht oft keine sichtbaren Linien, um den Anwender zu leiten. Imaginäre Ränder bilden ebenso starke Kanten, an denen sich der Nutzer orientiert. Zwischen den Elementen befindet sich also „Nichts" in Form des neutralen Hintergrundes. Der Hintergrund wird nicht bewusst wahrgenommen, dient aber als optischer Trennbereich zwischen den Elementen.

Abb. 6.11: Weißraum markiert Nähe bzw. Abstand und schafft so Blöcke.

Der Hintergrund unterstützt die Blickführung, schmale Hintergrundbereiche werden schnell übersprungen, große nur bei Bedarf. Je dichter zwei Elemente beieinander liegen, desto stärker werden sie als zusammengehörig wahrgenommen. Je weiter sie auseinanderliegen, desto fremder sind sie sich. Zusammengehörigkeit kann auch durch die gleichen Abstände zueinander hergestellt werden. Während das linke Bild zwei Gruppen von gleichartigen Elementen enthält, ist das mittlere sehr unklar. Handelt es sich um zwei Gruppen, die jeweils in eine Vierer-Gruppe und Einzelelement unterteilt, oder um drei Gruppen von zwei Vierer-Gruppen, die übereinander angeordnet sind, und einer Zweier-Gruppe rechts, oder um zwei unabhängige Vierer-Gruppen und zwei Einzelelemente, die vermutlich in irgendeiner unklaren Beziehung zu den Vierer-Gruppen stehen?

Weißraum ist ein sehr effektives Mittel, um das Layout zu unterstützen. Sein Vorteil ist außerdem, dass er die Aufmerksamkeit des Nutzers nicht ablenkt. Wird ein Bildschirmbereich nicht voll ausgefüllt, darf dort ruhig Weißraum bestehen. Der Nutzer erkennt in der peripheren Wahrnehmung, dass dieser Bereich keine Aufmerksamkeit von ihm haben möchte. Wird der freie Bereich durch eine Grafik, einen Farbverlauf oder andere Gestaltungselemente gefüllt, entfällt dieser Effekt und das Auge hat weniger Ruhefläche bzw. das Hirn hat mehr Fläche, die es im Blick behalten muss. Mut zur freien Fläche!

Selbst der Versuchung, dort Info- oder Hilfstexte unterzubringen, sollte widerstanden werden. Der Link zu einem solchen Textangebot ist legitim, aber Platzfüllung durch Buchstaben verwässert den Aktionsfokus. Weißraum signalisiert dem Nutzer, dass die Software oder Webseite fokussiert und effizient arbeitet, indem sie wirklich nur das Wichtige für ihn präsentiert, ohne alle Bereiche mit Infos und Optionen vollzustopfen.

Bildschirmplatz kostet im Gegensatz zu bedrucktem Papier nichts. Er kann leer bleiben, sofern alle benötigten Funktionen bzw. Inhalte vorhanden sind. Während uns in Zeitschriften eine halbleere Seite irritieren würde, genießen wir sie auf dem Bildschirm. Hat der Autor etwa nichts mehr zu sagen? Da fehlen doch einige relevante Aspekte! Auf dem Bildschirm dagegen schätzen wir es, wenn alles auf das Notwendige beschränkt ist und der gefüllte Bildschirm idealerweise dem Fokusbereich von 60 Prozent Monitorbreite und 40 Prozent Monitorhöhe entspricht. Der Rest ist Balsam und Erholung für die Sehnerven und das Gehirn.

Übrigens stammt der Begriff „Weißraum" aus dem Papierzeitalter und bezeichnet unbedruckte Flächen. Weißraum ist nicht zwangsläufig weiß, jede unaufdringliche Hintergrundfläche gilt als Weißraum, beispielsweise der graue leere Bereich innerhalb des Word-Fensters links und rechts neben dem Dokument.

Visuelle Balance

Um eine optische Ausgewogenheit zu erreichen, stehen alle Elemente in einem harmonischen Verhältnis miteinander. Das betrifft die Größe und Platzierung in der Fläche, die Abstände zueinander, die optische Intensität der Bereiche und viele andere gestalterische Aspekte.

Gute Usability entsteht in dem Bereich, wo sich Nutzerführung, Inhalt/Funktion und Ästhetik überlagern, also größtmögliche Übereinstimmung bzw. Synchronität aufweisen. Alle drei Bereiche dienen einander und unterstützen und verstärken sich gegenseitig. Die visuelle Balance ist somit kein Selbstzweck, sondern beeinflusst das Gefühl mit, das Nutzer einer Software oder Webseite entgegenbringen. Verschiedene Aspekte spielen da hinein.

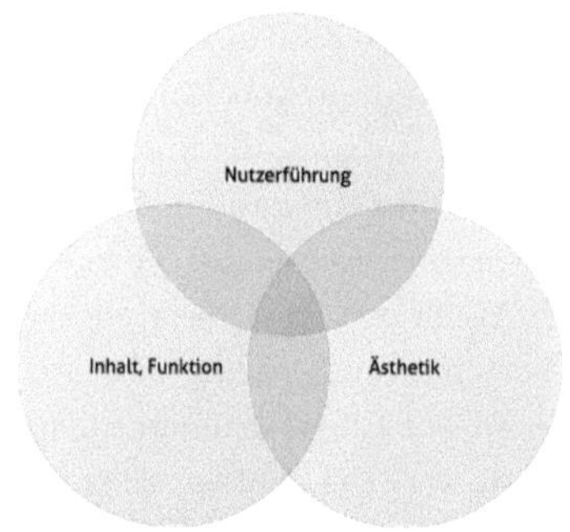

Abb. 6.12: Gute Usability als Schnittmenge.

Ausgewogene Verhältnisse. Der sogenannte „Goldene Schnitt" ist eine gute Orientierung für Größenverhältnisse von Schriften, Flächen oder Bereichen. Auch andere Verhältnisse (beispielsweise 1:2, 2:3 oder 2:5) funktionieren gut für die Aufteilung von Flächen. Bei Schriftgrößen ist oftmals Augenmaß und Probieren gefragt, da die Proportionen verschiedener Schriftarten je nach Schriftgröße unterschiedlich stark wirken.

Harmonie auf dem Mikrolevel. Innerhalb jedes Bereiches sind die Größenverhältnisse passend gewählt und harmonieren mit den anderen Bereichen.

Schlichte Farbdramaturgie. Eine Basisfarbe wird in verschiedenen Abstufungen eingesetzt, diese kann von einer kontrastierenden zweiten Farbe begleitet werden, die einige wenige Akzente setzt. Je weniger Farbe das Design insgesamt besitzt, desto weniger Ablenkung besteht, denn Farben tragen stets eine emotionale Konnotation.

Mehrfachvorkommen. Jedes Gestaltungselement existiert mindestens zweimal. Eine Farbe beispielsweise einmal als mittelgroße Fläche und einmal als Wortunterstreichung. Jedes Nur-einmal-Auftauchen einer Schriftgröße, Linie, Aufteilungsart, Elemente-Anordnung wird als willkürlich wahrgenommen und erfordert ein Neu-Erlernen.

Einheitlichkeit. Die Erscheinung ist auf dem Mikro- und Makro-Level konsistent:

    ◇ Gleiches Aussehen = gleiche Funktionalität.

    ◇ Ähnliches Aussehen = ähnliche Funktionalität.

    ◇ Unterschiedliches Aussehen = unterschiedliche Funktionalität.

Es hat sich bewährt, Screenshots oder Designentwürfe in Graustufenbilder umzuwandeln, um den dramaturgischen Aufbau besser zu beurteilen. Farbe sollte beispielsweise nur Akzente setzen, niemals alleiniger Informationsträger sein. Daneben hilft folgender Test bei der Abschätzung, ob Elemente wirksam dominant gestaltet wurden: Den Screenshot oder Entwurf spiegeln, um 180 Grad drehen und anschließend invertieren. Das ergibt sehr überraschende Hell-Dunkel-Kontraste und Farbstimmungen, denn die Bildmanipulationen helfen, aus der Betriebsblindheit herauszukommen und einen Entwurf noch einmal neu zu sehen. Welches Element wirkt jetzt am stärksten, verlangt nach der größten Aufmerksamkeit? Sind die übrigen Elemente entsprechend weniger laut, und wirkt der Aufbau immer noch harmonisch?

Werden Standardelemente, Betriebssystemstandards und etablierte Aufteilungskonzepte verwendet, gewinnt man zwar selten Design-Preise, erhält aber für Inhalt/Funktion und Nutzerführung eine sehr gute Basis und kann sich auf optischen Feinschliff und Aufteilung konzentrieren. Die Standard-Schriftgrößen, Hervorhebungen und Elemente stehen bereits in guten und bewährten Größenverhältnissen zueinander, sodass die gestalterische Arbeit sich auf die Platzierung und Anordnung „beschränkt". Damit werden die Abstände und der Weißraum zwischen den Elementen eines der wichtigsten Gestaltungsmittel.

Funktionale und optische Strukturen

Es gehört nur optisch zusammen, was auch inhaltlich und/oder funktional zusammengehört oder eine funktionale Gruppe bildet. In einem Programm zur Buchverwaltung wäre eine Liste der Genres denkbar. Außerdem kann der Nutzer Listen verliehener, geliehener und zu besorgender Bücher verwalten. Im ersten Moment scheint eine Navigation geeignet, die alle Genres auflistet und die Listen „Verliehen", „Geliehen" und „Zu besorgen" integriert – egal, welchen Eintrag der Nutzer wählt, er erhält als Ergebnis immer eine Bücherliste, insofern scheint die Konsistenz erfüllt (gleiches Aussehen, gleiche Funktion):

Abenteuerromane

Biografien

Comics

Geliehen

Lyrik

Selbsthilfe

Trivialliteratur

Verliehen

Weltliteratur

Zu besorgen

Doch die thematische Sortierung nach Genres ist etwas völlig anderes als eine Sortierung nach Status. Daher müssen beide voneinander getrennt werden, um tatsächlich konsistent zu sein, um den Unterschied zwischen thematischer und Status-Liste eben auch optisch abzubilden:

Abenteuerromane
Biografien
Comics
Lyrik
Selbsthilfe
Trivialliteratur
Weltliteratur

Geliehen
Verliehen
Zu besorgen

Auf dem obersten Level gehören natürlich alle Listen in eine Navigationsspalte, auf dem zweiten Level bilden sie aber – inhaltlich – unterschiedliche Navigationskonzepte ab. Auf dem dritten Level ist jeder einzelne Eintrag zu gestalten, möglichst genauso wie die anderen gleichartigen. In iTunes beispielsweise werden in der linken Spalte solche verschiedenen Bereiche durch graue Zwischentitel voneinander abgegrenzt, oft genügt etwas Weißraum zur Trennung der Blöcke.

Ein einzelner Eintrag in einer Navigationsspalte ist kein guter eigener Block, wenn es beispielsweise nur die Funktion „Verliehen" gibt. Der Eintrag gehört zwar nicht zu der Genre-Liste, darf also nicht direkt angeschlossen werden. Ihn aber einzeln separat darunter zu platzieren, wirkt dilettantisch. Jedes Element benötigt optischen Halt durch die Umgebung. Eine Variante wäre, eine verwandte Funktion zusätzlich zu „erfinden", sodass der Eintrag nicht alleine stehen bleibt. Idealerweise bilden in solchen Fällen immer drei bis ein halbes Dutzend Einträge einen Block.

Eine andere Variante ist, den Eintrag an einer anderen Stelle zu integrieren, beispielsweise in dem Menü „Bestand verwalten", das bereits inhaltlich passende andere Einträge enthält – dann muss eventuell entsprechend umbenannt werden. In der Navigationsliste würde der Eintrag „Verliehen" genügen, da ja alle Einträge dort Listen aufrufen. Doch in einem Menü mit Einträgen wie „Weitere Edition erfassen", „Autor-Statistik" oder „Regalplanung" sollte der Eintrag beispielsweise „Verliehen-Liste" heißen.

Optik und Funktionalität gehen Hand in Hand. Es ist nicht Aufgabe des Nutzers, den Sinn der Elemente zu erkunden, sondern die Aufgabe des Designers, die Elemente so anzubieten, dass sich ihr Sinn „von allein" erklärt. Je weniger der Nutzer dafür lesen und suchen muss, umso besser.

Wichtig ./. weniger wichtig

Jede Webseite, jede Software-Ansicht hat einen klaren Fokus und eine sofort erkennbare Aufgabe:

Textverarbeitung: Eingeben, Bearbeiten, Formatieren von Text ⇒ der größte Bereich dient der Textanzeige, Bedienelemente treten demgegenüber zurück, sind zurückhaltend gestaltet, und abgesehen von einigen Sonderfunktionen (Assistenten, Programmstart) gibt es auch nur diese eine Ansicht, in der sich alles abspielt.

Tabellenkalkulation: Eingeben, Bearbeiten, Formatieren von Zahlen und Formeln ⇒ der größte Bereich dient der Zahlenanzeige und Elementen, die der Nutzer für diese verwendet (beispielsweise Diagramme).

Buchhaltungsprogramm: Erfassen von Belegen für Zahlungsein- und -ausgänge ⇒ es gibt Ansichten für Übersichten, Auswertungen und das Erfassen der Belege; je nach Aufbau kann zwischen diesen Ansichten (und den damit verfügbaren Funktionen) gewechselt werden.

Webshop: Präsentation von Produkten ⇒ verschiedene Produktansichten (Übersichten, Detailansicht) helfen bei der Auswahl; sogenanntes Cross-Selling empfiehlt zusätzlich geeignet scheinende Produkte, Hauptaufgabe ist, dass Besucher das Sortiment erfassen und Produkte auswählen.

Bestellvorgang in einem Webshop: Erfassen der nötigen Daten, um eine Bestellung abzuwickeln ⇒ schrittweises Abfragen der Angaben zu Lieferadresse und Lieferoptionen, zur Bezahlung und mindestens Gewährleistung der rechtlichen Verbindlichkeiten, beispielsweise Bestätigung der AGB.

Content-Webseite: Anbieten von Texten, Bildern, Videos oder anderen Medien zur bewussten Auseinandersetzung durch den Besucher ⇒ verschiedene Übersichten, die dem Besucher die Angebote vorstellen, aus denen gewählt werden kann (beispielsweise Liste der Beiträge zu einem Thema), sowie die eigentliche Seite mit dem Text oder dem einzelnen Medium, beispielsweise Bild oder Video, oder eine Mediensammlung, beispielsweise eine Fotogalerie.

Daneben haben alle Webseiten und jede Software noch jede Menge Nebenwichtigkeiten. Die Hersteller bzw. Betreiber wollen mit ihnen Geld verdienen: durch möglichst viele Software-Verkäufe oder Abonnements, durch möglichst gewinnträchtige Bestellungen, durch möglichst hohe Werbeeinnahmen. Außerdem wollen alle die Nutzer möglichst intensiv und langfristig an sich binden und viele neue gewinnen: durch klare Markenbotschaft, Registrierung, Kundenkonto,

Updates, Newsletter, Empfehlungs- oder Kunden-werben-Kunden-Programme, Vernetzung mittels sozialer Medien, Bewertungen und Kommentare.

Die Kunden haben allerdings ihren eigenen Kopf und wählen selbst, was sie für wichtig erachten. Zu viele Angebote oder Optionen werden als frustrierend und störend empfunden. Wieder einmal die Quadratur des Kreises: Der Webdesigner weiß nicht, mit welchem Ziel ein Kunde eine Webseite aufsucht, muss ihm also möglichst viele verschiedene Einstiegsmöglichkeiten bieten. Doch jeder Besucher der Webseite fühlt sich von allen Optionen und Angeboten, die nicht seinem Ziel dienen, eher gestört und ausgebremst.

Dabei könnte es so einfach sein. Jede Webseite ist mit einem bestimmten Ziel online: etwas verkaufen, zum Lesen oder Betrachten, zur Interaktion, etc. Diese Ziele sind gestalterisch primär zu präsentieren. Alle anderen Angebote sind für die Nutzer und damit auch in der Gestaltung sekundär. Ein Webshop will Produkte verkaufen – primär. Er bietet außdem Informationsseiten zur Produktnutzung an – sekundär. Niemand wird diesen Shop wieder verlassen, weil er den Newsletter-Button nicht findet. Erkennt ein Besucher nicht sofort beim Aufruf einer Seite deren Primärziel, wird er kein loyaler Nutzer werden. Passen die Primärziele der Webseite nicht zu den Zielen des Besuchers, ist es kein Verlust, wenn er gleich wieder geht. Im Gegenteil: Es ist sogar besser, wenn er die Webseite gleich wieder verlässt. Statt ihn erst durch eigene Recherche erkennen zu lassen, dass die Webseite seinen Zielen nicht entspricht und somit seinen Frust gegenüber der Webseite zu fördern, geht er ohne negative Gefühle. Als Informationswebseite getarnte Shops oder Verkaufsplattformen sind Lügen gegenüber dem Kunden. Denn die Hypothese und Erwartung des Kunden, die sich in den ersten Sekunden bildet, wird widerlegt.

Glücklicherweise gibt es Standards, um Sekundär- und Tertiär-Angebote so zu integrieren, dass Besucher sie dann finden, wenn sie sie benötigen, oder so sehen, dass es ehrlich bleibt.

Webseiten bestehen üblicherweise aus drei Teilen:

Header: Der Kopfbereich jeder Webseite (der auf jeder Unterseite vorhanden ist und die Hauptnavigation enthält) spiegelt das Primärziel wider. Er enthält nur sichtbare Einträge, die auch für unbedarfte Kunden erkennbar in klarem Zusammenhang mit dem Primärziel stehen. In (Aufklapp-)Menüs werden einige sekundäre Angebote platziert. Der Header kann Werbeflächen enthalten, sollte aber maximal 200 Pixel hoch sein, damit die Besucher schnell und ohne Scrollen den oberen Inhalt der Seite sehen.

Content-Bereich: Der individuelle Inhalt jeder einzelnen Webseite, beispielsweise Produktliste, Produktinformationen, Optionen im Bestellvorgang, Lesebeitrag, Newsbeiträge, Formulare.

Footer: Der unterste Teil der Seite bietet ergänzende Links oder Funktionen, er ist wie der Header auf allen Unterseiten vorhanden (mitunter auch in abgewandelter Form). Im Footer befinden sich meist Meta- oder Service-Informationen, die die gesamte Website betreffen und nicht nur die aktuell sichtbare Seite: AGB, Impressum, Kontaktmöglichkeiten, Links zu Hilfeseiten und ähnliche Funktionen sind dort gut untergebracht.

Strukturell lassen sich Webseiten mit Büchern, Zeitschriften oder Katalogen vergleichen:

Die Titelseiten oder Cover entsprechen der **Startseite**, die ein Versprechen über den Inhalt abgibt und bereits einige Themen oder Inhalte benennt.

Inhaltsverzeichnis, Seitenzahlen, Kopf- und/oder Fußzeilen auf den einzelnen Seiten entsprechen dem **Header**. Dieser übernimmt die Navigation und steht im Gegensatz zu einem Inhaltsverzeichnis auf allen Seiten einer Website zur Verfügung. Solche pragmatischen bzw. strukturellen Textergänzungen (dazu zählen neben Inhaltsverzeichnis auch Kapitelauszeichnungen, Werbematerialien, Inhaltszusammenfassungen) kennt der Literaturwissenschaftler als Paratexte, sie begleiten oder unterstützen die Nutzung des Haupttextes.

Impressum, Verlagsangaben, Editorial, Klappentext oder „Worte an den Leser" sind zwar nötige Meta-Angebote, sind aber nur für bestimmte Leser nützlich. Ein Roman, eine Auto-Zeitschrift oder ein Katalog würden ohne diese Meta-Angaben ebensogut funktionieren. Die Meta-Angaben sagen etwas über das Druckwerk aus, belegen die Kompetenz oder stellen die Herangehensweise dar; sie können die Wahrnehmung bzw. Wirkung des eigentlichen Inhalts beeinflussen, doch sie gehören nicht zum primären Content. Solche Meta-Angaben oder -Informationen sind gut im **Footer** aufgehoben.

Daraus ergibt sich eine klare Verteilung der Funktionen:

◊ Primärfunktionen gehören in den Header.

◊ Sekundärfunktionen werden in geeignetem Kontext im Content-Bereich angeboten, gelegentlich auch im Footer platziert. Einige wenige können bei klarem Bezug zu den Primärfunktionen auch auf der zweiten Menü-Ebene des Headers untergebracht werden.

◊ Meta-Informationen werden im Footer angeboten.

Praxisbeispiel: Webshop

Header: Bei einem Webshop gehören nicht nur Produkte und Warenkorb zu den Primärfunktionen, sondern auch das Kundenkonto (mindestens zur Einsicht der Bestellhistorie – klarer Bezug zum Primärziel), vertrauens-bildende Maßnahmen wie Siegel (Bestätigung der Seriosität, Zuverlässigkeit – klarer Bezug zum Verkauf), oder Service- oder Beratungsangebote. Natürlich gehört zu (fast) jeder Website außerdem eine Suche.

Content: Der Inhaltsbereich bietet neben den Produktlisten und -informationen Teaserflächen. Diese müssen nicht laut bespielt werden. Diese machen in geeigneten Kontexten auf bestimmte Services oder Angebote aufmerksam. Da der Header auch auf Seiten mit Beratungs- oder anderen Texten vorhanden ist, bleibt der Besucher erkennbar in einem Webshop.

Footer: Kunden, die mehr als nur einkaufen wollen, wissen, dass der Footer die erste Anlaufstelle für Kontaktdaten, Häufige Fragen und andere Informationen zu bestimmten Shop-Funktionen ist. Daher ist der Footer gestalterisch vom Content-Bereich abgesetzt und als eigener Bereich erkennbar. Alle anderen Besucher benötigen diese Angebote nicht im Sichtbereich.

Ein Webshop kann Besucher nicht zwingen, etwas zu kaufen, oder Dinge zu tun, die er nicht möchte. Ein Webshop kann nur Angebote machen. Der Kunde hat immer Recht. Je besser ein Webshop seine Besucher sowie deren Interessen und Ziele kennt, desto besser kann er Angebote unterbreiten, die diesen entsprechen. Aufgabe des Marketings und anderer Abteilungen ist nicht, den Besucher zu Dingen zu verleiten, die dieser nicht möchte, sondern ihn entweder zu etwas zu *verführen,* was der Besucher nicht bereuen wird, oder ausgewählte Angebote so zu *präsentieren,* dass der Besucher deren Nützlichkeit für sich erkennt.

Da die Webseite in einem Browser-Fenster angezeigt wird, gelten deren Header und Footer parallel zu den Fensterelementen des Browsers (mit Adress-, Favoriten- und Statuszeile). Die Webseite platziert ihre eigenen Header und Footer also innerhalb des Content-Bereichs des Browser-Fensters. Daher bezieht sich das Scrollen auf die gesamte Webseite und schließt Header und Footer mit ein, während Header und Footer des Browsers an den selben Positionen auf dem Monitor verbleiben. Daher wirken Webseiten-Entwürfe oft anders, wenn sie in einem Browser-Fenster angezeigt werden statt in einer Bildbearbeitung – die umgebenden Elemente sind eben völlig andere.

Praxisbeispiel: Dokument-Software oder Browser

Header: Standard-Elemente am oberen Bildschirmrand, wie Menü und Symbolleiste bzw. Ribbons, befinden sich immer an der gleichen Position, entweder relativ zum Dokument oder relativ zum Bildschirmrand. Den relativen Bezug wählt der Nutzer durch seine Arbeitsweise, ob er unter Windows mit maximierten oder mehreren Fenstern arbeitet oder unter

Mac mit Einzelfenstern oder im Fullscreen-Modus. Im weiteren Sinne gehören auch die Fensterelemente mit Titel, Schließ- und Verbergen-Icons dazu.

Content: Der zu bearbeitende Inhaltsbereich füllt den größten Teil des Monitors, beispielsweise ein Text, eine Tabelle, ein Bild, Video oder ein Musikstück.

Footer: Am unteren Rand befinden sich Statusinformationen und oft Anzeigeeinstellungen, beispielsweise zum Zoomen oder Darstellungsmodus. Je nach Software gehört das Zoomen auch zu den Primärfunktionen und wird dann im Header platziert, in einer Textverarbeitung oder Tabellenkalkulation gehört es aber zu den ergänzenden Funktionen.

Aus der Verteilung der Funktionen einer Webseite bzw. Software auf die Bereiche Header (Primärfunktionen) und Footer (Sekundärfunktionen) und des Inhalts auf Content- (anzuzeigender bzw. zu bearbeitender Inhalt) und Footer-Bereich (Statusangaben) ergibt sich der erste Entwurf für den Bildschirmaufbau. Dabei entstehen Konzepte zum Layout des Bildschirms, in dem die konkreten Funktionen und Inhaltselemente dann angeordnet werden. Je nach Menge der Primärfunktionen ist ein Menü im Header-Bereich nötig, mitunter genügen eine Reihe mit Funktions-Buttons oder eine Symbolleiste. Aus beispielsweise der Wichtigkeit einer Statusanzeige leitet sich deren Darstellung (Größe, Auffälligkeit, benötigte Elemente) ab und somit die Aufteilung innerhalb des Footer-Bereichs.

Den Platz effektiv nutzen

Ein pragmatisches Vorgehen basiert auf der Idee, dass zunächst gar nichts wichtig ist. Alle Elemente werden zurückhaltend gestaltet. Die Hauptarbeit liegt im Layout, das alle verfügbaren Funktionen an geeigneten Stellen zur Verfügung stellt. Dabei wird um den Hauptfokus-Bereich herumgearbeitet. In diesem befinden sich die Daten oder der Arbeitsbereich, der für die aktuelle Aufgabe relevant ist, und dieser Bereich ist so groß wie möglich.

Beim Bildschirmplatz für Funktionen und Bedienelemente ist Geiz ein guter Ratgeber. Das Argument lautet nicht: „Wir haben noch eine tolle Funktion." Das einzige akzeptable Argument lautet: „Der Nutzer wird folgende Funktion benötigen." Daneben gibt es strukturelle Argumente: „Wir haben in allen Ansichten an dieser Stelle Funktionen integriert, wenn wir weniger als drei hier platzieren, funktioniert der Grundaufbau nicht." Dann ist entweder der Grundaufbau nicht gut durchdacht, oder es handelt sich wirklich um eine so ungewöhnliche Ansicht, dass fehlende Bedienelemente nicht stören. Jedenfalls landen nur tatsächlich benötigte Funktionen überhaupt im sichtbaren Bereich.

Alle anderen werden in Menüs oder anderen Stellen „vergraben" – unabhängig vom Aufwand ihrer Entwicklung und dem Stolz der Entwickler.

Wenn eine Software oder Webseite einen guten Grundaufbau hat, liefert die zurückhaltende Gestaltung ein funktionierendes Design, das sich angenehm bedient. Der Aufbau ist logisch und hilfreich. Alle benötigten Funktionen sind an erwarteten Stellen. Jetzt ist zu klären, ob es überhaupt sinnvoll ist, bestimmte Elemente als wichtig zu markieren. Das lässt sich praktisch herausfinden: Welche Funktionen werden in welchem Kontext häufig verwendet und nicht schnell genug gefunden? In welchen Situationen wählt der Nutzer häufig die falsche Option oder Funktion und verliert wertvolle Daten oder Zeit?

Wichtigkeiten präsentieren

Innerhalb eines **Menüs** wird Wichtigkeit ausschließlich über die Reihenfolge hergestellt. Die Wichtigkeit leitet sich aus verschiedenen Parametern ab:

hohe Nutzungsfrequenz: Deshalb ist der „Rückgängig"-Eintrag der oberste im „Bearbeiten"-Menü.

logische Reihenfolge von Bearbeitungsschritten: Deshalb sind die Funktionen „Neu", „Öffnen", „Sichern" und „Speichern" in dieser Reihenfolge im „Datei"- oder „Ablage"-Menü aufgeführt.

ähnliche Funktionen: Sind zwei oder mehrere Funktionen aus Nutzersicht und in ihrer Formulierung sehr ähnlich, gehören sie zusammen. Das Einfügen eines Inhaltsverzeichnisses und eines Index' in eine Textdatei sind technisch zwar verschieden, für den Nutzer aber ähnlich. Innerhalb ähnlicher Funktionen wird dann nach anderen Kriterien sortiert.

hierarchische Abhängigkeiten: Zeichen-Formate befinden sich vor Absatz-Formaten, und diese vor den Dokument-Einstellungen im „Format"-Menü; die Dokument-Formate werden seltener geändert als die Schriftart einer Textpassage. Die Plug-In-Verwaltung wird vor den Menü-Einträgen der installierten Plug-Ins angeordnet.

Innerhalb eines Menüs werden mehrere Einträge zu einem Block zusammengefasst, sodass ein Menü mehrere Funktionsgruppen enthält. Dabei gilt es, die richtige Balance zwischen zu vielen und zu wenigen Blöcken zu finden. Zur Orientierung: Ab acht Einträgen lohnt sich das Blöcke-Bilden, und jeder Block sollte mindestens drei, maximal acht Einträge enthalten. In Fällen, wo zwei Einträge komplementäre oder sehr verwandte (aber von den anderen verschiedene) Funktionen repräsentieren, sind auch Blöcke mit zwei Einträgen hilfreich, beispielsweise für „Rückgängig" und „Wiederherstellen".

Diese Block-Unterteilung wird in **Untermenüs** vermieden. Jedes Untermenü bildet seinen eigenen, in sich abgeschlossenen Funktionsbereich. Aus Nutzersicht sind Untermenüs der dritten Ebene (also Untermenüs in einem Untermenü in einem Menü) unangenehm zu bedienen, daher eignen sich diese allenfalls für sehr seltene Funktionen. Untermenüs helfen:

⋄ das Hauptmenü schlank zu halten

⋄ mehrere gleichartige Optionen zu gruppieren; der Eintrag im Hauptmenü bildet den Menütitel, der das Funktionsverständnis fördert

⋄ Gelegenheitsnutzer nicht mit seltenen Funktionen zu behelligen.

Gibt es mehrere gleichwertige Einträge, für die sich keine geeignete Reihenfolge ermitteln lässt, hilft das Alphabet. Die Sortierung nach dem Alphabet gibt dem Nutzer eine gewohnte Orientierung und ist sehr effizient.

Genauso wie bei Menüs, gibt es auch bei **Buttons oder Tasten** eine Wertigkeit. Buttons dienen entweder zur Bestätigung einer Aktion (meist in Kombination mit dem „Abbrechen"-Button) oder stellen mehrere Funktionen zur Verfügung, entweder nebeneinander oder untereinander angeordnet. Die Möglichkeit der Hierarchisierung besteht dadurch nicht, sondern die Buttons müssen in ihrer linearen Anordnung eine erkennbare Logik besitzen.

Beim **Bestätigen einer Funktion** gibt es die „Ok"-Taste, eine Abbrechen-Taste und mitunter ein oder zwei weitere Funktionstasten für Sonderfälle der „Ok"-Aktion. Die Beschriftung „Ok" dient nur für inhaltliche Bestätigungen, nach dem Motto „Ja, ich habe es zur Kenntnis genommen." Besser ist es, die Taste mit einem Verb oder dem Namen der Funktion zu beschriften, „Speichern", „Änderungen verwerfen", „Weiter" bzw. „Nächster Schritt", „Drucken" oder „Nochmal versuchen". Die Taste, die eine Aktion positiv bestätigt (also auslöst), steht am Ende der Tastenfolge. Direkt davor wird die „Abbrechen"-Taste erwartet. Alle weiteren Tasten werden links davon bzw. davor aufgeführt.

Bieten Tasten mehrere Funktionen an, wie einst im Norton Commander (Seite 26) am unteren Bildschirmrand, so gilt für die Sortierung das gleiche wie für die Einträge in einem Menü. Die Reihenfolge ist logisch nachvollziehbar und bildet (inhaltliche) Blöcke.

Ist mehr als ein Text-Button vorhanden, wird per „Default" eine taugliche Vorauswahl angeboten. Dabei fällt die Wahl immer auf einen Button, der mindestens den aktuellen Zustand bewahrt, also „Abbrechen" oder „Speichern". Ist es eine produktive Funktion, die entweder Daten bewahrt oder etwas Neues entstehen lässt, liegt der „Default"-Fokus auf dieser Funktion, beispielsweise bei „Speichern", „Drucken" oder „Daten einfügen".

Zerstört die Aktion dagegen Daten oder besteht die Gefahr eines Schadens bei versehentlicher Bedienung, liegt der „Default"-Fokus auf „Abbrechen":

⋄ Das Gelangen bis zur aktuellen Entscheidung hat zwar Zeit beansprucht, aber das Bestätigen kann teure oder aufwändige Konsequenzen haben, beispielsweise Auslösen eines Fertigungsauftrags oder Vornehmen einer Geldüberweisung (es sei denn, diese wird durch einen Sicherheitsschritt ausgebremst, beispielsweise eine Pin-Eingabe).

⋄ Daten werden gelöscht.

⋄ Es gibt mehrere gleichartige und gleichwichtige Funktionen, aus denen eine via Button-Klick gewählt wird.

⋄ Wichtige Eingaben werden erwartet, sodass durch das manuelle Manövrieren zum Bestätigen-Button eine kurze Zeit vergeht, in der die getätigte Eingabe noch einmal unbewusst geprüft wird.

Nur wenn der „Abbrechen"-Button in solchen Situationen fehlt, kann auf die „Default"-Setzung verzichtet werden. Allerdings sollte der Nutzer stets die Kontrolle behalten und daher auch in jeder Situation seine Aktionen abbrechen können. Es gibt sehr wenige Spezialfälle, in denen dies nicht möglich ist.

Bedienelemente erkennen

Die Anforderung ist scheinbar völlig trivial, wird aber häufig gebrochen. Insbesondere seit der Abkehr vom Skeuomorphismus und der optischen Räumlichkeit werden Buttons und Bedienelemente flächig oder bestehen nur noch aus Text ohne zusätzliche Gestaltung. Vor allem in Apps für Mobilgeräte ist mitunter nicht erkennbar, ob ein Wort anklickbar ist und eine Funktion auslöst oder nur eine Information darstellt. Beispielsweise „Produktkategorie" über einer Liste mit Produktkategorien:

⋄ Klappt die Kategorieliste beim Antippen zu (Interaktion auf der Seite),

⋄ Führt das Antippen auf die höhere Kategorieebene (Link zur Navigation),

⋄ Oder dient sie lediglich als Listenüberschrift (Informationselement)?

Die Standards der jeweiligen Systeme bieten eine gute Basis für die bewährte Darstellung der Bedienelemente. Die Nutzer sind an diese gewöhnt, und so entstehen wenig Fragen – sofern die Elemente korrekt verwendet werden. In einigen Fällen gehört zur Gestaltung auch die Platzierung, beispielsweise in der linken oberen Bildschirmecke oder in einer Symbolzeile am unteren Rand.

Unter Windows gehört ein Fenster-Schließ-X in die obere rechte Ecke. Würde es an einer unteren Ecke in identischer Gestaltung platziert, nähme es kaum ein Nutzer als Element zum Fensterschließen ernst. In Mobil-Apps oder Webseiten für Mobilgeräte führt meist der oberste linke Eintrag auf die hierarchisch übergeordnete Ansicht. Aufgrund dieser Standard-Platzierung ist häufig keine besondere Gestaltung nötig, entscheidend ist, dass dieser Platz für kein anderes Element vergeben wird; dieses müsste dann durch seine Gestaltung die abweichende Funktionalität verdeutlichen.

Räumliche Interpretation

Über eine Tatsache muss sich jeder Interface-Designer bewusst sein: Nutzer erkennen immer Deutungsmuster und interpretieren diese. Wenn sie unwillig erscheinen oder ihre Aktionen nicht zum geplanten Zweck passen oder ihr Feedback von Problemen, Hilflosigkeit und mangelnder Einsicht geprägt ist, dann sind nicht die Nutzer schuld. Dann passen ihre Deutung und ihr Verständnis nicht zur Software oder Webseite.

Anhand der Platzierung, Reihenfolge, optischen Struktur, äußeren Form, Farbgebung und anderen visuellen Variaben bildet der Nutzer Hypothesen über die Bedeutung und Bedienung. Ein Interface, das die Hypothesen bestätigt, ist einfacher und frustfreier zu bedienen als eines, das die Nutzer-Hypothesen widerlegt und dadurch ein Neulernen erfordert. Auf der abstrakten – oft unbewussten – Ebene lassen sich alle Bedien-Hypothesen drei Kategorien zuordnen:

metaphorisch: X vertritt Y.

narrativ: Auf 1 folgt 2 und dann die 3.

teleogisch: Es hat einen Zweck, es folgt einem Ziel, es ist sein Schicksal.

Wenn ein Y einem X ähnlich sieht oder es eine bekannte oder unterstellte Entsprechung zwischen X und Y gibt, dann wird sich Y wie X verhalten bzw. das Gleiche bewirken. Metaphern funktionieren nicht nur rein optisch wie Papierkorb oder Ordner, sondern auch auf der abstrakten Ebene. Dass hierarchisch übergeordnete Elemente oberhalb von untergeordneten dargestellt werden, ist metaphorisch. Ebenso greift Siri unter anderem die Metapher der weiblichen Assistentin auf. Auf einer konzeptuellen Ebene ist allein die Tatsache, dass der Computer auf Benutzereingaben reagiert, und zwar nicht nur rein mechanisch, sondern teilweise auch scheinbar überraschend, die kommunikative oder kausale Metapher von Aktion und Reaktion.

Die (interpretierte) Narration sieht einen permanenten Strom innerer Kausalitäten und Abhängigkeiten. Manche dieser Abfolgen sind ganz banal: Zuerst muss ein Programm gestartet oder eine Webseite aufgerufen werden (1), dann erfolgt darin die Arbeit (2), und schließlich gibt es das gewünschte Ergebnis (3).

Jeder dieser groben Schritte benötigt in der praktischen Umsetzung einzelne Unterschritte. Deren Reihenfolge kann selbsterklärend sein (der Nutzer kann eine URL erst aufrufen, wenn der Webbrowser geöffnet ist und der Eingabefokus in der Adresszeile liegt) oder explorativ (bestimmte Funktionen stehen erst nach einem anderen Schritt zur Verfügung, beispielsweise die Veränderung des Zeilenabstands erst nach Aufruf der Absatzeinstellungen).

Die teleologische Deutung betont die Zielgerichtetheit. Sicher gibt es Situationen, in denen der Nutzer einfach nur Zeit totschlägt – dann ist eben das sein Ziel: Zeit totschlagen. Meist hat er jedoch ein konkretes Ziel, das er erreichen will oder muss, oder eine Aufgabe, die es zu erledigen gilt. Jedes Tun auf dem Bildschirm bringt den Nutzer **seinem** Ziel näher. So nähert sich die Wysiwyg-Abbildung des Textdokuments dem zu erzielenden Ausdruck immer weiter an; Darstellung und verfügbare Funktionen verdeutlichen den Fortschritt, und der Nutzer kann stets abschätzen, wie weit er von seinem Ziel entfernt ist. Dazu gehört auch das positive Feedback, wenn ein Ziel erreicht wurde.

Diese drei Deutungsmuster sind die – oftmals unbewussten, abstrakten – Gedanken des Nutzers, diese müssen in der Software oder einer Webseite nicht offensichtlich angelegt sein. Vor allem Spiele nutzen die narrativen und teleogischen Aspekte, indem sie ein Spielziel benennen und dem Nutzer die Zielerreichung als Abfolge von interaktiven Ereignissen ermöglichen. Die Anleitung für eine Software wird sich ebenfalls an diesen zwei Deutungsangeboten orientieren und beispielsweise die für ein Ziel auszuführenden Schritte darstellen.

Metaphern sind sehr komplex und funktionieren auf verschiedenen Ebenen. Kein iPhone-Nutzer wird unterstellen, dass in seinem Gerät eine kleine Person namens Siri sitzt, aber die Sprachassistentin vermenschlicht die Gerätenutzung, indem sie die bisherige Bildschirmmetapher-Bedienung um die natürliche Sprach-Interaktion erweitert. Ebenso erwarten wir von dem digitalen Papierkorb nicht, dass in ihm Reste früher entsorgter Elemente am Rand kleben oder sein Fassungsvermögen physisch begrenzt ist. Die Papierkorb-Metapher greift nur den Hauptaspekt des realen Papierkorbs auf: etwas aus dem aktiven Arbeitsbereich entfernen und zur Entsorgung weglegen.

Der Bildschirm fungiert als metaphorischer Aktionsraum. Alles, was dort geschieht, ist virtuell, bis es beispielsweise durch Drucken oder eine Maschinensteuerung zur Realität wird. Die Metapher für das Erstellen von bedrucktem Papier ist sehr direkt: als Abbildung der Papierfläche, die mit virtuellen Werkzeugen bearbeitet wird. Wysiwyg („What You See Is What You Get") sorgt dafür, dass das virtuelle Abbild dem Ausdruck entspricht, und verringert die Distanz zwischen metaphorischer Repräsentation und realem Ergebnis.

Der Warenkorb in einem Webshop ist eine abstrakte Metapher und bildet – wie der virtuelle Papierkorb – nur die Basis-Funktionalität des realen Einkaufskorbes ab: Produkte hineintun, die dann an der Kasse bezahlt werden. Eine Metapher muss vor allem in ihrem Hauptzweck dem Vorbild entsprechen – die Entsprechung ist so präzise wie nötig, aber auch so vage und unspezifisch wie möglich. Daher wird der Webshop-Warenkorb nicht als wilder Haufen von Produktabbildungen dargestellt, sondern als geordnete Liste mit Vorschau auf den Kassenbeleg (= Bestellsumme), und er hat weder rollende Räder noch einen Henkel. Denn der virtuelle Einkaufswagen hat einen weiteren metaphorischen Bezugspunkt: Den Bestellschein im Katalog-Versandhandel.

Shops mit edlen Produkten verwenden statt des Einkaufswagen-Symbols ein Shopping-Bag-Symbol. Das entspricht dem Einkaufen in Boutiquen, wenn meist wenige Produkte auf einmal gekauft werden, die der Kunde dann an der Kasse in einer solchen Papiertüte überreicht bekommt. Für Mode-Webshops funktioniert die Shopping-Bag-Metapher besser als in Buch-Shops; ein Lebensmittelanbieter benötigt fast zwangsläufig den Einkaufswagen als metaphorische Abbildung.

Aus Gründen der gebotenen Unspezifiziertheit hat Siri kein Gesicht. Zahlreiche Studien mit Fotos und Filmen belegen, wie vielfältig neutrale Gesichtsausdrücke durch umgebende Aufnahmen (fehl-)interpretiert werden. Es ist bereits schwer, eine neutrale Stimmlage als neutral wahrzunehmen, aber in ein Gesicht werden immer Emotionen hineininterpretiert. Das ist einerseits eine unproduktive Ablenkung und verfälscht andererseits die Wahrnehmung der Aussagen enorm.

Selbst einfache Töne wecken metaphorische Assoziationen. Der Startton von Mac-Computern ist seit den späten 1980ern ein besonderes Tongemisch, das den Kammerton A spielt. Nur eine Note. Es wirkt, als wäre das Orchester gestimmt, und bildet so den metaphorischen Auftakt für das, was der Nutzer jetzt mit dem Gerät anstellt. Die Windows-Startmelodie dagegen besteht aus einer optimistischen Tonfolge. Sie ist kein metaphorischer Auftakt, sondern verdeutlicht akustisch, dass etwas abgeschlossen ist (nämlich der Startvorgang).

Metaphern sind mitunter direkt und deutlich, wie das virtuelle Papier. Sehr viel mehr Aufmerksamkeit benötigen unterschwellige Metaphern. Metaphorische Bedeutungen von Elementen, Layout oder bildlichen Darstellungen können des Verständnis fördern oder behindern. Insbesondere neue Funktionen benötigen viel Konzeptions- und Testaufwand, um eine geeignete Metapher zu entwickeln. Dafür gibt es kein Patentrezept und keine allgemeingültige Anleitung.

Wie vielfältig Metaphern wirken, wissen Astrologie-Interessierte. Jeder Planet steht für eine bestimmte Charaktereigenschaft, und jedes Haus repräsentiert einen Lebensbereich. Aus der räumlichen Anordnung der Planeten zueinander und in den Häusern lassen sich somit einfache Persönlichkeitsprofile herauslesen.

Die nüchterne Aussage „Uranus, Jupiter und Pluto stehen im 4. Haus, zwischen Jungfrau und Waage." lässt sich über metaphorische Sprache umwandeln in „Intuition (Uranus), Sinn- und Zielsuche (Jupiter) sowie der Umgang mit dem Magischen und Mächtigen (Pluto) bestimmen Herkunft und Familie (4. Haus), und diese sind von Pragmatismus (Jungfrau) und Ästhetik (Waage) geprägt." Automatisch entstehen im Kopf Bilder und Szenarien, die diese abstrakte Beschreibung mit Leben füllen. Dass dabei Uranus und Pluto den Jupiter etwas an den Rand drücken, gibt weiteren metaphorischen Interpretationsraum, ebenso die Tatsache, dass das 4. Haus vorwiegend von der Waage abgedeckt wird, mit einem kleinen Teil Jungfrau und einem winzigen Anteil Skorpion (steht für Leidenschaft).

Abb. 6.13: Eine astrologische Karte.

Jede in der Karte erkennbare Beziehung, manche sind durch Achsen verstärkt, steht stellvertretend für bestimmte Charakter- und Lebensaspekte. Die Eleganz der Deutung entsteht durch die gelungene Übertragung der räumlichen Anordnung in sprachliche Bilder. Jupiter beispielsweise ergibt alleine keinen Sinn, sondern erst in Relation zu den anderen Planeten und durch seine Position innerhalb der Gesamtkarte. Aus einer solchen Karte lassen sich somit enorm viele Aspekte herausinterpretieren.

Im Interface-Design ist es genau andersherum: Die zu erreichende Interpretation oder Deutung ist bekannt, und das Design forciert nahezu durch die Anordnung der Elemente ebendiese Interpretation. Um im Bereich der Metaphern zu bleiben: Der Interface-Designer kennt die Software so gut, dass er die entsprechende astrologische Karte (das grafische Interface) dazu erstellt. Damit ist es nicht mehr nötig, den Nutzern die Software zu erklären, sondern diese erkennen anhand der bekannten Muster, was wie gemeint ist und wie es zu bedienen ist.

Checkliste: Ordnung schaffen

◇ Befinden sich die Elemente an den Bildschirmpositionen, an denen sie erwartet werden?

◇ Folgt die Anordnung auf dem Bildschirm einer erkennbaren Ordnung (z.B. Abarbeitungsreihenfolge, Hierarchie, Abhängigkeit)?

◇ Sind alle Elemente ausgerichtet? An möglichst wenigen klaren Linien, parallel zur Monitorkante?

◇ Besitzen möglichst wenige Elemente eine funktional gerechtfertigte optische Dominanz?

◇ Sind funktionale und optische Hierarchien synchron? Lässt sich von den erkennbaren Hierarchien und Strukturen auf die korrekten Zusammenhänge und Abhängigkeiten der Funktionen schließen?

◇ „Atmet" der Bildschirm, besitzt die Fläche genug Ruhe in Form von Weißraum?

◇ Befinden sich die Bildschirmelemente in einer harmonischen Ordnung, ist eine visuelle Balance erreicht?

◇ Schaffen Ausrichtung und Weißraum die korrekten Zuordnungen? Nahes wird als zusammengehörig wahrgenommen, Entferntes als nicht zusammengehörig.

◇ Entsprechen die evozierten Deutungsmuster den tatsächlichen Funktionalitäten und Angeboten?

7 Design-Nussschale

„Je weniger einer braucht, desto mehr nähert er sich den Göttern, die gar nichts brauchen." *(Sokrates)*

„Vollkommenheit entsteht offensichtlich nicht dann, wenn man nichts mehr hinzuzufügen hat, sondern wenn man nichts mehr wegnehmen kann." *(Antoine de Saint-Exupéry)*

Um die abstrakten Grundlagen in eine tatsächliche Gestaltung zu überführen, wird das Design benötigt. Die kurze Vorstellung macht mit den wichtigsten visuellen Parametern vertraut und zeigt deren Einsatz und Wirkung für den Alltag:

- ◇ Position und Größe sowie Aufteilung, Gitter und Raster
- ◇ Farbe, Helligkeit und Texturen
- ◇ Schrift

Hinweise zu Icons und Symbolen sowie zur Berücksichtigung der Zielmonitore, beispielsweise als Responsive Design, führen in die komplexe Praxis. Das Plädoyer, lieber InDesign als Photoshop für Webseiten-Entwürfe zu verwenden, beschließt den Ausflug ins Design.

Mehrere Prinzipien leiten den Designer bei der Gestaltung einer Software-Oberfläche oder einer Webseite:

⋄ Bescheidenheit, Mäßigung beim Einsatz der Mittel
⋄ Verständlichkeit der vermittelten Inhalte, „Form follows function"
⋄ Beschränkung auf die nötigen Mittel, „Weniger ist mehr"
⋄ Grafische Strukturen leiten interaktive Strukturen
⋄ Design und Gestaltung sind keine Show, sondern Dienstleistung!

Visuelle Variablen

In der konkreten Umsetzung stehen sieben Basis-Möglichkeiten zur Verfügung, Elemente voneinander zu unterscheiden:

⋄ Position
⋄ Fläche, Größe
⋄ Helligkeit
⋄ Farbe
⋄ Textur
⋄ Neigung
⋄ Form, Gestalt

Ergänzend können Länge, Farbton, Winkel, Enthaltung, Volumen, Sättigung, Verbindung, Bewegung und Blinken genutzt werden. Insbesondere die letzten beiden Möglichkeiten sind nur mit Vorsicht einzusetzen, denn der Blick wird automatisch auf diese Elemente gelenkt. Bewegung und Blinken wirken stärker aufmerksamkeitsanziehend als alle anderen Gestaltungsmöglichkeiten.

Psychologisch sind Menschen konditioniert, Bewegung als relevant wahrzunehmen. Die nächst höhere Aufmerksamkeitsanziehung besitzen Gesichter, insbesondere Augen, das machen sich Werbeanzeigen zunutze und ziehen durch Blinken, Bewegung oder (attraktive) Gesichter den Blick auf sich. Die menschliche Fähigkeit, Gesichter zu erkennen, beschränkt sich jedoch nicht auf Fotos.

Gesichtsähnliche Strukturen können auf verschiedene Weise evoziert werden. Eine rein pragmatische Anordnung von Bedienelementen kann menschliche Assoziationen hervorrufen, die die funktionale Bedeutung überlagern. Insbesondere Webseiten mit weichen Formen (runde Ecken, sanfte Farbverläufe, sehr harmonische Größenverhältnisse) verschleiern so ihre Technizität und provozieren beim Nutzer eine emotionale Beziehung. Software ist dagegen meist funktionsmächtiger und hat weniger optische Gelegenheiten für humanoide Anspielungen.

Umso irritierender wirkt dann die Kombination von Bedienelementen in Gesichtsform. Die Nutzer sind sich einer solchen Assoziation meist nicht bewusst, aber ihr Unterbewusstsein ruft ständig: „Gefahr!", weil es vermeintlich ein verängstigtes Gesicht entdeckt hat. Die Verwendung dieser Software löst eine Unbehaglichkeit aus, und die Verwendung wird auf das unvermeidlich Nötigste beschränkt.

Mit nur zwei der optischen Variablen (Position und Form) erzeugt die Skizze bereits ein Gesicht, die fünf übrigen Variablen (Fläche, Helligkeit, Farbe, Textur und Neigung) können diese Wirkung entweder noch verstärken oder allenfalls kaschieren – verhindern können sie sie nicht. Die menschliche Gesichtserkennung ist ein zu starker Impuls, um sich durch optische Details täuschen zu lassen.

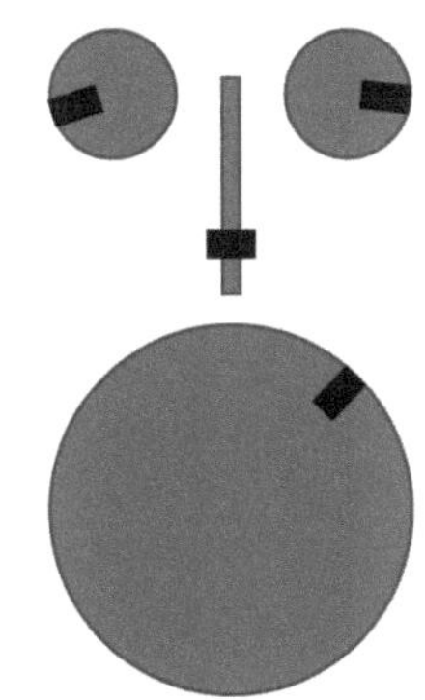

Abb. 7.1: Die Anordnung lässt diese vier Regler wie ein Gesicht wirken.

Für ein Design werden zunächst mithilfe der sieben visuellen Variablen die benötigten Elemente beschrieben. Bei der Definition eines Standards sind die häufigen Konstellationen zu berücksichtigen, um Fehlinterpretationen zu verhindern. So werden beispielsweise sechs Schaltflächen mit Funktionen definiert:

- ⋄ Position: in einer linken Spalte neben dem Hauptinhalt, direkt untereinander sortiert, mit gleichen Abständen (Ausrichtung schafft Ruhe)
- ⋄ Fläche, Größe: alle gleich groß/breit (funktionale Gleichwertigkeit)
- ⋄ Helligkeit: helle Fläche, dunkle Schrift (Standard-Lesekontrast)
- ⋄ Farbe: Schwarz auf hellem Grau (Standard-Textfärbung)
- ⋄ Textur: keine
- ⋄ Neigung: keine
- ⋄ Form, Gestalt: Rechteck mit abgerundeten Kanten (Standard-Form für diese Bedienelemente)

Berührt der Nutzer eine dieser Schaltflächen mit dem Mauszeiger, so erhält er Feedback, d.h. die Schaltfläche verändert sich. Dabei sollten eine bis maximal drei der Eigenschaften geändert werden, beispielsweise:

- ⋄ Position: keine Veränderung
- ⋄ Fläche, Größe: keine Veränderung
- ⋄ Helligkeit: dunkle Fläche, helle Schrift
- ⋄ Farbe: Weiß auf Blau
- ⋄ Textur: keine Veränderung
- ⋄ Neigung: keine Veränderung
- ⋄ Form, Gestalt: keine Veränderung

Scheinbar sind Farb- und Helligkeitsveränderung synonym, doch für Farbenblinde oder in ungünstigen Situationen ist eine Farbveränderung allein nicht oder schwer wahrnehmbar. Die Farbveränderung wird also durch die Helligkeitsveränderung (die in dem Fall die Helligkeitsverteilung invertiert) unterstützt. Eine solche Definition ist nicht in Stein gemeißelt, sondern eine Arbeitsgrundlage, die mit fortschreitender Ausdifferenzierung einer Oberfläche kritisch auf ihre Geeignetheit zu prüfen ist. Widersprüche oder optische Fehlhinweise werden getilgt oder ergänzende optische Informationen ergänzt. Fertig ist ein solcher Standard erst, wenn alles andere ebenfalls fertig ist.

Der Großteil der Standard-Elemente ist in seiner Größe, Helligkeit, Farbe, Textur, Neigung und Gestalt bereits definiert, sodass „nur" die Positionierung als Gestaltungsmittel übrig bleibt. Beinhaltet die Anforderung, dass die Software Standard-Elemente nutzt, spart dies viel Arbeit, denn für jeden möglichen Status wären sonst für alle Elemente die Eigenschaften zu definieren. So profitiert der Software-Entwickler von der Vorarbeit der anderen.

Für Webseiten ist es üblich, eine eigene visuelle Sprache zu entwickeln. Diese orientiert sich oft an den Standards; so ist beispielsweise die Neigung oder eine Gestaltsänderung beim Mauszeiger-Berührung eher selten. Üblich ist, die Farbigkeit und Helligkeit zu verändern, mitunter auch die Fläche zu vergrößern.

Optische Prinzipien

Jede der sieben visuellen Variablen funktioniert und wirkt in Relation zu den umgebenden Elementen. Die Wirkung entsteht durch das Verhältnis zu anderen Elementen, zum Hintergrund, zur Umgebung bzw. zum optischen Kontext, zur Erwartung, zur unmarkierten „Standard"-Nutzung. Da die eigentliche Wirkung erst durch das Zusammenspiel der Elemente entsteht, sind mehrere ergänzende Prinzipien zu berücksichtigen, die nicht die Elemente selbst, sondern deren Zusammenwirken beschreiben.

Prinzip der Nähe: Nahes gehört zusammen, hat eine inhaltliche oder funktionale Zusammengehörigkeit; Entferntes ist auch inhaltlich, funktional voneinander getrennt. Dieses Prinzip basiert vor allem auf dem Einsatz von Weißraum (Seite 168).

Prinzip der Ähnlichkeit: Ähnliches gehört zusammen, hat inhaltliche, strukturelle oder funktionale Gemeinsamkeiten; im Umkehrschluss hat Nicht-Ähnliches keine Gemeinsamkeiten in Inhalt, Struktur oder Funktion. Dabei wirkt Farbe stärker als Form, ein roter Kreis und ein rotes Quadrat werden als ähnlicher wahrgenommen als ein roter Kreis und ein blauer Kreis.

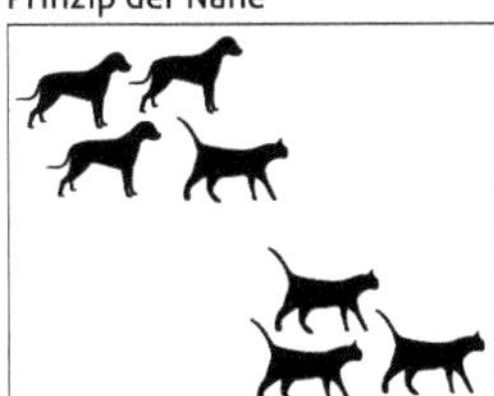

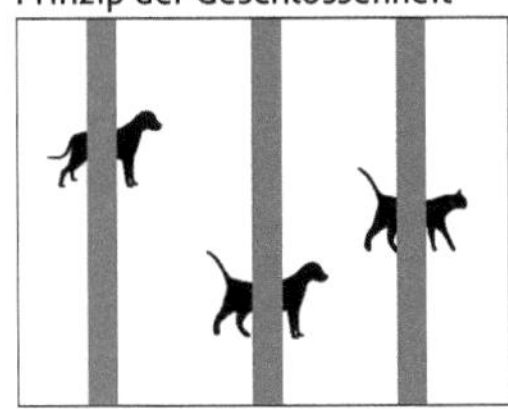

Fünf Fragen

Wohin gehört die oberste Katze in der Nähe?

Welche Tiere bilden gemäß der Ähnlichkeit jeweils Teams?

Würden wir den grauen Hund der Kontinuität auch an anderer Stelle erwarten?

Was für ein Tür versteckt sich hinter dem mittleren Baum der Geschlossenheit?

Wie weit sind die räumlichen Tiere von uns entfernt?

Abb. 7.2: Hund und Katze demonstrieren die Wirkung fünf optischer Prinzipien.

Prinzip der stetigen Fortsetzung: Stets wird eine Kontinuität unterstellt. Erscheint eine Reihe „1, 2, 3, 4", braucht die „5" gar nicht dazustehen, wir ergänzen sie automatisch. So wird auch jede Anordnung optisch fortgesetzt und weiter gedacht, als sie sichtbar ist. Das menschliche Hirn ist außerdem kaum bereit, Lücken zu akzeptieren, basierend auf optischen Hinweisen in der Umgebung werden diese geschlossen. Dabei werden regelmäßige, glatte Formen interpretiert, keine abrupten Änderungen.

Prinzip der Geschlossenheit: Dieses Prinzip ist dem vorigen ähnlich und bedeutet, dass in einer unterbrochenen Form (wie das Dreieck auf Seite 163) fehlende Informationen ergänzt werden, um die Form zu schließen. Alternativ könnte das Gehirn die drei Kreise schließen, doch der einfachste Weg ist, ein weißes Dreieck zu sehen, das eben Teile der Kreise verdeckt.

Prinzip der Räumlichkeit: Jede zweidimensionale Abbildung wird auf kleinste Anzeichen für eine räumliche Interpretation der Inhalte abgescannt. Selbst subtile Hinweise wie vage Schatten oder Überlagerungen oder minimale Verzerrungen bewirken eine Wahrnehmung in räumlicher Tiefe, mit Körpern statt Flächen.

Meist arbeiten diese Prinzipien zu unserem Vorteil und helfen uns, rasch brauchbare Hypothesen über unsere Umgebung aufzustellen. Gelegentlich führen diese Prinzipien jedoch zu abwegigen Annahmen und falschen Unterstellungen, beispielsweise beim Katzenhund (bzw. der Hundkatze) hinter dem mittleren Baum: Zwei nicht zueinander gehörende Elemente werden als zusammengehörige Einheit wahrgenommen, die dadurch entstehende Absurdität fällt dabei kaum auf. Solche Fehlwahrnehmungen beeinträchtigen die Nutzbarkeit von Interfaces oder erschweren mindestens das Verständnis.

Jede Darstellung auf dem Monitor, ob nun Text, Bilder oder andere Elemente, löst neben ihrem eigentlichen Inhalt (eben Hund oder Katze zu sein) auch Interpretationen über ihre Rolle im Gefüge aus. Diese wird vor allem durch die optischen Prinzipien gesteuert, die unbewusst Sinnzuschreibungen auslösen. Ziel guten Designs ist, korrekte Sinnzuschreibungen zu evozieren und Fehldeutungen zu vermeiden. Denn nicht der Nutzer mit seinem falschen Verständnis ist schuld, sondern der Designer, der die falsche Zuschreibung ermöglichte.

Damit betreibt jedes Interface-Design Erwartungsmanagement. Es führt die Nutzer auf die richtige Fährte, verhindert Fehlinterpretationen und reduziert dadurch Fehler und Fehlbedienungen. Dazu kennt der Designer sowohl die abzubildende Funktionalität als auch die Nutzer so detailliert wie möglich. Aus dieser Kenntnis erwächst das Interface, über das den Nutzern die Funktionalität angeboten wird.

Mögliche Zustände

Jedes Bedienelement hat potenziell fünf Status, für die jeweils das Aussehen (und Verhalten) zu definieren sind:

Ruhe: Das Element ist durch seine Gestaltung als Interaktionselement erkennbar.

Hover: Reaktion beim Berühren mit Mauszeiger (= Feedback, dass dieses Element tatsächlich klickbar ist bzw. dass ein folgender Klick dieses Element auslöst). Dieser Status ist auf Touch-Geräten nicht verfügbar.

Klick: Darstellung unmittelbar nach dem Klicken, bevor die Maustaste wieder gelöst wird.

Aktiv: Status, wenn ein Element geklickt und aktiviert wurde.

Deaktiv: Darstellung, wenn ein Element sonst klickbar wäre, aber aus verschiedenen Gründen derzeit nicht nutzbar ist.

Je nach Element gibt es weitere Status, beispielsweise für die Kombination aus Aktiv und Hover. Einige Elemente benötigen weniger als die angegebenen fünf Basis-Zustände, ein Text-Hyperlink beispielsweise kennt keinen Deaktiv-Status, dafür jedoch den „Bereits aufgerufen"-Status.

Position und Größe

Jedes Element verfügt über eine absolute Position auf dem Bildschirm und eine relative zu anderen Objekten. Einzelelemente wirken durch den Kontext um sie herum. Dabei gilt das optische Prinzip, dass beieinanderliegende Objekte als zusammengehörig wahrgenommen werden. Abstände schaffen Distanz zwischen Elementen oder fügen diese zu Sinneinheiten zusammen.

Die Herausforderung besteht darin, optische und inhaltliche Strukturen zu synchronisieren. Alles (!), was inhaltlich zusammengehört, ist auch optisch beieinander. Die Paletten des Layoutprogramms InDesign (Abbildung rechts) demonstrieren das: Zusammengehörige Befehle sind in jeweils einem Bereich untergebracht. Jeder Bereich besitzt einen Titel und ist durch eine umgebende Gestaltung (die auch Abstand schafft) von den anderen Bereichen abgegrenzt. Innerhalb der Bereiche werden die Elemente durch Abstände voneinander getrennt.

Der Block „Ausrichten" zeigt, dass optische und funktionale Anforderungen nicht immer leicht zu vereinheitlichen sind. Die oberen beiden Symbolzeilen besitzen je sechs Einträge, die dritte Zeile dagegen nur zwei, und ergänzend befinden sich weitere Steuerelemente dazwischen. Die zwei oberen Zeilen sind jeweils von links nach rechts logisch und nachvollziehbar sortiert, nicht nach Nutzungsfrequenz, sondern die räumliche Logik bildet vier Dreiergruppen. Innerhalb dieser erhält jedes Symbol seine Bedeutung – ergänzend zur inhaltlichen Aussage – auch durch seine Platzierung: das linke Element sorgt für Ausrichtung nach links bzw. oben, das rechte entsprechend für die Ausrichtung nach rechts bzw. unten. Bei genügend Erfahrung „liest" der Nutzer die Symbole nicht, sondern klickt nur auf die entsprechende Position.

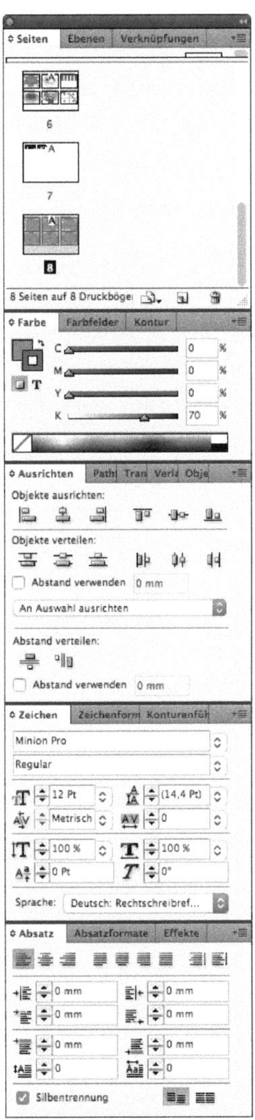

Abb. 7.3: Selbst kombiniertes Palettenfenster für Adobe InDesign

Die Paletten sortiert der Nutzer in InDesign nach Belieben, ich habe diese nach meinem Zusammengehörigkeitsgefühl jeweils gruppiert. Je nach Arbeitsweise sind andere Reihenfolgen und Gruppierungen sinnvoll. Daher ermöglichen die Programme der Adobe Creative Suite, die Paletten so anzuordnen, wie der Nutzer sie benötigt. Aber diese Programme wenden sich an Experten, nicht an Gelegenheitsnutzer oder Novizen. Letztere sind mit der Funktionsfülle beispielsweise von Photoshop oft überfordert, für diese gibt es Photoshop Elements mit geringerem Funktionsumfang und übersichtlicherer Bedienung.

Aufteilung

Vor dem Mikro-Layout auf der Ebene von Symbolen ist das Makro-Layout der Bildschirmaufteilung zu definieren. Das entspricht dem Satzspiegel, wie er im Print-Design verwendet wird. Dabei liegt ein unsichtbares Raster hinter jeder Seite, an dem alle Seitenelemente (Textspalten, Überschriften, Bilder) ausgerichtet werden. Der Satzspiegel und die Layoutregeln, wie und wo Elemente integriert werden, verleihen jeder Zeitung und Zeitschrift ihr eigenes Aussehen bereits auf der strukturellen Ebene der Gestaltung. Anhand der Seitenaufteilung und des Satzspiegels lassen sich Zeitungen von Zeitschriften leicht unterscheiden und sogar die verschiedenen Zeitschriftentypen.

Im Interface-Design wird kein Papier bedruckt, sondern die Monitorfläche mit Inhalt und Funktionselementen gefüllt. Doch auch hier haben sich Konventionen etabliert, die bereits auf der abstrakten, strukturellen Ebene verraten, um was für eine Webseite oder Software es sich handelt.

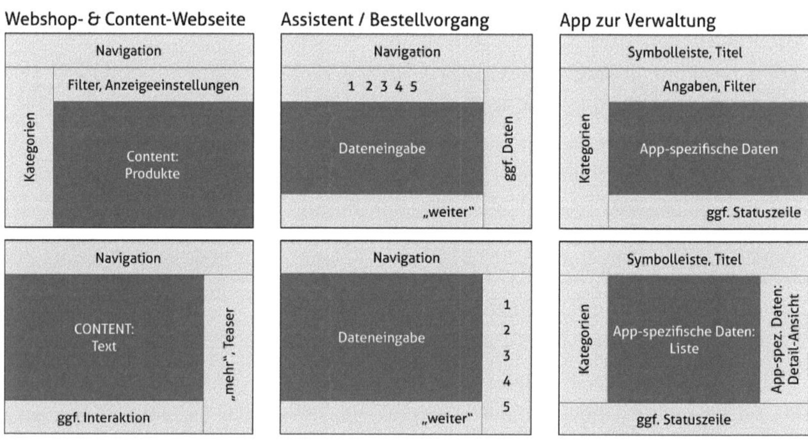

Abb. 7.4: Der Grundaufbau verrät den Zweck der Software bzw. Webseite.

Natürlich gibt es auch Software-Assistenten ohne Navigationszeile und mit Fortschrittsspalte an der linken Seite. Genauso haben viele Content-Webseiten links ebenfalls eine Kategorie- oder ergänzende Navigationsspalte. Als Beispiel für die Apps zur Verwaltung können Programme zur Bilder- oder Musikverwaltung oder Steuerprogramme oder Nachschlagewerke oder Dateimanager dienen. Auch Mail-Programme fallen in dieses Schema.

Die Grobaufteilung bzw. die Funktionsblöcke verraten ohne Blick auf den Titel den Hauptzweck der Webseite oder App und deren Bedienlogik. Der Grundaufbau ist somit ein wichtiges Werkzeug des Infomationsmanagement und gibt den Nutzern Orientierung und führt sie. Die Links-Rechts- bzw. Oben-Unten-Achsen verdeutlichen wortlos die Strukturen und Abhängigkeiten von Funktionen und Inhalten. Die Platzierung (in Bereichen) gibt Elementen Bedeutung und strukturellen Gehalt. Die zugrundeliegenden Modelle, Metaphern, Strukturen und Logiken werden sichtbar – dann muss die Software oder Webseite diesen folgen, sonst wird die Nutzererwartung enttäuscht.

Für die Aufteilung haben sich bestimmte Platzierungen etabliert, der Nutzer erwartet sie in diesen Bereichen:

- ◇ links:
    - Elemente, die den rechts daneben befindlichen hierarchisch übergeordnet sind: Kategorien, Alben, Postfächer
    - zeitlich zuerst folgende Schritte
    - (Unter-)Navigation
- ◇ oben:
    - Steuerung der Elemente darunter oder Beeinflussung dieser
    - Filter, Darstellungsoptionen
    - (Haupt-)Navigation, Menü
- ◇ rechts:
    - „mehr": Inhalte (Teaser)
    - Funktionen (Paletten, Unterstützungsangebote, Toolbar)
- ◇ unten:
    - Statusinformationen
    - Bestätigung oder Abschluss der Arbeit mit dem aktuellen Bildschirminhalt: „weiter", „speichern", „teilen"
    - Teil-Navigation (Seitenwechsel), sofern nachrangig und zwischen gleichartigen Ansichten
    - Steuerung der Bildschirmdarstellung (Zoom)

Bereits die Platzierung verdeutlicht bestimmte Abhängigkeiten, Hierarchien oder Zusammenhänge zwischen Elementen, sodass diese keiner Erklärung bedürfen. Die Hauptnavigation beispielsweise befindet sich oben, eine darunter befindliche Navigationsspalte braucht nur ihre Einträge aufzulisten. Die Platzierung macht klar, dass dies die Untereinträge zum gewählten Eintrag im

Hauptmenü sind, dazu ist kein erklärender Spaltentitel nötig. Andersherum hat ein Spaltentitel kaum eine Chance, eine solche erkannte Beziehung zwischen Navigationsspalte und Hauptnavigation aufzuheben. Dort kann Beliebiges stehen, der Großteil der Nutzer wird darauf beharren, dass die Spalte die Untereinträge zum entsprechen Hauptmenü-Eintrag auflistet.

Die Verteilung der Inhalte und Funktionen auf die Bereiche bereits in einem frühen Planungsstadium hilft, sich über die Ausrichtung der fertigen Software oder Webseite klarzuwerden. Vor allem ist so schnell erkennbar, welche Aufteilungsmodelle funktionieren können und welche eher zu vermeiden sind. Je weiter ein Projekt fortschreitet, desto detaillierter wird die Zuordnung, neue Funktionen werden ergänzt, zunächst eingeplante verworfen oder die gesamte Aufteilung noch einmal durchdacht.

Je nach Projektfortschritt werden andere Kriterien und Aspekte wichtig:

◇ plausibler Anlass, Grund für Aufteilung (z.B. Hierarchie, Reihenfolge)

◇ Aufbau, Gliederung weckt Erwartungen (durch Vorwissen, Erfahrungen des Nutzers)

◇ Markierung als eigene Bereiche (z.B. durch Hintergrund, eigene Gestaltung)

◇ Abtrennung zu anderen Bereichen (z.B. durch Farbflächengrenzen, Linien, Weißraum)

◇ Verwechselung der Funktionsbereiche ausschließen

◇ einheitliche Aufteilung in allen Bereichen erleichtert Orientierung

◇ Funktionszuordnung und -hierarchie ist eindeutig (aus der Funktion resultiert eine bestimmte Positionierung im Gesamtzusammenhang; an einer bestimmten Position wird durch die optischen und funktionalen Hierarchien eine bestimmte Funktion erwartet)

Gitter und Raster

Der Monitor gibt mit seinen Kanten die optischen Achsen vor: horizontal und vertikal, im 90-Grad-Winkel zueinander. Diese Achsen wirken besonders stark, da sie das Geschehen auf dem Bildschirm vom Rest der Welt abgrenzen. Sie werden als gegeben gesehen und als „natürliche" Orientierung. Jede Ausrichtung, die sich an Monitorgrenzen orientiert, wirkt unauffällig, harmonisch, normal.

Die Elemente auf dem Monitor bilden eigene optische Achsen, wie der linke Rand dieses Textes, der parallel zum Seitenrand verläuft. Keine Linie oder andere Gestaltung markiert diese Achse, dennoch ist sie da. Genauso wie die Zeilenanfänge auf dem Papier bilden Elemente auf dem Monitor optische Achsen – durch ihre Ausrichtung (Seite 163). Je weniger Winkel diese Achsen aufweisen, desto weniger Ablenkung erfährt der Nutzer.

Ein Raster oder Gitter greift die Basis-Achsen auf und schafft eine Orientierung, um die Bereiche oder Blöcke auf dem Monitor anzuordnen. Auf Webseiten wird – analog zum Satzspiegel im Druck – meist ein Spaltenlayout gewählt, also ein horizontales Raster. Viele Responsive Webseiten-Designs basieren auf vertikalen Rastern, in dem sie die einzelnen Bereiche untereinander anordnen. Für eine statische Monitorgröße lässt sich das Layout gut in einem

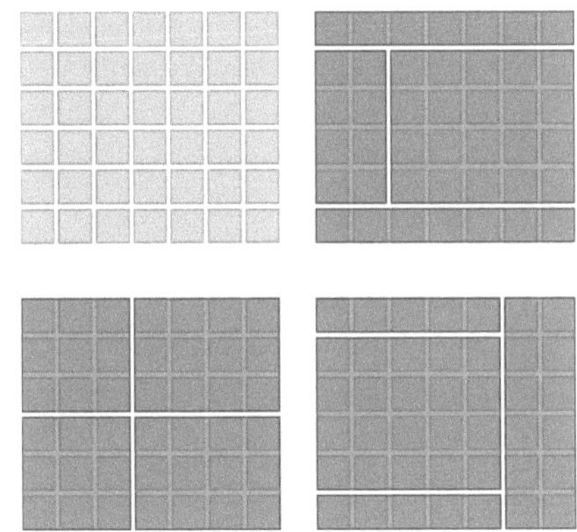

Abb. 7.5: Auf dem Grund-Gitter lassen sich zahlreiche Funktionseinteilungen aufbauen.

Raster planen. Ein geeignetes Basis-Raster wird mit Hilfslinien eingetragen und die Teilbereiche zu den benötigten Bereichen zusammengefasst.

Der Großteil der Software-Designs und Webseiten berücksichtigt variable Bildschirmgrößen. Vom Bruch zu Smartphones einmal abgesehen, werden die kleinste sinnvolle Größe definiert und die größte, von der man realistischerweise ausgehen kann. Die naheliegende Lösung wäre, die gesamte Oberfläche zu skalieren, alle Rasterflächen würden entsprechend größer oder kleiner. Das führt allerdings selten zu guten Ergebnissen, da entweder die Schrift mitskaliert werden müsste und zu groß oder klein gerät oder bei konstanter Schriftgröße der Text keinen Platz in den Flächen fände oder darin verloren wirkt.

Sinnvoller ist es, die Bereiche zu definieren, die mitwachsen und schrumpfen. Im InDesign-Beispiel ist das Dokumentfenster so groß oder klein, wie der Monitor es zulässt, während alle Bedienelemente wie die Paletten ihre ursprüngliche Größe behalten. Auf Webseiten wie Amazon behält die linke Spalte mit den Filtern und Kategorien eine konstante Breite, nur der Content-Bereich wächst oder schrumpft. Durch geeignete Minidestgrößen ist gewährleistet, dass eine Mindestbreite nicht unterschritten wird. Im Responsive Design würde dann der Umbruch auf eine andere Anordnung (meist in einem abgewandelten Raster) erfolgen, der beispielsweise auch die Schriftgrößen beeinflusst.

Somit verfügt jeder Bereich über drei Möglichkeiten, um auf die Bildschirmgröße zu reagieren:

Ingoranz – Absolute Breite: Egal wie groß oder klein der Bildschirm ist, die Größe ändert sich nicht. Auf Webseiten betrifft das meist die Spalten links oder rechts vom Content. In der Software behalten Funktionseinheiten wie Paletten oder Dialoge ihre Größe, verändern allenfalls ihre Position.

Festes Verhältnis – Relative Breite: Dabei ist der Bereich relativ zu seinem Elternelement groß, eine Webseite beispielsweise relativ zum Browserfenster, eine Software relativ zum Monitor. Die Header-Navigation von Responsive Webseiten beispielsweise dehnt sich in der Breite entsprechend des Browserfensters aus. Zwei Bereiche können sich den verfügbaren Platz auch im Verhältnis 40 zu 60 Prozent teilen, dann wachsen bzw. schrumpfen beide gleichermaßen, je nach verfügbarem Platz. Der häufigste Fall ist jedoch, dass eine Spalte oder ein Bereich definiert wird, der einfach den Platz nutzt, den die daneben befindlichen absolut gesetzten Bereiche übrig lassen.

Nutzermöglichkeiten – Usergesteuerte Breite: Der Nutzer kann die Größenverhältnisse der Bereiche selbst verändern und seinen Bedürfnissen anpassen. In vielen Programmen mit einer Kategorie-Spalte (wie im Dateimanager Windows Explorer oder Mac Finder) kann die Begrenzungslinie verschoben werden, sodass die Spalte so breit oder schmal ist, wie der Nutzer sie benötigt. In dokumentbasierten Programmen wie Textverarbeitungen oder Zeichenprogrammen passt der Nutzer die Größe des Dokumentfensters seinen Bedürfnissen an.

Meist passt sich die Höhe automatisch an. Der Fall, dass die Höhe reguliert wird, ist nur in wenigen Sonderfällen nötig. Vertikales Scrollen ist weniger störend als horizontales Scrollen. Deshalb sollte jede Software und jede Webseite lieber das Scrollen nach Oben/Unten fördern als das nach Links/Rechts provozieren.

Wann immer möglich, kombiniert eine Software alle drei Varianten miteinander:

◇ Der Nutzer, der die Kontrolle über seinen Arbeitsplatz behält, kann die Aufteilung selbst verändern.

◇ Dazu wird ihm per Default eine geeignete Ausgangsaufteilung angeboten.

◇ Dabei sind die Navigations- und Kategoriebereiche mit einer tauglichen absoluten Breite definiert und die Content-Bereiche nutzen flexibel den verfügbaren verbleibenden Platz.

◇ Nimmt der Nutzer eine Anpassung vor, so steht ihm diese selbstverständlich beim nächsten Aufruf der Software zur Verfügung.

Auf Webseiten ist vor allem darauf zu achten, dass die Bereiche nicht zu klein und nicht zu groß ausfallen. Eine Lesetext ist maximal 80 bis 100 Zeichen breit, das entspricht bei normaler Textgröße maximal 800 Pixeln. Sind die Zeile breiter, wird das Lesen verlangsamt und fühlt sich anstrengend an. Schmalere Textspalten als 300 Pixel sind nur für kurze Texte von wenigen Zeilen geeignet. Längerer Text ist durch die ständigen Zeilenumbrüche ebenfalls kaum noch flüssig zu lesen. Deshalb besitzen Responsive Designs meist eine Obergrenze und hören bei etwa 1.400 Pixeln (Navigationsspalte 300px + Textspalte 800px + Teaserspalte 300px) auf zu wachsen, der übrige Platz ist Weißraum.

Für die Grobaufteilung haben sich verschiedene Standards etabliert. Besonders flexibel ist ein Grundraster mit zwölf Spalten. Diese Grundraster-Spalten lassen sich zu verschieden breiten Blöcken kombinieren, beispielsweise passen zwei, drei, vier oder sechs gleichbreite Spalten nebeneinander. Auch zwei Spalten mit fünf und sieben Grundraster-Spalten sind möglich, oder drei Spalten, die drei, sieben und zwei Grundraster-Spalten breit sind. Der Content, der im Fokus steht, erhält die breiteste Spalte, die Navigation und andere Funktionen sind in schmaleren Spalten platziert. Daher sind Layouts mit zwei gleichbreiten Spalten eher selten, da diese zwei verschiedene Blöcke (beispielsweise Navigations- und Inhaltsblock) gleichwertig nebeneinander präsentieren. Die Spaltenbreite ist auch ein Zeichen der Wichtung und somit ein Hilfsmittel zur Nutzerführung. Ein gutes Grundraster gibt einerseits Flexibilität für einen geeigneten Basis-Aufbau und verhindert zweitens, dass jede Ansicht neu pixelgenau ausgemittelt werden muss.

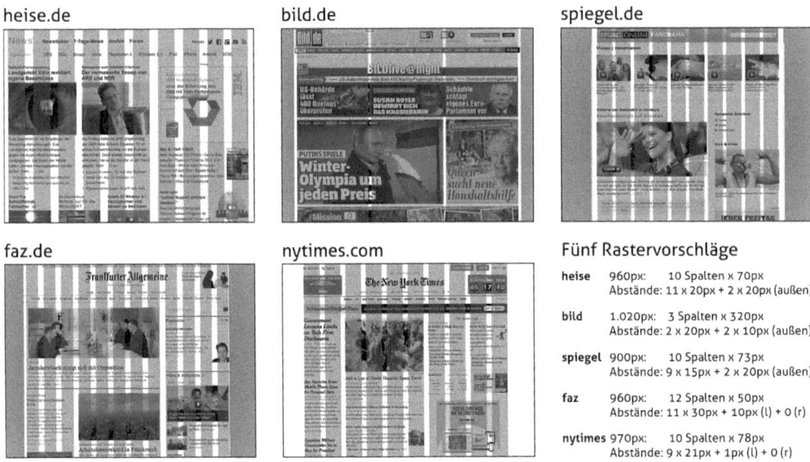

heise	960px:	10 Spalten x 70px
		Abstände: 11 x 20px + 2 x 20px (außen)
bild	1.020px:	3 Spalten x 320px
		Abstände: 2 x 20px + 2 x 10px (außen)
spiegel	900px:	10 Spalten x 73px
		Abstände: 9 x 15px + 2 x 20px (außen)
faz	960px:	12 Spalten x 50px
		Abstände: 11 x 30px + 10px (l) + 0 (r)
nytimes	970px:	10 Spalten x 78px
		Abstände: 9 x 21px + 1px (l) + 0 (r)

Abb. 7.6: Das Spalten-Grundraster für fünf Webseiten. Bei Spiegel Online und Frankfurter Allgemeiner Zeitung gehen die Raster nicht pixelgenau auf. Beide Seiten tricksen optisch, um ein harmonisches Gesamtbild zu erhalten.

Insbesondere im Web-Design sind Spalten-Raster effektiv. Dabei hält sich jede Seite, Unter- oder Übersichtsseite an die Grobaufteilungen; der optische Grundaufbau ist identisch, nur die Inhalte unterscheiden sich. Verfügen einzelne Seiten über bestimmte Elemente, beispielsweise Definitionskästen, so regelt das Layout auch, wo und in welcher Größe diese integriert werden.

Ein geeigneter Webseiten-Standard mit zwölf Grundraster-Spalten könnte folgende Aufteilung besitzen:

- ◇ drei Spalten für die linke Navigationsspalte
- ◇ sechs Spalten für den Hauptinhalt, diese lassen sich je nach aktuellem Inhalt weiter unterteilen:
  - – alle sechs Spalten für Fließtext
  - – ein Infokasten mit der Breite von zwei Spalten wird in den Textlauf eingeklinkt
  - – drei Bilder á zwei Spalten sind nebeneinander abgebildet
  - – eine Tabelle mit zwei Spalten á drei Grundrasterspalten gibt eine Übersicht
- ◇ drei Spalten für die rechte Navigationsspalte

Auch innerhalb der Blöcke gilt das zugrundeliegende Grundraster. Die Halbierung einer Navigationsspalte würde aus dem Raster fallen, wenn die Navigationsspalte drei Grundraster-Spalten umfasst. Wird eine halbe Grundraster-Spalte benötigt, ist entweder ein anderes Grundraster oder eine andere Aufteilung der Bereiche nötig. Das ist der anzustrebende Idealfall. Doch in der Praxis gibt es Momente, in denen der Ausbruch aus dem Raster nötig scheint. Geschieht dies bewusst und als motivierte Ausnahme, stärkt das die Dynamik und Persönlichkeit einer Webseite. Ist der Einsatz eher willkürlich, dann überträgt sich diese Wirkung auf die Gesamtseite. Ein Styleguide führt geeignete Möglichkeiten zur „Sprengung des Rasters" auf, damit diese zur Gesamtwirkung passen.

Bei Software erhalten vor allem Formulare durch ein Grundraster ein einheitliches Aussehen. Doch viele Apps können auf ein Grundraster verzichten. Selbst bei gleichem Grundaufbau, beispielsweise mit Navigations- oder Kategorie-Spalte links und Content-Bereich rechts, ist ein Raster selten sinnvoll. Wichtig ist, dass beide Bereiche in einem geeigneten Größenverhältnis zueinander stehen und die linke Spalte eine taugliche Mindestgröße aufweist.

Für die initiale oder Default-Aufteilung kann der Goldene Schnitt ein guter Anhaltspunkt sein oder ein „glattes" Verhältnis: 1:2, 1:3, 2:3 oder 2:5. Dabei geht es nicht um pixelgenaues Auswuchten, sondern um einen harmonischen Gesamtaufbau, der für die konkreten Inhalte der Bereiche geeignet ist. Mitunter ist es sogar sinnvoll, die linke Spalte bewusst so schmal anzulegen, dass die Inhalte teilweise abgeschnitten werden. Dann steht mehr Platz für den Hauptfokus (den Content-Bereich) zur Verfügung. Der Nutzer kann die Spalte ja verbreitern, wenn er dies möchte. Beispielsweise bei der Darstellung in der Mindestgröße des Programmfensters kann eine solche Minimalbreite der Spalte angebracht sein.

Abb. 7.7: Die Mac-Programme iTunes, iBooks, Mail, Systembericht, Schriftsammlung, Finder, iPhoto und ColorSync verfügen über den gleichen Grundaufbau.

Das Colorsync-Programm (rechts unten in der Screenshot-Sammlung) ist ein kompaktes Fenster, das etwa mittig geteilt ist. Das ist angemessen, da der Inhaltsbereich nicht umfangreich gefüllt ist. Im iPhoto-Programm dagegen kann der Foto-Bereich gar nicht groß genug sein. So orientieren sich die taugliche Spaltenbreiten an der erwarteten Nutzung und an den präsentierten Inhalten.

Dass die gezeigten Programme (und viele weitere) den gleichen Grundaufbau besitzen, entspricht der gleichen Bedienlogik. Hat der Nutzer eines verstanden, findet er sich mühelos in den anderen zurecht. Zumindest das Navigieren und Erkunden fällt leicht. Die Unterschiede bestehen erst in den jeweils verfügbaren Funktionen, die aufgerufenen Dateien oder Informationen zu bearbeiten. Diese unterscheiden sich zwischen Mail-, Foto-, Fontverwaltungs-, und Farbprofilverwaltungsprofil deutlich. Der einheitliche Grundaufbau reduziert die Berührungsängste und gibt einen sinnstiftenden Überblick über die vorhandenen Daten.

Eine neue Software profitiert also davon, sich an anderen zu orientieren. Übernimmt sie eine etablierte Bedienlogik und einen vertrauten Grundaufbau, fällt es ihr leichter, die Nutzer zu gewinnen. In den funktionalen Details sind die

Unterschiede schließlich (hoffentlich) groß genug. Eine Software muss sich nicht komplett neu und unbekannt anfühlen, nur weil sie einige spezielle Funktionen hat. Sie steigert sogar ihre Nutzungshäufigkeit und Nutzerschar, wenn sie sich vertraut anfühlt. Sie muss sich so vertraut wie möglich anfühlen (Usability) und so selbstständig wie nötig präsentieren (Design). Dieser schmale Grat ist eine der großen Herausforderungen bei der Entwicklung einer neuen Software-Lösung.

Checkliste: Position und Größe

◇ Gitter und Raster definieren den Grundaufbau, schaffen Struktur, grenzen Funktionsbereiche voneinander ab

◇ Funktionsbereiche und Aufteilung in allen Ansichten einheitlich ⇒ Orientierung, Vertrauen

◇ Optische Ordnung, Hierarchie, Struktur ⇒ Sinnstiftung, Orientierung

◇ Platzierung trifft Aussagen über Hierarchie, Struktur, Abhängigkeiten

◇ Größe trifft Aussagen über Wichtigkeit

◇ Rasterbreiten: fix, relativ zum Elternelement, userbestimmt; bei variablen Breiten nutzt eine Spalte immer flexibel die gesamte Restbreite

◇ Bereichsgrenzen für Nutzer änderbar; diese Anpassungen werden gespeichert (Software)

◇ Raster-Empfehlung (Web): 960px, 12 Spalte á 60px, 11 x Zwischenraum á 20px, 2 x Außenabstand á 10px

◇ Nähe = Zusammengehörigkeit, Ferne = keine Zusammengehörigkeit

◇ Weißraum nutzen

Farbe, Helligkeit und Textur

Das beste Design funktioniert in Schwarz-Weiß bzw. in Graustufen. Probieren Sie es aus: Als Mac-Nutzer gehen Sie in die Systemeinstellungen, öffnen die Bedienungshilfen und aktivieren unter „Anzeige" den Punkt „Graustufen verwenden". Als Windows-Nutzer machen Sie einen Screenshot („Druck"-Taste auf der Tastatur), fügen diesen in einem Mal- oder Zeichenprogramm ein und wandeln das Bild in Graustufen um. Beliebige Webseiten testen Sie auf http://gray-bit.com und erleben diese so in Graustufen.

Farben wirken unterschiedlich intensiv. Rot und Blau sind optisch „lauter" als Grün oder Gelb. Während Blau eine neutrale Wirkung hat, sofern der Farbton nicht zu intensiv oder schief gemischt erscheint, ist Rot immer ein Signalton. Es wird als „Achtung, Gefahr!" interpretiert. Eine fair kommunizierende Software verwendet Rot daher nur, wenn tatsächlich Gefahr droht oder der Nutzer auf einen bestimmten Umstand oder ein Problem dringend hingewiesen werden muss. Für Webseiten gilt die Regel begrenzt; einige Webseiten nutzen Rot bewusst als Hauptfarbe. Die Rot-Menge und deren Verteilung mindert die Gefahr-Wirkung deutlich. Dabei ist zu berücksichtigen, dass eine Webseite andere Ziele verfolgt als eine Software und meist nur für kurze Zeit genutzt wird, während eine Software mitunter stundenlang die Aufmerksamkeit des Nutzers benötigt.

Die Nutzung und die Nutzerziele wirken also bis zur Farbgestaltung. Während eine Software die aktive Nutzung und (kreative) Auseinandersetzung mit ihren Funktionen erwartet, dienen Webseiten eher dem passiven Konsum oder der kurzfristigen Interaktion. Webseiten dürfen daher Farbigkeit ähnlich nutzen wie Magazine oder Kataloge, es gelten die gleichen Regeln wie für die Gestaltung von Druckerzeugnissen.

Es lässt sich auch die Umkehrargumentation aufmachen: Farbarmut ist ein Zeichen von Sachlichkeit, Funktionalität. In gedruckten Bedienungsanleitungen beispielsweise sind meist nur wenige Farben zur Markierung relevanter Elemente vorhanden, wenn überhaupt. Webseiten mit hoher Nutzungsintensität sind farblich zurückhaltend gestaltet, beispielsweise Facebook mit matten Blau oder Youtube mit wenigen roten Akzenten. Das bedeutet: Je weniger optisch auffällig eine Software ist, desto wirkmächtiger ist sie, zumindest in der Wahrnehmung. Die Farbigkeit steuert somit auch die Nutzererwartung.

Die Musikverwaltungs- und -abspielsoftware iTunes beispielsweise ist nur Grau in Grau, allenfalls der ausgewählte Titeleintrag wird farbig hinterlegt, und wenige (aktive) Elemente sind durch ein zurückhaltendes Blau markiert. Das fühlt sich nach einer leistungsfähigeren Software an als das vor einigen Jahren populäre Winamp und der Windows Media Player, die mit verschnörkelten Designs schon fast zu spielerisch wirkten. Die Nutzer können iTunes als leistungsfähige Software ernstnehmen; durch die Helligkeitsverteilung ist es auch für die Tagesnutzung gut geeignet, während Winamp und Media Player aufgrund ihrer dunklen Hintergründe eher zur nächtlichen Musikbeschallung einluden.

Abb. 7.8: Winamp, Windows Media Player und iTunes; etwa zur gleichen Zeit.

Die metaphorische Bedeutung von Hell und Dunkel wirkt sich auf die Erwartung und Nutzung aus. Hell steht für Freude, Glück, gute Laune, das Gute. Dunkel repräsentiert Trauer, Depression, Unglück und das Böse. So wie Wohnungen als „hell und freundlich" annonciert werden, so wirkt eine helle Software einladender als eine dunkle. Zugespitzt wirkt auf einem insgesamt dunklen Bildschirm der hellste Bereich wie der Lichtblick im Tunnel; das fördert den Tunnelblick, bei dem der Nutzer vieles nicht mehr wahrnimmt. Evolutionshistorisch bildet der Tag mit seiner hellen Umgebung die Hauptzeit für Betätigungen jeglicher Art. Die Nacht ist mit ihrer Dunkelheit die Phase der Bedrohung, in der jede Bewegung, jede Abweichung vom Erwarteten eine Gefahr bedeuten kann.

In einer Software ist Farbe allenfalls geeignet, um Akzente zu setzen:
◇ Aktives oder ausgewähltes Element betonen: gewählter Menüeintrag, Mauszeiger über Web-Link, markierte Textpassage, graue Checkboxes oder Radio-Buttons werden bei Aktivierung zusätzlich farbig
◇ Elemente als Default-gesetzt markieren: z.B. Ok-Buttons
◇ Status farbig unterstreichen: z.B. Ampel rot-gelb-grün
◇ gleichartige Elemente als zusammengehörig oder verwandt markieren

Für alle Elemente, die einfach nur da sind und ihrer Verwendung harren, ist Farbe eine unnötige – oft sogar störende – Aufwertung. Verlangen einige Elemente nach Farbe, sind gedeckte Töne angenehmer als grelle. Bei der Wahl konkreter Farben sind Pastelltöne oder matte Farben zu bevorzugen. Effektiv ist ein Grauton, der eine zurückhaltende Farbigkeit erhält. So drängt sich die

Farbe nicht in den Vordergrund, sondern unterstützt die inhaltliche Aussage des Elements. Klare Volltonfarben sind nur in wenigen Situationen geeignet, beispielsweise bei einer Status-Ampel oder im Rahmen eines Hinweises. In Elementen, die ständig auf dem Bildschirm sichtbar sind, wirken sie auf Dauer zu intensiv. Der Verweis auf die Farbigkeit bestimmter System-Icons greift ins Leere, denn diese erfüllen nicht nur Usability-, sondern auch Marketing-Anforderungen.

Das klingt alles recht farb- und freudlos. Dabei stellt sich die Frage: Sollen die Nutzer Freude beim Anschauen empfinden oder bei der Erledigung ihrer Arbeit, beim Erreichen ihrer Ziele? Im ersten Fall darf natürlich Farbe nicht fehlen. Aber sonst ist ein zurückhaltender Farbeinsatz angebrachter. Die Freude entsteht dann durch fehlende Ablenkung, durch gute Orientierung und Leitung, durch effektives Erreichen des Zieles. Die größte Bestätigung ist für den Software-Usability-Ingenieur, wenn dem Anwender gar nicht bewusst ist, dass er eine Software verwendet hat. Wenn die Software quasi unter dem Wahrnehmungsradar bleibt. Wenn dem Nutzer auffällt, dass die Software besonders schön gestaltet ist, verfehlt sie ihr Ziel: Den Nutzer unaufdringlich bei seinen Vorhaben unterstützen. Wenn dem Nutzer die Software missfällt, gibt es mehr Probleme als die Farbe.

Das Gestalten in Graustufen hat einen weiteren Effekt: Kontraste sind sofort sichtbar. Zwischen Schrift und Hintergrund sollte beispielsweise mindestens 50 Prozent Helligkeitsunterschied bestehen. In Graustufen umgewandeltes Rot beispielsweise hat zu Schwarz nur etwa 30 Prozent Unterschied – ein schlechter Kontrastwert für das Lesen. Der reine Farbwert in RGB-Notation sagt wenig über über die tatsächliche Helligkeitswirkung aus. Grün füllt

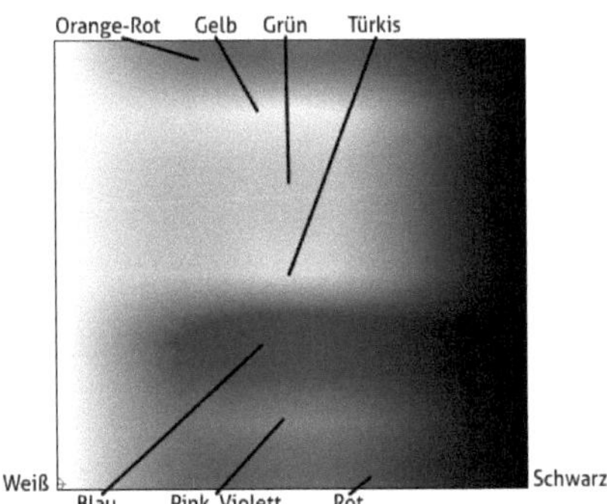

Abb. 7.9: Dieses Farbspektrum zeigt, wie unterschiedlich hell/dunkel einzelne Farben sind. Die Wirkung der Farbe kaschiert oft ihre tatsächliche Helligkeit.

etwa ein Achtel der Fläche im Farbspektrum und hat kaum wahrnehmbare Nuancen, während Blau und Pink/Violett zusammen die gleiche Fläche ergeben. Es gibt also deutlich mehr Grün- als Blau- oder Lila-Farbtöne.

Je nach Kontext sind bestimmte Farben gebräuchlich: Grün signalisiert Bestätigung oder etwas Gutes, Rot bedeutet Ablehnung oder etwas Schlechtes, Gelb kennzeichnet den inhaltichen Bereich dazwischen. Wetterkarten verwenden Blautöne für Minusgrade, Grüntöne für leichte Plusgrade, Gelb- und Orangetöne für den Bereich zwischen 20 und 30 Grad, und Rot für höhere Temperaturen. Wärmebilder, Hirnscans, Equalizer und andere Darstellungen nutzen Farben zur Unterstreichung bestimmter Unterschiede. Je nach Nutzergruppe bestehen Erwartungen an Farbbedeutungen, vor allem die Kombination bestimmter Formen mit Farben kann diese auslösen, beispielsweise bewirkt eine rote Kreisfläche in der Nähe einer grünen Kreisfläche die Assoziation einer Ampel. Diese Wahrnehmung kann zu falschen Rückschlüssen, Fehlbedienungen und Irritationen führen.

Fast jede Webseite und viele Programme nutzen eine Farbe oder Farbkombination für ihr Design, meist abgeleitet aus dem Corporate Design des Herstellers oder der Marke. Diese Farben verlieren aufgrund ihrer häufigen Benutzung ihre Primäraussage, beispielsweise wirkt das Rot auf Spiegel Online nicht mehr als Betonung bei einer Fehlermeldung. Solche Design-Farben eignen sich daher nicht mehr zur Farbmarkierung, da die Verwendung als Design-Farbe ihre Farbbedeutung verringert.

Farbigkeit

Je seltener und je bewusster Farben eingesetzt werden, desto eher sind sie geeignet, eine Aussage zu unterstreichen. Farbe ist selten alleiniger Inhaltsträger, sondern kann eine beabsichtigte Aussage, Stimmung oder Funktion unterstützen oder unterlaufen. Werden Farben inflationär und scheinbar beliebig verwendet, führen sie zu falschen Assoziationen und wirken damit beliebig oder irritierend statt unterstützend. Bei der Farbplanung ist zu berücksichtigen, dass Farbe stärker als Form und andere visuelle Parameter wirkt und die Interpretation beeinflusst.

Die tatsächliche Wirkung einer Farbe hängt von der Verwendung als Primär-, Sekundär- oder Hintergrundfarbe ab. Im Hintergrund wirken Farben meist an sich. Dagegen werden Primärfarben zur jeweiligen Funktionalität bzw. inhaltlichen Aussage in Bezug gesetzt. Als Sekundärfarbe besteht der Bezug nicht nur zur jeweiligen Funktion oder Aussage, sondern auch zu primärfarbigen Elementen und zum Hintergrund.

Rot symbolisiert Hitze, Liebe und vor allem Gefahr. Die einzige Chance, dieser dominanten Farbbedeutung zu entgehen, besteht in der inflationären Nutzung. Beispielsweise verwendet Spiegel Online rote Farbe für alle Auszeichnungen – dadurch wirkt Rot nicht mehr warnend, sondern als schlichte Farbmarkierung. Übrigens galt bis Anfang des 20. Jahrhunderts Rot aufgrund seiner Kräftigkeit als männliche Farbe (während Hellblau eher eine Mädchenfarbe war). Rot steht für *Kraft, Wichtigkeit, Jugend.*

Orange ist die gedeckteste der warmen Farben und besonders vielseitig. Daher wird sie fast unanständig oft als Primärfarbe eingesetzt. Um der Beliebigkeit entgegenzuwirken, ist ein bedachter und bewusster Umgang mit dieser Farbe nötig. Orange steht für *Freundlichkeit, Energie, Einzigartigkeit.*

Gelb strahlt Wärme und Wohlbehagen aus. Kontrastierend dazu besteht ihre gelernte Bedeutung in einem Achtungs-Hinweis, beispielsweise in Verkehrsampeln. Von Gelb gibt es nur wenige Helligkeitsabstufungen, bevor die Farbe ins Sepia-Weiß oder Schmutzige oder gar Braun abgleitet. Sowohl wegen ihres inhaltlichen Widerspruchs als auch dem Mangel an Farbabstufungen ist sie als Basisfarbe für ein Interface wenig geeignet. Gelb steht für *Freude, Enthusiasmus, Altertum (gedeckte Töne).*

Grün wird mit Bestätigung, Erlaubnis, Hoffnung und Natur assoziiert; ein Warnhinweis mit grünem Farbakzent ist ein optisch-inhaltlicher Widerspruch. Grün steht für *Wachstum, Stabilität, Finanz- und Umweltthemen.*

Blau gilt als kühle und neutrale Farbe. In Befragungen landet Blau meist auf dem ersten Platz der als angenehm oder am wenigstens störenden Farben. Als neutralste Farbe ist sie auch etwas charakterlos und polarisiert nicht. Blau steht für *Ruhe, Sicherheit, Offenheit (hellere Töne), Zuverlässigkeit (dunklere Töne).*

Lila galt einst als köngliche Farbe und signalisiert auch heute noch Wohlstand und Luxus. Helle Töne wie Lavendel wirken dagegen romantisch. Lila steht für *Luxus, Romantik (hellere Töne), Geheimnis (dunklere Töne).*

Beige und Elfenbein sind als Einzelfarbe recht dröge, eignen sich aber als Hintergrundfarbe. In der hellen Version ersetzen sie das neutrale Grau, beleben die Gesamtstimmung und lassen Farben gut wirken. Beige-Töne – ggf. mit einer sanften Textur – verleihen eine erdige oder papierne Anmutung. Elfenbein strahlt als flächige Farbe Eleganz, Einfachheit und Komfort aus.

Weiß, Schwarz und Grau sind im strengen Sinn keine Farben. Jedoch erhalten sie farbähnliche Wirkung durch flächigen oder texturierten Einsatz, beispielsweise mit einem Verlauf.

    ◇ Weiß steht für *Reinheit, Tugend, Einfachheit.*

    ◇ Schwarz steht für *Macht, Besonderheit, Raffinesse.*

    ◇ Grau steht für *Neutralität, Förmlichkeit, Melancholie.*

Eine minutenpünktliche Nachrichtenwebseite ist mit einem flächigen, knalligem Rot als Signalfarbe auch im Header gut bedient, da dies die Dringlichkeit der steten Aktualisierung widerspiegelt. Dies ist inhaltlich vor allem dann gerechtfertigt, wenn Eilmeldungen platziert werden, deren Inhalt lebenswichtig sein kann, wie Katastrophenmeldungen. Dagegen verwendet eine Webseite, die sich auf Hintergrundberichte spezialisiert, kühlere und gedeckte Töne.

Einige Farbtöne oder Kombinationen sind mit bestimmten Unternehmen verknüpft, beispielsweise Magenta mit Telekom, Rot mit Sparkasse und Spiegel, Braun-Gelb mit UPS oder Rot-Gelb mit DHL oder Rot-Gelb-Weiß mit McDonalds. Die Verwendung der vier klaren Farben Blau, Rot, Gelb und Grün innerhalb einer Form lässt an Google denken. Die Verwendung solcher Farben oder Farbkombinationen weckt Erwartungen an das Angebot bzw. die Funktion der Webseite oder Software. Vor allem wenn die eigene Zielgruppe mit diesen Unternehmen vertraut ist, entstehen rasch Fehlzuschreibungen. Ein eigener Farbeinsatz, der Farbe gezielt anders verwendet als die bekannte Marke, reduziert solche falschen Assoziationen.

Der Farbkreis unterstützt bei der Auswahl von Kontrast- und Komplementärfarben. Der Unterschied zwischen „bunt" und „farbig" besteht im bewussten Farbeinsatz. Eine geeignete Kombination mehrerer Farben lässt sich leicht aus dem Farbkreis ableiten.

Die drei Farbtöne des Klassikers „Dreieck" wirken zu langweilig, wenn ihrer Verwendung und den flächigen Kontrasten die Cleverness fehlt. Im gemischten

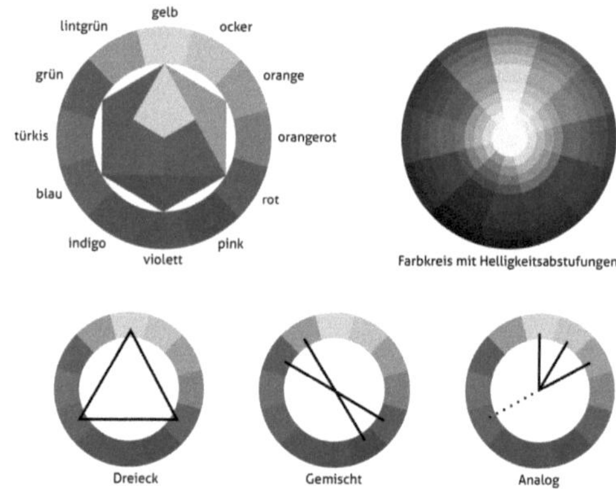

Abb. 7.10: Der zwölfteilige Farbkreis nach Johannes Itten (1961) und drei Möglichkeiten für Farbkombinationen. [Farbkreis-Illustrationen nach http://de.wikipedia.org/wiki/Farbkreis]

Modell ergeben zwei nebeneinanderliegende Farbtöne sowie deren Gegenüber jeweils zwei Paare für harmonische Kombinationen und zwei Kontrasttöne. Auch hier entscheidet die Verteilung zwischen Hintergrund-, Primär- und Sekundär- oder Akzentfarbe über die Farbstimmung. Sehr harmonisch wirkt das analoge Modell mit drei nebeneinanderliegenden Farbtönen (entsprechen etwa 75 Grad im Farbkreis), diese bilden eine lebendige Palette. Ergänzend kann eine Kontrastfarbe für gelegentliche deutliche Akzente sorgen.

Die Ansätze, Farbe theoretisch zu erfassen, reichen von Newton und Goethe bis zu Harald Küppers' Farbenlehre, die aus technischen Bedingungen abgeleitet ist. Alle sind nur Hilfsmittel, erst im Design entsteht die konkrete farbliche Harmonie aus Größe, Form und Flächigkeit. Eine ansprechende und praktikable

Farbstimmung mit allen funktionalen Nuancen zu entwickeln, ist eine Kunst für sich, die nicht im Vorbeigehen erledigt werden kann.

Neben die künstlerischen Herausforderungen gesellen sich technische Aspekte. Zu subtile Farbmischungen verlieren auf vielen Monitoren deutlich an Wirkung, da die Geräte selten farbkalibriert sind. So können bereits kleine – technikbedingte – Verschiebungen in der Farbwirkung aus einem sorgsam ausbalancierten Farbton eine hässliche oder störende Belästigung machen. Das Standard-Blau der Windows-XP-Fenster ist so ein Farbton, der auf vielen Monitoren zu einem kranken, unangenehm unharmonischen Wischiwaschi-Blau wurde. Die Verbreitung von Mobilgeräten wie Smartphones und Tablets reduziert die Vielfalt der Farbverfälschungen, denn innerhalb einer Modellserie besteht meist große Homogenität der Farbqualität. Allerdings führt kein Weg daran vorbei, die Wirkung auf allen konkreten Geräten zu testen.

Mehrere Parameter beeinflussen die Wirkung von Farbe. Beim Farbeinsatz ist vor allem zu achten auf:

Verwendung: als Primär-, Sekundär-, Akzent-, Hintergrundfarbe

Kontrast bzw. Harmonie

- ◇ zwischen farbiger und unbunter Fläche (allgemein zur Umgebung)
- ◇ zwischen Farbtönen (mehrere Abstufungen der selben Farbe)
- ◇ zwischen Farben (Kontrast- und Komplementärfarben)

Intensität: Die Grauwirkung eines Farbtons lässt sich nur bedingt aus ihren Farbwerten errechnen. Diese lässt sich nur durch die tatsächliche Umwandlung in Grauwerte erkennen.

Lebendigkeit: Helle, warme Farben (Rot, Orange, Gelb) strahlen Energie auf den Betrachter aus, was bis zur Aufregung führen kann. Dunkle, kühle Farben (Grün, Blau, Violett) dagegen wirken entspannend und beruhigend, sie entziehen quasi Energie.

Ampel

Etabliert ist es, positive oder bestätigende Aussagen mit Grün zu kennzeichnen, Warnungen oder Gefahren mit Rot und alle Hinweise, die zwischen „Alles gut" und „Es gibt ein Problem oder könnte eines geben" liegen, mit Gelb. Diese farbige Dreierstufe ist aus dem Straßenverkehr bekannt und bei vielen verinnerlicht. Es wäre töricht, diese Farblogik nicht auch im Interface-Design zu verwenden.

Bei einer Status-Ampel zeigt sich sehr deutlich und direkt, wie die optimale Wirkung erzielt werden kann. Die Ampel eignet sich für alle Situationen, in denen drei verschiedene Zustände voneinander unterschieden werden:

positiv: Erfolgsmeldung, Bestätigung, „alles ist in Ordnung".

Hinweis: Prüf-Aufforderung, Meldung über Teilerfolg, „Es könnte ein Problem geben"

negativ: Scheiter-Meldung, Aktions-Aufforderung, Aufforderung zur Korrektur oder Schadensabwendung, „Es gibt ein Problem"

schlecht:	■	☰	✕	!	■	Abbrechen	Nein
Hinweis:	▢	☰	△	?	‖	Achtung	Prüfen
gut:	■	☰	✔	.	▶	OK	Ja

Gibt es nur ein Farbfeld, das je nach aktuellem Status rot, gelb oder grün gefüllt ist, kann es zu Missdeutungen kommen. Die Farbbedeutung und die Auswirkung des Status muss erst gelernt werden. In bestimmten Lichtsituationen oder bei Farbfehlsichtigkeiten ist der Status nicht einmal eindeutig wahrnehmbar. In der obigen Grauton-Illustration sind der Grün- und Rotton sogar gleich hell bzw. dunkel.

Deshalb unterstützt ein weiteres Element die Farbaussage. Wie bei der Verkehrsampel kann dies die Position sein. Auch die Form ist ein geeigneter Bedeutungsträger. Ebenso wird bei Schrift durch Färbung die inhaltliche Aussage betont – dabei ist auf einen guten Kontrast zum Hintergrund zu achten. Alternativ wird die inhaltliche Textaussage (schwarz oder dunkelgrau) durch ein farbiges Element zusätzlich illustriert und erhält den Status einer Meldung (grün), eines Hinweises (gelb) oder einer Warnung (rot).

Mehr als Farbe: Textur, Transparenz, Schatten

Seit den Anfängen der Versuche, eine grafische Benutzeroberfläche anzubieten, wurde dem zweidimensionalen Bildschirm ein dreidimensionaler Anschein verliehen. Pseudo-Schatten, perspektivischer Lichteinfall, überlappende Fenster schufen die Illusion eines Datenraums statt einer Datenfläche. Mit steigender Leistungsfähigkeit der Grafikchips wurde das Design ausgefeilter und gipfelte im Skeuomorphismus, bei dem die virtuellen Objekte den realen so ähnlich wie möglich sahen. Quasi-realistische Holz- oder Ledertexturen verliehen Programmen einen edlen Anstrich, Mischpulte auf dem Monitor sahen ihren realen Brüdern zum Verwechseln ähnlich.

Was in Computerspielen zur Beeindruckung beiträgt, eben eine möglichst realistische Erscheinung, lenkt im digitalen Arbeitszusammenhang meist ab. Ein Kalenderprogramm im Lederlook mag zwar edel und vornehm aussehen, jedoch steht der optische Aufwand in keinem Verhältnis zum praktischen Nutzen. Eher im Gegenteil. Der reale Kalender existiert im dreidimensionalen und haptischen Raum, Funktionen und Bedienung sind daran angepasst:

◇ Es gibt Stifte zum Eintragen,

◇ Seiten zum Umblättern,

◇ Übersichtsseiten für Monate oder Jahre,

◇ Platz zwischen den Zeilen,

◇ zum Suchen bleibt nur das Blättern.

Der virtuelle Kalender dagegen existiert auf dem zweidimensionalen Monitor, gibt sich zwar räumlich und real, funktioniert aber ganz anders:

◇ Die Einträge werden mit Maus und Tastatur vorgenommen,

◇ es gibt keine Seiten, sondern via Scrollen oder Klicken wird zwischen den „Seiten" gewechselt,

◇ via „Auszoomen" oder Umschalten wird zwischen Jahres-, Monats-, Wochen- und Tagesansicht gewechselt,

◇ Einträge sind nur in vorgesehenen Bereichen möglich, Details erscheinen erst nach Anklicken in einer separaten Ansicht (Fenster, Palette),

◇ beim Suchen werden alle Einträge mit der Zeichenfolge aufgelistet.

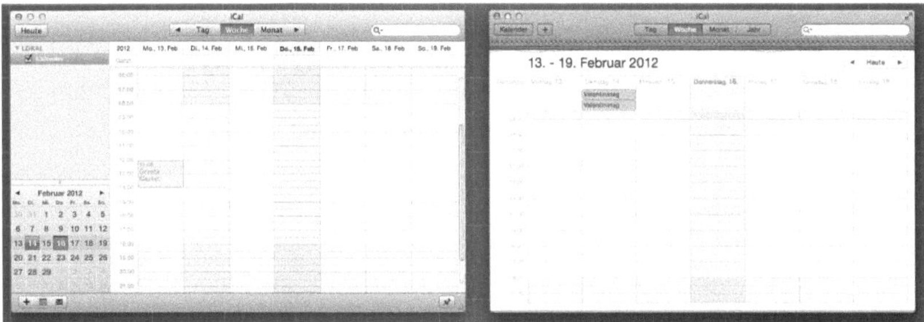

Abb. 7.11: Das Mac-Kalenderprogramm bis 2011, mit MacOS X „Lion" erhielt der Kalender das Leder, unter dem noch eine abgerissene Kalenderseite angedeutet ist. Seit 2013 ist der Kalender wieder zurückhaltend ähnlich zum linken Bild gestaltet.

Das hyperrealistische Aussehen des digitalen Kalenders (im Bild rechts) verschleiert dessen Funktionsweise und führt den Nutzer auf falsche Fährten. Aussehen und Funktionsweise sind nicht mehr synchron. Auf einem Tablet fühlt sich der Unterschied nicht ganz so drastisch an, denn durch die Touch-Bedienung ist der Nutzer dichter an der App als bei der Bedienung via Mauszeiger.

Texturen sind wunderschön anzuschauen, wenn sie gut gemacht sind. Die verwendete Leder-Textur der Kalender-App – inklusive Ziernaht – ist sehr schick. Doch ist das Nutzen einer Kalender-App ein pragmatischer Vorgang und kein ästhetischer und herausfordernder Genuss wie ein Spiel. Jeder Schnörkel, der keine funktionale Bedeutung besitzt, stört und lenkt ab.

Wesentlich effektiver für die obere Zeile der Kalender-App, die Titel und Funktionsbuttons enthält, ist eine zurückhaltende, schlichte Gestaltung. Die frühere Darstellung (links) mit dem grauen Farbverlauf entspricht der Programmnutzung wesentlich effektiver. Harmonische Farbverläufe sind sehr gut geeignet, um Elementen einen Hauch von Räumlichkeit zu verleihen, ohne in übertriebenen Realismus abzugleiten. Bewährt hat es sich, einen Verlauf über einen Farbton um etwa zehn Prozent zu gestalten. So erhält die Farbfläche eine unaufdringliche Dynamik und wird durch die Gestaltung von den anderen Bereichen abgesetzt.

Mit dem Aufkommen des Metro-Designs auf dem Windows Phone (inzwischen umbenannt in „Modern Design") wurden klare Volltonfarbflächen wieder modern. Klare Linien und Flächen strukturieren den Bildschirm, der von allem optischen Fluff befreit ist. Die ästhetische und modische Wahrheit liegt irgendwo zwischen der radikalen Schlichtheit und der übertriebenen Realitätsimitation.

Mit dezenten Schatten und Transparenz-Effekten lässt sich Räumlichkeit unaufdringlich erreichen, oft genügen subtile Hinweise. Dazu ist vor allem zu klären, ob in der Software überhaupt eine räumliche Wirkung benötigt wird. Das ist sehr selten der Fall. Oft genügen die Standard-Darstellungen des Systems, die beispielsweise dafür sorgen, dass Fenster optisch korrekt überlappen.

Auf Webseiten gibt es nur selten die Notwendigkeit für räumliche Tiefe. Wichtiger ist eine klare Struktur. Erhalten bestimmte Elemente leichte Farbverläufe oder unaufdringliche räumliche Attribute, kann die Seite optisch an Tiefe gewinnen – sofern man es nicht übertreibt. Vor allem, wenn Elemente wie Menüs oder sogenannte Lightboxen Teile der Webseite verdecken, kann dies durch räumliche Attribute wie Schatten oder zurückhaltende Transparenzen verdeutlicht werden. Auch klickbare Elemente sind durch leichte Dreidimensionalität schneller erkennbar, sie treten optisch aus der Monitorfläche heraus und laden zum Klicken ein. Ob die räumliche Wirkung durch Schattenkanten, Schattenwurf oder sanften Farbverlauf oder eine Kombination erzielt wird, ist dabei nebensächlich.

Übrigens sind die Namen der grafischen Oberflächen nicht umsonst wieder aus den Werbematerialien verschwunden. Aqua hieß die sehr räumliche Optik des frühen MacOS X, eine Oberfläche, so sexy, dass man „daran lecken möchte", wie Steve Jobs es bei der Vorstellung formulierte. Parallel dazu gab es die gebürsteten Metall-Fenster für QuickTime oder iTunes unter dem Namen

„Carbon". Unter Windows Vista und Sieben hieß die Oberfläche Aero (angeblich für „Authentic, Energetic, Reflective, Open") bzw. Aero Glass. Doch die Namen haben diesen Bezug zur Realität verloren, unter MacOS X wird für das aktuelle Design-Schema kein Name mehr verwendet, und Microsoft spricht schlicht vom „Modern Design".

Wie wichtig nuancierte räumliche Darstellungen sind, demonstriert die – ironisch gemeinte – Übersicht von Neven Mrgan. Vom hyperrealistischen Button bis zum schlichten Textlink ist alles dabei. Ästhetisch und funktional sind die mittleren Varianten gute Kandidaten. Die Entscheidung für oder gegen Räumlichkeit sowie die konkrete Präsentation bestimmter Elemente haben Auswirkung auf das gesamte Farb-, Textur- und Darstellungskonzept. Die Verwendung von Standard-Elementen kann dann optische Brüche verursachen. Die räumlichen Konzepte und Darstellungen variieren zwischen den Betriebssystemen und deren Elementen, sodass die gelungene Symbiose auf einem System zum optischen und räumlichen Mischmasch auf einem anderen wird.

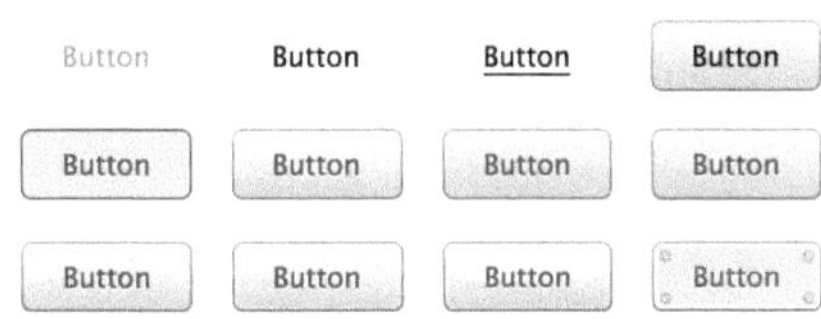

Abb. 7.12: Ironische Button-„Matrix"

Checkliste: Farbe

◇ Farbe statt Buntheit

◇ Design-Farben (ein bis zwei) verlieren alte Farbbedeutungen und erhalten neue kontextabhängige

◇ Farbe (nur) als zusätzlicher Bedeutungsträger

◇ Gutes Design funktioniert in Schwarz/Weiß

◇ Sparsam und selten einsetzen! (in Software)

◇ Klarer, nachvollziehbarer, inhaltsgeleiteter Farbeinsatz

◇ Hell/Dunkel = Standardkontrast

◇ 1 bis max. 3 Akzentfarben

◇ An Farbfehlsichtigkeiten denken

◇ Aufmerksamkeit lenken – nicht ablenken!

◇ Elemente gruppieren, markieren

◇ Mindestens 50 Prozent Helligkeitskontrast zwischen Vorder- und Hintergrund, v.a. bei Schrift

◇ Hyperreales Aussehen verschleiert die Funktionsweise und behindert dadurch

◇ Farbverläufe nur innerhalb eines Farbtons um bis zu zehn Prozent Helligkeitsunterschied

◇ Transparenzen nur maximal zehn Prozent, idealerweise nur drei bis sechs Prozent; bei Kombination mit Verwischungseffekten auch bis zu 15 Prozent möglich

Online-Tools zur Inspiration, Farbmischung und Erstellung einer gelungenen Palette:

◇ https://color.adobe.com

◇ www.colorexplorer.com

◇ www.paletton.com

◇ www.colourlovers.com

◇ www.checkmycolours.com

Neigung, Form und Gestalt

Das Rechteck dominiert die Darstellung auf dem Monitor. Nahezu alle Flächen und Bedienelemente sind rechteckig oder haben ein Rechteck als Grundform:

◇ der Monitor selbst

◇ Fenster: Dokument-, Programm-, Dialogfenster, Paletten

◇ Menüs und Symbolleisten

◇ Taskleiste (Windows) bzw. Dock (MacOS X)

◇ Kacheln unter Windows Phone bzw. auf dem Windows-Startscreen

◇ Buttons, oft mit abgerundeten Ecken

◇ Fortschrittsbalken

◇ Icons (die meisten jedenfalls)

Das Rechteck ist der Freund des Gestalters, mit dieser geometrischen Form lässt sich der vorhandene Raum am effektivsten füllen. Dabei helfen Raster bzw. Gitter. Aus dem Printbereich stammt die Regel, dass alle Elemente, die zusammengehören, eine gemeinsame rechteckige Fläche bilden. In Zeitungen erlebt man es kaum noch, dass zwei Beiträge mit ihren Überschriften und Fotos ineinander verschachtelt sind, außer sie bilden auch inhaltlich eine Einheit.

Ebenso wird auf dem Bildschirm alles Zusammengehörende in jeweils einem eigenen (rechteckigen) Bereich versammelt, beispielsweise in einem Fenster, in einer Symbolleiste, in einer Kategoriespalte oder in den Spalten-Blöcken auf einer Webseite. Füllen die Elemente die bereitgestellte Fläche nicht vollständig aus, dann bleibt eben etwas Weißraum (Seite 168). Wichtiger als komplett gefüllte Rechteckflächen ist die optische Grundstruktur des Bildschirmaufbaus bzw. des Arbeitsbereiches durch drei bis acht Rechtecke.

Ist die Bildschirmfläche mithilfe von Raster oder Gitter in geeignete rechteckige Funktionsbereiche unterteilt, folgt die konkrete Gestaltung dieser Bereiche. Auch diese orientieren sich an einem (unsichtbaren) Raster. Die Anordnung von Elementen beispielsweise in Kreisform oder entlang einer geschwungenen Linie sind seltene Ausnahmen und besitzen eine erkennbare inhaltliche Motivation.

Die Rechtecke sind quasi in einer funktionalen bzw. inhaltlichen Hierarchie ineinander verschachtelt: Das Links-Ausrichten-Symbol in der InDesign-Palette (Seite 193) hat eine klickbare Rechteckfläche, es bildet zusammen mit seinen Kollegen einen rechteckigen Dreierblock, mit den anderen Ausrichten-Symbolen ein größeres Rechteck (die Palette), die wiederum als Bereich im rechteckigen Palettenfenster integriert ist. Dieses bildet ein eigenes Rechteck neben dem rechteckigen Dokumentfenster.

Diese Hierarchie lässt sich auch andersherum aufarbeiten: in einem Bereich mit allen Funktionen (Palettenfenster) gibt es einen Bereich zum Ausrichten von Elementen (Palette), darin wiederum einen Bereich zum Ausrichten an der Außenkante (obere linke Dreiergruppe) und darin das Symbol zum Ausrichten nach links. Gleichermaßen sind beispielsweise rechteckige Linkflächen (z.B. für „Kontakt") in einem Block „Über uns" im Footer einer Webseite integriert.

Die Verschachtelung umfasst oft drei bis sechs oder sieben Ebenen, auch wenn sich weder Designer noch Nutzer dessen immer bewusst sind. Das vage Gefühl, dass eine Funktion oder ein Link an einer bestimmten Stelle nicht gut platziert sind, resultiert oft aus einer misslungenen hierarchischen Verschachtelung bzw. aus einander überlagernden Hierarchiebildungen, deren Konflikte noch nicht behoben wurde.

Bei fertiger Software oder bei einer bestehenden Webseite ist die Analyse bzw. die Hierarchieerklärung vergleichsweise einfach. Wesentlich schwieriger ist es, bei einer eigenen Software, die Hierarchien und verschachtelten Blöcke erstens in Bezug auf Funktion, Bedeutung und Zusammenhang zu bilden und zweitens diese Verschachtelung auch wirksam optisch umzusetzen.

Checkliste: Neigung, Form und Gestalt

◇ Alles ist ein Rechteck

◇ Bis zu acht rechteckige Bereiche auf einem Bildschirm

◇ Bereiche korrekt gemäß ihrer funktionalen, inhaltlichen Hierarchie ineinander verschachteln

◇ Lieber Bereiche mit Weißraum auffüllen, als Rechteckgrenzen verletzen

◇ Klare geometrische Formen als Basis verwenden

◇ Neigung verleiht starke Betonung, nur selten einsetzen

◇ Schrift stets parallel zur Monitorober- bzw. unterkante setzen

◇ Ist der Platz vorhanden: beschriftete Buttons statt Symbolen, v.a. bei seltenen Funktionen; für hochfrequente Funktionen eindeutige, aussagekräftige Symbole

Schrift

Als **Software-Entwickler** besteht wenig Notwendigkeit, sich mit Schriften und deren Einsatz zu beschäftigen. Die Ausnahme bilden Programme, in deren Nutzung Schrift relevant ist, beispielsweise Text- oder Layoutprogramme. In einigen Fällen erwarten Nutzer, eine eigene Schrift für die Inhalte wählen zu können, beispielsweise für die Darstellung des zu bearbeitenden Textes in einem Editor. In solchen Fällen genügt es, eine geeignete Voreinstellung mitzugeben und den Nutzer über die systemeigenen Schriftauswahlfunktionen beispielsweise in den Programmeinstellungen andere wählen zu lassen. Für ihre eigenen Elemente und Textausgaben nutzen Programme die Schriften, die im System eingestellt sind.

Für **Webdesigner** stellt sich dagegen die Herausforderung, sich mit Schrift und deren Einsatz zu beschäftigen, schließlich soll ihre Webseite eben nicht wie die Standardausgabe des Betriebssystems aussehen, sondern den eigenen Charakter ausstrahlen. Auch hierbei gilt das gleiche wie beim Einsatz von Farbe: Je magazinartiger, optisch anspruchsvoller eine Seite sich gibt, desto weniger wird sie als Webseite zum Interagieren wahrgenommen, sondern als passives Angebot wie eine Zeitschrift genutzt. Je nüchterner und zurückhaltender der Einsatz von Schriftarten ist, desto mehr wird eine Webseite als Seite zum Interagieren wahrgenommen.

Schriftentwicklung

Bei den Handschriften unterscheidet man zwischen **Minuskeln** (Kleinbuchstaben) und **Majuskeln** (Großbuchstaben). Verbreitet waren die griechischen, römischen, karolingischen (8. bis 12. Jahrhundert) und gotischen (ab Ende 11. Jahrhundert) Minuskeln, die häufig die jeweiligen Großbuchstabenalphabete ergänzten. Abgesehen von den Runen und den griechischen Buchstaben haben alle abendländischen Schriftalphabete ihren Ursprung im römischen

Serifen:
Cambria, Constantia, DejaVu Serif, Garamond, Georgia, Lucida Bright, ~~Times New Roman~~

Serifenlos:
~~Arial~~, Calibri, Candara, Corbel, Droid sans, **Futura**, Helvetica, Lucida sans, Myriad, Tahoma, Trebuchet, Verdana

Monospace:
`Andale mono`, `Consolas`, ~~`Courier New`~~, `Droid sans mono`, `Lucida sans Typewriter`

Sonstige:
~~Comic Sans~~, *Curlz*, 𝔉𝔯𝔞𝔨𝔱𝔲𝔯, *Lucida Calligraphy*, *Mistral*, Noteworthy, Webdings, Wingdings, *Zapfino*

Abb. 7.13: Die vier wichtigen Schriftklassen mit ausgewählten Beispielen. Durchgestrichene Schriften sind zu vermeiden. Alle Schriften wurden gleich groß gesetzt – dennoch wirken sie unterschiedlich hoch und breit.

Altertum, dessen Standardschrift Capitalis Quadrata bis ins fünfte Jahrhundert als Buchschrift verwendet wurde. Die Unziale (gerundete Großbuchstaben mit einigen Ober- und Unterlängen) löste sie ab und wurde zunehmend durch Klein-buchstaben zu einer Minuskelschrift weiterentwickelt. Die Kursiven (Italic), bei denen die Buchstaben miteinander verbunden sind, fand nur bei privaten und geschäftlichen Aufzeichnungen Verwendung, aus ihr entwickelte sich unsere heutige Schreibschrift.

Die **karolingische Minuskel** geht auf Karl den Großen (748 – 814) zurück, der ihre Verwendung im großen deutschsprachigen Reich forcierte. Sie entstand in den Klostern von Corbie und Kloster Saint-Martin de Tours. Die ersten Druckschriften (Erfindung des Buchdrucks 1435 durch Gutenberg) orientierten sich an den Schriften der Buchschreiber. Bald wurden die Fraktur und ihre Abwandlungen Standard und fanden bis ins frühe 20. Jahrhundert weiträumige Verwendung im deutschsprachigen Raum.

In Italien entstanden während der Renaissance die modern wirkenden **Serifen-Schriften**, die bis heute für Lesetexte (beispielsweise in Zeitungen und Romanen) verwendet werden. Populär sind die Antiqua-Schrift Garamond (Anfang 16. Jh.), die sich in ihrer Gestalt von den handschriftlichen Vorfahren löste. Die Times (1931 für die US-Tageszeitung entwickelt, um gut lesbar besonders viel Text auf wenig Raum unterzubringen) ist heute eine vielgenutzte Schriftart.

Aus der Antiqua entwickelte sich ab Anfang des 19. Jahrhunderts die **serifenlose Linear-Antiqua** (auch als Grotesk bekannt), deren Buchstabenlinien alle gleich stark sind (Beispiel: „Wir sind mal weg."). Die polären Vertreter Bauhaus, Helvetica und Futura werden durch die Arial, die auf jedem Computer mit ausgeliefert wird, in ihrer Verbreitung übertroffen.

Mit dem Aufkommen der Schreibmaschinen entstand eine weitere Unterart: die nichtproportionalen Schriften („monospaced"). Sind beispielsweise sonst „w" und „i" unterschiedlich breit, so haben bei den Schreibmaschinenschriften bauartbedingt alle Buchstaben exakt die selbe Breite (Beispiel: `„Wir sind mal weg."`). Bekannt und verbreitet ist die Courier.

Seit Mitte des 19. Jahrhunderts werden regelmäßig neue Schriften entworfen, die dem Zeitgeschmack entsprechen (Jugendstil, Bauhaus, Futurismus), sich allerdings meist nur für kurze Texte (beispielsweise auf Plakaten) eignen. Mit den ersten Computern entstanden weitere Schriften, die anderen Anforderungen genügen mussten – Ästhetik war nicht das Hauptkriterium, sondern technische Überlegungen und gute Lesbarkeit am Bildschirm waren entscheidend (Chicago). Seit Anfang der 90er Jahre hat sich – im Zuge der steigenden Leistungsfähigkeit – auch auf den Computermonitoren eine Schriftkultur entwickelt, die nicht mehr nur technischen Erfordernissen entspricht.

Nicht nur die aufwändig gestalteten Handschriften des Mittelalters oder farbige Drucke zeigen die visuelle Gestaltungskraft, spätestens mit Graffiti verlässt Schrift die reine Funktion als Informationsträger und wird zum „Bild".

Die Berliner Verkehrsgesellschaft beispielsweise hat sich wie Volkswagen oder die Kosmetikmarke Eucerin eine eigene Schrift gestalten lassen, das Siemens- und Sony-Logo bestehen jeweils „nur" aus dem Schriftzug. So wie jeder Sänger eine eigene, markante Stimme hat, geben sich große Unternehmen und Einrichtungen durch ausführliche Regelungen zur optischen Gestaltung von Schriftstücken ein eigenes, einheitliches und markantes Gesicht.

Die technischen Möglichkeiten begrenzen die Möglichkeiten der Schriftverwendung und -darstellung. Der erste Mac besaß wenige Bitmap-Fonts, die nur in festen Größen verwendbar waren und keine Kantenglättung kannten. Seit den 1990ern ist die Verwendung flexibler Schriftgrößen auf einem Computer selbstverständlich. Heute sind Dutzende bis Hunderte verschiedene Schriftarten auf jedem Computer verfügbar, Hunderttausende weitere zirkulieren im Internet. Google-Fonts bietet mehrere Hundert ausgesuchte Schriften zur freien Verwendung an.

Zunehmend wurde ein Teil der Rechenleistung für die Kantenglättung (das sogenannte Anti-Aliasing) verwendet. Parallel dazu stieg die Auflösung der Monitore, die Bildschirme wurden feiner aufgelöst, bis der einzelne Bildpunkt bei normaler Betrachtung gar nicht mehr erkennbar ist. Die Darstellung auf Computer- und Smartphone-Bildschirmen hat fast die Qualität von Zeitschriftendruck erreicht.

Zahlreiche Gerätegruppen verfügen nicht über die technischen Ressourcen für solch eine Darstellungsqualität. Frankiermaschinen, Prä-Smartphone-Handys, Waschmaschinen, medizinische Maschinen, Auto-Displays, Abspielgeräte, Uhren und viele andere Geräte können – wie der erste Mac – nur wenigen Schriftarten in festen Größen verwenden (wenn überhaupt), eine größere Vielfalt oder gar eine Kantenglättung ist nicht möglich. Diese Beschränkungen gilt es beim Gestalten des User-Interface zu berücksichtigen. Oft kann nicht die ideale Schriftart genutzt werden, sondern nur eher universelle, die kaum das Optimum für die zu erledigende Aufgabe darstellt – somit ist sie allenfalls „gut genug". Für Hervorhebungen stehen meist nur Invertierung oder Platzierung zur Verfügung.

Subtile Hinweise, filigrane Akzente oder Zwischenstufen gibt es nicht. Insbesondere bei flexiblem Inhalt, den der Entwickler im Vorfeld nicht kennt, entstehen Probleme. Mein Autoradio beispielsweise kennt keine Umlaute – soll ich nun all meine MP3-Dateien entsprechend umbenennen? Oder mir ein neues Autoradio zulegen? Doch kaum eines bietet eine Darstellung der Titelinformationen, die mit meinem Smartphone mithalten könnte. Beim Autoradio habe ich mich mit dem Mangel abgefunden, meinem Computer oder Smartphone würde ich solche Fahrlässigkeit und grobschlächtige Schriftdarstellung nicht durchgehen lassen.

Wieder einmal entscheiden der Kontext und die Nutzungssituation über die Akzeptanz. So erwarte ich bei einem Buchhaltungsprogramm einen schlichten Schrifteinsatz, der insbesondere Zahlen gut lesbar abbildet und eine o (Null) stets von einem O (großes O) unterscheiden lässt. Die Toleranz zu typografischer Nüchternheit ist sehr groß. Ein Layout- oder Design-Programm dagegen muss in typografischen Details überzeugen, beispielsweise eine Vorschau der verfügbaren Schriften anbieten, ein überzeugend gestaltetes Programm-Info-Fenster besitzen und sämtliche Details der Schriftdarstellung im Griff haben.

Schrift-Einsatz

Der Designer wählt aus Hunderttausenden Schriften eine geeignete. Viele dieser Schriften verlassen das Korsett der ursprünglichen Schriftklassen und kombinieren feste Strichstärke mit Serifen oder variable Strichstärke mit groteskem Schnitt oder groteske Grundformen mit Serifen-Andeutungen. Der Schwung, das Verhältnis der Strichstärke zu den Buchstabeninnenräumen, das Verhältnis von x-Höhe zu X-Höhe und viele andere Paremeter wie Unterlängen, I-Punkte, Zeichenabstände, Zierelemente oder Winkel beeinflussen den Charakter einer Schrift.

Jede Schriftart besitzt ihren Charakter und beeinflusst die Erwartungshaltung des Betrachters oder Lesers. Die optischen Assoziationen („technisch, verschnörkelt, geradlinig, harmonisch, kantig, rund, etc.") werden als Erwartung auf den Inhalt bzw. Stil des Textes übertragen. Bei einem längeren Text in serifenloser Helvetica wird ein sachlicher Text erwartet, bei Caslon ein belletristischer oder essayistischer. Für Funktionselemente ist jedoch in den seltensten Fällen etwas anderes als eine serifenlose Schrift angebracht, Button-Beschriftungen in klassischer Serifenschrift wirken wie ein innerer Widerspruch.

Insbesondere Serifenschriften wirken nach „Lese-Webseiten", während Seiten mit serifenlosen Schriften, die den Systemschriften ähnlich sind, als aktive Webseiten wahrgenommen werden. Auch hier gilt das Beispiel von Facebook und Youtube, die mit nüchternem Schrifteinsatz in wenigen Formaten auskommen.

Bei Lesetexten ist die Ästhetik der Einzelbuchstaben oder -wörter unwichtiger als die angenehme Lesbarkeit. Diese wird weniger durch die Einfachheit der Buchstabenformen beeinflusst als durch deren Eindeutigkeit und Unterscheidbarkeit im Textfluss. Für Überschriften und andere Kurztexte eignet sich eine korrespondierende Schrift, bei deren Auswahl die Ausdrucksstärke und der Charakter einen stärkeren Einfluss haben dürfen.

Die Klassifizierung nach dem Formprinzip (1998 von Indra Kupferschmid entwickelt) bietet einen guten Ausgangspunkt für die Schriftauswahl:

Tab. 7.1: Schriftklassifikation nach dem Formprinzip

	Dynamisch	Statisch	Geometrisch
Schreibwerkzeug	Breitfeder oder -pinsel	Spitzfeder oder spitzer Pinsel	Redisfeder oder Kugelschreiber
Strich	schräger Ansatz	gerader Ansatz	gleichmäßiger Strich
Kontrast	schräge Kontrastachse	gerade Kontrastachse	ohne Kontrast
Formen	offen, rund, unterschiedliche organische Formen	statisch, geschlossen, regelmäßige ähnliche Formen	geometrisch exakte Formen
Unterscheidungstipp	d/b und p/q besitzen individuelle Dynamik	d/b und p/q wirken fast gespiegelt bzw. gedreht	d/b und p/q sind sehr ähnlich und geometrisch
Charakter	Renaissance	Klassizistisch	Konstruiert
Formensprache	humanistisch, differenziert	rational, regelmäßig	mathematisch, technisch
Wirkung, Ausdruck	warm, organisch, gefühlsbetong	seriös, korrekt, sachlich, stabil, edel	kühl, modern, technisch, robust
Branchen	Literatur, Sozial-, Gesundheitswesen	Banken, Versicherungen	Technik, Politik

Dynamisches Formprinzip

Garamond Caslon Constantia
Gill Aller Gurmukhi
Papyrus Overlook Mistral

d b   q p   Garamond
d b q p   Aller

Statisches Formprinzip

Bodoni Bookman Perpetua
Helvetica Optima Worstveld
Pass Chalkboard Edwardian

d b   q p   Helvetica
d b   q p   Didot

Geometrisches Formprinzip

Chicago Bauhaus Kino MT
Tekton Rockwell Futura
Braggadocio Eurostile

d b   q p   Futura
d b   q p   Rockwell

Abb. 7.14: Schriftbeispiele für die drei Formprinzipien. In jeder Gruppe gibt es Vertreter mit und ohne Serifen sowie mit starkem und schwachem Strichkontrast.

Dekorative und Schnörkelschriften passen selten klar in eine der drei Gruppen. Die Formprinzipien helfen bei der Kombination von Schriften, denn innerhalb einer Hauptgruppe harmonieren Schriften meist gut miteinander; bei dekorativen Schriften hilft die Betrachtung, welcher Gruppe diese Schrift am ehesten zuzuordnen wäre.

Auf dem eigenen Computer sind meist nur wenige Hundert Schriften vorhanden, die aber bereits ein gutes Spektrum abdecken. Viele weitere sind im Internet erhältlich, es gibt mehrere Anbieter für professionell gestaltete

Schriftsätze, die man in mehreren Strichstärken und Schriftschnitten (fett, kursiv, gestaucht) erhält. Seit 2007 liefert Microsoft die sechs neuen C-Schriften (Calibri, Cambria, Candara, Consolas, Constantia und Corbel) mit. Diese Schriften sind moderne und gut gestaltete Varianten für Serifen-, serifenlosen und Monospace-Text. Calibri beispielsweise löst die charakterlose Arial ab, während Cambria und Constantia geeignete Times-Ersatzschriften oder zumindest gute CSS-Fallback-Schriften für ausgefallene Serifen-Fonts abgeben. Google-Fonts bietet eine umfangreicher Auswahl gut gestalteter Schriften kostenlos an. Diese lassen sich via CSS in eigene Webseiten integrieren. Damit ist es möglich, auf Webseiten Schriften zu verwenden, die nicht auf dem Nutzer-Computer installiert sind. Alle modernen Browser unterstützen dies.

Innerhalb von Texten ist die Textauszeichnung direkt in HTML möglich:

- `<font [Parameter]>...</font>` – Textformat direkt im HTML-Code; heute nicht mehr gebräuchlich, empfohlen ist die Auszeichung als style-Attribut oder via CSS-Klassen
- `<em>...</em>` – Hervorhebung innerhalb eines Textes, default: Kursivschrift; `<em>` steht für „emphasized" und ist primär eine semantische Auszeichnung, deren optische Ausprägung der Designer via CSS definiert
- `<strong>...</strong>` – Hervorhebung innerhalb eines Textes, default: Fettschrift; `<strong>` ist wie `<em>` eine semantische Auszeichnung
- `<b>...</b>` – Fettschrift („bold") für Wörter oder Phrasen; ist eine optische Zuweisung ohne klare semantische Bedeutung, daher eher zu vermeiden
- `<i>...</i>` – Kursivschrift („italic") für Wörter oder Phrasen; ist eine optische Zuweisung ohne klare semantische Bedeutung, daher eher zu vermeiden
- `<u>...</u>` – Unterstreichung („underline") für Wörter oder Phrasen; ist eine optische Zuweisung ohne klare semantische Bedeutung; da mittels Unterstreichung Links markiert werden, eignet sich diese Auszeichnung nicht für den Alltag

---

Effektiver ist es, Schriften per CSS zu definieren und verschiedene Klassen zu verwenden, dabei sind auch **em-**, **strong-** und andere HTML-Auszeichnungen anpassbar. Sinnvoll ist es, alle Standardelemente via CSS zu definieren und diese im HTML-Code zu benutzen: Die Seitenüberschrift erhält die `<h1>`, die Unterüberschrift die `<h2>`, Zwischentitel sind beispielsweise mit `<h3>` ausgezeichnet, Textabsätze mit `<p>` und Listen als `<li>`-Elemente innerhalb von `<ul>`- oder `<ol>`-Bereichen, deren Eigenschaften ebenfalls via CSS festgelegt sind. So bleibt der HTML-Code korrekt und macht keine Probleme. Auch Google freut sich, Webseiten mit korrekten HTML-Tags zu indexieren, die Designzuweisungen sind bei der Google-Verarbeitung nachrangig.

Textunterstreichungen sind auf Webseiten und in Software zu vermeiden. Unterstrichene Wörter oder Textpassagen werden als klickbare Links wahrgenommen; wenn sie blau gefärbt sind, ist das Missverständnis durch nichts aufzuheben. Andersherum sollte jeder Link an einer ungewöhnlichen Stelle in Blau und unterstrichen gezeigt werden.

Eine harmonische Webseite verwendet zwei zueinander passende Schriftarten in jeweils bis zu vier Varianten (je eine Kombination aus Schriftschnitt und -größe). Die übrigen Parameter sollten nur in wenigen Sonderfällen genutzt werden. Beispielsweise kann der Einleitungsabsatz eines Web-Beitrages durch leichtes Letter-Spacing optisch etwas abgesetzt werden.

Cascading Style Sheets ermöglichen vielfältige Schriftgestaltungen:

color: `#hex`, `rgb(r,g,b)`, `rgba(r,g,b,a)` – Schriftfarbe in Hexadezimal- oder RGB-Schreibweise, mit RGBA ist die Angabe einer Transparenz möglich.

font-family: `serif`, `sans-serif`, `cursive`, `fantasy`, `monospace` – Schriftfamilie; bei der Deklaration der verwendeten Schriften sollten mehrere angegeben werden, die erste verfügbare verwendet der Browser zur Darstellung; sozusagen als letzten Ausweg (wenn keine der explizit benannten vorhanden ist) nutzt er die Schriftfamilie, die sinnvollerweise als letztes angegeben ist.

font-size: `px`, `pt`, `em`, `ex`, `ch`, `rem`, `%`; `xx-small`, `x-small`, `small`, `medium`, `large`, `x-large`, `xx-large`; `smaller`, `larger` – Schriftgröße in einer geeigneten Einheit; px bezeichnet Bildschirmpixel, pt meint den typografischen Punkt (ca. 30 Prozent größer als ein Pixel); Text-Elemente können Schriftgröße relativ zu Eltern-Elementen erhalten.

font-style: `italic`, `oblique`, `normal` – Schriftschnitt (*kursiv*, **fett**, normal)

font-variant: `small-caps`, `normal` – Schriftvariante (KAPITÄLCHEN oder normal)

font-weight: `bold`, `bolder`, `lighter`, `normal`, `100 - 900` – Strichstärke (breit, breiter, dünner oder als Zahlenwert: 100 = extrem dünn, 900 = extrem dick), nur wenige Schriften unterstützen alle verschiedene Stärken

letter-spacing: `px`, `pt`, `em`, `ex`, `ch`, `rem`; `normal` – Zeichenabstand line-height: `px, pt, em, ex, ch, rem, %, Zahlwert` – Zeilenhöhe; bei relativer Angabe bezieht sie sich auf die Schriftgröße, sie sollte mindestens 115 Prozent der Schriftgröße betragen (besser 135 Prozent), beispielsweise 17 Pixel bei 14 Pixel Schriftgröße

text-decoration: `underline, overline, line-through, blink, none` – die Textgestaltung (<u>unterstrichen</u>, überstrichen, ~~durchgestrichen~~, blinkend, normal)

text-shadow: X-Abstand (`px`), Y-Abstand (`px`), Weichzeichnung (`px`), Schattenfarbe (`#hex, rgb, rgba`) – Textschatten, jedes Zeichen erhält einen eigenen Schatten; durch Abstand, Weichzeichnung und Farbe lassen sich fast realistische Schattenwürfe oder strahlende Buchstaben realisieren.

text-transform: `capitalize, uppercase, lowercase, none` – Schriftumwandlung (KAPITÄLCHEN, GROSSBUCHSTABEN, kleinbuchstaben, normal)

text-align: `left, right, center, justify` – Textausrichtung (linksbündig, rechtsbündig, zentriert, Blocksatz)

word-spacing: `px, pt, em, ex, ch, rem, %` – Wortabstand

Entscheidend für die gute Lesbarkeit einer Webseite ist neben der Schriftart die Nutzung der Abstände. Entgegen der landläufigen Meinung haben Serifen- und serifenlose Schrift kaum Einfluss, die Zeilenlänge, der Zeilenabstand und die Schriftgröße dagegen schon. Für Lesetexte ist eine möglichst wenig charakterstarke Schrift geeignet, also keine, die zu sehr von den üblichen und gewohnten Schrifterscheinungen abweicht. Überschriften und Kurztexte vertragen auch eine besonders illustrierende oder verschnörkelte Schrift.

Für Fließtext gibt es gute Konventionen:

Schriftgröße: mindestens 12 Pixel, besser 14 Pixel (entspricht etwa 12 Punkt); je älter das Zielpublikum, desto größer die Schrift (bis 18 Pixel sind durchaus okay, die Leser werden es danken)

Zeilenabstand: mindestens 15 Prozent mehr als die Schriftgröße, besser 25 bis 40 Prozent; je nach Schriftschnitt kann auch ein zweizeiliger Abstand geeignet sein; durch gute Zeilenabstände kann oft ein wenig bei der Schriftgröße gespart werden, ohne die Lesbarkeit zu beeinträchtigen

Absätze: entweder deutlich durch Einzüge kennzeichnen oder durch Abstände, die mindestens einer halben Zeilenhöhe entsprechen

Ausrichtung: Linksbündig ist immer geeignet, Blocksatz nur bei langen Zeilen (mit genügend Leerzeichen, damit wenig „Löcher" gerissen werden)

Zeilenlänge: Mindestens 40 Zeichen, maximal 80 Zeichen (mindestens 300 Pixel, maximal 800 Pixel; je nach Schriftgröße)

Silbentrennung: Mittels `word-wrap: break-word; hyphens: auto;` wird in CSS die automatische Silbentrennung aktiviert; diese funktioniert in den meisten (aber nicht allen) Browsern

Bei Überschriften ist neben der Lesbarkeit auch die gestalterische Wirkung zu berücksichtigen. Ob es eine gedrungene Schrift in mittlerer Größe oder eine zarte Schrift in Übergröße oder eine farbige Klötzchenschrift ist – dafür ist der Designer zuständig. Dieser erarbeitet eine typografische Wirkung, die zum Inhalt passt. Diese wird in einem Styleguide festgehalten und durch Beispiele illustriert. So verfügt der Entwickler über alle Angaben für die Umsetzung und der Auftraggeber über ein Ansichtsexemplar, das er zum Vergleich bei der Abnahme heranziehen kann.

Checkliste: Schrift im Web

- Für Fließtext eine gut lesbare Schrift (mit Serifen oder serifenlos) in angemessener Größe (mindestens 12 Pixel hoch)

- Bei der Schriftangabe in CSS eine allgmeine Ausweichvariante definieren (`serif, sans-serif, cursive, fantasy, monospace`) und Anzeige mit Ausweichschriften testen (diese laufen oft etwas anders)

- Computer- und Mobilsysteme enthalten unterschiedliche Sätze an vorhandenen Schriften, bei der Auswahl geeignete Mobil-Schriften berücksichtigen

- Schriftsatz-Dateien sind urheberrechtlich geschützt, nur jene als Webfont bereitstellen, für die man auch die Erlaubnis/Lizenz dafür hat

- Skalierbarkeit im Browser gewährleisten

- Schrift-Elemente durch genügend Abstand von anderen Elementen (z.B. Randlinien) trennen und genügend Nähe zu beschrifteten Elementen (Checkboxes, Radio-Buttons) herstellen

- Schrift ausrichten (üblich linksbündig, Blocksatz nur bei breitem Text bzw. guter Silbentrennung)

- Bei Fließtext mindestens 40, maximal 80 Zeichen in einer Zeile

- Genügend Helligkeitskontrast zum Hintergrund, mindestens 50 Prozent

- In Software die Systemstandardschriften verwenden

Icons und Symbole

Für Standard-Aktionen stellen die Systeme bereits geeignete Symbole bereit. Ein Blick in die aktuellen Dokumentationen der Systeme hilft bei der Umsetzung eigener Icons und Symbole. Die technischen Parameter zu Größe, Format und Gestaltungsrichtlinien sind darin detailliert aufgeführt und illustriert. (Seite 313)

Bei Icons gibt es einerseits eine große Vielfalt an Gestaltungsansätzen, aber auch verschiedene Konventionen, die das Verständnis erleichtern:

Abb. 7.15: Verschiedene Programm-Icons auf einem Mac-Computer

Auf dem Mac-System gibt es die Konvention aus den frühen 1980ern, dass Dokument-Programme als Grundform ein gekipptes Quadrat verwenden. Durch ein rechts unten ergänztes Attribut und die Füllung des Quadrats erhält das Icon seine inhaltliche Aussage. Die Grundform bedeutet „Ich bin ein Programm", die konkrete optische Gestaltung verrät dann, wofür das Programm geeignet ist. Dieses gekippte Quadrat findet sich auch heute noch für zahlreiche Mac-Programme, vorwiegend für Text- und Bild-bearbeitende und -verwaltende (die ersten sechs im Screenshot oben). Safari, iTunes oder QuickTime basieren dagegen auf einem Kreis als Grundform, einige andere Programme haben fast realistische Abbildungen. Adobe verwendet für seine Programm-Icons ein Quadrat als Grundform, jedes Programm hat einen eigenen Grundfarbton, der sich an einigen Stellen innerhalb des Programms und auf der Verpackung wiederfindet. Dazu wird durch eine Buchstabenkombination in dem Quadrat das Programm näher angegeben. Microsoft verwendet für seine Programme wieder eine eigene Icon-Sprache.

Während Programm-Icons entweder metaphorisch Tätigkeiten oder Konzepte abbilden oder auf einer Meta-Gestaltung (anhand der Namen ohne Bezug zur Funktion) basieren, sind die Icons für Entitäten wie Laufwerke, Drucker oder Ordner möglichst realistische Abbildungen. Gibt es ein reales Pendant des Icons, be-

Abb. 7.16: Klassische Icons auf einem Mac-Computer (1980er)

steht seine Bedeutung also nicht in einer Tätigkeit oder einem Konzept, sondern einem realen Objekt, wird das Icon gegenständlich gestaltet. Dabei wird soweit abstrahiert und verallgemeinert, dass der Originalbezug eindeutig erkennbar bleibt, wie beim Papierkorb-, Disketten- oder Computer-Icon.

Übrigens sind beim Design-Verzicht auf Räumlichkeit auch Icons zu berücksichtigen, die lange übliche perspektivische Darstellung ist keine Option mehr. So hat Apple seine Programm-Icons nunmehr alle plan angelegt und die perspektivische Krümmung entfernt. Nur eine dezente Lichtsetzung belässt den Icons einen Rest von simulierter Haptik, sodass sie als klickbare Objekte wirken können.

Die einstigen technischen Grenzen erzwangen eine abstrakt-stiliserte Gestaltung, die heute durch fotorealistische Icons abgelöst werden könnte. Da Icons jedoch eine metaphorische Repräsentation sind, ist Abstraktion nötig. Das Kompass-Icon, das den Browser Safari bezeichnete, wirkte in seinem Hyperrealismus falsch und motivierte Fehlinterpretationen. Mit der Abkehr vom Skeuomorphismus ist der Kompass nunmehr stilisiert gestaltet, was die abstrakte, metaphorische Aussage betont. Dank hochauflösender Bildschirme sind filigrane Icons in guter Detaillierung möglich. Für das „Modern Design" in Windows bestehen Icons beispielsweise nur aus weißen Linien und wenigen Flächen.

Bei Dokument-Icons ist die Erstellung simpel: Man nehme das Standard-Dokument-Icon (ein Rechteck im Hochformat mit abgeknickter Ecke) und ergänze in der Fläche ein Element, das den Dateiinhalt verdeutlicht. Dies ist meist ein Element, das auch

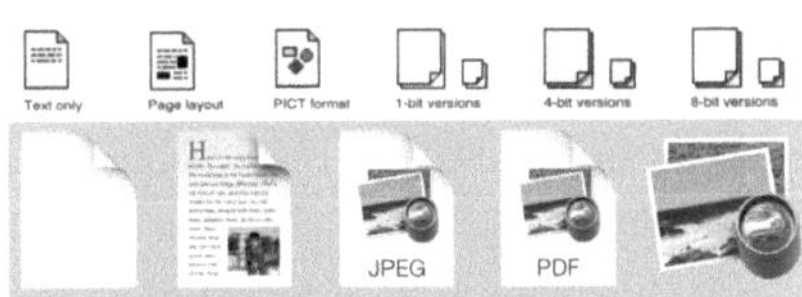

Abb. 7.17: Dokument-Icons auf einem Mac-Computer (klassisch und modern)

im Programm-Icon verwendet wird. Für Vorlagendateien werden mehrere Dokument-Rechtecke hintereinander dargestellt. Ein Dokument-Icon erhalten alle Dateien, die beim Doppelklick keine Funktion auslösen, sondern in einem Programm geöffnet werden. Andere Dateien (Skripte, Objekte, Programme, etc.) erhalten Icons, die nicht auf einem hochkant-stehenden Rechteck basieren.

Bei der Gestaltung von Symbolen in Symbolleisten oder Paletten gibt es mehr Freiheiten. Virtuell basiert jedes Symbol auch auf einem Rechteck oder Quadrat, jedenfalls ist das die Klickfläche, aber optisch kann es jede Gestalt annehmen. Ziel ist, dass ein Symbol oder Icon möglichst viel der klickbaren Fläche mit seiner Fläche oder Gestalt füllt. Für Fett-, Kursiv- und Unterstreichungs-Symbole hat es sich etabliert, ein fettes „F", ein kursives „K" und ein unterstrichenes „U" als

Icon zu verwenden. Je nach Konvention der Plattform sind diese Buchstaben mit einer einheitlichen (rechteckigen) Umrandung versehen oder stehen einfach direkt als Symbole in der Symbolleiste zur Verfügung. In vielen Kontexten erstellt das System die rechteckige Umrandung der Schaltfläche (= Klickfläche) oder zeigt diese als Hover-Reaktion an.

Gerade bei Symbolen gilt die Herausforderung der gestalterischen Konsistenz. Ähnliche Funktionen werden ähnlich dargestellt, wie die Ausrichten-Symbole in der InDesign-Palette (Seite 193) oder die Ribbon-Symbole in Word (Seite 95). Mitunter sind diese durch eine Umrandung zusammengefasst. Ein eigentlich klarer Regelverstoß führt überraschenderweise nicht zu Problemen: Von den Ausrichten-Symbolen im Toolbox-Screenshot (rechts) kann nur eines gewählt sein; dagegen ist bei den Formaten (Fett, Kursiv, Unterstrichen, Durchgestrichen) die Mehrfachsetzung möglich – beide Symbol-Blöcke sind identisch gestaltet, verhalten sich jedoch unterschiedlich. Die inhaltliche bzw. funktionale Bedeutung wirkt stärker als die (unbewusst) gelernten Regeln. Die Konsistenzverletzung ist in diesem Fall ohne Auswirkungen.

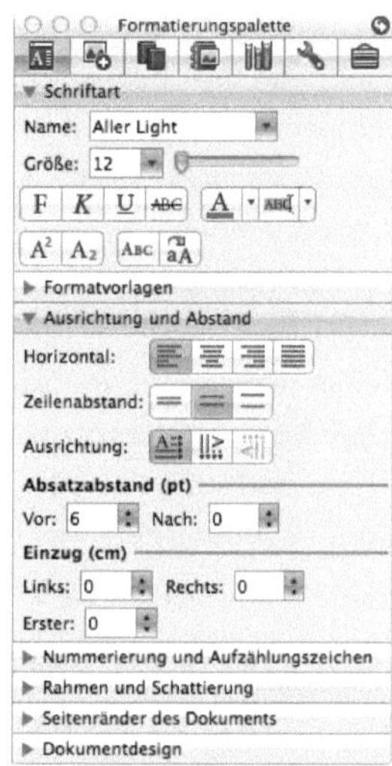

Abb. 7.18: Die Toolbox von Word 2004 für Mac.

Außerdem fällt auf, dass das „F" für Fett überhaupt nicht fett ist. Durch den Kontext ist seine Bedeutung eindeutig, und eine fettere Gestaltung hätte ihm eine optische Dominanz verliehen. Die optische und funktionale Umgebung wirken sich direkt auf die Gestaltung aus.

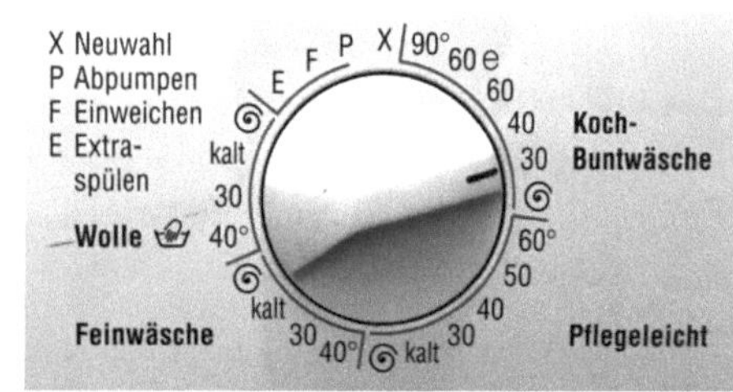

Abb. 7.19: Die linke Waschmaschine ist teilweise verwirrend (welches Programm gilt für die gemeinsame Wäsche von Hosen und Hemden) und benötigt für Details die Anleitung. Bei der rechten Maschine stellen Text und Zahlen die Informationen gemäß der Pflegehinweise auf Kleidungsetiketten bereit. Zu erkennen ist außerdem, dass erst der schwarze Strich auf dem dicken Drehknopf die eingestellte Wahl klar anzeigt.

Icons und Symbole dienen der schnellen optischen Wiedererkennbarkeit. Seltene Aktionen werden meist nur anhand ihrer Beschriftung identifiziert. Bei seiner Waschmaschine nutzen die meisten nur wenige Programme, deren Icons sie auch rasch (wieder-)erkennen. Soll ein sehr eigenwilliges Stück gewaschen werden, fiele dem Nutzer der linken Maschine die Wahl des geeigneten Programms schwer – er oder sie müsste in die Bedienungsanleitung schauen. Bei der rechten Maschine dagegen ist die Wahl anhand der Beschriftung möglich.

An vielen Stellen, vor allem bei weniger häufig genutzten Funktionen, sind beschriftete Tasten effektiver als sorgsam gestaltete Symbole. Symbole werden nur benötigt, wenn viele Funktionen auf engem Raum abzubilden sind. Werden dagegen nur drei Funktionen platziert, sind beschriftete Buttons schneller, billiger und genauso gut – und meist sogar eindeutiger. Insofern kann das „F" für Fett im Screenshot-Beispiel als Zwitter aus kryptischer Kurz-Beschriftung und Gestaltung gelten.

Nutzer orientieren sich vor allem räumlich. Oft wissen sie nur ungefähr, wie ein Icon aussieht, aber genau, wo es sich befindet. Es ist egal, ob sich dort ein aufwändig designtes Kunstobjekt oder eine beschriftete Taste befindet. Der Screenshot zeigt, dass – im Gegensatz zur InDesign-Palette – an vielen Stellen der Platz für eine klare und aussagekräftige Beschriftung bestehen kann. Die Word-Toolbox benötigt zwar etwas mehr Bildschirmfläche. Für Novizen ist sie einfacher nutzbar als die funktionsähnliche InDesign-Palette, deren Symbole zwar für Experten eindeutig und klar sind, aber Neulinge stellenweise irritieren.

Die große Herausforderung ist, all die verschiedenen Aspekte zu berücksichtigen und eine harmonische Gesamtgestaltung zu entwickeln. Ein Auftraggeber hat oft nur ein oder zwei Paradigmen, anhand derer er bemisst, ob eine Gestaltung funktioniert. Der Designer, der zahlreiche Paradigmen miteinander kombiniert bzw. berücksichtigt, wird in eine Rechtfertigungssituation gedrängt und muss erklären, welches der zahlreichen Paradigmen gerade das stärkste ist und welche Paradigmen zusätzlich wirken und die Fehlinterpretation oder Falschbedienung verhindern bzw. die effektive Nutzung fördern.

Oft hilft es in solchen Situationen, statt sich in theoretischen Diskussionen zu verlieren einen Nutzungstest durchzuführen. Das ist scheinbar aufwändiger, aber oft schneller und überzeugender. Die wirkliche Brauchbarkeit oder Untauglichkeit zeigt sich am ehesten in realistischen Nutzungssituationen. Die Befragung der Testanten zeigt, ob vorgebrachte Einwände plausibel oder rein theoretisch sind. Der Großteil solcher Diskussionsanlässe ist nämlich das Anwenden eines begrenzten theoretischen Verständnisses statt die Begutachtung der Lösung in ihrem vielschichtigen Paradigmen- und Anspruchsgeflecht. Ein gutes Interface muss nicht alle Anforderungen aller – zum Teil widersprüchlichen –

Theorien erfüllen. Ein gutes Interface muss den Nutzer aktiv darin unterstützen, seine Ziele zu erreichen.

Mit dem Icon-Design ist der klare pragmatische Bereich verlassen, und ästhetische sowie Geschmackskriterien spielen ebenso eine Rolle. Es gibt zwar „bessere" und „schlechtere" Lösungen, aber kein echtes Richtig oder Falsch. Jede der abgebildeten Lösungen funktioniert:

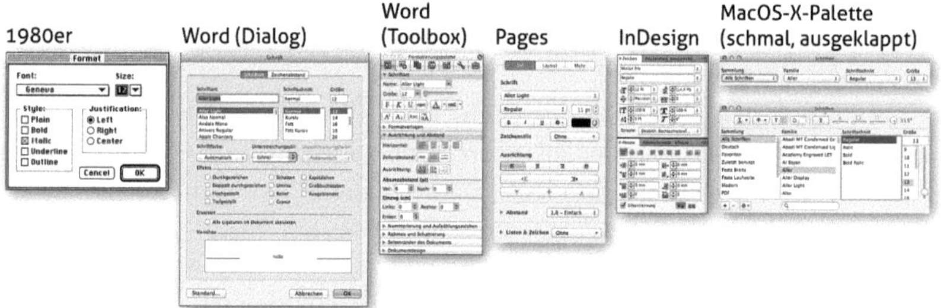

Abb. 7.20: Sechs Möglichkeiten zur Schriftgestaltung. Die ersten zwei arbeiten nur mit Textbeschriftungen, das fünfte fast nur mit Symbolen, die übrigen mit einer Kombination aus beidem. Je nach Zielgruppe und Nutzungskontext ist ein anderes System am effektivsten.

Ungeeignet sind Icon- und Symbol-Gestaltungen, die:

◇ von Nutzern missverstanden werden oder auch bei der zehnten Benutzung noch nicht verständlich sind.

◇ den Wissensstand der Nutzer ignorieren bzw. Kenntnisse oder Erfahrungen voraussetzen, die nicht vorhanden sind.

◇ zu detailliert, zu konkret, zu wenig abstrahiert sind, um allgemein für alle angebotenen Anwendungsfälle zu gelten.

◇ sich nicht klar genug voneinander abgrenzen und ähnliche Bedeutungen bzw. Funktionen nicht ähnlich genug darstellen.

◇ zusammengehörende Funktionen nicht beieinander präsentieren.

◇ keine klare Grundform besitzen, die sich in einer kurzen Phrase (maximal drei Worte) beschreiben ließe.

◇ zu wenig der klickbaren Fläche füllen.

◇ einfach nur schön sind, ohne dass jemand (außer dem Designer) in der Lage ist, die Beziehung zwischen dem Symbol und der Funktion in einem Satz zu formulieren.

Technische Design-Hinweise

Jede Entwurfsphase für ein Design verwendet andere Werkzeuge:

Erster Entwurf: Bleistift- oder Whiteboard-Skizze (grundsätzliche Benutzerführung)

Detail-Skizze: Wireframe, Skizze mit Lineal (Definition der Funktionsbereiche und deren Anordnung)

Machbarkeitsentwurf: digitaler Entwurf (vorwiegend zur detaillierten Platzverteilung und Farbstimmung)

Finaler Entwurf: digitale Grafik (möglichst pixelgenau das fertige Aussehen)

Das Aussehen eines Entwurfs trifft Aussagen über dessen Verbindlichkeit. Bereits die ersten Entwürfe in Photoshop zu erstellen, lässt diese wie fertige Designs wirken, das beeinflusst die Diskussionshaltung enorm. Auch wenn in den seltensten Fällen eine pixelgenaue Umsetzung erfolgen kann, so präsentiert das finale Design die Grundlage für Entscheidungen für oder gegen diesen Entwurf. Die ersten drei genannten Stadien dienen vorwiegend der Raumaufteilung, Funktionsanordnung und Nutzerführung, das konkrete Aussehen ist erst in der vierten Stufe relevant.

Gerade bei Webseiten gehen alle vier Phasen nahtlos ineinander über oder bedingen einander. Oft wird der finale Entwurf für eine Seite gestaltet und aus diesem werden die Benutzerführung abgeleitet und weitere Seiten mittels Wireframes entworfen. Wichtig ist vor allem, dass die Art des vorgelegten Entwurfs dem entspricht, was gerade diskutiert wird, mitunter ist es dann effektiver eine Bleistiftskizze anzufertigen, wenn der grafische Entwurf bereits vorliegt, man aber über die Benutzerführung sprechen möchte.

Für die vierte Phase ist die Wahl des geeigneten Software-Tools wichtig. Funktionale Mock-Ups oder Prototypen für Software lassen sich mit HTML, Flash oder Entwicklungs-Frameworks oft schnell realisieren. Für grafische Entwürfe wird meist Photoshop verwendet. Dies hat jedoch einen sehr unangenehmen Nebeneffekt: Photoshop stellt Text immer falsch dar, er wird nie so geglättet wie vom Webbrowser oder Betriebssystem, was die optische Gesamtwirkung stark beeinflusst. Daher sind für textlastige Webseiten die Entwürfe besser mit InDesign anzufertigen; dessen Schriftglättung entspricht eher der von Webbrowsern.

Unterschiedliche Bildschirmgrößen

Im Vorfeld weiß der Entwickler nicht, womit eine Webseite aufgerufen wird: Smartphone, Tablet im Hoch- oder Querformat, Laptop, PC mit 28-Zoll-

Monitor. Jedes Gerät wird in anderen Nutzungssituationen verwendet und gehorcht anderen Bedienlogiken. Auf einem Touch-Gerät müssen Bedienelemente wie Buttons beispielsweise groß genug für Daumen sein, bei Texteingaben verdeckt die Bildschirmtastatur einen Teil der Ansicht. Dagegen sind auf dem Laptop oder Computermonitor auch kleine Klickziele mit der Maus gut zu treffen, und der gesamte Kontext bleibt bei Texteingaben immer im Blick.

Für jedes Gerät gelten besondere Anforderungen.

Smartphone

◇ große Bedienelemente

◇ Bildschirmtastatur, Eingabeelemente verdecken oft den halben Bildschirm

◇ nur Klicken (kein Zeigen vor Klick, also keine Hover-Effekte) möglich

◇ lineare Anordnung der Inhaltsblöcke

◇ Scrollen (vertikal) ist üblich und kein Hindernis

◇ Seitenkopf (das beim Seitenaufruf als erstes ohne Scrollen Sichtbare) enthält jeweils die wichtigsten Informationen und Aktionen/Funktionen

◇ Menüs/Buttons zum Aufrufen weiterer Funktionen üblich, um Bildschirmplatz zu sparen; diese Elemente müssen deutlich als solche erkennbar sein

Tablet

◇ große Bedienelemente

◇ Bildschirmtastatur, Eingabeelemente verdecken ein Drittel des Bildschirms

◇ nur Klicken (kein Zeigen vor Klick, also keine Hover-Effekte) möglich, daher andere Feedback-Lösungen für einige Bedienelemente nötig

◇ begrenzt räumliche Anordnung der Inhaltsblöcke möglich

◇ im Hochformat oft recht schmal (teilweise weniger als 700 Pixel breit), daher Mehrspaltigkeit im Hochformat selten optimal

◇ im Querformat wird gleiche Darstellung wie auf Laptop erwartet

◇ Scrollen (in alle Richtungen) ist üblich und kein Hindernis

Laptop und Computermonitor

◇ kleine Bedienelemente möglich

◇ Unterscheidung zwischen Zeigen und Klicken (Hover-Feedback bei Berührung mit Mauszeigerberührung werden erwartet)

◇ räumliche Gestaltung in zwei Dimensionen (Mehrspaltigkeit) wird erwartet, beispielsweise als Haupt-Inhaltsspalte und Navigations- oder Teaserspalte

◇ Text nicht zu breit laufen lassen (maximal 80 Zeichen bei Fließtext)

Flash ist keine Option mehr; Adobe hat die Entwicklung für Mobilgeräte eingestellt. Auch hat diese Technologie zu viele Nebenwirkungen. Flash ist ein brauchbares Werkzeug in der Prototyping-Phase oder für bestimmte Multimedia-Zwecke. Für alle anderen Einsatzgebiete gibt es bessere Lösungen mit weniger Probleme; dank HTML5 und CSS3 ist es unnötig, Navigationsanimationen mit Flash umzusetzen.

Responsive Design

Ein responsive Design entwickelt sich am besten von der kleinsten hin zur größten Ansicht, „Mobile first". Für Smartphones werden alle Inhalte in die richtige Reihenfolge gebracht, denn der kleine Monitor erlaubt keine Mehrspaltigkeit. Die Inhalte und Funktionen werden also linearisiert, vom Wichtigen (zuerst) zum Unwichtigen oder Ergänzenden (am Ende).

Im nächsten Schritt wird die Ansicht gedanklich verbreitert, spätestens bei der Laptop-Ansicht ist der sichtbare Bereich mehr als doppelt so breit wie auf einem Smartphone. Daher ist es selten sinnvoll, eine Textspalte einfach nur zu verbreitern und den Platz ausfüllen zu lassen und die Schrift dabei zu vergrößern. Durch die zusätzliche Breite können Elemente aus den unteren Smartphone-Bereichen nach oben geholt und neben anderen platziert werden.

Ein responsive Design besitzt meist sogenannte Breakpoints (Bildschirm- bzw. Browserfensterbreiten), an denen die Darstellung umgeschaltet wird. Die Breakpoints werden als sogenannte Media-Query in der CSS-Datei definiert. Javascript ist nur eine Option, wenn mit CSS eine wichtige Umsortierung partout nicht zu realisieren ist.

An einem Breakpoint wird beispielsweise aus einem dreispaltigen Basislayout ein vierspaltiges. Zwischen diesen Umschaltungen wachsen bzw. schrumpfen die Spalten jeweils stufenlos bis zum nächsten Breakpoint. Es sind vielfältige Umgestaltungen möglich:

◇ Umsortierung oder andere Anordnung der Inhaltsblöcke
◇ Ein- oder Ausblenden von Blöcken oder Elementen
◇ Menü umbauen: auf Smartphones meist ausklappbares Menü (mit sogenanntem „Burger"-Symbol), auf Laptop oder PC dagegen Menüzeile
◇ andere Größen für Elemente, z.B. Bilder, Grafiken, Bedienelemente
◇ Schriftgrößen und Abstände vergrößern oder verkleinern
◇ andere Farbigkeiten, Ränder, Schattenwürfe
◇ Hover-Effekte bei Mausberührung

Es kann sich in einigen Fällen anbieten, nicht alle Spalten gleichmäßig mitwachsen zu lassen, sondern eine „Gummi-Spalte" einzufügen. Diese wächst bis zum nächsten Breakpoint mit, während alle anderen gleichbreit bleiben. Üblicherweise enthält dann diese Gummi-Spalte den Hauptinhalt. Dabei erhält auch sie Maximalgrenzen, denn zu breite Textspalten sind schwer lesbar.

Als Ausgangsmaterial empfiehlt sich eine Spaltenskizze (analog zum Satzspiegel im Drucklayout):

⬦ 2 Spalten für Smartphone hochkant

⬦ 3 Spalten für Tablet hochkant oder Smartphone Querformat

⬦ 4 Spalten für Tablet Querformat und Laptop

⬦ 5 Spalten für Computermonitor

⬦ ggf. 6 Spalten für sehr große Computermonitore

Die Spalten gewährleisten ein gewisses Grundraster, damit entsteht ein Baukasten aus Seitenelementen, sodass sich neue Seitentypen daraus schnell zusammenstellen lassen. Das reduziert zwar den Erstellungs- und Pflegeaufwand gemäß dem Widget-Modell, verpflichtet aber zu guter Planung.

Um eine Webseite gut zu planen, wird sie in Blöcke aufgeteilt. Solche Blöcke (beispielsweise für Hauptinhalt, Navigation, Teaserflächen, Social-Media-Buttons, Kommentare, ergänzende Informationen) entsprechen den Kästen, die in Layout-Programmen auf der Seite angeordnet und verschoben werden. Mittels CSS kann jeder dieser Blöcke dann beeinflusst werden.

In den Basisspalten werden die Blöcke verteilt. Dabei kann ein Block mehrere Spalten umfassen. Die zwei Smartphone-Spalten werden als eine behandelt und sind insgesamt etwa halb so breit wie das Tablet-Querformat. Auf diese Weise wird jede Seitenansicht in allen Formaten skizziert und werden die Blöcke angeordnet. So erhält man sein Layout. Anschließend sind die wiederkehrenden Blöcke zu identifizieren, beispielsweise ein Block mit Angaben zu einem Autor oder Produkt, ein bestimmtes Formular oder ein Textbereich. Für diese werden dann die Designs entwickelt, die für jedes Geräteformat angewendet werden.

Achtung: Der HTML-Code ist stets der gleiche – die Designs hängen von der Reihenfolge der Elemente im HTML-Code ab, und die Gestaltung via CSS von der korrekten Auszeichnung aller HTML-Elemente. Das macht die Planung einer solchen Seite recht komplex, und man bekommt schnell Knoten im Gehirn. Dagegen hilft nur praktisches Üben und Studieren des Quellcodes anderer Webseiten (der Quellcode lässt sich in jedem Browser untersuchen und so einiges lernen).

Es gibt bislang kaum Tools, mit denen sich ein responsive Design adäquat entwickeln lässt. Also werden die wesentlichen Ansichten (vor jedem Breakpoint) mit dem Design-Programm der Wahl erstellt. An Prototyping mittels echtem HTML und CSS führt jedoch kein Weg vorbei. Dabei wird zuerst das Layout als HTML-Dummy umgesetzt. So lassen sich die korrekte Verschiebung der Blöcke sowie deren sinnvolles Skalieren zwischen den Breakpoints prüfen und anpassen. Auch Bilder können dank CSS mitwachsen oder mitschrumpfen, dabei werden diese vom Browser skaliert, was nicht bei allen Motiven gut funktioniert.

Da die verschiedenen Browser und Geräte immer noch einige CSS-Tricks unterschiedlich umsetzen, ist Testen unumgänglich und sollte möglichst zeitig beginnen. Als Faustregel ist jeder Browser der letzten drei Jahre zu berücksichtigen. Wem Statistiken über die Browserverteilung seiner Besucher vorliegen, kann daraus die zu testenden Geräte und Browser ableiten: alle mit mindestens 0,5-Prozent-Anteil sowie alle sehr neuen Browser oder Browserversionen.

Erst im zweiten Schritt wird Stück für Stück das Design aufgetragen. Da sich die Ansicht für jede Fensterbreite verändert, ist die Gesamtwirkung jeweils eine andere. Inzwischen hat sich die Erkenntnis durchgesetzt, dass ein pixelgenaues Nachbauen von Grafik-Entwürfen unmöglich ist, so bleibt als wichtigste Entscheidungsbasis die Ansicht in einem Browser.

Übrigens ist es nie sinnvoll, Webseiten-Entwürfe auf einem Beamer oder als Bild-Datei zu begutachten. Der Beamer verfälscht Farben, Kontraste und Lesbarkeit, und die körperliche Verfassung des Betrachters ist eine völlig andere als vor einem Monitor – drei Meter Entfernung statt 30 Zentimeter. Die Bilddatei (als jpg oder png) in einem Browserfenster anzuzeigen, ist die effektivste Möglichkeit. Der Entwurf wirkt in seinem natürlichen Umfeld. Die Wirkung, Klickwege und Nutzeraktionen lassen sich so realistischer abschätzen.

Für welche Webseiten ist ein responsive Design gut geeignet?
- Seiten zur Wahrnehmung mit wenig Interaktion
- Textbasierte Content-Webseiten: News, Nachrichten, Berichte, Texte
- immer wenn Text im Vordergrund steht, denn dieser skaliert am ungefährlichsten
- mit wenig Entwicklerressourcen soll eine Zielgruppe erreicht werden, für die Smartphones und Tablet häufige Nutzungsgeräte sind, oder der Nutzungszweck legt die Verwendung von Mobilgeräten nahe

Für welche Webseiten ist ein responsive Design wenig geeignet?
- Seiten mit viel Interaktion und vielen Funktionen (Ausnahme: Facebook, die eine größere Entwicklungs- und Testabteilung haben als die meisten)
- Webshops mit Fokus auf Bildern und Funktionalitäten (Ausnahme: Amazon, deren mitwachsendes Design bei großer Breite nicht überzeugt)
- komplexe Navigation, Filtermöglichkeiten
- der Nutzungszweck lässt eher eine Nutzung am Monitor erwarten bzw. die Zielgruppe nutzt vorwiegend Computer

Separate Ansichten je Monitorgröße/Adaptives Design

Vereinfacht ist ein adaptives Design genauso aufgebaut wie ein responsive Design – der Unterschied besteht darin, dass nur die Darstellungen der Breakpoints existieren, also keine Skalierung zwischen diesen stattfindet. Damit lässt sich die Darstellung und Wirkung wesentlich präziser steuern. Durch die prozentuale Skalierung im responsive Design können Rundungsfehler in bestimmten Zwischengrößen entstehen, oder manche Gestaltungen sind in der Skalierung nur aufwändig umzusetzen und umständlich zu testen.

Als Nachteil bleibt zwischen den Breakpoints dann leerer Raum (meist links und rechts vom Inhalt). Da die wenigsten Nutzer ihre Browserfenster ständig vergrößern oder verkleinern, empfinden diese das als weniger schlimm als die Designer. Ist das Browserfenster breit genug, wird ja die nächstgrößere Version angezeigt.

Als pragmatisch hat es sich erwiesen, die kleinste Größe bis zum ersten Breakpoint zu skalieren. Die kleinste Größe besteht nur aus einer Spalte, da gibt es wenig Nebenwirkungen, und der Nutzen für die Seitenbesucher ist gegeben, da gerade auf kleinen Geräten stets der gesamte Platz genutzt wird.

Hochauflösende Bildschirme

Spätestens mit dem Aufkommen von hochauflösenden Bildschirmen ist ein technischer Aspekt bei der Gestaltung und Umsetzung von Icons und Symbolen zu berücksichtigen: Im Vorfeld ist nicht bekannt, in welcher Größe diese angezeigt werden. Apple behilft sich damit, dass jedes Programm- und Dokument-Icon in verschiedenen Größenstufen bis hinauf zu 1.024 mal 1.024 Pixel vorliegt. Gäbe es wie in den 1990ern nur Größen bis 32 mal 32 Pixel, würden die Icons schnell ausgefranst und unscharf aussehen.

Ebenso müssen Symbole teilweise in verschiedenen Größen vorliegen, damit diese bei unterschiedlichen Bildschirmeinstellungen stets scharf und deutlich erkennbar sind. Das bedeutet, dass Icons und Symbole sehr klein, 16 mal 16 Pixel, sein können – ohne ihre Kernaussage zu verstümmeln. Ein schlichtes Verkleinern der Maximalversion genügt nicht; gerade die kleinen Versionen müssen oft speziell angepasst werden und auf Details verzichten.

Alle grafischen Elemente, die vom System bereitgestellt werden (z.B. Icons, Symbole, Fensterelemente) oder aus Vektoren bestehen (Schriften), sind bereits für hochauflösende Bildschirme optimiert. Die aktuellen Programmierumgebungen für MacOS X, Windows und Android unterstützen verschiedene Bildschirmgrößen und Auflösungen. Programmoberflächen werden korrekt skaliert und bleiben dabei scharf. Kritisch sind nur selbst erstellte grafische Elemente.

Auch haben sich die Größen- und Platzierungsangaben bei der Programmierung geändert.

Bisherige Pixel-Werte werden korrekt umgerechnet (als Pseudo-Pixel). Vor der Entwicklung einer neuen Oberfläche sind die entsprechenden Interface Guidelines (Seite 313) zu konsultieren, um die aktuell empfohlenen Vorgehensweisen zu berücksichtigen. Wer in der Oberflächengestaltung die „alten" Konventionen verwendet, riskiert, dass in naher Zukunft einige Elemente unscharf, verschoben oder zumindest unschön aussehen.

Auf Webseiten sind unterschiedliche Größen ebenso zu beachten, denn jeder Browser bietet das Zoomen an. Gerade auf Mobilgeräten wird oft in Bereiche hineingezoomt, um beispielsweise einen Text ungestört und besser lesen zu können. Eine pixelgenaue Hintergrundgrafik wird auf einem hochauflösenden Tablet-Monitor dann unscharf und klotzig. Bislang gibt es nur wenige Lösungen, die stabil funktionieren:

- ◇ CSS-Farbverläufe und -Effekte ersetzen Schmuck-Grafiken.
- ◇ Bilder werden mittels CSS skaliert (die im `<img>` referenzierte Maximalversion wird auf die jeweils benötigte Größe verkleinert).
- ◇ Das neue HTML-Element `<picture>` verwendet je nach Umgebung die geeignete Bildgröße. Bislang wird es jedoch noch nicht von allen Browsern unterstützt; durch die Kompatibilität zu `<img>` wird aber ein Bild angezeigt.
- ◇ CSS-Media-Querys zeigen je nach Bildschirm andere Bilder.
- ◇ Die Webseite nutzt spezielle Schriftarten mit Symbolen und Icons (nur einfarbig möglich), denn Schrift erscheint in allen Größenabstufungen scharf. Mit einem Schriftgestaltungsprogramm wird eine eigene Schrift für spezielle Symbole oder grafische Elemente erstellt und diese dann als Webfont eingebunden.
- ◇ Vektordateien (.svg) sind für bestimmte Design-Elemente geeignet.
- ◇ Mit Javascript (beispielsweise mittels jQuery) lässt sich gut tricksen, teilweise in Kombination mit CSS-Skalierung.

Design mit Photoshop oder InDesgin?

Wer eine Website gestaltet, beginnt mit einer Bleistiftskizze. Als nächster Arbeitsschritt ist ein anständiges Layout nötig. Dafür hat sich Photoshop etabliert. Es gibt jedoch zahlreiche Gründe, InDesign den Vorzug zu geben.

InDesign ist eine Layout-Software, ihre Stärken sind Spaltensatz, Interaktion zwischen Text und Bildern und Automatismen zur Textgestaltung sowie die Formatvorlagen. Viele Webseiten enthalten mehr Text als im ersten Moment vermutet. Wer keine Webseite als Bildergalerie plant, kann davon ausgehen, dass mindestens 50 Prozent der Fläche von Text bedeckt sind, häufig mehr.

Diese Texte sind über CSS-Formate gestaltet, jede Überschrift besitzt eine Vorlage: h1, h2, h3 usw. Für Aufzählungen, Zitate, besondere Textblöcke und Links ist das Design in der CSS-Datei definiert – dabei ist je nach Kontext eine andere Gestaltung möglich, beispielsweise sieht die h3 im Text anders aus als in der Randspalte. Absatz- und Zeichenvorlagen bei Indesign erleichtern – wie in jeder guten Textverarbeitung und in jedem Satzprogramm – seit Jahren den Alltag. Der Text soll etwas größer sein? Einen kleinen Grünstich erhalten? Einen anderen Schriftschnitt oder eine andere Schriftart verwenden? CSS-Datei oder (in diesem Entwurfsschritt) Formatvorlagen anpassen – fertig.

Fast alle Webseiten basieren auf einem Spaltenlayout, beliebt ist das Raster mit 12 Spalten auf 960 Pixeln. Das erinnert an Papierlayout, nur dass Pixel die Maßeinheit sind, statt Millimetern oder Zentimetern. Es lässt sich wohl nur historisch und anhand der verfügbaren Software erklären, wie Photoshop zur Webdesign-Allzweckwaffe werden konnte.

Ein Problem ist, dass Schrift in Photoshop *niemals* so aussieht wie im Browser. Insgesamt erzeugt Photoshop kein realistisches Schriftbild. Ein umgesetzter Entwurf wird trotz identischer Einstellung der Schriftart, -größe, -abstände und -farbe seiner Vorlage einfach nicht ähnlich sehen. Das Schriftbild im Browser ist niemals so harmonisch geglättet wie in Photoshop.

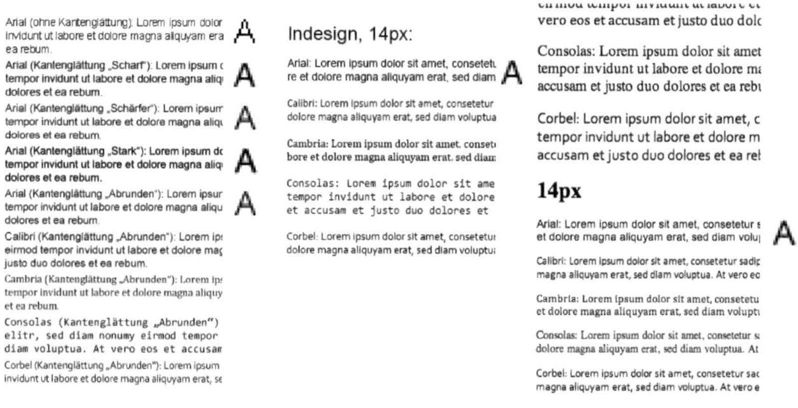

Abb. 7.21: Screenshots: Die Schriftglättung beeinflusst bei Texten die optische Wirkung enorm mit. Photoshop (links) bietet dafür fünf Varianten. InDesign (Mitte) verwendet beim Export als Bild eine. Der Browser (rechts) nutzt die Kantenglättung des Systems; der Ausschnitt zeigt außerdem den Unterschied zwischen „14 Pt" (oben) und „14 Px" (unten).

Von den fünf Kantenglättungsmöglichkeiten in Photoshop eignet sich „Abrunden" noch am besten, um ein angenehmes Schriftbild zu erzeugen; aber nur wenn es nötig ist, beispielsweise für Text in Bildern, wie in Teasern oder Bild-Element-Beschriftungen.

InDesign erzeugt nicht nur ein realistischeres Schriftbild, sondern auch einen besseren Textsatz, beispielsweise bei linksbündigem Flattersatz. Vor allem lassen sich Texte leichter bearbeiten und mit Formaten auszeichnen. So ist schnell herauszufinden, ob eine Formatvorlage in einem anderen Seitenkontext optisch überzeugt oder eine Anpassung nötig ist. Ausrichten-Funktionen und Pfad-Werkzeuge erleichtern zusätzlich das tägliche Arbeiten. Beide haben kein direktes Pendant bei Photoshop. Dieses wurde eben entwickelt, um bestehende Dateien (Fotos) nachzubearbeiten oder zu manipulieren, während InDesign dem Erschaffen von etwas Neuem dient.

Adobe hat erkannt, dass Indesign ein geeignetes Web-Layout-Tool ist und bietet im Dialog für „Neues Dokument" die Option „Web" für Zielmedium an. Dann sind „Pixel" die Standard-Einheit für Größen, Abstände und alles andere. Nur bei Farbeinstellungen fehlen bislang die web-üblichen Hex-Angaben. Dafür lässt sich mit InDesign gut layouten und gestalten. Der Großteil der Gestaltungsmöglichkeiten ist mit modernen Browsern und CSS3 umsetzbar. Die Einstellungen der Formatvorlagen sind gut ins Webdesign zu übernehmen: Farbverläufe, Linien, abgerundete Ecken, Konturenführung, Schatten etc.

Beim Anlegen eines Projekts trägt man 1.200 Pixel für die Breite ein, dann stellt man ein: 12 Spalten, 20 Pixel Spaltenabstand, Steg oben und unten je 0 Pixel, Steg links und rechts je 130 Pixel. Das ergibt einen Web-Layout-Klassiker: 12 Spalten á 60 Pixel Breite und mit 20 Pixel Abstand dazwischen = 940 Pixel (die äußeren je 10 Pixel der linken und rechten Spalte bleiben ungenutzt). Schneller gibt es kaum brauchbare Hilfslinien. Das Grundlinienraster kann man für horizontale Hilfslinien nutzen und sich beispielsweise alle 50 Pixel eine Hilfslinie einzeichnen lassen (dann aber die Grundlinien beim Text deaktivieren).

Beim Arbeiten dürfen keine Elemente „zwischen den Pixeln" landen, denn das geht im Web nicht. Alle Elemente erhalten glatte Pixelzahlen für Position und Größe; es gibt keine 0,5-Pixel breiten Linien. Die meisten Fälle beachtet InDesign, aber durch Verschieben oder Verzerren geraten Elemente aus dem Pixelraster. In Photoshop sähe das dank der Glättungs-Algorithmen zwar gut aus, aber im Web ist es nicht umsetzbar.

Ähnlich wie beim Print-Design ist es einfach und flott, wenn das Grundgerüst erst einmal steht, weitere Seiten dazuzugestalten. So wie jedes Magazin Text- und Bildvorlagen oder -standards verwendet, so gibt es diese innerhalb einer Website auf allen Unterseiten. Die Herausforderung ist meist die Abwandlung, ohne das Basis-Design allzu sehr zu verbiegen. InDesign eignet sich aufgrund seiner Funktionen aus Layout-, Vektor- und Textsatzprogramm optimal, um alle Facetten von Web-Design abzubilden und umzusetzen.

Die Vorstufe des Designs sind meist Wireframes als funktionale Skizzen für die Anordnung der Elemente. Erst wenn ein Wireframe fertig ist (= Layout), beginnt die Gestaltung (= Design). Beide Bereiche greifen in der Praxis ineinander. Was als Layout gut funktioniert, ist bei einem bestimmten Design katastrophal, und manches Design kann ein verkorkstes Layout zum Funktionieren bringen.

Die dogmatische Trennung in Wireframing und Designing ist nicht immer so hilfreich, wie es ihre Verfechter gern hätten. Oft hilft es, Designaspekte in Wireframes zu integrieren, sodass nicht alles der Vorstellungskraft überlassen bleibt. Gerade Farbkontraste und Schriftgrößen sind so prüfbar, und die Führung der Website-Besucher ist besser nachvollziehbar. Wireframes funktionieren am besten, wenn sie sich auf bestimmte Funktionen oder Webbereiche beschränken oder die Funktionsweise eines Layouts verdeutlichen.

Nicht nur die Werkzeuge ähneln sich, auch die Layout- und Design-Prinzipien sind sehr ähnlich – daher sollten sich mehr Print-Layouter ans Webdesign trauen. Bei Webseiten mit Texten sind ihre Erfahrungen nützlich. Vieles lässt sich auf das Web übertragen, wenn auch selten 1:1. Da die Zielgruppe die gleiche ist (Menschen), gelten die selben Regeln, auch wenn diese sich anders auswirken.

Was dem Print-Layouter sein Text- oder Bild-Kasten, ist dem Web-Layouter sein Div-Container. Im Gegensatz zu Photoshop muss man sich nicht durch Dutzende Ebenen hangeln oder diese hierarchisch organisieren (ein Mehraufwand, um den Überblick nicht völlig zu verlieren). Man fasst einfach die Objekte an und verschiebt sie oder ändert ihre Eigenschaften. Die Ebenen in InDesign eignen sich, um verschiedene Zustände darzustellen oder Varianten durchzuprobieren.

Ein weiterer Vorteil ist, dass Bilder und andere Elemente frei skalierbar bleiben. Man kann sie jederzeit verkleinern oder vergrößern, die Ausschnitte ändern oder sie rotieren. Da InDesign die Bilddatei nur mit den entsprechenden Einstellungen anzeigt, verliert man nie etwas, sondern kann stets von vorne anfangen. Bilder oder spezielle Grafiken muss man oft zuvor bearbeiten oder anfertigen. Dazu taugen zahlreiche Programme: Photoshop, Illustrator, 3D-Programm, Screenshots, etc. Lieber jeweils ein Programm, das eine bestimmte Aufgabe gut und effizient kann, als eines, das alles ein bisschen kann.

Irgendwann kommt der Moment, wenn der Entwurf an die Umsetzer gelangt. Diese sind es gewohnt, eine PSD-Datei zu erhalten und diese auszumessen. Da aber zu jeder Übergabe ein Styleguide gehört (auch wenn er oft weggelassen wird – er gehört dazu!), ist dies nicht nötig. Der Export als jpg-Datei sowie der Styleguide mit Abständen, Größen, bemaßten Entwürfen und Regelungen zu Schriften, Farben und sonstigem enthält alle nötigen Angaben. Benötigte Grafiken werden dabei mit übergeben.

Übrigens hat es sich bewährt, das Ergebnis aus InDesign als jpg-Datei zu exportieren (höchste Qualität) und diese Datei in einem Browserfenster anzuschauen. Denn nur im Browser ist festzustellen, was funktioniert und was nicht, insbesondere die Führung der Besucher und das Scrollverhalten sind anders kaum zu vermitteln. Wie bei einer Zeitung erkennt jeder sofort, ob alles Wichtige „über dem Knick" (vor dem Scrollen) steht, ob die Seite funktioniert, wohin er oder sie klicken möchte, wie sich die Informationen verteilen, ob man bereitwillig scrollt, ob alle benötigten Informationen sichtbar und lesbar sind, ob sich die gewünschte Dynamik von links oben bis rechts unten ergibt, etc.

8 Standardelemente

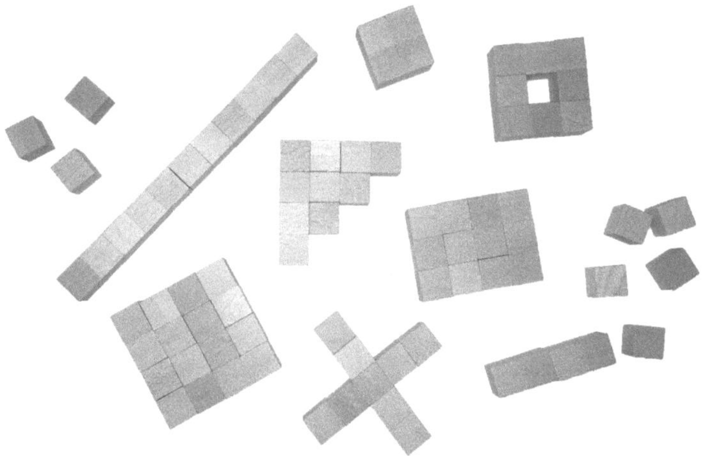

Für die häufigsten Interaktionen existieren Elemente wie Buttons, Menüs, oder Listen. Für Eingaben gibt es Eingabefelder für alle Sorten von Zeichen, Checkboxen und Radio-Buttons ermöglichen die einfache Auswahl von Optionen. An diese Standardelemente sind die Nutzer gewöhnt. Fehlbedienungen geschehen meist nur aus inhaltlichen Missverständnissen und nicht, weil der Nutzer ein Bedienelement nicht versteht. Daher muss der Interface-Designer die Standardelemente gut kennen und jeweils korrekt einsetzen.

Die wichtigsten werden ausführlich vorgestellt, dabei wird die funktionale Bedeutung erläutert und auf besondere Anwendungsfälle verwiesen. Wo geeignet wird die Verwendung in Webseiten mit Code-Beispielen illustriert.

Ergänzend wird die Standard-Anforderung an die Suchfunktion in Webseiten besprochen und mit Beispielen illustriert. Im strengen Sinn ist sie kein Standardelement, aber als Standardfunktion verdient sie eine Betrachtung.

Jede Webseite und jede Software arbeitet mit den selben Elementen. Diese dienen dem Erfassen von Eingaben oder dem Anzeigen von Ausgaben.

Tab. 8.1: Die Standardelemente

Element	Funktion	Häufigste Probleme
Eingabefeld	Dateneingabe	Fehleingaben
Check-Boxen	X von Y	Beschriftung
Radio-Buttons	1 von X	Beschriftung
Auswahlmenü	1 von X	zu lange Liste
Auswahlliste	X von Y	Mehrfachauswahl
Combo-Box	1 von X + Dateneingabe	Fehleingabe
Slider, Regler	1 von X	präzise Eingabe
Buttons	Aktion	Beschriftung
Tabulator/„Tabs"	gleichartige Bereiche	Trennung
Gruppierung	optische Zusammengehörigkeit	Grenzen übersehen
Ausklappbereiche	(erweiterte) Funktionen platzsparend anbieten	Bedienelement erkennen
Funktionsmenü	(alle) Funktionen bereitstellen	Sortierung
Ribbon	(alle) Funktionen bereitstellen	Funktion finden
Symbolleiste, Palette	Funktionen bereitstellen	Fehldeutung
Hinweisfenster	Information	Verständlichkeit
Dialogfenster	Datenabfrage, Assistent	Verständlichkeit
Statusanzeige	Information	Fehldeutung
Tabellen, Übersichten	Information	Übersichtlichkeit

In Programmen wird idealerweise der Standard des Systems verwendet. Die User Interface Guidelines (Seite 313) helfen beim Einsatz der Standardbedienelemente. Sie illustrieren geeignete und ungeeignete Anwendungen und stellen die technische Integration mit den möglichen Parametern vor.

Auf Webseiten ist die Gestaltungsvielfalt größer, und es bietet sich an, die Elemente mittels CSS anders zu gestalten und beispielsweise an das Corporate Design anzupassen – dabei müssen sie aber weiterhin erkennbar, unterscheidbar und in ihrer Funktion korrekt bleiben.

Die verfügbaren Elemente lassen sich in drei Gruppen unterscheiden:

Funktionselemente dienen der Interaktion oder Nutzereingabe.

Strukturelemente helfen dabei, Elemente gegenüber dem Nutzer zu präsentieren.

Informationselemente bieten den in dieser Situation geeigneten Inhalt.

Einige Elemente gehören zu mehr als einer Gruppe, beispielsweise bestehen viele Navigationsmenüs in Webseiten aus HTML-Aufzählungen (Strukturelemente), die mittels CSS als Menü (Funktionselemente) umgestaltet sind.

Funktionselemente

Viele Interaktionselemente in Webseiten werden über Web-Formulare abgebildet. Jedes HTML-Formular ist in `<form>` ... `</form>`-Tags eingeschlossen. Innerhalb dieser Tags werden die Interaktionselemente angeordnet. Ein `submit`-Button überträgt die erfassten Formularwerte an den Server zur Verarbeitung. Gibt es mehrere Formulare auf einer Seite, werden nur die Werte des Formulars übertragen, in dem sich der Submit-Button befindet.

Im Web-Bereich ist `<input>` das Hauptelement für Eingabeelemente. Je nach Typ bildet es verschiedene Funktionen ab. HTML5 erlaubt in aktuellen Browsern einige neue Typen, dabei unterscheidet sich teilweise die Darstellung. Mobilgeräten bieten in einigen Fällen eine angepasste Bildschirmtastatur, beispielsweise für eMail-Adressen oder Zahlenfelder.

`<input type="..." [Parameter o. Attribute] />`

  ⬦ `button`: Standard-Button (mit eigener Beschriftung). Die auszuführende Aktion ist separat zu definieren, beispielsweise via Javascript. (Seite 265)

  ⬦ `checkbox`: Checkbox-Kästchen (Seite 251).

  ⬦ `color`[HTML5]: Farbe angeben; manche Browser nutzen dazu die Systemfunktion zur Farbauswahl.

  ⬦ `date`[HTML5]: Eingabefeld für Datum (Jahr, Monat und Tag, ohne Uhrzeit). Einige Browser zeigen einen Kalender zum Datum-Auswählen.

  ⬦ `datetime`[HTML5]: Eingabefeld für Datum mit Uhrzeit (Stunde, Minute, Sekunde und Bruchteil einer Sekunde), basierend auf der UTC Zeitzone. Einige Browser zeigen bei Anklicken einen Kalender mit Zeitauswahl.

  ⬦ `datetime-local`[HTML5]: wie datetime, aber ohne Zeitzone.

  ⬦ `email`[HTML5]: Eingabefeld für E-Mail-Adresse. Die Prüfung, ob eine valide E-Mail-Adresse eingegeben wurde, erfolgt automatisch (dabei werden die CSS-Pseudoklassen `:valid` und `:invalid` verwendet).

  ⬦ `file`: Datei auswählen. Das `accept`-Attribut definiert, welche Dateien ausgewählt werden können.

⋄ **hidden**: Unsichtbares Wertefeld. Damit werden zusätzlich zu den Benutzereingaben Werte an den Server übertragen.

⋄ **image**: Button, der eine Bild-Datei verwendet (Seite 265).

⋄ **month**[HTML5]: Eingabefeld für Monat und Jahr, ohne Zeitzone.

⋄ **number**[HTML5]: Eingabefeld für Gleitkommazahl.

⋄ **password**: Einzeiliges Textfeld, dessen Inhalt durch Sternchen oder Punkte optisch verschleiert wird.

⋄ **radio**: Radio-Button (Seite 253).

⋄ **range**[HTML5]: horizontaler Slider/Regler für Zahlenwert. (Seite 262)

⋄ **reset**: Reset-Button (Seite 265), der getätigte Eingaben löscht und alle Formularfelder auf Standardwerte zurücksetzt.

⋄ **search**[HTML5]: Einzeiliges Textfeld zur Eingabe von Suchbegriffen. Zeilenumbrüche werden automatisch entfernt.

⋄ **submit**: Button, um das Formular abzusenden (Seite 265).

⋄ **tel**[HTML5]: Eingabefeld für Telefonnummer. Zeilenumbrüche werden automatisch entfernt. **pattern** und **maxlength** definieren zulässige Werte. CSS-Pseudoklassen `:valid` und `:invalid` werden automatisch gesetzt.

⋄ **text**: Einzeiliges Textfeld; Zeilenumbrüche werden automatisch entfernt.

⋄ **time**[HTML5]: Eingabefeld für Uhrzeit, ohne Zeitzone.

⋄ **url**[HTML5]: Eingabefeld für Web-Adresse. Zeilenumbrüche oder führende bzw. folgende Leerzeichen werden automatisch entfernt. **pattern** und **maxlength** definieren zulässige Werte. Automatische Prüfung, ob URL korrekt (vollständig, absolut) eingetragen wurde; CSS-Pseudoklassen `:valid` und `:invalid` werden gesetzt.

⋄ **week**[HTML5]: Eingabefeld für Kalenderwoche und Jahr, ohne Zeitzone.

Im HTML-Code erhält jedes `<input>`-Feld einen eigenen **id**-Tag. Dieses verbindet eine Feldbeschriftung (`<label>`) mit dem dazugehörenden Feld. Ein Klick auf die Beschriftung setzt den Eingabefokus auf das entsprechende Feld:

```
<label for="feld">Eingabefeld</label>
<input id="feld" type="..." max="20" size="15"/>
```

⋄ das `<label> ... </label>`-Element enthält die Beschriftung

⋄ das **for**-Attribut verbindet das Label mit dem Eingabefeld dieser ID

⋄ das `<input>`-Element enthält:

   – die **id** zur Referenzierung

   – die **type**-Angabe für den Inhaltstyp

   – ggf. weitere Angaben (je nach Typ), beispielsweise:

      * **max** legt fest, wie viele Zeichen das Feld aufnehmen kann

      * **size** definiert die Breite (in optischen Zeichen; geeigneter ist meist die Gestaltung via CSS mit **width**-Definitionen)

Wie das <img>-Element sind <input>-Felder in sich geschlossene Tags. Sie benötigen im Gegensatz zu <label> oder <p> kein schließendes Tag. In sauberem HTML-Code wird daher der schließende / nach dem letzten Parameter vor dem schließenden > platziert: `<input parameter1 parameter2 ... />`.

Eingabefeld

Eingabefelder sind die simpelste Möglichkeit, Daten von Nutzern entgegenzunehmen: Auf dem Monitor wird der Textcursor in einem Eingabebereich platziert, und der Nutzer trägt die Daten mittels Tastatur ein. Eingabefelder gibt es in zahlreichen Varianten:

⬦ auf ein Zeichen begrenzt

⬦ auf wenige Zeichen begrenzt, z.B. für Postleitzahlen oder Hausnummern

⬦ einladend breit, aber einzeilig, z.B. Google-Suchfeld oder für Straßennamen

⬦ mehrzeilig, z.B. für Texteingabe (<textarea>-Element)

Es gibt also drei Grenzen für jedes Eingabefeld:

⬦ optische Grenze: die Größe auf dem Bildschirm

⬦ inhaltliche Grenze: die Aufnahmekapazität

⬦ funktionale Grenze: die Art der Daten

Nutzer respektieren die optische Grenze bzw. schließen aus dieser auf funktionale Grenzen und tragen selten mehr Text ein, als das Feld Platz bietet. Webseiten, die von sehr schmalen auf breite Suchfelder gewechselt haben, stellten fest, dass die Nutzer

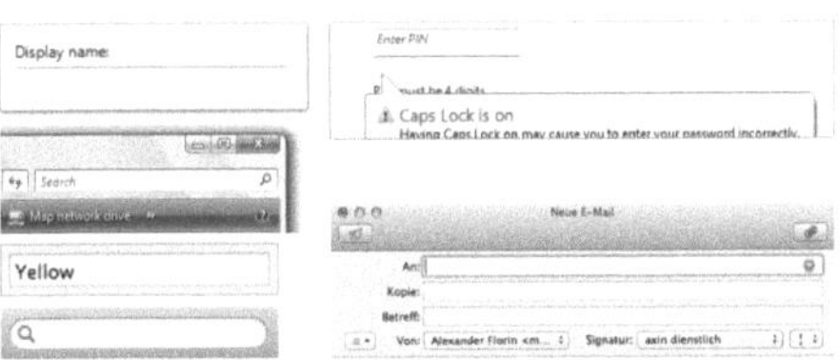

Abb. 8.1: Screenshots verschiedener einzeiliger Eingabefelder.

die Suchfunktion intensiver für komplexe Suchanfragen nutzten. Die Suchfeldgröße hat die Suchnutzung direkt beeinflusst.

Möchte man in einem mehrzeiligen Textfeld beispielsweise für eine Produktrezension die Kunden zu ausführlichen Texten motivieren, gestaltet man das Textfeld möglichst groß, idealerweise 50 bis 80 Zeichen breit und mindestens sechs Zeilen hoch. Mehr als 15 Zeilen Höhe schrecken jedoch eher ab.

`<textarea name=" ... " cols="60" rows="10">` ergibt ein Textfeld mit 10 Zeilen Höhe und 60 Zeichen Breite. Wird mehr Text eingetragen, erscheint automatisch ein Scrollbalken. Die meisten Browser gestatten es den Nutzern, Textarea-Felder in der Größe zu ändern, die gesetzten Werte setzen somit „nur" die Default-Größe beim Seitenaufruf. Wollen Nutzer mehr Text eintragen, vergrößern sie das Feld entsprechend. Kein Feld sollte für die übliche, erwartete Eingabemenge vergrößert werden müssen, aber in manchen Situation wissen Experten diese Möglichkeit zu schätzen.

Ein Feld, in das beispielsweise eine Schulnote eingetragen werden soll, braucht nur ein Zeichen aufzunehmen, optische und inhaltliche Grenze sind einfach zu synchronisieren: ein sehr schmales Eingabeld. Die funktionale Grenze (dass nur die Ziffern 1 bis 6 akzeptiert werden) ist jedoch nicht ersichtlich und müsste angegeben werden. Je nach Zielgruppe wäre ein anderes Bedienelement geeigneter. Novizen und mausintensive Nutzer bevorzugen ein Auswahlmenü oder einen Slider, in dem sie die Note wählen. Experten und tastaturintensive Nutzer dagegen sind mit der Texteingabe viel schneller. Aber auch diesen unterlaufen Fehleingaben, jedoch eher selten.

Bei Hausnummern ist zu bedenken, dass diese teilweise Buchstaben oder andere Zeichen enthalten können („6a, 7e–g, 92–95, 87/88"). Die Fehlerprüfung darf nicht zu rigide prüfen, sonst sind die Nutzer nicht in der Lage, ihre valide Hausnummer einzutragen. Eine Postleitzahl besteht dagegen ausschließlich aus fünf Ziffern (jedenfalls in Deutschland). Aber es gibt zahlreiche Ziffernkombinationen, die keine gültige Postleitzahl ergeben.

Etabliert haben sich drei Verfahren zur Fehlerbehandlung bzw. -vermeidung:

Vorschlagsfunktion: Bei der Eingabe werden geeignete Werte vorgeschlagen, der Nutzer kann aus einer automatisch erscheinenden Liste einen Eintrag wählen; manche Browser schlagen (sofern die Input-Felder korrekt bezeichnet sind) frühere Eingaben vor. Mit zunehmender Länge der Eingabe werden die Vorschläge präziser. Die Google-Vorschlagsfunktion ist ein prominenter Vertreter. Einige Adresseingaben verwenden das Prinzip, indem sie mit der Postleitzahl beginnen und in den folgenden Feldern für Ort und Straße nur Einträge vorschlagen, die zu der Postleitzahl passen.

Inline-Validierung: Sobald der Nutzer das Feld verlässt, wird die Eingabe geprüft und entweder akzeptiert oder als fehlerhaft markiert. Das Ergebnis wird dem Nutzer mit einem grünen Häkchen oder einem roten X angezeigt. Ergänzend hilft ein kurzer Hinweis dabei, eine korrekte Eingabe vorzunehmen.

Formular-Validierung: Wenn alle Eingaben innerhalb eines Formulars abgeschlossen und mit einem „Ok"-Button (oder ähnlich beschriftet) bestätigt wurden, werden die Eingaben auf ihre Zulässigkeit geprüft. Gibt es eine unzulässige Eingabe, bleibt der Nutzer auf der Seite und erhält einen Hinweis zur Korrektur, dabei wird das betroffene Eingabefeld markiert. Das Formular kann er erst abschließen, wenn alle Eingaben akzeptiert werden.

Viele Web-Formulare kombinieren alle drei Varianten miteinander. Bei komplexen Validierungsprüfungen oder wenn die Daten gegen externe Datenbanken geprüft werden, ist eine Inline-Validierung meist nicht möglich, oder es gibt nur eine grobe Inline-Validierung, während eine gründliche Prüfung bei der Formular-Bestätigung erfolgt.

Entscheidend für korrekte Eingaben ist die klare Information, welche Daten erwartet werden. Jedes Eingabefeld benötigt eine (kurze) Beschriftung, die für den Nutzer verständlich ausdrückt, welche Daten einzutragen sind und wenn nötig auch in welchem Format. Ein alleinstehendes Feld mit „PLZ" zu beschriften, mag zwar für Entwickler nachvollziehbar und logisch sein, Nutzer wären jedoch irritiert. Im Kontext einer kompletten Adresseingabe mit Straße und Ort ist „PLZ" ausreichend. Ansonsten wird ein Umfeld benötigt, das eine Postleitzahleingabe plausibilisiert, das kann ein Satz sein („Tragen Sie Ihre PLZ ein, um etwas herauszufinden.").

Beim Format sind vor allem Datumsangaben kritisch. Zahlreiche verschiedene Methoden sind gebräuchlich. Für den internen Gebrauch einer Software oder Webseite oder in Expertenkontexten sind Fomatvorgaben akzeptabel, beispielsweise als „JJJJ-MM-TT" (für die amerikanische Notation). Doch gegenüber Kunden oder unbekannten Nutzern ist eine freundliche Datumsabfrage nötig. Statt alle gängigen Notationsformen zu akzeptieren und diese automatisch zu vereinheitlichen, verteilen viele Formulare die Eingabe auf drei Felder: Tag, Monat und Jahr. So muss der Nutzer nicht überlegen, ob Punkte, Schrägstriche oder andere Zeichen zu setzen sind. Um Fehleingaben zu reduzieren, bieten sich in einigen Fällen (vor allem bei Nicht-Experten als Zielgruppe) statt der Eingabefelder Auswahlmenüs an, um Tag, Monat und Jahr einzustellen.

Ergänzend verwenden Programme und Webseiten sogenannte Tool Tips. Beim Aktivieren eines Eingabefeldes erscheint ein Hinweis mit Informationen über den Kontext, benötigte Formate oder andere Besonderheiten.

Eine Vorbelegung unterstützt den Nutzer ebenso bei der Dateneingabe. Als Default-Wert kann im Eingabefeld ein prototypischer Eintrag stehen, der verdeutlicht, welches Format vom Nutzer erwartet wird. Für Default-Belegungen gibt es mehrere Anwendungsfälle:

◇ Der Default-Wert verdeutlicht das **Format**, beispielsweise bei einer Datumseingabe. Sobald das Eingabefeld ausgewählt ist oder spätestens beim ersten Tastenanschlag verschwindet der Default-Eintrag.

◇ Der Default-Wert übernimmt die Funktion der **Feld-Beschriftung** und lautet beispielsweise „Vorname". Sobald das Eingabefeld ausgewählt ist oder spätestens beim ersten Tastaturanschlag verschwindet der Default-Eintrag. Bei Suchfeldern auf Webseiten wird dies gern genutzt, oft optisch durch ein Lupensymbol in einer Eingabefeldecke unterstützt. Der Ersatz für die Beschriftung ist nur geeignet, wenn auch nach dem Ausfüllen deutlich bleibt, welche Daten erwartet wurden, beispielsweise verrät ein Adressformular aufgrund seines bekannten Layouts, in welches Feld die Postleitzahl gehört. Bei einem Formular für Bankleitzahl und Kontonummer hingegen ist dies weniger geeignet, da der Nutzer im Nachhinein nicht mehr prüfen kann, ob er die Daten jeweils in die korrekten Felder eingetragen hat.

⬦ Der Default-Wert stellt einen **häufig genutzten Eintrag** dar. Das spart dem Nutzer Tipparbeit, er übernimmt den Eintrag bzw. lässt ihn unverändert stehen und geht zum nächsten Eingabefeld – oder er überschreibt den Wert mit seiner Eingabe. Diese Variante kann nicht mit den beiden anderen kombiniert werden.

Innerhalb eines Formulars, besser noch innerhalb einer gesamten Webseite oder Software, sind Default-Belegungen einheitlich: Alle sind entweder Formathinweis, Beschriftung oder Vorbelegung.

Ein besonderer Eingabefeld-Typ ist das Passwort. Während sonst stets die Tastatureingabe unmittelbar im Eingabefeld sichtbar ist, zeigt das Passwort-Feld für jedes Zeichen nur ein Sternchen oder einen Punkt.

Mit Eingabefeldern lassen sich umfangreiche Formulare für das Erfassen von vielen Daten erstellen. Auf der abstrakten Ebene dienen die anderen Eingabefeld-Typen dazu, bestimmte Eingabetypen zu vereinfachen und Fehler bei der Tastatureingabe zu reduzieren. Natürlich wäre es möglich, eine Ja/Nein-Frage zu stellen, und der Nutzer trägt „Ja" oder „Nein" in das Eingabefeld dazu ein. Einfacher ist es jedoch, eine Checkbox zu verwenden.

Bei Radio-Buttons, Auswahlmenü und anderen Elemente muss der Nutzer eben nicht überlegen, welche Antwort er einträgt. Stattdessen wählt er aus den verfügbaren Antworten die passende aus. Das erleichtert die anschließende Verarbeitung, da keine Schreibfehler durch Nutzereingaben entstehen und die Nutzer keine individuelle Formulierung oder Schreibweise verwenden können.

Bei einer Steuer-Software könnte der Umsatz- bzw. Mehrwertsteuersatz als Zahlwert erfasst werden. In Deutschland gibt es aber nur drei Werte: 0, 7 und 19 Prozent. Da eignet sich ein Auswahlmenü besser, es verhindert Fehleingaben und lässt nur die Wahl zwischen drei validen Optionen, im Fall von Unsicherheit muss der Nutzer nicht prüfen, welchen Zahlenwert er einträgt, sondern nur, welche der drei Optionen am ehesten passt.

Check-Box

Die Checkbox ist ein sehr schlichtes und mächtiges Ja/Nein-Auswahlwerkzeug.
Jedes Kästchen repräsentiert zwei Zustände:

- ◇ „Nein/nicht gesetzt" – ☐
- ◇ „Ja/gesetzt" – ☑   bzw. ☒

In einigen Fällen gibt es zwei weitere Zustände:

- ◇ „deaktiv" – ☐
- ◇ nicht „eindeutig" – ⊡   bzw. ⊟

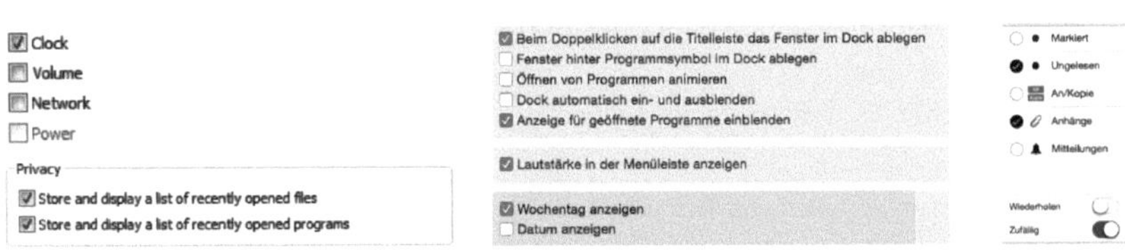

Abb. 8.2: Check-Boxen aus dem Computer-Alltag: Windows, MacOS X und iOS.

Auf Mobilgeräten, wie dem iPhone, gibt es zwei Typen von Checkboxen. Für
das Aktiveren oder Deaktivieren einer Funktion dient der Schiebeschalter. Dabei
verdeutlicht grüne Färbung den aktiven Status, daher muss das zugehörige
Label ebenfalls positiv formuliert sein; eine negative Formulierung mit einem
grünen Schalter zu bestätigen, wäre ein optischer Widerspruch. Für die Auswahl
aus mehreren Elementen kommen Checkboxen in Kreisform zum Einsatz.

Werden mehrere Checkboxen miteinander kombiniert, kann der Nutzer die
wählen, die er für korrekt hält:

- ◇ keine
- ◇ eine
- ◇ mehrere
- ◇ alle

Beispielsweise haben die meisten Menschen mehrere Interessen, daher sollte
es ihnen möglich sein, bei einer entsprechenden Abfrage, sich nicht unnötig
entscheiden zu müssen:

Ihre Hobbys:
- ☐ Romane lesen
- ☐ Filme schauen
- ☐ Musik hören
- ☐ Spazierengehen
- ☐ Freunde treffen
- ☐ Sonstige

Checkboxen signalisieren dem Nutzer, dass er in seiner Entscheidung völlig frei ist, zwischen null und sechs der Optionen anzukreuzen. Der Unterschied ergibt sich vor allem zu Radio-Buttons (Seite 253).

Tritt eine Checkbox einzeln auf, muss das implizite Gegenteil eindeutig sein. Vor allem ist darauf zu achten, dass die Setzung/Aktivierung der Checkbox zu ihrer Beschriftung passt:

☐   **Ich stimme zu.** vs. Ich lehne ab.

☐   **Ich nutze ein Smartphone.** vs. Ich benutze kein Smartphone.

☐   **Nichtraucher** vs. Ich bin kein Nichtraucher, also bin ich Raucher.

Das Setzen der Checkbox bestätigt die danebenstehenden Aussage. Diese ist positiv formuliert, ohne Verneinung oder als Begriff mit positivem Image wie bei „Nichtraucher". Es wäre kontraintuitiv, „Ich stimme nicht zu" zu bestätigen, während „Ich lehne ab" sprachlich und optisch eindeutig sind; schnell wird ein „nicht" oder „kein" überlesen, und der Nutzer setzt das Häkchen falsch.

Die Abstände der Beispiele verdeutlichen das Prinzip der Nähe. Die Hobby-Optionen stehen dicht beeinander, da sie eine inhaltliche Einheit bilden. Die drei anderen Beispiele sind voneinander abgesetzt, da jedes eine für sich stehende Einzel-Entscheidung darstellt.

Im HTML-Code wird das `<input>`-Element mit dem Typ `checkbox` verwendet. Dabei sind mehrere Parameter oder Attribute nötig oder möglich:

◇   `name = " ... "` gibt den Namen an, unter dem der Value-Wert an den Server übertragen wird

◇   `value = " ... "` enthält den Wert, der bei Setzung an den Server übertragen wird

◇   optional: `checked = "checked"` oder `checked = ""` gibt an, dass die Checkbox per default gesetzt ist

◇   optional: `disabled = "disabled"` oder `disabled = ""` gibt an, dass die Checkbox deaktiviert ist

```
<input type="checkbox" id="nichtraucher" name="Nichtraucher"
value="1" checked="checked" />
<label for="nichtraucher">Nichtraucher</label>
```

ergibt eine Checkbox mit der Beschriftung „Nichtraucher", die per default gesetzt ist. Beim Absenden des Formulars wird an den Server für den Checkbox-Namen „Nichtraucher" die „1" übertragen:

☒   Nichtraucher

Radio-Button

Radio-Buttons treten nur im Set auf, mindestens zwei werden benötigt. Die Logik dahinter lautet: Es muss genau eine Option gewählt werden. Es ist nicht zulässig, keine Option oder mehr als eine zu wählen. Das Wählen einer Option entfernt dabei die bereits getätigte Setzung innerhalb eines Radio-Button-Sets.

In der optischen Abgrenzung zu quadratischen Checkboxen werden Radio-Buttons als Kreis dargestellt:

◇ nicht gewählte Option – ○

◇ gewählte Option – ⊙

Die historische Ansicht illustriert den Einsatz von Checkboxen und Radio-Buttons: Schriftauszeichnungen sind kombinierbar, z.B. fett und kursiv. Dagegen hat der Absatz nur genau eine Ausrichtung: links-, rechtsbündig oder zentriert – und der Absatz muss eine Ausrichtung besitzen, während fehlende Stil-Angaben Normalschrift bewirken.

Mobilgeräte stellen Radio-Buttons meist als Auswahlliste das. Entweder wird das Auswahlmenü-Element (Seite 256) genutzt oder die entsprechende Liste angezeigt – der Nutzer markiert darin den gewählten Eintrag.

Werden mehrere Radio-Button-Sets innerhalb eines Formulars kombiniert, verdeutlichen Gruppierungen, welche Optionen jeweils zusammengehören:

Abb. 8.3: Schriftauswahl aus den 1980ern (MacOS) und Radio-Buttons aus dem Computer-Alltag: Windows, MacOS X, iOS.

Wählen Sie eine Farbe und eine Form:

○ Rot

○ Gelb

○ Blau

○ Grün

○ Kreis

○ Dreieck

○ Quadrat

○ Fünfeck

Bei Radio-Button-Sets ist die Vollständigkeit entscheidend. Während bei Checkboxen eben nichts ausgewählt wird, wenn nichts wirklich zutrifft, zwingen Radio-Buttons zu einer Wahl.

Ihre Lieblingsfarbe:
- ○ Rot
- ○ Gelb
- ○ Blau
- ○ Grün
- ○ Orange

Diese Farbliste erinnert durch den Eintrag „Orange" an die Existenz von Mischfarben; plötzlich vermisst der Nutzer „Violett", „Türkis" oder „Braun". Ohne „Orange" hätte er aus den vier Grundfarben eine gewählt, doch die fünfte Farbe lässt die verfügbaren Optionen unvollständig erscheinen. Die Option „Andere" fehlt. Das unvollständige Set zwingt den Nutzer, eine falsche Wahl zu treffen – die Aussagekraft einer solchen Umfrage wäre zweifelhaft.

Ihre Position:
- ○ Praktikant
- ○ Auszubildender
- ○ Angestellter
- ○ Leitung/Management
- ○ Selbständig

In der Positionsliste sind die Lücken weniger offensichtlich. Jedoch fehlen Hilfskräfte, Beamte (diese geben ungern zu, dass sie nur eine Sonderform der Angestellten sind), Unternehmer und „ohne Arbeit". Fehlende Optionen solcher Listen sind in manchen Kontexten akzeptabel; so könnte sich eine Umfrage nur an Personen in den benannten Positionen richten. Auch die Option „Leitung/Management" ist teilweise strittig; einige Mitarbeiter würden diese wählen, wenn sie gefühlt ein klenig wenig mehr Verantwortung als andere Kollegen haben. Die Beschriftung verfälscht – wenn sie die tatsächlichen Befindlichkeiten der Zielgruppe nicht berücksichtigt – die Ergebnisse.

Bei klaren Gegensätzen wie „Hochformat" und „Querformat" (für das Papierformat beim Drucken) oder „12-Stunden-Anzeige", „24-Stunden-Anzeige" und „Analog-Anzeige" (für die Uhrzeit in einem Programm) sind Radio-Buttons sehr gut geeignet. Dann ist klar, dass das Programm nur diese Optionen anbietet; quadratisches Papierformat oder Sonnenuhr stehen nicht zur Verfügung. Die Radio-Button-Optionen treffen somit Aussagen über die verfügbaren Funktionen. Eine fehlende Option mag zwar ärgerlich sein, doch zwingt sie den Nutzer allenfalls zur Wahl einer nicht bevorzugten Option. Solche „Ich möchte"- oder Funktions-Optionen wie in den ersten Sets mit Farbe- und Form-Wahl sind nur kritisch, wenn eine wirklich benötigte Funktion fehlt.

Sobald der Nutzer Aussagen über sich oder seine Welt erfassen soll, müssen die wählbaren Optionen vollständig sein. Eine fehlende Option zwingt zur Falschaussage oder Lüge. Fehlen in „Über mich"-Optionen (wie Lieblingsfarbe oder Position) geeignete Wahlmöglichkeiten, werden Toleranz, Akzeptanz und Kooperationsbereitschaft der Nutzer beeinträchtigt. Die Nutzer halten sich und ihr Selbstbild für wertvoll und ahnden erzwungene Brüche mit diesem.

Gerade bei „Über mich"-Aussagen sind Beschriftungen mehrfach zu prüfen und an die Gepflogenheiten der Zielgruppe anzupassen. Die Option „ohne Arbeit" ist neutral und kann auch Selbstständige ohne Aufträge oder Menschen zwischen Ausbildung und Anstellung betreffen, während „Arbeit suchend" eine Unterstellung beinhaltet. Was nach Sprachklauberei klingt, bedeutet, dass der Nutzer die für ihn tatsächlich zutreffende Option angeboten bekommt. Gelegentlich sind Bezeichnungen nötig, die sich dem gesunden Menschenverstand nicht erschließen, aber für die Zielgruppe klar und eindeutig sind. Solche Fälle sind durch gute Kenntnis des Zielpublikums, deren Erwartungen und durch Tests zu bewältigen.

Jedes Formular wird ebenso wie eine Software gegen die Zielgruppe getestet. Nur so ist herauszufinden, ob die bereitgestellten Optionen korrekt gewählt und beschriftet wurden. Tests zeigen, ob tatsächlich die richtige Wahlmöglichkeit oder nur die „am wenigsten unpassende" gewählt werden. Bei Funktions-Optionen wird deutlich, welche Optionen fehlen, oder ob die verfügbaren den Anforderungen genügen – oder ob die Auswahl eher reduziert werden sollte.

Radio-Buttons haben den Vorteil, bei wenigen überschaubaren Optionen (zwei bis fünf), alle sichtbar abzubilden. So fällt die Auswahl leicht, da schnell zu erkennen ist, ob eine andere wählbare Option besser gepasst hätte. Stehen mehr Optionen zur Auswahl, sind Auswahl-Menüs geeigneter. Beispielsweise ist die Auswahl des Herkunftslandes in einem Menü (Seite 256) platzsparender untergebracht, als alle Länder der Erde mit Radio-Buttons aufzulisten.

Werden mehrere Radio-Button-Sets miteinander kombiniert, ist deren optische Abgrenzung wichtig. In Umfragebögen findet man häufig Radio-Button-Felder: Für mehrere Kriterien, beispielsweise „Service", „Geschwindigkeit", „Preis" und „Freundlichkeit" soll der Nutzer jeweils eine Radio-Button-Auswahl von „gefiel mir sehr gut" bis „gefiel mir gar nicht" wählen. Das ergäbe 24 Radio-Buttons (vier Zeilen á sechs Spalten, da bei solchen Umfragen keine Mittel-Option angeboten wird). Für die klare Zuordnung werden die Zeilen durch Linien getrennt oder jeweils farbig hinterlegt. So erkennt der Nutzer stets, welche Optionen ein Set bilden, aus dem es zu wählen gilt. Gelegentlich wird eine siebte Radio-Button-Spalte benötigt, in der für das Set angegeben werden kann, dass der Nutzer keine Aussage treffen kann (beispielsweise weil er die entsprechende Leistung nicht genutzt hat).

Im HTML-Code wird das `<input>`-Element mit dem Typ `radio` verwendet. Dabei sind mehrere Parameter oder Attribute nötig oder möglich:

⋄ `name = " ... "` gibt den Namen des Radio-Button-Sets an, unter dem der Value-Wert an den Server übertragen wird

⋄ `value = " ... "` enthält den Wert, der bei Setzung dieser Option an den Server übertragen wird

⋄ optional: `checked = "checked"` oder `checked = ""` gibt an, ob dieser Radio-Button per default gesetzt ist

⋄ optional: `disabled = "disabled"` oder `disabled = ""` gibt an, ob dieser Radio-Button deaktiviert ist

```
<input type="radio" id="raucher" name="smoking" value="smoke"
checked="checked" />
<label for="raucher">Raucher</label>
<input type="radio" id="nraucher" name="smoking" value="non-smoke"
checked="" />
<label for="nraucher">Nichtraucher</label>
```

ergibt ein Radio-Button-Set mit zwei Radio-Buttons: „Raucher" und „Nichtraucher", dabei ist das erste per default gesetzt. Beim Absenden des Formulars wird an den Server für das Radio-Button-Set „smoking" der Wert „smoke" übertragen:

⊙ Raucher

◯ Nichtraucher

Auswahlmenü

Das Auswahlmenü hat die gleiche Funktion wie Radio-Buttons (Seite 253): Aus einem Set von Optionen muss genau eine ausgewählt werden. Der Unterschied besteht darin, dass nur die gewählte Option sichtbar ist, die Liste aller verfügbaren wird erst beim Menü-Aufklappen angezeigt. Das spart Bildschirmplatz:

Wählen Sie eine Farbe und eine Form:

Nach dem Ausklappen wird in der Liste bei Bedarf eine andere Option gewählt und angeklickt. Dadurch schließt sich das Menü wieder, und die neu gewählte Option ist sichtbar. Auf Mobilgeräten erscheint bei Aktivieren eines Auswahlmenüs die Liste der verfügbaren Einträge im unteren Bildschirm und verdeckt meist (wie die Bildschirmtastatur) ein Drittel bis die Hälfte des Inhalts. Daher verschiebt das System automatisch den Inhalt so, dass der Kontext des gerade aktiven Auswahlmenüs im sichtbaren Bereich bleibt. Durch Antippen wird die gewünschte Option gewählt und optisch markiert, beispielsweise durch ein Häkchen.

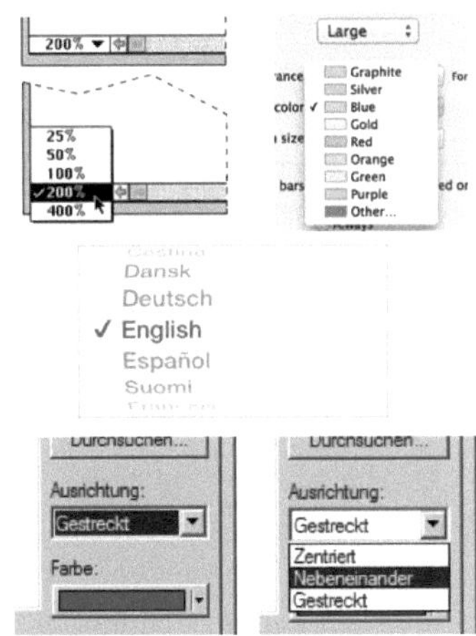

Abb. 8.4: Auswahlmenüs aus dem Computer-Alltag.

Für die Beschriftung gelten die gleichen Regeln wie für Radio-Buttons:

◇ kurz und präzise

◇ vollständige Optionsliste

Im Gegensatz zu Radio-Buttons müssen die Bezeichnungen der Optionen möglichst knapp ausfallen, denn sie sind nur nach einer Interaktion sichtbar. Während eine Radio-Button-Option-Beschriftung durchaus eine ganze Zeile füllen kann, sollten Menü-Einträge nur wenige Worte lang sein, besser nur aus einem bestehen. Besteht die Notwendigkeit längerer Optionsbeschriftungen, wäre eine Auswahlliste (Seite 260) das nutzerfreundlichere Element.

Vereinfacht gesagt lässt sich ein Radio-Button-Set jeweils als Menü abbilden. Wie in einem Set besteht jedes Menü aus gleichartigen Elementen: entweder Aktionen, Objekte oder Eigenschaften. Deren Bezeichnungen harmonieren miteinander und unterstreichen die Zusammengehörigkeit auch sprachlich.

Menüs bieten sich vor allem für längere Optionslisten an, die – wenn man sie als Radio-Button-Set umsetzen würde – viel Bildschirmplatz verbrauchen würden und weniger oft benötigt werden. Je höher die Frequenz eines Menüs, desto kürzer und prägnanter sollte es sein. Ab acht Einträgen ist das Erfassen der Optionen erschwert; wenn außerdem aufgrund der Listenlänge das Menüs gescrollt werden muss, steigt das Frustpotenzial. Auf Mobilgeräten sind lange Listen seltener problematisch, da das Scrollen zur Standardbedienung gehört.

Ein beliebter Anwendungsfall ist die Auswahl eines Herkunftslandes: Aus allen Ländern der Erde wählt der Nutzer eines aus: | Deutschland ▽ |. Dabei stellt sich die Frage, wie die mehr als 200 Einträge zu sortieren sind:

◇ willkürlich, wie sie dem Programmierer einfallen

◇ nach einer inhaltlichen Logik sortiert, beispielsweise von Nord nach Süd oder West nach Ost (analog zur Sortierung von oben nach unten bzw. von links nach rechts)

◇ kategorisiert/sortiert, beispielsweise nach Kontinenten

◇ alphabetisch

Da die Nutzer eine Nord-Süd- bzw. West-Ost-Sortierung über alle Länder der Welt selten vornehmen, brächte diese nur wenig Vorteile gegenüber der willkürlichen Reihenfolge. Untersuchungen zeigen, dass die alphabetische Sortierung die für den Nutzer einfachste Variante ist. In einer alphabetischen Listen wird der gesuchte Eintrag viermal so schnell gefunden wie in einer willkürlich angeordneten. Für das Finden in Kategorien benötigt er immerhin noch 50 Prozent mehr Zeit als in der alphabetischen Liste.

Das setzt voraus, dass der Nutzer die Wortlogik kennt und weiß, bei welchem Anfangsbuchstaben er suchen muss. Bei Ländern mag das zwar einfach scheinen, ist es aber nicht. Sind die Länder in ihrer jeweiligen Landesbezeichung angegeben oder in der Sprache der Benutzeroberfläche oder in Englisch oder in einer Mischung, weil einige Übersetzungen nicht verfügbar sind? Folgt die alphabetische Sortierung der englischen Bezeichnung, der Landesbezeichnung (wo sortieren sich dann asiatische Bezeichnungen ein) oder der Benutzersprache? Folgende Fälle begegnen einem, wenn man auf verschiedenen Webseiten Deutschland als Herkunftsland wählen möchte:

◇ „Deutschland" (an der Position von Germany)

◇ „Deutschland" (im D-Block einer ansonsten englischen Liste)

◇ „Germany" (im G-Block)

◇ „Federal Republic of Germany" (im F-Block)

◇ „Bundesrepublik Deutschland" (im D-Block)

◇ „Deutschland" (im D-Block einer deutschen Liste) – es geht doch!

Das Irritierende ist, dass der Nutzer im „G"-Block des Alphabets nicht nach „Deutschland" sucht. Er muss die Einträge tatsächlich lesen. In einer einheitlich deutschen oder englischen Liste wird nicht nach der Zeichenfolge „Deutschland" oder „Germany" gesucht, sondern nach der optischen Gestalt dieser Zeichenkombination – diese wird rasch entdeckt. Doch „Deutschland" würde im „G-Block" nicht erwartet und daher aufgrund seiner Länge übersehen werden (es ist etwa ein Drittel länger als das dort unterstellte „Germany"), bis der Nutzer in einem zweiten Anlauf dann tatsächlich „Deutschland" findet.

258

Auswahlmenüs dienen häufig auch der Funktionssteuerung. Diesen Text erstelle und setze ich mit dem Satzsystem Latex. Das verwendete Programm Texmaker bietet zwei Auswahlmenüs. Darin stelle ich jeweils das Gewünschte ein und muss beim Aufrufen der Aktion keine Gedanken an die anderen Optionen verschwenden – Klick auf den Pfeil

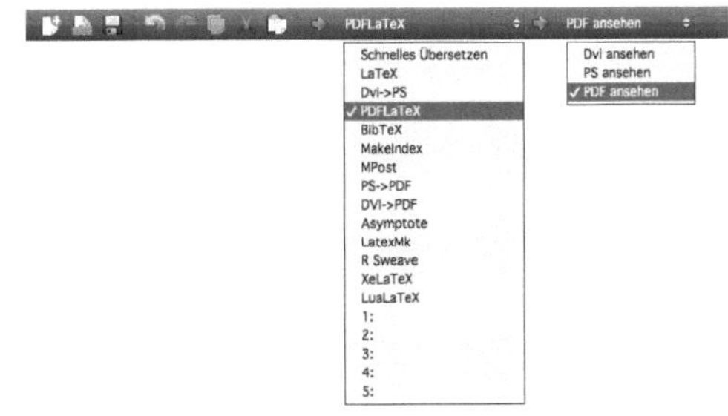

Abb. 8.5: Der LaTex-Editor „Texmaker" bietet 14 Methoden zum Setzen an, plus fünf selbst definierte. Als Ergebnis kommen drei Typen in Frage. Über ein Auswahlmenü (erkennbar am Doppelpfeil rechts neben der gerade aktiven Option) stelle ich die Option jeweils ein und löse die eingestellte Aktion durch Klick auf den Pfeil davor aus.

vor dem Auswahlmenü genügt. In anderen Latex-Programmen ist das Auswahlmenü gleichzeitig Aktionsauslöser, d.h. ich öffne das Auswahlmenü, und bei Klick auf die Option wird die entsprechende Aktion gleich ausgelöst. Das ist fehlerträchtig und ablenkend, da mir die anderen Optionen recht egal sind; ich benötige sie eigentlich nicht, werde aber ständig mit diesen konfrontiert. Daher ist die Integration eines zusätzlichen Auslöse-Elements in diesem Fall sinnvoll.

In einigen Programmen oder Web-Applikationen werden Auswahlmenüs als Spaltenköpfe bei Tabellen eingesetzt und zeigen beispielsweise an, ob die Spalte Name oder Identifikationsnummer der Elemente anzeigt – das Menü ist gleichermaßen Spaltentitel und dient dem Umschalten. Auch in Situationen mit verschiedenen Darstellungsmöglichkeiten eignen sich Auswahlmenüs, sowohl die gerade gewählte Option darzustellen als auch schnell zu anderen zu wechseln, beispielsweise zwischen der Darstellung einer Wertereihe als Balken- oder Tortendiagramm oder zum Wechseln des Farbschemas.

Im HTML-Code wird ein Auswahlmenü mit den <select>- und <option>-Tags erstellt. Dabei sind mehrere Parameter oder Attribute nötig oder möglich:

⋄ <select> ... </select> enthält die Daten des Auswahlmenüs

⋄ name = " ... " gibt den Namen des Auswahlmenüs an, unter dem der Value-Wert an den Server übertragen wird

⋄ size = " ... " gibt an, wieviele Zeilen sichtbar sind (für Auswahlmenüs lautet der Eintrag „1")

⋄ value = " ... " enthält den Wert, der bei Setzung dieser Option an den Server übertragen wird

⋄ <option> ... </option> enthält die verfügbaren Optionen

⋄ optional: selected gibt an, welche Option vorausgewählt ist

```
<label for="farbe">Ihre Lieblingsfarbe:</label>
<select id="farbe" name="farbe" size="1">
<option value="blau">Blau</option>
<option value="gelb" selected>Gelb</option>
<option value="rot">Rot</option>
<option value="gruen">Grün</option>
</select>
```

ergibt ein Auswahlmenü, in dem „Gelb" vorausgewählt ist. Beim Anklicken des Menüs erscheinen die übrigen Einträge. Beim Absenden des Formulars wird an den Server für das Auswahlmenü „farbe" der Wert „gelb" übertragen:

Ihre Lieblingsfarbe: | Gelb   ▽ |

Auswahlliste

Während Auswahlmenüs nur die gerade aktive Option anzeigen, bieten Auswahllisten einige Vorteile:

- ◇ Der sichtbare Bereich kann eine Zeile bis unendlich viele Zeilen umfassen. Somit sind mehr Optionen auf einmal erkennbar. Bei Bedarf wird mit einem Scrollbalken in der Liste navigiert.
- ◇ Innerhalb der Liste sind mehrere Optionen wählbar, durch Drücken der [Strg] - bzw. [cmd] -Taste beim Anklicken.

Aber in der Nutzerpraxis überwiegen die Nachteile:

- ◇ Es ist nicht erkennbar, welche Optionen außerhalb des sichtbaren Bereichs gewählt sind (beim Scrollen in einen anderen Listenbereich).
- ◇ Die Mehrfachauswahl fällt vielen Nutzern schwer und wird selten genutzt, meist nur von Experten.
- ◇ Die Markierung mehrerer Optionen ist optisch meist nicht deutlich genug.
- ◇ Es ist nicht erkennbar, wie viele Optionen wählbar sind, ob nur eine (dann wäre ein Auswahlmenü geeigneter) oder potenziell alle.

Aufgrund ihrer Nachteile für den Nutzer werden Auswahllisten nur selten eingesetzt. Natürlich kann ein Hinweis neben der Liste die Mehrfachauswahl erklären, doch selbst der beste Hinweis kommt gegen die Lesefaulheit der Nutzer kaum an. Wird in einer Liste nur ein Eintrag ausgewählt, ist bei der Auswertung nie sicher, ob der Nutzer die Mehrfachauswahl nicht beherrscht und deshalb nur eine Option wählte oder tatsächlich nur eine Option zutrifft.

Auswahlmenüs finden daher vorwiegend Verwendung, wenn lediglich eine Option zulässig ist, die einzelnen Einträge aber recht lang ausfallen oder eine zusätzliche Aktion auslösen. Bei einem eigentlich geeigneteren Auswahlmenü müsste dieses erst ausgeklappt werden, um die Einträge zu lesen. Dann ist die

Auswahlliste nutzerfreundlicher, da ohne Nutzeraktion alle Optionen sichtbar und gegeneinander abwägbar sind.

Bei der Tonauswahl (im Screenshot rechts) wird beim Anklicken der gewählte Ton abgespielt, es wäre also nötig, stets die Liste anzuklicken und den nächsten Ton auszuwählen, um eine akustische Vorschau zu erhalten. In diesem Fall kann der Nutzer die verfügbaren Optionen in einer Auswahlliste schneller erkunden, um eine Wahl zu treffen. Je nach Integration wird der gewählte Wert nach Klick auf einen „Ok"-Button übernommen (modal), beim Schließen des Fensters (dabei

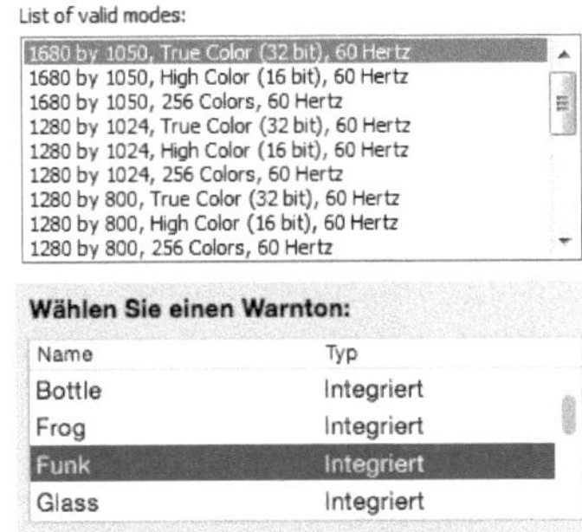

Abb. 8.6: Auswahllisten aus dem Computer-Alltag.

erscheint ggf. ein Bestätigungshinweis) oder sofort nach der Auswahl (nichtmodal). Letzteres ist nur bei unkritischen Funktionen möglich, der Nutzer wählt bei Bedarf einfach eine andere Option.

Im HTML-Code werden Auswahlmenüs wie ein Auswahlmenü mit `<select>` und `<option>` umgesetzt. Im öffnenden `<select>`-Tag gibt es zwei Parameter zu berücksichtigen:

◇ `size` muss größer als 1 sein

◇ optional: `multiple` gibt an, ob die Mehrfachauswahl möglich ist

Combo-Box

Die sogenannte Combo-Box kombiniert ein Eingabefeld mit einem Auswahlmenü. Heute ist dieses Element in vielen Fällen von anderen Bedienelementen abgelöst worden. Die Überlegung hinter der Combo-Box war, einerseits dem Nutzer die Möglichkeit zu geben, (schnell) mit der Tastatur etwas einzutragen (Experten) oder den Eintrag aus dem Menü wählen zu können (Novizen).

In einigen Fällen (wie Auswahl einer Schriftart) akzeptiert die Eingabe nur Einträge aus der Liste. In anderen Fällen enthält die Liste nur vorige Einträge, um aus diesen schnell auszuwählen, ein neuer Eintrag ist möglich und wird der Liste hinzugefügt. Die Kombination kann auch darin bestehen, dass im Eingabefeld alle Einträge zulässig sind, das angebundene Menü aber geeignete Standard-Werte zur Auswahl anbietet (wie Auswahl einer Schriftgröße).

Die Auswahl einer Schriftart ist der verbreitetste Anwendungsfall, wo die Combo-Box noch existiert, wie in der InDesign-Palette (Seite 193): ein Eingabefeld mit dem Menü-Doppelpfeil rechts daneben. Als Programm, das sich an Experten und nicht an Novizen richtet, verwendet InDesign Combo-Boxen für Einstellungen zur Schriftgestaltung. In Programmen, die sich an Novizen richten, findet sich das Bedienelement kaum noch. Im HTML-Standard sind Combo-Boxen nicht vorgesehen und kommen daher im Web nicht vor, allenfalls als selbstprogrammierte Sonderlösung.

Aus Usability-Sicht ist die Combo-Box wegen ihres Zwitter-Charakters seit ihrem ersten Auftreten umstritten. Besonders weil ihr nicht anzusehen ist, ob das angebundene Menü die einzig verfügbaren Optionen oder nur Eintragsvorschläge enthält, verletzt sie das Gebot der Konsistenz.

Als Ersatz bieten sich zwei Möglichkeiten an:

- ◇ Ein **Auswahlmenü** enthält die geeigneten Optionen; durch eine Checkbox kann das Menü in ein Eingabefeld zur Eingabe eines eigenen Wertes umgestellt werden, oder die Wahl der Option „Eigene" ermöglicht die Eingabe eines eigenen Wertes in einem gesonderten Eingabefeld. Sind die Einträge alphabetisch sortiert, springt der Nutzer durch Eingeben des Anfangsbuchstaben schnell zum entsprechenden Teil der Liste.

- ◇ Ein **Eingabefeld** schlägt in einem erscheinenden Menü darunter geeignete Optionen vor. Die Browser-Adresszeile oder die Google-Sucheingabe sind populäre Vertreter dieser Variante.

Slider, Regler

Mitunter ist die optische Darstellung eines Wertes aussagekräftiger oder schneller zu erfassen als ein entsprechender Zahlenwert. Eine Zufriedenheitsskala könnte mit Schulnoten arbeiten oder mit einem Schieberegler den Grad der Zufriedenheit zwischen „unzufrieden" und „sehr zufrieden" erfassen. Ein runder Regler kann die Grad-Angabe zwischen 0 und 360 unterstützen. Im Hintergrund wird der eingestellte Wert als Zahlwert verarbeitet, aber für den Nutzer ist es oft gar nicht nötig, diesen zu kennen.

Beispielsweise ist die Lautstärke „25" auf meiner Musikanlage abstrakt und sagt nichts über die tatsächliche Lautstärke und das verfügbare Spektrum aus. Der Drehregler verändert nur die Zahl auf dem Display, gibt aber selbst keine Auskunft, dabei könnte wie bei früheren Modellen eine Markierung auf dem Drehrad anzeigen, welche Lautstärke in Relation zum verfügbaren Lautstärke-Spektrum eingestellt ist. Auf dem Computer verdeutlicht der Lautstärke-Schieberegler optisch die aktuelle Lautstärke im Verhältnis zum verfügbaren Spektrum. Dass der Computer intern beispielsweise das Lautstärke-Level „43" (auf einer Skala bis 100) verwendet, ist dem Nutzer egal. Die Lautstärkeregelung via Tastatur muss dabei jedoch gröber vorgehen, da es nicht zumutbar ist, 100 mal die Laut-Taste zu drücken, um von Still auf Maximum zu stellen; für die Tastatursteuerung würde daher beispielsweise eine Erhöhung oder Verringerung der Lautstärke um jeweils 10 Punkte auf der imaginären Skala gelten, während mit der Maus eine filigrane Feineinstellung möglich ist.

Akzeptiert der Regler nur fixe Stufen, ist das auf der Skala erkennbar. Dann rastet der Regler beim Verschieben am nächstgelegenen Rasterstrich ein. Ansonsten werden nur Anfangs- und Endwert angetragen, und das Fehlen übriger Skalenstriche verdeutlicht, dass eine stufenlose Auswahl möglich ist. Bei einem Equalizer erwartet man allerdings die Zwischenstriche, auch wenn sie funktionslos sind, da die realen Pendants sie ebenfalls aufweisen; ihr Fehlen würde irritieren. In der Gestaltung unterscheiden sich Skalenstriche, die nur der Orientierung dienen, von Einrastpunkten.

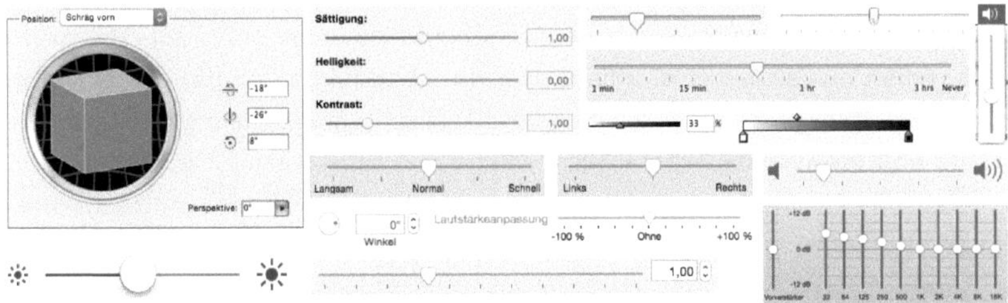

Abb. 8.7: Für räumliche, farbliche Manipulationen oder Auswahlen sowie relative Angaben zu Dauer, Lautstärke, Ton bieten sich Regler an.

Daneben gibt es den häufigen Fall, dass dem Nutzer der konkrete Wert nicht egal ist, er aber herumexperimentieren muss, um diesen zu finden. Dann helfen Regler, um schnell den geeigneten Wertebereich einzugrenzen. Beispielsweise bei der Drehung im Raum oder bei der Einstellung der Helligkeit oder eines Farbwertes verschiebt der Nutzer den Regler zunächst frei im Gesamtbereich, um herauszufinden, wie sich das Ergebnis verändert und welcher Wertebereich geeignet ist. Dieser wird neben dem Regler angezeigt, sodass in einem nächsten Schritt das „Fein-Tuning" über direkte Werteingabe erfolgt. Solche Werkzeuge sind nur nützlich, wenn die Reglereinstellung ohne relevante Verzögerung eine Vorschau des Ergebnisses liefert. Dann fördern sie die explorative Auseinandersetzung mit den verfügbaren Werkzeugen.

Auf Mobilgeräten eignen sich Slider aufgrund der Touch-Bedienung besonders gut. Dann können sie beispielsweise Auswahlmenüs mit Zahleneingabe ersetzen. Eine zwölfstufige Skala ist auf einem Smartphone gut und exakt via Regler bedienbar. Bei einer Skala bis 100 fällt es dem Nutzer jedoch schwer, den exakten Wert einzustellen – sofern der Wert überhaupt exakt benötigt wird.

Die Geschwindigkeitsanzeige im Auto erfolgte früher über einen Zeiger in einem Kreisspektrum zwischen 180 und 300 Grad. Heute zeigen immer mehr

Fahrzeuge ergänzend oder als Ersatz die aktuelle km/h-Angabe als Zahlwert an. Mir ist beim Fahren allerdings egal, ob ich 49 oder 51 km/h fahre. Diese Werte besitzen eine unnötige Präzision. Ich muss sie anders interpretieren als die räumliche Anzeige auf dem Zeiger-Tachometer. Nach wenigen Fahrstunden sind die wichtigen Positionen für 30, 50 und 100 km/h verinnerlicht; ein kurzer Kontrollblick genügt, um zu erkennen, ob Bremsen, Gasgeben oder Geschwindigkeit-Halten die geeigneten Aktionen darstellen. Bei einem digitalen Tacho muss der angezeigte Zahlwert rational interpretiert, übersetzt und die Handlungsempfehlung abgeleitet werden: Bei 49 km/h kann ich ein klein wenig beschleunigen, bei 51 km/h sollte ich etwas abbremsen. Aber eigentlich kann ich die Geschwindigkeit halten.

Je nach Einsatzzweck können Regler unterschiedlich gestaltet sein, beispielsweise bildet das Setzen eines Punktes in einer Farbfläche (für die Farbauswahl) einen zweidimensionalen Slider-Sonderfall. Der Standard-Regler ist eindimensional und besteht aus einer Führungslinie mit angetragener Skala. Auch bei individueller Gestaltung oder kühner Eigenentwicklung (wie den im Raum drehbaren Würfel im Screenshot) ist stets erkennbar, welches Element der Nutzer wie manipulieren kann und welche Elemente lediglich den Orientierungsbezug herstellen:

◇ Bedienelemente sind ausreichend groß.

◇ Bedienelemente reagieren ggf. auf Mausberührung, um ihre Veränderbarkeit durch die Maus zu signalisieren.

◇ Das nutzbare Spektrum ist erkennbar: Es gibt Anfangs- und Endpunkt sowie einen deutlichen Aktionsbereich (z.B. Führungslinie).

◇ Wenn geeignet ist der gewählte Bereich zusätzlich markiert, beispielsweise durch eine Färbung.

◇ Klick auf eine Position in der Skala verschiebt das Bedienelement dorthin.

◇ Sind die Werte für den Nutzer verständlich, zeigt ein nebenstehendes Eingabefeld sie an; bei manueller Werteingabe springt der Regler an die entsprechende Position.

Regler (als Schieberegler entlang einer Führungslinie) werden als HTML5-Element in aktuellen Browsern unterschiedlich unterstützt. Daher gilt es, die Browser-Nutzung der Zielgruppe zu kennen und die Darstellung in den verwendeten zu prüfen. Gegebenenfalls wird eine geeignete Fallback-Lösung benötigt.

Für das `<input>`-Element sind vier Parameter möglich. Sind diese nicht anders definiert, wird der Standardwert genutzt:

◇ `min`: niedrigster Wert (Standard 0)

◇ `max`: höchster Wert (Standard 100)

- ◇ `value`: der voreingestellte Wert, der Regler muss sich an einer Stelle auf der Führungslinie befinden (Standard: der Wert genau in der Mitte zwischen Min und Max)
- ◇ `step`: Schrittweite, Erhöhung bzw. Senkung des Wertes bei Verschieben um eine Position (Standard 1)

```
<label for="meinung">Ihre Meinung zum Wetter:</label>
mies <input name="wetter" type="range" min="1" max="500"
value="200" step="10" id="meinung"/> toll
```

ergibt einen Slider mit dem voreingestellten Wert 200; der eingestellte Wert wird als „wetter"-Wert bei der Übertragung an den Server übergeben. Der Nutzer kann den Regler zwischen den (nicht angezeigten) Werten 0 bis 500 verschieben, je Position wird der Wert um 10 erhöht bzw. verringert; für den Nutzer verdeutlicht die Reglerposition die Relation zu den Extremen „mies" und „toll":

Ihre Meinung zum Wetter:

mies ————●———— toll

Buttons

Buttons oder Knöpfe lösen Aktionen aus, damit wird der Computer beauftragt, etwas zu tun:

- ◇ eine Berechnung ausführen, beispielsweise nach Eingabe verschiedener Werte | Jetzt berechnen |
- ◇ Werte übernehmen oder bestehende manipulieren, beispielsweise bei einer mehrstufigen Formular-Abfrage | Zum nächsten Schritt |, in komplexen Datenerfassungssituationen | Werte prüfen | oder | Werte übernehmen |
- ◇ eine Aktion oder einen Vorgang abbrechen, meist als | Abbrechen |-Button
- ◇ ein neues Fenster zur Verfügung stellen, beispielsweise ein Dialogfenster oder einen Assistenten oder ein Fenster mit einer Werteabfrage oder eine Sicherheitsfrage
- ◇ einen Bearbeitungsschritt abschließen und den nächsten aufrufen, meist als | Weiter |-Button in Assistenten, der Abschluss erfolgt mit | Abschließen |- oder | Fertigstellen |-Button
- ◇ eine Anweisung (an ein externes Gerät) übertragen, beispielsweise zum Ausdrucken oder Steuern einer Maschine

Die Elemente zur Fenstersteuerung (minimieren, maximieren, schließen) sind ebenfalls Buttons. Kernfunktion jedes Buttons ist, dass ein Klick unmittelbar erkennbar eine Veränderung auslöst. Das Ausfüllen von Formularen (mit Eingabefeldern, Auswahlmenüs, Checkboxen, Radio-Buttons etc.) löst

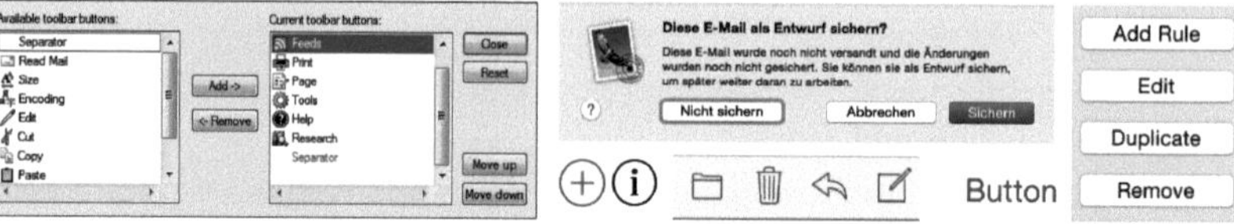

Abb. 8.8: Buttons aus dem Computeralltag. Das Windows-Beispiel zeigt direkte Aktions-Buttons (das Ergebnis ist sofort innerhalb des Fensters sichtbar), der „Close"-Button ist als Default gekennzeichnet, würde bei Drücken der Enter-Taste ausgelöst. Eine Sicherheitsabfrage unter MacOS X, darunter einige iOS-Buttons, die meist nur aufgrund ihrer Position und Färbung als Bedienelemente erkennbar sind. Die Buttons in einem Set werden gleich gestaltet und haben einheitliche Abstände, wie im linken Beispiel können sie durch größeren Abstand in zwei Sets unterteilt werden.

keine Aktionen aus, sondern erfasst nur Daten. Da die Aktion mit den Daten oder auf die Daten erst bei Klick auf den Button erfolgt, hat der Nutzer noch Gelegenheit, seine Eingaben zu prüfen. Beispielsweise sind beim Drucken oder Steuern einer Maschine zahlreiche Einstellungen möglich, doch erst der Klick auf den $\boxed{\text{Drucken}}$-Button löst die tatsächliche Aktion aus.

Die Gestaltung der Buttons hängt von zahlreichen Faktoren ab:

◇ funktionsgleiche oder -ähnliche Buttons befinden sich an der gleichen (relativen) Position
  - auf Mobilgeräten der $\boxed{\text{Zurück}}$-Button oben links
  - $\boxed{\text{Abbrechen}}$-Button in Dialogen unten rechts (gleich neben dem $\boxed{\text{Weiter}}$- oder einem anderen bestätigenden Button)
  - $\boxed{\text{Zurück}}$-Button in Dialogen als vorderster Button der Button-Zeile (gelegentlich am linken Rand platziert)
◇ häufig wiederkehrende Buttons erhalten häufig ein standardisiertes (meist grafisches) Aussehen in allen Vorkommen
  - Fenster-Schließ-Buttons unter Windows oder Mac
  - $\boxed{\text{Teilen}}$-Button in Browsern
  - $\boxed{\text{Tweet}}$-Button auf Webseiten
  - Hinzufügen-Funktion als $\boxed{+}$-Button und Entfernen-Funktion als $\boxed{-}$-Button, jeweils in zahlreichen Kontexten
  - Info- oder Hilfe-Button als $\boxed{\text{i}}$ und $\boxed{?}$
◇ (Tatsächliches) Auslösen einer Aktion
  - $\boxed{\text{Drucken}}$-Button oder $\boxed{\text{Vorgang abschließen}}$-Button am Ende eines Dialogs oder eines Assistenten
  - de facto alle Buttons, die mit einer eigenen Beschriftung versehen sind (außer $\boxed{\text{Ok}}$, $\boxed{\text{Abbrechen}}$, $\boxed{\text{Ja}}$, $\boxed{\text{Nein}}$, $\boxed{\text{Weiter}}$, $\boxed{\text{Zurück}}$), beispielsweise $\boxed{\text{Speichern}}$, $\boxed{\text{Verwerfen}}$, $\boxed{\text{Übernehmen}}$

In jeder Abfrage gibt es einen Abbrechen -Button, der den Nutzer auf den Zustand vor dem Aufruf des Dialogs zurückversetzt. Die tatsächlich Aktions-auslösenden Buttons sind aussagekräftig beschriftet. Ist die Button-Aktion nur verständlich, wenn die zugehörige Frage eindeutig gelesen und verstanden wurde, entstehen rasch Fehlbedienungen.

Wollen Sie wirklich drucken? Ja Nein Eigentlich müsste zuerst „Nein" genannt werden, da dies dem Abbrechen entspräche, aber Nein Ja sieht seltsam aus. Die Frage negativ zu formulieren („Wollen Sie den Druck jetzt nicht vornehmen?") um die übliche Ja-Nein-Reihenfolge anbieten zu können, ist missverständnisfördernd. Die nutzerfreundlichste und am wenigsten Fehler provozierende Variante sind in dieser Situation die Buttons Abbrechen Drucken .

Ok -Buttons sind nur geeignet, wenn der Nutzer bestätigt, einen Hinweis zur Kenntnis genommen zu haben, oder der Kontext so übereindeutig ist, dass eine Fehlinterpretation ausgeschlossen werden kann. Gleiches gilt für Ja - und Nein -Buttons. Nur wenn die zugehörige Frage sehr kurz und sehr eindeutig und der Kontext übereindeutig sind, haben diese Buttons eine Berechtigung. In allen anderen Fällen sind Button-Beschriftungen vorzuziehen, die die ausgelöste Aktion tatsächlich beschreiben.

Häufig dienen Ja/Nein-Fragen dazu, eine gerade ausgelöste Aktion noch einmal zu bestätigen. Der Nutzer hat beispielsweise den Button Auftrag senden geklickt, und bestätigt die Frage „Soll der Auftrag an XX jetzt gesendet werden?" mit Ja . Hier könnte alternativ auch der Button Auftrag senden verwendet werden, jedoch dient die andere Button-Beschriftung dazu, die Funktion dieser Frage (nämlich nur noch einmal die Bestätigung) klarzustellen. Auch muss der Nutzer so nicht zweimal den scheinbar gleichen Button anklicken, sondern führt eine Aktion aus und bestätigt diese; diese zwei Schritte sind durch die unterschiedliche Beschriftung auch gegenüber dem Nutzer unterschieden.

Übrigens werden die Buttons in Bestätigungsabfragen nie mit Ok und Abbrechen beschriftet, sondern gemäß der Ja/Nein-Frage mit Ja und Nein . Wird die zu bestätigende Aktion durch ein anders beschriftetes Element ausge-löst (beispielsweise die Speicher-Abfrage beim Klick auf den Fenster-Schließen-Button), sind die Buttons nicht mit Ja und Nein beschriftet, sondern be-zeichnen die jeweilige Aktion.

Gerade bei kurzen Button-Beschriftungen ist zu gewährleisten, dass die Buttons eine angemessene Größe haben. Für Windows gilt eine Mindestgröße von 75 Pixel Breite und 23 Pixel Höhe. Die Beschriftung wird darin zentriert. Auf Mobilgeräten bietet es sich an, Buttons untereinander anzuordnen und jeweils über die gesamte Bildschirmbreite zu strecken. So sind sie gut zu treffende Tipp-Ziele. Das „verschwendet" zwar Bildschirmplatz, aber der Nutzer kann sie schneller, sicherer bedienen und trifft kaum versehentlich den falschen Button.

Der Windows-Styleguide verweist auf mehrere Anwendungsregeln und Sonderfälle:

◇ Menübuttons: Bei Anklicken des Buttons öffnet sich ein Menü, dieses Verhalten wird durch einen kleinen Pfeil in der Buttonbeschriftung signalisiert ($\triangledown$). Der Menü-Button löst also nicht selbst eine Aktion aus, sondern gibt Zugriff auf auslösbare Aktionen in einem Menü.

◇ Toogle-Buttons: Der Button ändert nach Auslösen seine Funktionsweise und Beschriftung, beispielsweise um zusätzliche Elemente oder Optionen anzeigen oder verbergen, nach dem Klick verändert sich der Button von « Less zu More ». Die Toogle-Aktionen sind entweder gegensätzlich wie beim Anzeigen, Verbergen oder stehen in einer plausiblen Reihenfolge, wie kleine–mittlere–große Schrift.

◇ Wenn möglich, benennt der Button die auszulösende Aktion: Burn CD . Der Ok -Button wäre nur akzeptabel, wenn der Kontext eindeutig nahelegt, dass es sich um das Starten eines CD-Brennvorgangs handelt.

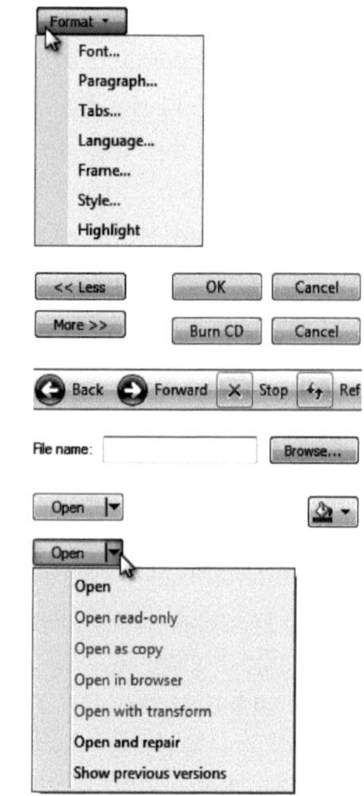

Abb. 8.9: Button-Einsatz unter Windows.

◇ Buttons sind entweder grafisch (Icons) oder Text (Beschriftung). Die Verbindung unterstützt nur beim Verständnis, bei wenig verfügbarem Platz sind die Icon-Buttons auch ohne Erklärung verwendbar. Einen Cancel -Button mit einem „X"-Icon zu versehen, ist unnötig.

◇ Löst ein Button eine Folge-Aktion aus, die zum Abschluss der Gesamtaktion benötigt wird, ist dies durch ... verdeutlicht.

◇ Split-Buttons: Der Button verfügt über ein separates Element $\boxed{\triangledown}$, mit dem die Button-Aktion eingestellt wird, beim Aufrufen wird die wahrscheinlichste Aktion voreingestellt. Erst das Anklicken des Buttons löst die eingestellte Aktion aus. In Formatpaletten finden sich grafische Varianten dieses Verhaltens beispielsweise bei der Farbauswahl.

Ein wesentlicher Unterschied bei der Anordnung ist zu berücksichtigen. Unter Windows befindet sich der ‎ Abbrechen ‎-Button immer rechts außen und hat die Default-Setzung. Unter MacOS X befindet sich der bestätigende oder auslösende Button immer ganz rechts und ist als Default markiert; der ‎ Abbrechen ‎-Button befindet sich direkt links daneben. Das bedeutet für Webseiten, dass auf mindestens einem der beiden Systeme die Buttons in der „falschen" Reihenfolge angeordnet sein werden. Da die Mac-Logik dem Nutzerinteresse besser entspricht (der bestätigende Button befindet sich an der vorhersehbaren Stelle und ist als Default markiert), ist diese Verwendung auch für Webseiten zu empfehlen.

Egal wie man sich entscheidet, innerhalb einer Webseite, Web-Applikation oder Software ist die Button-Logik einheitlich. Der Lerneffekt tritt ein, Nutzer müssen nicht alle Texte rund um Buttons lesen, um deren Auswirkungen zu erkennen. Das beschleunigt das Arbeiten und bewahrt vor unangenehmen Überraschungen.

In HTML ist der Standard-Button zunächst funktionslos. Dennoch hat er einen Zweck. Via Javascript sind ihm Aktionen zuweisbar, sodass die zugehörige Funktionalität darüber abgebildet wird. Das Aussehen entspricht einem regulären Button, wie er auf dem verwendeten Betriebssystem zum Einsatz kommt. So erhält man ohne CSS-Aufwand ein konsistentes Design aller Buttons:

```
<input type="button" />
```

Zwei weitere Standard-Buttons kennt HTML: ‎ Reset ‎ und ‎ Submit ‎-Button zum Zurücksetzen aller Formularfelder auf ihre Ursprungswerte und zum Absenden des Formulars gemäß der Angaben im Formular-Kopf:

```
<input type="submit" />
<input type="reset" />
```

Der Parameter `value` enthält die Button-Beschriftung. Via CSS-Klassen sind Buttons flexibel gestaltbar, doch ältere Browser unterstützen nur einen Teil der Design-Möglichkeiten. Erhält der Submit-Button den `src`-Parameter, wird statt des Buttons die angegebene Grafik angezeigt, die Funktionsweise ist die gleiche:

```
<input type="submit" src="absendebutton.jpg" />
```

Für einige Sonderfälle ist der Bild-Button nützlich. Bei der Übergabe des Formulars wird neben dem Value-Wert auch die Klickposition mit X- und Y-Koordinaten übertragen.

```
<input type="image" src="bild.png" value="..."/>
```

Mit dem jüngeren `<button>`-Element sind in HTML sehr viel flexiblere Buttons umsetzbar, indem mehrere Elemente zu einem Button zusammengefügt werden:

```
<button name="test" type="button" value="Aktion"
onclick="alert('Aktion');">
   <p><img src="bild.gif"><br>
   <b>Aktion auslösen</b></p>
</button>
```

Buttons können folgende Parameter in HTML erhalten:

◇ **disabled** Der Button wird als deaktiv dargestellt und ist nicht klickbar.

◇ **name** Gibt den Namen des Buttons zur Referenzierung beispielsweise in Javascripts an.

◇ **type** Bestimmt die Art bzw. Funktionalität: **button**, **reset** oder **submit**

◇ **value** Gibt den Initialwert des Buttons an bzw. dessen Beschriftung.

Mit HTML5 sind weitere Eigenschaften möglich:

◇ **autofocus** Der Button erhält beim Seitenaufruf den Fokus und braucht nur mit Enter bestätigt zu werden.

◇ **form** Gibt das oder die Formulare an, auf die der Button wirkt, beispielsweise kann ein Submit-Button mehrere Formulare auf einmal absenden.

◇ **formaction** (nur für Submit-Buttons) Gibt die URL an, wohin die Formulardaten gesendet werden.

◇ **formenctype** (nur für Submit-Buttons) Gibt an, in welchem Format die Daten an den Server übergeben werden.

◇ **formmethod** (nur für Submit-Buttons) Gibt an, welche HTTP-Methode (**get** oder **post**) zur Datenübertragung verwendet wird.

◇ **formnovalidate** (nur für Submit-Buttons) Regelt, dass die Formulardaten vor der Übertragung nicht validiert werden.

◇ **formtarget** (nur für Submit-Buttons) Gibt an, wo das Ergebnis nach der Formularsendung angezeigt werden soll: **_blank**, **_self**, **_parent**, **_top** oder im benannten Frame.

Funktionsmenü

Über das Funktionsmenü sind alle Funktionalitäten erreichbar. Es gehört immer dem Fenster der Anwendung (Windows) oder signalisiert, welche Anwendung gerade aktiv ist (MacOS). Dokument-, Paletten- oder andere Fenster haben keine Funktionsmenüs. Menüs sparen Bildschirmplatz, indem sie sämtliche Funktionen in einer Textzeile verfügbar machen, nur bei der Menübedienung werden temporär andere Bildschirminhalte verdeckt.

Programme zur Dokumentbearbeitung strukturieren die Befehle:

◇ als erstes kommt das Menü, das sich auf das gesamte Dokument bezieht: Datei öffnen, speichern, schließen, drucken etc.

⋄ daran schließt sich das Menü an, das sich auf Arbeitsschritte oder die aktuelle Auswahl bezieht: Rückgängig, Suchen, Ersetzen, Kopieren, Einfügen

⋄ anschließend folgen – je nach Funktionalität – spezielle Menüs

⋄ das Funktionsmenü schließt mit den Menüs für Ansicht-Optionen, Fensterverwaltung und Hilfe.

Programme zur Dateiverwaltung verwenden die gleiche Logik: vom Großen zum Kleinen. Das erste Menü beherbergt Befehle zur Verwaltung der Ordnungseinheiten, beispielsweise E-Mail-Konten, Foto- oder Musikalben. Die Befehle zur Bearbeitung der konkreten verwalteten Elemente folgen in einem hinteren Menü. Oft wird aus Gründen der Konsistenz die Reihenfolge von Datei- oder Ablage-Menü, Bearbeiten- und Ansichtsmenü beibehalten. Programmspezifische Befehle werden geeignet einsortiert oder in anschließenden Menüs untergebracht.

In Programmen, die weder Dokumente bearbeiten noch Dateien verwalten, ergibt ein Datei- oder Ablage-Menü wenig Sinn. Solche Programme dienen meist fokussierten Aufgaben wie die Taschenrechner-App, ein Spiel oder das System-Konfigurationsprogramm. In solchen Fällen orientieren sich die Menüs an eigenen Hierarchien oder der zeitlichen Abfolge der Nutzung. Auf dem Mac hat die unvermeidbare Menü-Zeile bewirkt, dass jedes Programm mindestens Ablage- und Bearbeiten-Menü erhält, diese sind dann entsprechend karg gefüllt oder die vorhandenen Funktionen auf den konkreten Fall übertragen.

Die Reihenfolge der Menütitel entspricht der Hauptfunktion des Programmes, für Programme, die primär der Darstellung oder dem Anzeigen dienen, ist folgende Menüreihenfolge sinnvoll Datei | Bearbeiten | Darstellung | ... | Hilfe , während Programme zur Dokumentbearbeitung oder -verwaltung eher diese Reihenfolge wählen: Datei | Bearbeiten | ... | Ansicht | Hilfe .

Da Windows-Fenster nicht zwangsläufig eine Menüzeile besitzen müssen, ist es in einigen Fällen geeignet, auf die Menüzeile zu verzichten und die Befehle nur über die Programmoberfläche bereitzustellen. Ist jedoch die Nutzung der Zwischenablage ein üblicher Anwendungsfall, benötigt das Programm ein Bearbeiten-Menü; und da ein Menüeintrag allein keine Menüzeile ergibt, werden geeignete Befehle für ein Datei-Menü und ein Ansicht- oder Hilfe-Menü integriert, sodass eine akzeptable und geeignete Minimal-Menüzeile entsteht.

Auf dem Mac gibt es zwei Menüs vor den besprochenen Menüs: Das Apple-Menü bezieht sich auf Funktionen für den gesamten Computer (z.B. Computer-Einstellungen, Ausschalten), das Programm-Menü gilt für die aktive Applikation (z.B. Programm-Einstellungen, Beenden). Übrigens erfolgte die Menübedienung auf frühen Mac-Computern mit nur einem Klick: Der Menütitel wurde anklickt und die Maustaste während der Bewegung zum Eintrag gehalten, beim Loslassen wurde die Aktion ausgeführt. Diese Bedienung funktioniert auch heute noch.

Eine Menüzeile enthält nur Menütitel, erst beim Anklicken erscheint die Funktionsliste. Alle Menü-Titel lösen die gleiche Aktion aus, entweder klappen sie ein Menü mit Befehlen auf oder lösen direkt eine Aktion aus. Ebenso enthält ein Webseitenmenü nur gleichartige Einträge. Entweder führen Klicks auf die Menütitel direkt zu jeweils einer neuen Seite oder sie klappen jeweils ein Menü auf. Insbesondere auf Webseiten sind Menüs oft inkonsistent. Manche Menüeinträge öffnen ein Menü, in dem etwas gewählt wird, andere lösen direkt eine Aktion aus und öffnen eine neue Seite. Solche Mischungen sind verwirrend. Die nutzerfeindlichste Unvorhersehbarkeit erreicht man mit folgender Mischung:

◇ Der erste Menütitel öffnet bei Berührung ein Menü, um etwas auszuwählen. Klick auf den Titel ruft eine Übersichtsseite auf.

◇ Der zweite Menütitel öffnet bei Berührung ein Menü, reagiert aber nicht auf Klick.

◇ Der dritte Menütitel zeigt bei Berührung keine Reaktion, öffnet bei Klick jedoch eine Seite.

◇ Der vierte Menütitel öffnet bei Klick eine neue Seite in einem neuen Browserfenster, die auch noch anders gestaltet ist.

◇ Der fünfte Menütitel schaltet bei Klick zwischen zwei Ansichten um (beispielsweise von Hell auf Dunkel).

Ein ähnlicher Auslösungswirrwarr findet sich in einigen Programmen. Jedes dargestellte Verhalten hat seine Berechtigung. Jedoch besteht ein gutes Interface darin, dass der Nutzer vor der Bedienung eines Elements die Auswirkungen bereits erkennen wird, also von der Reaktion des ersten Elements bereits auf die Reaktionen der übrigen schließen kann. Kurzum: Ist etwas wie ein Menü gestaltet, muss es sich wie ein Menü verhalten.

Öffnen sich Menüs bereits bei der Mausberührung, beispielsweise auf Webseiten oder die Untermenüs in Programmen, ist eine geeignete Hysteresis nötig. Das Menü sollte sich mit ca. 150 bis 350 Millisekunden Verzögerung öffnen und wieder schließen. Ansonsten klappern die Menüs auf und zu, während der Nutzer mit der Maus einfach nur den Bildschirm abfährt.

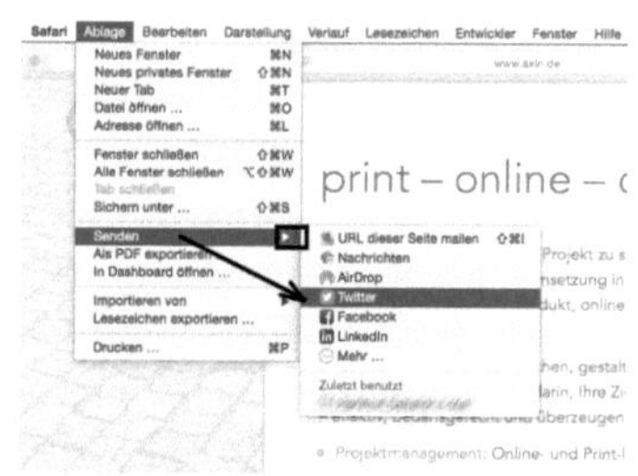

Abb. 8.10: Hysteresis erleichtert die Menü-bedienung.

Insbesondere Untermenüs lassen sich mit Hysteresis leichter bedienen. Ohne Hysteresis würde das Untermenü verschwinden, sobald der Mauszeiger einen anderen Menüeintrag berührt. Dank der Verzögerung bleibt das Untermenü noch einen relevanten Sekundenbruchteil stehen – genügend Zeit, um es mit der Maus zu erreichen. Statt also mit der Maus den präzisen Weg (über das schwarze Rechteck im Screenshot) nehmen zu müssen, ist es über die grobe Bewegung (schwarzer Pfeil im Screenshot) gut erreichbar.

Auf Webseiten muss Hysteresis mit CSS3 oder Javascript integriert werden, für Programme ist der jeweilige Systemstandard genau richtig, denn an diesen sind die Nutzer gewöhnt. Übrigens ist die Verzögerung nur bei Elementen notwendig, die auf Berührung reagieren. Zu klickende Elemente wie Buttons oder Menüs, die erst auf Klick öffnen, lösen sofort beim Klick aus.

Webseiten verwenden zumeist keine Funktionsmenüs, sondern bilden die erste Hierarchie-Ebene mithilfe eines Menüs ab. Ein Webshop nutzt das Menü beispielsweise für verschiedene Sortimentsbereiche, eine Content-Webseite für unterschiedliche Themenbereiche. Viele Webseiten bieten darüber hinaus Kundenkonto und andere Funktionen an. Ein Menü kombiniert jedoch nicht verschiedene Funktionen (wie inhaltlich motivierte und funktionale Menüeinträge; Seite 171). Entweder sind funktionale Angebote in einem separaten Menü untergebracht oder deutlich von den Sortimentskategorien bzw. Themenbereichen abgesetzt.

Abb. 8.11: Die zwei Hauptbereiche in der Amazon-Navigation sind räumlich getrennt: Zugriff auf Kategorien und Suche sowie die Funktionen für den Kunden, alle fünf öffnen jeweils ein Menü (verdeutlicht durch Pfeil). Aponeo bietet im Hauptmenü vier Bereiche, und die Funktionen Kundenkonto und Warenkorb sind nach rechts abgesetzt, bei Berührung öffnet sich jeweils ein Menü. Spiegel Online hat mehrere Menüzeilen, die oberste besteht aus Links, die Hauptnavigation bildet die Kategorien ab, bei Berührung öffnet sich jeweils ein Menü. Heise Online benutzt ebenfalls mehrere Menübereiche, der Pfeil (neben dem Heise-Online-Schriftzug) öffnet ein Menü, um in andere Verlagsangebote zu wechseln.

Technisch werden viele Web-Menüs als Liste angelegt und via CSS als Menü gestaltet. Die HTML5-Tags `<menu>` und `<nav>` weisen dabei im Code den entsprechenden Bereich aus. In `<menu>` ... `</menu>` werden Befehle und Funktionalitäten untergebracht, damit ist es vorwiegend für Web-Applikationen bestimmt. `<nav>` ... `</nav>` umschließt die Liste der Navigationslinks.

Ribbon

In modernen Windows-Programmen ersetzt das Ribbon das Funktionsmenü. Es lohnt sich vorwiegend für Programme, die sich an einen breiten Markt bzw. an eine Nutzergruppe mit hohem

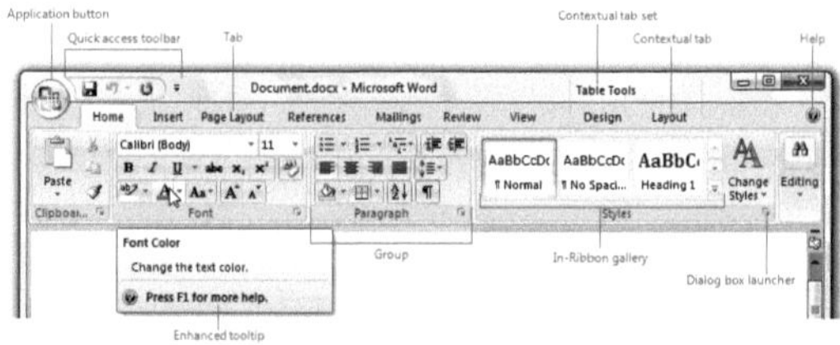

Abb. 8.12: In den Interface Styleguides beschreibt Microsoft die Ribbon-Bestandteile und den empfohlenenen Aufbau.

Novizen-Anteil richten. Für Programme, die sich an Experten wenden oder über einen begrenzten Nutzerkreis verfügen (z.B. Software für den internen Gebrauch eines Unternehmens), sind gut konzipierte Funktionsmenüs weniger aufwändig zu erstellen und genauso nützlich.

Ribbons eignen sich vorzugsweise bei dokumentbearbeitenden, Viewer-Programmen oder Browsern. Ein Programm mit geringer Funktionsvielfalt benötigt eine schlanke Bediensteuerung und ist mit einer Symbolleiste mitunter besser bedient.

Symbolleiste, Palette

Für den schnellen Zugriff auf bestimmte Funktionen haben sich Icons etabliert, die in Symbolleisten angeboten werden. Symbolleisten gibt es in zahlreichen Ausprägungen:

⋄ als Icon-Zeile zwischen Fenstertitel und Fenster-Inhalte
⋄ als Icon-Liste am linken oder rechten Fensterrand
⋄ als Icon-Zeile am unteren Fensterrand
⋄ als frei platzierbares Palettenfenster
⋄ als Menü-Ersatz in Apps für Touch-Geräte

In der reinen Lehre besteht eine Symbolleiste nur aus Icons, deren Anklicken eine Aktion auf das Fenster oder das gewählte Element bzw. auf den markierten Dokumentbereich auslöst. Der Nutzer kann die Icons umsortieren, gruppieren, einige entfernen oder hinzufügen.

In der Praxis enthalten Symbolleisten aber auch Funktionselemente, in denen der Nutzer Werte einträgt, beispielsweise die Web-Adresse im Browser, einen Zahlenwert in der Photoshop-Funktionsleiste oder einen Suchbegriff in einem Suchfeld, das in die Symbolleiste integriert ist. Auch die Auswahl einer Schriftgröße oder eines Stils im Formatvorlagenmenü gehen über das ursprüngliche Symbolleistenkonzept hinaus.

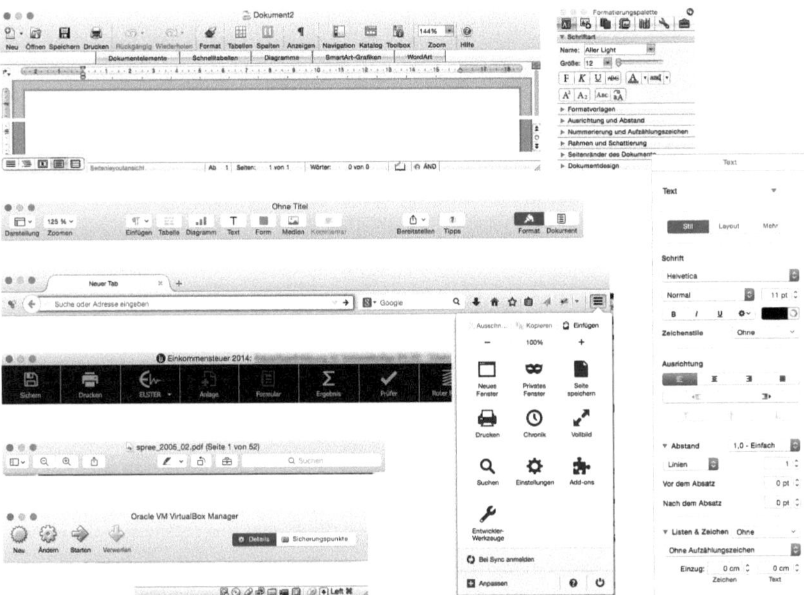

Abb. 8.13: Symbolleisten aus dem MacOS-X-Alltag. Word-2004-Fenster haben eine Symbolleiste am oberen und unteren Fensterrand (für Funktionen und Anzeigeparameter). Ergänzend stehen häufige Formatbefehle in einer Palette („Toolbox") bereit. Die Textverarbeitung Pages arbeitet ebenfalls prominent mit einer Symbolleiste, deren Icon-Auswahl jedoch anders motiviert ist. Die Formatpalette ist direkt als rechte Spalte in das Dokumentfenster integriert. Der Browser Firefox benötigt wenige Icons, das (Icon-)Menü wird durch Klick auf das inzwischen etablierte „Burger-Icon" rechts außen aufgerufen. Das Buchhaltungsprogramm „Steuertipps" stellt in seiner Symbolleiste nur direkte Funktionsaufrufe zur Verfügung, während der PDF-Viewer „Vorschau" Anzeige-Einstellungen und einfache Werkzeuge anbietet. Virtualbox kommt mit drei Haupt-Symbolen aus; zu jeder virtuellen Maschine gibt es zwei Ansichten, zwischen denen via „Details" und „Sicherungspunkte" in der Symbolleiste gewechselt wird; am unteren Fenster jeder virtuellen Maschine signalisieren Icons den aktuellen Status und geben Zugriff auf die entsprechenden Einstellungen.

Symbolleisten verdoppeln Funktionen oder Befehle, die im Funktionsmenü vorhanden sind, sodass diese schneller bedienbar sind. Beispielsweise sind die „Vor"- und „Zurück"-Schaltflächen in Browsern symbolische Darstellungen der entsprechenden Funktionsmenü-Einträge. Textverarbeitungen bieten die häufigsten Formatierungsbefehle in einer Symbolleiste an. So sind diese schneller zu erreichen als über die Menüs, wo die Funktionalität in Untermenüs oder aufzurufenden Dialogen untergebracht ist. Damit holen Symbolleisten die (aufgrund der Programmlogik bzw. strukturellen Hierarchie) auf tiefen Ebenen einsortierten Funktionen wieder nach oben, indem sie diese in einem fakultativen, parallel zu verwendenden Bedienelement zur Verfügung stellen.

Enthält eine Symbolleiste Standard-Funktionen, dann werden die entsprechenden Standard-Icons verwendet. Symbolleisten lohnen sich nur für hochfrequente Aktionen. Der Nutzer profitiert von seinem räumlichen Gedächtnis und kann den Mauszeiger rasch zum benötigten Icon bewegen. In Touch-Interfaces sind Symbolleisten zu empfehlen, da die jeweilige Klickfläche quadratisch ist und so mehr Funktionen nebeneinander passen als mit Textbefehlen. Gibt es mehr Funktionen, als in der Symbolleiste abbildbar sind, erreicht der Nutzer die seltener benötigten über ein „Mehr"-Icon rechts außen.

Viele Programmen für Experten bieten ergänzend zu Symbolleisten Palettenfenster. Mitunter kann der Nutzer eine Symbolleiste auch als Palettenfenster nutzen und frei platzieren, wie in den alten Versionen von MS Word. Palettenfenster sind an ihre Programmfenster gebunden; ist das Programm inaktiv, werden die Paletten ausgeblendet. Palettenfenster sind optisch von regulären Fenstern abgesetzt, ihre Titelzeilen und deren Bedienelemente sind deutlich schlanker. In Photoshop und vergleichbar mächtigen Programmen sind Paletten zur effektiven Bedienung unverzichtbar. Im Gegensatz zu Status- oder Pop-Up-Fenstern besitzt der Nutzer größere Kontrolle über Paletten und kann sie frei anordnen, oft auch ihre Größe ändern und die Palette an seine Bedürfnisse anpassen, so wie bei InDesign-Paletten (Seite 193). Das Programm speichert die Anpassungen, und Paletten erscheinen stets dort und so, wie der Nutzer sie angelegt hat.

Befehle in Symbolleisten und Paletten sind nicht modal. Um beispielsweise in einem Textdokument etwas zu fetten, wirkt sich der Klick auf den „Fettungsbefehl" in der Symbolleiste oder Palette direkt auf den ausgewählten Bereich aus. Alles, was in einer Symbolleiste oder Palette angeklickt wird, zeigt sofortige Wirkung:

◇ Veränderung des ausgewählten Dokumentbereich
◇ Veränderung des aktiven Fensters oder der Ansicht
◇ Aufruf eines Dialog- oder Assistent-Fensters, um eine Funktion zu bedienen
◇ Anzeigen bzw. Verbergen eines Palettenfensters oder einer Symbolleiste.

Es gibt keinen Button „Einstellungen übernehmen" oder „Ok". Einzige Ausnahme sind einige Funktionselemente, wie beispielsweise das Einstellen des Latex-Modus in Texmaker und das Ausführen der gewählten Aktion (Seite 259).

Werkzeugpaletten sind in gewisser Weise nur besondere Symbolleisten: Zahlreiche Symbole verdeutlichen die verschiedenen Werkzeuge, zwischen denen gewählt werden kann. Eine solche Werkzeugpalette funktioniert wie ein Radio-Button-Set: Genau ein Werkzeugmodus muss aktiv sein, es können nicht keiner und nicht mehrere Modi aktiv sein. Wie ein Radio-Button-Set müssen die

Werkzeug-Symbole von den übrigen Symbolen getrennt und als in sich geschlossener Bereich erkennbar sein. In vielen Programmen signalisieren ein veränderter Mauszeiger oder andere Elemente den gerade aktiven Modus.

Checkliste: Funktionselemente

Checkboxen sind geeignet, wenn:

◇ nur eine Ja/Nein-Entscheidung nötig ist oder

◇ mehrere gleichrangige Ja/Nein-Entscheidungen *unabhängig* voneinander abgefragt werden.

Inhaltlich und hierarchisch zueinander gehörende Checkboxen werden untereinander gruppiert.

Radio-Buttons sind dann geeignet, wenn

◇ aus einem eindeutigen und

◇ vollständigen Set von Optionen

◇ genau eine gewählt werden

◇ muss.

Auswahlmenüs bieten sich an, wenn

◇ aus vielen gleichartigen Optionen eine zu wählen ist

◇ die Nutzungsfrequenz nicht allzu hoch ist

◇ die Integration in die Nutzeroberfläche Vorteile bietet

◇ die Bezeichnungen kurz sind (maximal 30 Zeichen)

Die alphabetische Sortierung ist die performanteste Reihenfolge.
Die Bezeichnungen der Optionen entsprechen den Nutzer-Erwartungen.

Auswahllisten bieten sich an, wenn

◇ aus vielen gleichartigen Optionen mindestens eine zu wählen ist

◇ die Einträge zu lang für ein Auswahlmenü sind

◇ außer der Auswahl eine unterstützende Aktion ausgelöst wird

Wählt der Nutzer nur eine Option, obwohl mehrere möglich wären, darf dies nie Funktionen behindern oder beeinträchtigen.

Slider oder Regler   sind dann geeignet, wenn

◇ der konkrete Zahlenwert für den Nutzer wenig relevant ist

◇ der Wert eine Relation entlang einer Achse (räumlich, zeitlich, Skala) abbildet

◇ die Relation des gewählten Eintrags zur verfügbaren Bandbreite für die Beurteilung relevant ist oder das Verständnis unterstützt

◇ eine Echtzeit-Vorschau des Ergebnisses möglich ist und Nutzer mit den Werten experimentieren

◇ auf Mobilgeräten eine Zahleneingabe von 1 bis etwa 12 benötigt wird.

Buttons   bieten sich an, wenn

◇ eine Aktion direkt ausgelöst wird, die Veränderung ist unmittelbar wahrnehmbar (Buttonbeschriftung = Aktionsbezeichnung)

◇ eine Aktion durch eine Entscheidung ausgelöst wird (Abbrechen-, Ok-, Ja- und Nein-Buttons)

Zu beachten sind vor allem

◇ Button-Beschriftungen (Eindeutigkeit der ausgelösten Aktion)

◇ Button-Platzierung (erwartete Platzierung und Reihenfolge)

Funktionsmenüs   sind notwendig, wenn ein Programm

◇ Dokumente bearbeitet

◇ Dateien oder andere Elemente verwaltet

◇ mehrere Funktionen anbietet

◇ die Zwischenablage (Kopieren, Ausschneiden, Einfügen) oder andere Systemfunktionen nicht nur stillschweigend unterstützt, sondern diese für die Nutzungsszenarien relevant sind

Enthält eine Webseite mehrere Bereiche (die voneinander inhaltlich oder funktional eindeutig unterscheidbar sind), eignet sich ein Webseitenmenü, das sich in Gestaltung und Funktionalität an Programm-Menüs orientiert.

Zu beachten sind vor allem

◇ Sortierung und Gruppierung der Einträge (Seite 171)

◇ Abfolge der Menütitel und Menüeinträge

Strukturelemente

Die Funktionselemente sind nicht einfach da, sondern stehen zueinander und zu den anderen Bildschirminhalten in Beziehung. Dabei helfen Elemente, die zwar selbst keine Funktionalität besitzen, aber Auskunft über die integrierten Funktionselemente bzw. Zugang zu diesen geben. Sie verschaffen dem Nutzer einen Überblick über die Funktionsmöglichkeiten bzw. helfen beim Erschließen dieser. Sie selbst lösen keine Aktionen aus, sondern sind etablierte Standards, um auf dem virtuellen Schreibtisch Ordnung zu schaffen.

Gruppierung

Um die Zusammengehörigkeit von Elementen zu verdeutlichen, werden Gruppierungen eingesetzt. Die Gruppierung wird meist über einen grauen Rahmen rund um die gruppierten Elemente erzeugt und kann einen Titel erhalten. Der Rahmen verdeutlicht jedoch nur, was bereits durch Anordnung und Abstände der Elemente erreicht wird. Daher wird diese Möglichkeit nur noch selten verwendet. Sie ist vor allem angebracht, wenn die Abgrenzung von mehreren zusammengehörenden Bedienelemente-Gruppen zusätzlich betont werden muss.

In Webseiten dient die Gruppierung meist dazu, verschiedene Formularbereiche voneinander abzugrenzen. In Software und Apps genügt es zumeist, den Empfehlungen der jeweiligen Interface-Design-Guidelines zu folgen. An diese Abstände und Anordnungen ist der Nutzer gewöhnt und erkennt sie, während jede Webseite ihre eigene Design-Sprache verwendet, die der Nutzer erst erlernen muss. In solchen Fällen vereindeutigen Gruppierungen für den unerfahrenen Nutzer die Zusammengehörigkeit.

Tabulator/„Tabs"

Als Browser-Tabs ist dieses Bedienelement etabliert. Es dient dazu, zwischen verschiedenen funktionsähnlichen oder -gleichen Bereichen zu wechseln. Daraus ergeben sich mehrere Konsequenzen:

◇ Jeder Tab-Inhalt steht für sich selbst und ist nicht auf andere angewiesen.

◇ Tabs einer Ordnung bieten jeweils vergleichbare Möglichkeiten. In Browsern stellt jeder Tab eine (eigene) Webseite dar. In Dokument-Programmen enthält jeder Tab ein eigenes Dokument. Einstellungsfenster verteilen jeweils voneinander unabhängige Einstellmöglichkeiten auf Tabs. Innerhalb einer Webseite trennen Tabs unterschiedliche Seitenbereiche.

◇ Tabs sind entweder vorgegeben (Einstelldialoge oder Webseiten) oder vom Nutzer frei öffen- und schließbar (Dokument- oder Browser-Tabs).

⋄ Tabs schalten nicht zwischen zwei Ansichten des selben um. Jeder Tab-Inhalt gilt für sich. Abhängigkeiten werden eindeutig kommuniziert und sind transparent.

⋄ Wird für einen Tab ein Dialog geöffnet (beispielsweise Öffnen, Speichern oder Drucken), muss dieser erst geschlossen werden, bevor der Nutzer zu einem anderen Tab wechseln kann.

Mitunter scheint es nutzerfreundlich, das Schließen eines Tabs mit einer anderen Aktion zu kombinieren, beispielsweise mit der Übernahme getätigter Einstellungen. Der Browser Chrome verfährt auf diese Weise und bricht dadurch mit den Nutzererwartungen. Das Fenster- oder Tab-Schließen ist ein anderer Vorgang als eine Einstellung zu bestätigen, daher werden beide nicht durch nur eine Nutzeraktion ausgelöst. Der Verzicht auf einen Bestätigungs-Button ist nur sinnvoll, wenn die Einstellungen nicht-modal erfolgen, also bereits vor dem Tab-Schließen gelten (und sichtbar sind). Dann ist es egal, ob der Tab geschlossen wird oder geöffnet bleibt – die Einstellung gilt. In modalen Situationen ist entweder ein bestätigender Button („Ok" oder „Übernehmen") angebracht oder eine Abfrage („Wollen Sie die Änderungen anwenden?").

Die meisten Einstellungsfenster in MacOS-X-Programmen funktionieren auf nicht-modale Weise: Die Einstellungen werden sofort beim Treffen übernommen, gegebenenfalls erfolgt eine Abfrage zur Bestätigung, einen Bestätigungs- oder Übernehmen-Button gibt es selten. Unter Windows werden in den gleichen Situationen häufig modale Dialoge verwendet, diese benötigen einen „Ok"-Button, entweder innerhalb des einzelnen Tabs oder für das gesamte Tab-Set.

Tabs erfreuten sich unter Software-Entwicklern großer Beliebtheit, so entstanden Auswüchse wie die mehrzeilige Tab-Navigation. Diese hat jedoch mehr Nach- als Vorteile:

⋄ Bei längeren Tab-Titel-Beschriftungen passen nur wenige Tabs auf eine Zeile.

⋄ Das Anklicken des Tabs in oberen Zeilen sortiert alle Tab-Zeilen um, sodass der Nutzer sich neu orientieren muss.

⋄ Die eigentlich logische Reihenfolge der Tabs wird durch das Umsortieren der Zeilen nicht mehr erkennbar.

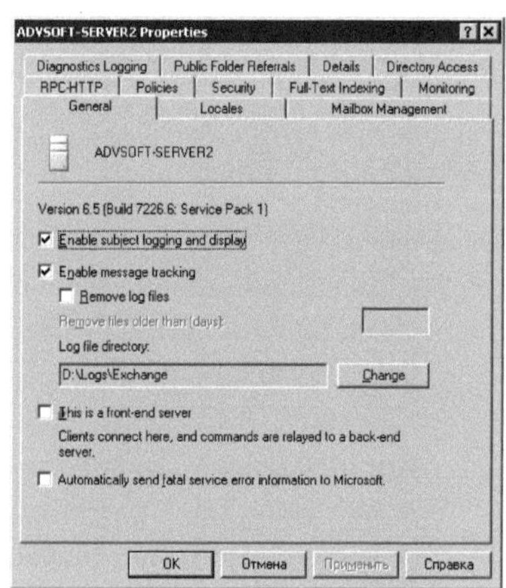

Abb. 8.14: Mehrzeilige Tab-Navigation.

Verschiedene Ansätze versuchen, die Tab-Navigation in einer Zeile am oberen Rand unterzubringen:

⋄ Nur ein Teil der Tabs wird dargestellt, die Tabzeile ist horizontal scrollbar. So hat der Nutzer nie den vollständigen Überblick, und der gerade aktive Tabtitel kann weggescrollt werden.

⋄ Tabs, die nicht mehr in die Zeile passen, werden als Liste in einer Art Menü am Ende der Tabzeile aufgelistet. Dieser Ansatz ist durch die Vermengung zweier Bedienparadigmen nur bedingt geeignet.

⋄ Die Tabtitel werden eingekürzt, bis sie gegebenenfalls nur noch aus wenigen Zeichen oder gar nur noch aus einem Symbol bestehen. Die Unterscheidung und Orientierung sind dadurch erschwert und nur in wenigen Fällen alltagstauglich.

Webbrowser nutzen vor allem die zwei letztgenannten Möglichkeiten, da der Nutzer durch Schließen von nicht mehr benötigten Tabs die Übersichtlichkeit wieder verbessern kann. Im Zuge der Durchsetzung von Breitbild-Monitoren ist jedoch ein anderer Ansatz zu bevorzugen, der den größeren Bildschirmplatz in der Breite besser nutzt: Die Tabs nicht oberhalb neben-, sondern seitlich untereinander unterzubringen.

So erhält der Nutzer wieder mehr nutzbare Bildschirmfläche in der Höhe. Die Tabs können dann sogar wie im Screenshot zu Gruppen zusammengefasst werden. Der Nutzer behält bei dieser Lösung die Orientierung und arbeitet die Einträge von oben nach unten durch bzw. kann sich besser auf seine räumliche Erinnerung verlassen, wenn er einen bestimmten Eintrag sucht. Die Titel

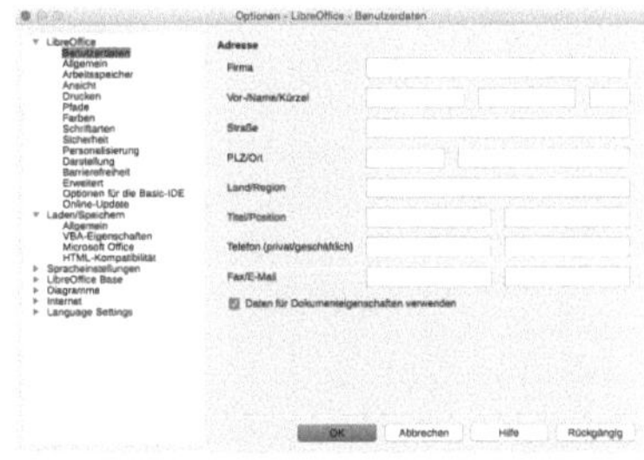

Abb. 8.15: Tab-Navigation links in LibreOffice-Einstellungen.

müssen allenfalls leicht eingekürzt werden, behalten aber eine geeignete Mindestlänge, es passen mehr Elemente gut unterscheidbar unter- als nebeneinander, und das eventuell nötige Vertikalscrollen ist ein unaufwändiges Mittel, dabei bleibt die Übersichtlichkeit erhalten.

Ein solcher linker Auswahlbereich muss nicht als Tabulatoren gestaltet sein, besitzt jedoch die gleiche Funktionalität: Jeder Titel links öffnet einen von den anderen unabhängigen Inhaltsbereich. In gewisser Weise funktionieren E-Mail- oder Dateiverwaltungsprogramme nach genau dieser Logik: Im linken Bereich wird ein Bereich ausgewählt, dessen Inhalt dann im rechten (Haupt-)Bereich angezeigt wird.

Aufklappbereiche

Bereiche mit Informationen oder Funktionen, die nicht sofort sichtbar sind, sondern erst aktiviert werden müssen, verletzen das Gebot, dass der Nutzer stets alle Funktionen und Informationen erkennen soll. Sie eignen sich daher vorwiegend für sogenannte Profi- oder Experten-Funktionen, die der Großteil der Nutzer nicht verwendet bzw. für Informationen, die der Großteil der Nutzer entweder einmalig, selten oder kaum benötigt.

Zu bedenken ist die Neugier der Nutzer; sie schauen in den Aufklappbereichen nach, welche Informationen oder Funktionen diese enthalten. Wie bei Auswahlmenüs (Seite 256) beschreiben Kontext und/oder Beschriftung des Elements, was den Nutzer beim Aufklappen erwartet: Das Aufklappen liefert nur zusätzliche Informationen oder Funktionen, die bereits sichtbaren genügen für den Großteil der Anwendungsfälle. Die Beschriftung des Aufklappbereichs ist so eindeutig, dass der Nutzer auf das Aufklappen (zum Nachschauen) nicht angewiesen ist.

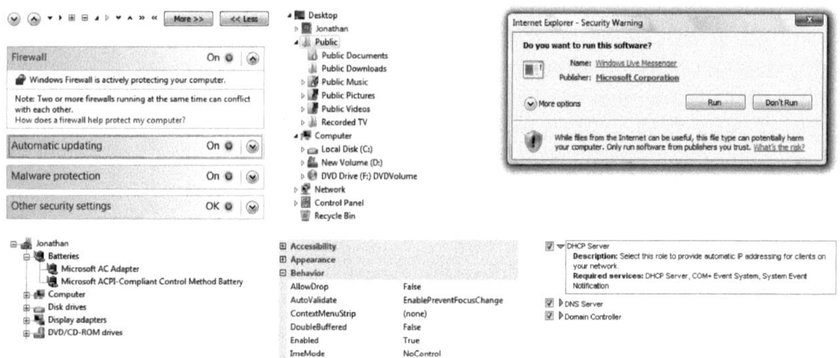

Abb. 8.16: Aufklappbereiche aus dem Windows-Alltag. Zahlreiche Designelemente signalisieren die Aufklappfunktionalität. Das Auf- oder Einklappen selbst löst keine Funktion aus, sondern dient lediglich dem Anzeigen bzw. Verbergen von Informationen oder Funktionen. Quasi universell verständlich sind die Pfeile, ob als Hoch/Runter-Pfeile oder als Dreiecke, diese eignen sich auch gut als Bedienelement in Webseiten.

Manche Webshops bieten eine Liste der Lieferadressen des Kunden als Auflistung, dabei wird jede Adresse in einer Zeile komprimiert dargestellt. Nach dem Aufklappen erscheint die Adresse im üblichen Adress-Layout und kann bearbeitet werden. Das Programm InDesign fragt beim Neuanlegen eines Dokuments zahlreiche Parameter ab. Die Profi-Einstellungen für Anschnitt und Infobereich sind nur durch Aufrufen der „Mehr Optionen" sichtbar. Die Mobilseite der Wikipedia liefert nur die Überschriften, bei Antippen einer Überschrift wird der zugehörige Textteil eingeblendet, so erhält der Besucher einen Überblick über den Artikelaufbau und muss nicht lange scrollen, sondern ruft gleich den gewünschten Block auf.

Aufklappbereiche gibt es in verschiedenen Ausprägungen:

Akkordeonmenü: Mehrere gleichwertige Bereiche werden in Blöcken unter- oder nebeneinander angeordnet, sichtbar ist nur der jeweilige Block-Titel. Klick auf einen Titel öffnet den jeweiligen Blockinhalt, die übrigen Titel verschieben sich nach oben/unten bzw. links/rechts. Je nach funktionalem Kontext ist immer nur ein Block auf einmal sichtbar, d.h. Anklicken eines anderen klappt den gerade noch offenen wieder zu, oder der Nutzer wählt selbst, welche auf- und eingeklappt sind.

Hierarchie ein/ausklappen: In hierarchisch organisierten Listen, z.B. in der Datei-Ordner-Liste des Windows-Explorer, werden die enthaltenen Elemente nur bei Anklicken angezeigt. Die Hierarchie wird meist mit Einrückung und Pfeil- oder Plus-Zeichen sowie dünnen Linien grafisch verdeutlicht.

„Details anzeigen": Die Fortschrittsanzeige einer Aktion (Dateien kopieren, Bild scannen, Berechnung ausführen) enthält die aggregierte Info („4 von 843 Dateien kopiert", „Bild wird gescannt", „Berechnung zu 73 Prozent abgeschlossen."), im Aufklappbereich erhält der Nutzer weitere Informationen (Dateigröße, aktuell kopierte Datei, Bildauflösung, gewählte Scan-Einstellung, aktueller Rechenschritt, Variablenbelegung, Zwischenergebnis).

„mehr Optionen": Ergänzend zu bestimmten Einstellungen sind detaillierte Einstellungen möglich, diese besitzen eine geeignete Default-Belegung. Eine solche Trennung ist nur sinnvoll, wenn tatsächlich nur wenige Nutzer die Default-Belegung ändern (müssen).

„mehr Informationen": Das Feedback (Erfolgs-, Fehler- oder Warnmeldung) erfolgt kurz und knapp. Der interessierte Nutzer erhält im Aufklappbereich detaillierte Informationen.

„mehr/alles anzeigen": Ein Inhaltsbereich wird verkürzt angezeigt, und der Nutzer kann so den gesamten Text anzeigen. Dazu muss der Textausschnitt repräsentativ und ausreichend lang sein, idealerweise mindestens fünf Zeilen. So kann der Nutzer erkennen, ob ihn der Rest interessieren wird und diesen anzeigen lassen. Dieses Element ist vor allem auf Webseiten geeignet, deren Texte von nachrangiger Bedeutung für den Nutzer sind und andere Elemente nicht durch den gesamten Text nach unten gedrückt werden sollen. Youtube beispielsweise zeigt die Videobeschreibung verkürzt an, um die darunter befindliche Kommentarliste dichter am Video zu präsentieren.

Die Bedienelemente für Aufklappbereiche arbeiten meist mit einem nach unten zeigenden Pfeil oder Haken, dieser ist oft in einem Kreis oder Quadrat platziert. In Fällen mit Ein- und Ausklappen ist es etabliert, ein graues Dreieck mit der Spitze nach rechts vor dem Aufklapptitel anzuzeigen. Im aufgeklappten Zustand zeigt die Dreieckspitze dann nach unten. Das Aufklapp-Icon wird mit der entsprechenden Beschriftung kombiniert, dadurch ist die Klickfläche deutlich vergrößert.

Aufgrund ihrer intensiven Verwendung zum Anzeigen und Verbergen von Bedienelementen sind Pfeile bzw. Haken für rein visuelle Funktionen reserviert, sie lösen selbst keine Funktion aus, sondern beeinflussen die Anzeige. Allenfalls führen sie zum nächsten Schritt in einem Assistenten, der jedoch seine Funktion erst nach Klick auf ein eindeutiges Funktionselement (beispielsweise ein Button ohne Pfeil und ohne Haken) ausführt.

Ganz praktisch muss ein Interface komplett ohne Ausklappbereiche funktionieren, indem alle benötigten Informationen und Funktionen im sichtbaren Bereich untergebracht werden.

Dialogfenster

Das Ziel vieler Elemente ist, die Bildschirmfläche möglichst leer zu halten, effektiv zu nutzen und Details nur bei Bedarf anzuzeigen. Dazu gehören Auswahlmenüs, Funktionsmenü, Tabs, Aufklappbereiche und natürlich auch Dialogfenster. Diese enthalten Funktionen, die nur für die Bearbeitung einer bestimmten Funktionalität – und nirgends sonst – benötigt werden.

Dialogfenster funktionieren modal: Werden sie aufgerufen, ist die Arbeit im Hauptfenster erst wieder möglich, wenn das Dialogfenster geschlossen wurde. Das Hauptfenster dient allenfalls dazu, die Ergebnisse beispielsweise für Parameter bei einer Bildbearbeitung als Vorschau anzuzeigen, es findet keine tatsächliche Veränderung statt, sondern der Modus des Hauptfensters wechselt vom Bearbeiten- in den Vorschau-Modus. Einige Bildbearbeitungsprogramme umgehen diesen Hauptfenstermoduswechsel, indem sie einen separaten Vorschaubereich integrieren, andere verdeutlichen den Moduswechsel durch optische Hinweise.

Nur für klare Monotasking-Situationen und Funktionalitäten, in denen der Nutzer sich um nichts anderes als die aufgerufene Funktionalität kümmert, sind Dialogfenster geeignet. Gewissermaßen übernimmt das Dialogfenster die Ausführung der Funktionalität, diese wird erst bei bestätigendem Schließen ausgeführt. Beispielsweise ruft der „Drucken"-Befehl aus dem Menü das Dialogfenster mit den Druckeinstellungen auf, das tatsächliche Drucken wird erst in diesem Fenster durch Klick auf „Drucken" ausgelöst.

Bekannt sind die Absatz- und Schriftformat-Einstellungen in Microsoft Word. Ein Teil dieser Funktionen ist in der Symbolleiste bzw. im Ribbon wählbar, aber detaillierte Einstellungen sind nur in Dialogfenstern möglich. Pages dagegen integriert alle als Palette. Für Word sind solche Einstellungen somit Monotask-Aufgaben, denen sich der Nutzer bewusst und ausschließlich widmet, während Pages zur Nutzung parallel zur und integriert in die Textbearbeitung motiviert.

Innerhalb eines Programms, noch besser innerhalb eines Systems, sind alle Dialogfenster einheitlich aufgebaut und gestaltet. Alle Dialogfenster verfügen über folgende Standard-Elemente:

◇ aussagekräftiger Titel, der den Bezug zur auslösenden Aktion herstellt

◇ Einstellungen oder Funktionen mithilfe der verfügbaren Bedienelemente

◇ bestätigender Button mit Benennung der Aktion, z.B. „Drucken" (der das Dialogfenster schließt). Ein „Ok"-Button ist nur geeignet, wenn …

    – keine kurze, eindeutige Button-Beschriftung möglich ist.

    – mehrere Einstellungen, Funktionen in einem Dialogfenster zusammengefasst sind, die gemeinsam übernommen werden.

    – die Beschriftung „Anwenden" oder „Übernehmen" lauten würde oder diese bereits verwendet wird („Anwenden" und „Übernehmen" übertragen nur getroffene Einstellungen an das Hauptfenster).

    – Gestaltung, Fensterinhalt und Kontext die Aktion klar beschreiben.

◇ Bedienelement, das auf den Zustand vor dem Aufruf zurückführt (Fenster-Schließen und „Abbrechen"-Button); wurde innerhalb des Dialogfensters ein „Übernehmen"- oder „Anwenden"-Button gedrückt, führt das Abbrechen zu diesem Zustand.

Programmeinstellungen werden – auch technikbedingt – immer in Dialogfenstern abgebildet. Das bestätigende Schließen übernimmt die getroffenen Einstellungen. Ebenso sind Assistenten als Dialogfenster umgesetzt, dabei werden mitunter mehrere Fenster in einer vorgegebenen Reihenfolge abgearbeitet, und erst im letzten Schritt wird die gewünschte Funktion tatsächlich ausgelöst. Systemfunktionen, wie Einstellungen in Windows oder Installations-Assistenten, sind an das System gebunden, besitzen daher kein erkennbares Hauptfenster, sondern agieren als Dialogfenster zum Explorer oder zum System.

Da Dialogfenster immer das Auslösen einer Aktion oder Funktion zur Folge haben, sind sie in Webseiten eher selten. In Web-Applikationen halten sie sich an die gleichen Regeln wie Dialogfenster für Programme. Solche Dialogfenster werden entweder mit Java oder Ajax-Funktionen umgesetzt. Die Modalität ist selbst herzustellen, indem beispielsweise die übrige Webseite deaktivert oder unbedienbar gesetzt wird, solange das „Dialogfenster" geöffnet ist.

Checkliste: Strukturelemente

Tabulatoren   bieten sich an, wenn der Nutzer zwischen

- einer bekannten, geringen Anzahl
- gleichartiger
- Ansichtsbereiche
- selbstständig hin- und herwechseln kann/soll.

Ist die Menge der Tabs variabel, sind geeignete Methoden zu finden, die Orientierung zu erhalten. Gegebenenfalls sind dann seitliche Tabs bzw. eine hierarchisch strukturierte Spaltenansicht geeigneter.

Ausklappbereiche   reduzieren die Informationsfülle auf dem Bildschirm:

- klare Hauptinformation
  - detaillierte Zusatzinformationen nur für Interessierte
  - nur im Kontext der Hauptinformation verwendbare Funktionen, die sonst nirgends benötigt werden
- Verbergen von hierarchisch untergeordneten Elementen
  - nur bei Bedarf sichtbar
  - optische Komplexität entspricht dem aktuellen Nutzerinteresse
  - Verdeutlichung der hierarchischen Struktur
- Verbergen von Funktionen oder Einstellungen
  - nur im aktuellen Kontext benötigt und sinnvoll
  - Hauptfunktionen oder -einstellungen genügen für den Großteil der Nutzer

Dialogfenster   eignen sich

- für Situationen, in denen der Aufruf einer Funktionalität Parameter oder weitere Angaben benötigt (die Funktionalität wird erst durch bestätigendes Schließen des Dialogfensters ausgeführt).
- wenn keine parallele Bearbeitung im Hauptfenster benötigt wird.

Funktionselemente, die ein Dialogfenster aufrufen, sind mit „ ... “ gekennzeichnet.

Fenster nur mit Informationen (ohne Einstellungen oder Unterfunktionen) sind keine Dialogfenster.

Informationselemente

Eine wichtige Aufgabe jeder Software und Webseite ist die Information des Nutzers über bestimmte Sachverhalte. Solche Sachverhalte können sein:

◇ Hinweise und Unterstützung

◇ Status und Fortschritt

◇ Daten

Insbesondere bei der Darstellung der Daten ist je nach Situation und Anwendungszweck eine geeignete Möglichkeit zu entwickeln. Für viele Fälle gibt es etablierte Best-Practice-Fälle, beispielsweise für Texte, Tabellen, Medien, Bilder. Die Analyse der Zielgruppe gibt Aufschluss darüber, welche Darstellungsformen den Nutzern bekannt sein dürfte, um sich an dieser zu orientieren. Oft ist es angebracht, die metaphorische Repräsentation ernstzunehmen, für Texte eben die Wysiwyg-Darstellung zu verwenden oder Formulare oder Übersichten so zu gestalten, dass sie den Pendants aus der realen Welt möglichst ähnlich sehen.

Informationsfenster

Es gibt zwei grundsätzliche Arten von Informationsfenstern:

◇ Hilfe- oder Unterstützungsfenster, die oft viel Text enthalten. Diese werden wie Palettenfenster integriert und stehen dem Nutzer jederzeit zur Verfügung. Der Nutzer kann in diesen frei und unabhängig vom Hauptfenster navigieren, durch Aufrufe im Hauptfenster wird ein bestimmter Inhaltsbereich in dem Fenster angezeigt.

◇ Hinweisfenster, die als Reaktion auf ein Ereignis (Nutzeraktion, Ergebnis, Statussignal) erscheinen:

– Erfolgsmeldung: Der ausgelöste Vorgang wurde korrekt ausgeführt.

– Warnhinweis: Ein Vorgang ist (voraussichtlich) nicht ausführbar.

– Fehlermeldung: Der ausgelöste Vorgang wurde nicht oder nicht korrekt ausgeführt.

Hinweisfenster unterbrechen immer die aktuelle Arbeit und bewirken somit eine Verlagerung der Aufmerksamkeit des Nutzers.

Erfolgsmeldungen sind dann nötig, wenn das Ergebnis nicht sofort sichtbar ist oder der Nutzer Verständnis für die Komplexität im Hintergrund hat, sodass er daran interessiert ist, über den korrekten Abschluss informiert zu werden. Situationen, in denen ein Fortschrittsbalken den Fortlauf einer Aktion dokumentiert, brauchen keine Erfolgsmeldung.

Prüf- oder Analyse-Vorgänge benötigen einen geeigneten Abschluss, dies kann ein Informationsfenster sein. Oft ist es effektiver, das Ergebnis (ob nun Erfolg oder Problem) dynamisch in die Oberfläche zu integrieren.

Im Rahmen von Assistenten (auch der Bestellvorgang in einem Webshop kann als Assistent verstanden werden) ist der letzte Schritt die bestätigende Erfolgsmeldung, d.h. im vorletzten Schritt wird die Aktion ausgelöst, im letzten Schritt dann der Erfolg vermeldet („Bestellung eingegangen", „Medium gebrannt", „Software installiert"). Assistenten bieten oft in diesem letzten Schritt geeignete Folge-Aktionen an.

Fenster mit Warnmeldungen benötigt der Nutzer dann, wenn seine Arbeit durch das gemeldete Problem nachhaltig gestört ist oder nicht in der erwarteten Weise fortgesetzt werden kann. In einigen Fällen genügt es, über bestimmte Aspekte erst zu warnen, wenn eine Funktion aufgerufen oder Aktion ausgeführt wird. So wie kaum ein Nutzer die Wetterwarnungen aller Städte der Welt erhalten möchte, so will er nur die Warnungen auf seinem Computer erhalten, die für seine aktuellen Vorgänge relevant sind.

In einem Programm, das primär der Bearbeitung von Einträgen in einer Datenbank dient, ist die Warnung „Keine Verbindung zur Datenbank möglich" sofort nötig, weil dadurch die gesamte Nutzerarbeit beeinflusst wird. In einem Programm, das nur in zwei oder drei seiner zahlreichen Funktionen auf diese Datenbank zugreift, genügt der Hinweis bei Aufruf der entsprechenden Funktion.

Fehlermeldungen sind analog zur Erfolgsmeldung einzusetzen. Sie erscheinen außerdem immer dann, wenn ein sonst sichtbares Ergebnis nicht erzielt werden kann, beispielsweise beim Scheitern eines Kopiervorgangs. Gute Fehlermeldungen bestehen aus drei Teilen:

◇ Kurzbeschreibung der Fehlersituation, maximal zwei Zeilen, so spezifisch wie möglich

◇ ausführliche Beschreibung der Fehlersituation, Hintergründe des Fehlerauftretens, Hinweise zur Fehlervermeidung

◇ gegegebenenfalls geeignete Folgeaktionen (z.B. „Vorgang wiederholen", Fehlerbehebung starten, Fehlerforum oder Hilfeseiten aufrufen)

Während Dialogfenster dem Nutzer eine Entscheidung abverlangen, mindestens Ausführen oder Abbrechen, sind Informationsfenster zumeist entscheidungslos. Daher enthalten sie nur einen „Ok"-Button. Durch Anklicken bestätigt der Nutzer, dass er das Fenster gesehen hat und schließt es.

Übrigens sollte der Nutzer die Texte in Informationsfenstern immer markieren und via `Strg` `C` in die Zwischenablage übernehmen können. Das erleichtert in vielen Fällen die Online-Recherche oder E-Mail-Anfragen.

Status-Anzeige

Vor allem Programme zur Steuerung oder Bedienung von Geräten außerhalb des eigenen Computers oder mit Zugriff auf externe Datenquellen benötigen eine Statusanzeige. Diese sollte in den meisten Fällen verdeutlichen, dass alles in Ordnung ist und alle Funktionen wie erwartet benutzt werden können. Outlook und andere Mail-Programme beispielsweise integrieren ein kleines Icon, das signalisiert, ob die Verbindung zum Mail-Server besteht.

Für solche Status (der korrekte Plural von Status ist Status, mit langem „u" gesprochen) hat sich die Statuszeile etabliert. Diese wird am unteren Rand des Programmfensters integriert. Der „alles in Ordnung"-Status wird dabei optisch am unaufdringlichsten umgesetzt, für Warn- oder Fehlerstatus ist – je nach Schwere und Auswirkung – eine auffälligere Gestaltung nötig, beispielsweise die Hinterlegung der Statuszeile mit gelbem, orangem oder rotem Farbton.

In Programmen, deren Primärzweck die Steuerung externer Maschinen ist, kann der Status auch an anderer Stelle prominenter integriert werden. Etabliert hat sich die Kennzeichnung als Ampellogik (Seite 209).

Oft ist es sinnvoll, die Statusanzeige anklickbar zu machen oder mit einem anklickbaren Element auszustatten. Bei Aufruf würde dann ein Informations-fenster erscheinen, das beispielsweise aktuell geltende Parameter auflistet oder im Problemfall Hilfestellung bei der Behebung enthält.

Die Verwendung einer Statuszeile reduziert die Menge an Informationsfens-tern mit Warn- und Fehlermeldungen. Besteht beispielsweise die Verbindung nicht, werden außerdem alle Funktionen, die auf dieser basieren, deaktiviert. Alternativ rufen diese Funktionen das gleiche Informationsfenster wie die Sta-tusanzeige auf oder starten gleich die Fehlerbehebung.

Suchen und Finden

Gemäß den Sieben Stufen der Aktion (Seite 108) ist zwischen Suchen und Finden zu unterscheiden: Finden ist das Ziel, Suchen der Weg dorthin.

Je nach Einsatzzweck stellen die Nutzer andere Erwartungen an die Suchfunktion und die Ergebnisliste. In einer Software wird beispielsweise toleriert und auch erwartet, dass die Suche nur Ergebnisse liefert, die exakt der eingegebenen Zeichenkette entsprechen. In einem Webshop dagegen erwartet der Nutzer etwas mehr Entgegenkommen, so wie er in einem Laden auf die Frage nach Sakkos auch Jackets angeboten bekommen möchte.

Die Qualität der Suche in Webshops bemisst sich an diesen Kriterien:

◇ Akuratesse und Relevanz

◇ Toleranz

◇ Sortieren und Filtern der Suchergebnisse

◇ Interessengebiet

◇ Hilfe, wenn nichts gefunden wurde

Jeder Suchalgorithmus ist über drei Parameter beeinflussbar:

Treffer: Entdecken aller (!) Ergebnisse, die irgendwie zur Suchphrase passen könnten. Dabei wird definiert, welche Datenfelder berücksichtigt werden und wie tolerant diese einbezogen werden. Ebenso ist zu klären, wie Einzelzeichen oder Kurzbegriffe zu behandeln sind.

Wichtung: Sortieren der Suchergebnisse nach Relevanz, die gut passenden nach vorn, die schlechter passenden nach hinten. Die Wichtung berücksichtigt verschiedene Aspekte: Reihenfolge der Suchbegriffe, Komplett-Treffer oder Einzeltreffer, sind die Treffer in allen Datenfeldern gleich zu behandeln oder bestimmte zu bevorzugen, etc. Ist bei der Suche nach „Jacke" ein Produkt, in dessen Produktbeschreibung oder Kundenmeinung „passt gut in die Jackentasche" vorkommt, ein relevanter Treffer für „Jacke" oder muss „Jacke..." im Produktnamen vorkommen, um relevant zu sein?

Beschnitt: Begrenzen der Treffermenge, sodass die Ergebnisliste möglichst nur relevante Ergebnisse enthält. Dabei ist zu klären, was noch als relevant gilt, und wie dies zunächst in der Wichtung/Sortierung abgebildet und beim Beschneiden berücksichtigt wird. Der Schnitt kann hart erfolgen (alle Treffer unter einem bestimmten Wichtungswert werden nicht mehr angezeigt) oder relativ (alle Treffer, deren Wichtungswert kleiner ist als x Prozent des besten, werden nicht mehr angezeigt).

Der Suchalgorithmus läuft mit der Suchphrase los und sammelt alles zusammen, was zur Suchphrase passt, errechnet für jeden Treffer den Wichtungswert und sortiert die Liste absteigend. Nach einem gewissen Schwellenwert wird die angezeigte Liste dann beendet. Je nach Datenbestand und Erwartung der Nutzer gelten für diese drei Bereiche unterschiedliche Kriterien. Ergänzend werden externe Faktoren wie Verkaufszahlen oder Marketingbelange berücksichtigt, diese bringen jedoch die Suchergebnisreihenfolge nicht so durcheinander, dass bestimmte Treffer an ihrer Position nicht mehr plausibel sind; daher werden solche Faktoren gewichtet einbezogen und sind allenfalls als sekundäre Sortierkriterien geeignet.

Bei der Beurteilung der Suchqualität sind sowohl die Sucheingaben als auch die Datenfelder zu berücksichtigen. Die Sucheingabe kann „Q-10-Creme" lauten oder „Q10 Creme" oder „Q 10 Creme" oder „Creme Q10". In den Produktdaten sind ebenfalls zahlreiche Kombinationen möglich. Daher müssen Suchphrase und bestimmte Felder erst normalisiert werden, um überhaupt gegeneinander abgeglichen werden zu können.

Für viele Anwendungsfälle bietet sich eine Suchtechnologie wie Lucene, SolR, Sphinx, FactFinder, Exorbyte etc. an. Jedoch wird keine in der Standard-Installation alles richtig machen. Die gewünschten Einstellungen zu Treffer, Wichtung und Beschnitt sind manuell vorzunehmen. Die Vorteile ergeben sich aus ihrer Robustheit, Flexibilität und Leistungsfähigkeit. Eine Ähnlichkeitssuche ist beispielsweise mit normalen Datenbankabfragen nur sehr lastintensiv vorzunehmen, während die Suchanbieter in diesen Bereichen glänzen – einrichten und konfigurieren muss man sie aber dennoch.

Die technischen Such-Aspekte haben ebenso viel mit Usability zu tun wie Aufbau und Gestaltung der Ergebnisseite. In Webshops mit mehr als wenigen Dutzend Produkten ist die Suche der Hauptzugang der Nutzer zum Produktbestand. Die Kategorien bieten meist nur Orientierung über das Sortiment. Mit seinem Eintrag in das Suchfeld bestätigt der Nutzer, dass er entweder Zuversicht oder berechtigte Hoffnung hat, das Gesuchte auch zu finden. Eine schlechte Suche wertet alle anderen Usability-Erfahrungen der Nutzer ab, eine gute Suche unterstützt den Nutzer aktiv darin, seine Ziele zu erreichen (gesuchte Produkte schnell und sicher zu finden und bestellen zu können).

Um eine Suche zu evaluieren, wird ein geeignetes Testset zusammengestellt und die Trefferqualität beurteilt. Anhand der Ergebnisse erfolgt die Optimierung der Suchlogik in den Bereichen Treffer, Wichtung, Beschnitt.

Akuratesse und Relevanz   Werden alle relevanten Artikel als Ergebnis angezeigt, welche fehlen? Entsprechen die als erstes präsentierten Treffer nachvollziehbar der Sucheingabe, oder zumindest besser als den weiter unten aufgelisteten Ergebnissen? Die Beantwortung dieser Fragen bestimmt den Handlungsbedarf:

◇ Werden alle geeigneten Daten bei der Suche berücksichtigt? Haben die verwendeten Daten die nötige Qualität und Aktualität?

◇ Ist es sinnvoll, spezielle Such-Keywords zu pflegen?

◇ Erfolgt die Sortierung der Ergebnisse plausibel, oder muss die Berechnung (Wichtung des Einflusses der einbezogenen Daten) angepasst werden?

◇ Ist die Suchgeschwindigkeit akzeptabel? Kann sie durch bessere Hardware gesteigert werden, oder ist ein performanterer Algorithmus nötig?

Für aussagekräftige Antworten auf diese Fragen sind mindestens ein Dutzend Testfälle nötig, besser mehrere Dutzend. Um die Akuratesse und Relevanz zu beurteilen, werden die Suchtests ohne Verschreibung durchgeführt, der Algorithmus erhält also die beste Sucheingabe (passend zum Datenstamm):

◇ Suche nach Einzelbegriffen: Jacket, Notebook, Pflaster, Titanic

◇ Suche nach Mehrfachbegriffen: Boss Anzug, Apple Laptop, Aspirin Tabletten, Fight Club

◇ Suche nach indirekten Begriffen: Boss Bekleidung, Apple Zubehör, Bayer Pharma, Stanley Kubrick

Toleranz   Wie geht die Suche mit Verschreibern, Buchstabendrehern, falsch gesetzten Leer- oder anderen Sonderzeichen um? Sind grammatische Varianten abgefangen? Werden geeignete Synonyme berücksichtigt, und sollen Synonyme gleichwertig zu den Originalbegriffen gewichtet werden?

Verschreiber: Cannon statt Canon, Jaket statt Jacket (aber auch Jacket-Ergebnisse bei Jacke?), Noetbook statt Notebook

Schreibweisen: X-Box/xBox/X Box, D4/D 4/d 4/d-4, XL/xl/extra large/extralarge, iPhone 6+/iPhone 6 plus/iPhone6plus/iPhone6 +

Grammatische Varianten: Tablette/Tabletten, trockene Haut/Haut trocken

Synonyme: Notebook = Laptop, Mobiltelefon = Handy, Mobiltelefon = Smartphone, Sakko = Jacket, Mac = Macintosh, Gebinde = Strauß, Kindersoftware = Software für Kinder, Zäpfchen = Suppositorium, Ibu = Ibuprofen (gilt das aber auch andersherum?)

Daraus lassen sich die Regeln und der Grad der für den Nutzer tauglichen Toleranz ableiten. Einige Fälle erfordern manuell gepflegte Synonymlisten, dabei ist zu definieren, ob die Liste in beide Richtungen gilt, ob also „Ibu"-Ergebnisse auch bei der Suche nach „Ibuprofen" angezeigt werden sollen und andersherum.

Mit Algorithmen ist der Nutzerkreativität nur bis zu einem gewissen Grad beizukommen. Die Auswertung der realen Nutzer-Suchphrasen hilft dabei, die Suche weiter zu optimieren, Algorithmen und Wichtungen anzupassen sowie

Listen zur Suchunterstützung zu pflegen. Letztere können beispielsweise dafür sorgen, dass die Suche nach „Angebote" keine Ergebnisse auflistet, sondern gleich zur Angebotsseite führt, oder dass eine häufige Suchphrase mit einem vordefinierten Ergebnis beantwortet wird.

Sortieren und Filtern Die Default-Sortierung entspricht der Suchwichtung, die gemäß der Suchlogik relevantesten Ergebnisse stehen am Listenanfang. Je nach Sortiment ist ein anschließendes Umsortieren oder Filtern möglich:

⬦ Sortieren der Ergebnisliste nach Preis, Größe, Verfügbarkeit, Name (meist nur sinnvoll, wenn die Liste weniger als 100 Ergebnisse enthält) oder Marke

⬦ Filtern nach Größe, Farbe, technischen oder anderen Ja/Nein Eigenschaften (z.B. HDMI-Anschluss, Reißverschluss, Kapuze, Tablette, Hardcover), Kategorien

Die Aufteilung auf mehrere Ergebnislisten unterstützt Nutzer aktiv darin, das Geeignete zu finden, und unterstreicht die fachliche bzw. inhaltliche Kompetenz:

⬦ Produkte (in einem Webshop das relevanteste Suchergebnis)

⬦ Kategorien und Unterkategorien

⬦ Marken- oder Themenshops

⬦ Texte oder Artikel

Interessengebiet Um für ein Interessengebiet geeignete Ergebnisse zu liefern, ist meist besonderer Aufwand nötig. Produkte und Inhaltsseiten sind mit geeigneten Schlagworten zu versehen, die die Suche berücksichtigt. Daneben muss die Suchlogik Interessenfragen erkennen und entsprechend behandeln, diese fallen je nach Webshop bzw. angebotenem Sortiment anders aus:

⬦ Nutzungsinteresse: Husten, Fieber, Regenkleidung, Telefon, Surfen, Urlaub, Reiseroman (mit Reise-Inhalt oder als Reise-Lektüre?)

⬦ Kaufinteresse: Frauenschuhe 50 Euro, Socken 10€, Taschenbuch 7 Euro, Angebote Sachbuch

⬦ Überblicksinteresse: Schuhe Größe 43, Rote Hose, Laptop 13", Monitor 27 Zoll

⬦ Anwendungsinteresse: Gesichtscreme für trockene Haut, Abendkleid festlich, Handy zum Surfen, glutenfrei

Für hochfrequente Suchfragen lohnt es sich, eigene Seiten oder Inhalte bereitzustellen. In anderen Fällen genügt als Suchergebnis die geeignete Kategorie oder eine Kategorie mit entsprechend gesetztem Filter. Das Interessengebiet bildet ab, wie Nutzer über ein Produkt bzw. ein Teilsortiment denken. Insbesondere in stöberintensiven Sortimenten wie Mode können solche Suchbegriffe auftreten und sollten – bei relevanter Suchintensität – durch geeignete Seiten aufgefangen werden. Themenshops dienen häufig dazu, beispielsweise Produktempfehlungen zu bestimmten Themen wie Urlaub, Feier, Stilrichtung etc. zu geben.

Aus diesem Nutzerinteresse lässt sich ableiten, dass eine einfache Kategorisierung oft nur einen Teil der Anfragen bedient. Eine mehrdimensionale Kategorisierung (beispielsweise nach Produkteigenschaften, Anwendung bzw. Nutzung, Themen) ist oftmals zweckmäßig. Die Verschlagwortung der Produkte nach bestimmten Eigenschaften (glutenfrei, Fieber, blau, etc.) hilft ebenfalls. Die gute Konzeption und Umsetzung ergänzt so die Filtermöglichkeiten.

Hilfe, wenn nichts gefunden wurde Selbst die beste Suche steht gelegentlich ratlos da. Der Nutzer soll jedoch nicht ratlos zurückgelassen werden. Er benötigt Hinweise, wie er jetzt verfahren kann, welche Möglichkeiten ihm zur Verfügung stehen. Je nach Sortiment und Zielgruppe sind verschiedene Ansätze geeignet:

◇ Automatisches Durchführen einer Suche mit weniger Restriktionen, um überhaupt irgendwelche Ergebnisse zu präsentieren oder Anbieten, eine Suche nach nur einem Teil der Suchphrase durchzuführen

◇ Anbieten einer Detailsuche

◇ Tipps zur Suche

◇ Präsentieren beliebter Produkte und Kategorien, um Anregungen zu bieten

◇ Anzeigen von Produkten oder Kategorien, die individuell zum Kunden passen (nach seiner Kaufhistorie, bisher betrachteten Produkten)

◇ Aktuelle Angebote oder Neuheiten

Entscheidend ist, dass der Nutzer mit „Nichts gefunden" nicht stehengelassen wird. Er benötigt Anregungen und/oder Hilfe, um weiterzukommen. So wird selbst eine ergebnislose Suche nicht zum Endpunkt, sondern nur zu einem Zwischenschritt auf der Reise des Nutzers im Webshop.

9 Das eigene Interface

„80 Prozent der Ergebnisse werden in 20 Prozent der Gesamtzeit eines Projekts erreicht. Die verbleibenden 20 Prozent der Ergebnisse benötigen 80 Prozent der Gesamtzeit und verursachen die meiste Arbeit." (Vilfredo Pareto, 1848–1923)

Wer für seine eigene Webseite oder Software eine gute Usability anstrebt, findet sich in der Praxis in einem von zwei Extremen wieder. Entweder wird nach dem Start-up-Modell gearbeitet, das zwar schnell funktionierende Ergebnisse liefert, aber Usability weniger als Aufgabe begreift. Oder alle direkt und indirekt Beteiligten werden in die Anforderungserfassung integriert und dabei ein Qualitätsanspruch verfolgt. Im zweiten Fall sind die Aspekte guter Usability quasi institutionalisiert.

Ergänzend zu den eigenen Ansprüchen schreiben zahlreiche Normen vor, wie gute Usability zu erreichen oder zu bestimmen ist. Diese Vorschriften bieten – auch wenn sie für das eigene Projekt nicht zwingend gelten – wertvolle Inspiration und Handlungsempfehlungen. Außerdem sind die Ansprüche des Corporate Design und der Corporate Identity des Unternehmens zu berücksichtigen.

Abschließend werden die wichtigsten Verfahren vorgestellt, um die Usability von Webseiten oder Software zu testen bzw. zu evaluieren.

Egal ob Software oder Webseite, ob ausgefallenes High-End-Programm oder einfacher Webshop, ob Single-Purpose-Tool oder interaktive Web-Lösung – es kommt der Zeitpunkt, an dem Nutzer damit arbeiten.

- Nutzer wollen Probleme **lösen**.
- Nutzer wollen Aufgaben **erledigen**.
- Nutzer wollen dabei in geeigneter Weise **unterstützt werden**.

- Nutzer wollen **keine** Dokumentationen wälzen.
- Nutzer wollen **nicht** ständig bei den Entwicklern oder einer Hotline nachfragen, was sie wie tun dürfen.
- Nutzer wollen **nicht** mehr Arbeit haben als vorher.

Usability ist ein gemeinschaftlicher Prozess, bei dem viele verschiedene Menschen mit unterschiedlichen Fachkenntnissen eine gemeinsame Lösung entwickeln. Der diktatorische Ansatz liefert nie annähernd gleichwertige Ergebnisse. Diktatorische Entscheidungen kommen meist zum Einsatz, wenn gefühlt die Erarbeitung der Lösung sich ständig verzögert und keine brauchbare Lösung entstehen will (vorzugsweise bei Projekten, deren Entscheidungen diktatorisch vorgesetzt wurden). Statt eines kompletten Moduswechsel vom gemeinschaftlichen Erarbeiten zur Diktatur ist es effektiver, sich auf geeignete Rahmenbedingungen für die kollaborativen Prozesse zu verständigen.

Dafür stehen zwei grundsätzliche Ansätze zur Verfügung:

Start-up-Modell: Spontanität, Kreativität, Freude, „Hauptsache es läuft – egal wie.“

Qualitätsanspruch: Konzept, Planung, Struktur, „Es muss alle Ansprüche erfüllen und langfristig, robust, stabil laufen.“

Diese zwei Pole markieren das Spektrum. In vielen Fällen sind Projekte zwischen den Extremen angesiedelt und versuchen die Kombination beider Welten – und scheitern dabei oder laufen aus dem geplanten Rahmen. Erfolgversprechender ist der Ansatz, sich für eines der Extreme zu entscheiden und als Team gelegentliche Ausflüge in das andere Terrain zu unternehmen:

- Im Start-up-Modell wird alle zwei Wochen ein „Theorietag“ eingelegt, in dem sich das Team zusammensetzt und nicht mit Code beschäftigt. Stattdessen verständigen sich die Beteiligten auf geeignete Standards, Herangehensweisen und die konzeptionelle Basis. Wenn die Team-Dynamik es zulässt, können zwei bis drei externe Personen an diesen Tagen beteiligt werden. Das Team zoomt aus den konkreten Aufgaben heraus und verschafft sich einen Überblick über das entstehende Ganze.
- Das Start-up-Modell agiert iterativ. Es werden Zwischenstufen vereinbart, die von Außenstehenden abgenommen werden. Dadurch wird regelmäßig

geprüft, ob der eingeschlagene Kurs noch stimmt. Schwächen und Stärken werden sichtbar und können zur nächsten Zwischenstufe beseitigt oder weiter optimiert werden.

◇ Bei der Arbeit nach dem Qualitätsprinzip erhält das Team Freiraum für eine begrenzte Zeit (zwei bis fünf Tage) und testet beispielsweise technische oder konzeptionelle Ansätze. Kaum etwas vom Ergebnis gelangt zwar in das finale Produkt. Aber das Team setzt sich ungezwungen mit einer Idee auseinander und entwickelt Lösungsansätze. Diese sind meist hilfreich, um die Möglichkeiten auszuloten und umsetzbare Anforderungen zu erarbeiten.

◇ Die Team-Mitglieder erhalten beim Qualitätsansatz ein Zeitkontigent, das sie nach Belieben nutzen können. Google verfolgt diese Methode und gibt seinen Entwicklern pro Woche einen Tag für eigene Ideen und Projekte. Dieser Ansatz basiert auf der Annahme, dass Entwickler ehrgeizig und motiviert sind, Lösungen zu erarbeiten. Oft gibt es selbst von sehr artfremden Nebenprojekten gewinnbringende Rückflüsse in das Hauptprojekt.

Der Code (einer Software oder Webseite bzw. der Webseiten-Code-generierenden Applikation) spiegelt immer die Kommunikationsstruktur wider („Conway's Law"). Sauberer, strukturierter Code ist nicht nur ein hehres Ziel, sondern ein Beleg für die guten Strukturen und Prozesse eines Unternehmens. „Spaghetti-Code" oder sonstige Varianten von chaotischem Code sagen mehr über ein Unternehmen aus, als dessen Chefs wissen möchten. Die Code-Qualität hängt davon ab, ob sich ein Unternehmen als Start-up oder gefestigte Firma begreift und ob bzw. wie es sich intern strukturiert hat.

Start-up-Modell

Es gibt kaum etablierte Prozesse, das Mantra lautet: „Wir können das, und es muss (schnell und günstig) fertig werden." Ergebnisse zählen mehr als der Weg dorthin. In kleinen Teams wird drauflos programmiert, und am Ende entstehen die Software oder Webseite. Korrekturen und Nacharbeiten erfolgen später, wenn aus der Idee ein tragfähiges Unternehmen entstanden ist.

Dieser Ansatz bringt schnell brauchbare Ergebnisse, doch selten langfristige Lösungen. Überzeugt das Ergebnis am Markt, stehen mehr Ressourcen zur Verfügung, und es werden solidere und robustere Lösungen benötigt. Bleibt der Erfolg versagt, so wurden nur wenige Ressourcen verbraucht, und das nächste Projekt steht an.

Als Start-up werden wenige Ressourcen in die Planung, Konzeption und Berücksichtigung der verschiedenen Facetten und Ansprüche investiert. Das Start-up muss mit einer funktionierenden Software oder Webseite beweisen, dass es die benötigte Funktionalität bereitstellen kann. Daher entsprechen die entstehenden Unternehmensprozesse den ad-hoc-erarbeiteten Modellen der entwickelten Software oder Webseite.

Dieser Ansatz ist für alle Projekte geeignet, die schnell auf den Markt müssen und in flachen Hierarchien oder freien Teams entstehen. Das kleine Team trifft sich selten zu Meetings, sondern entwickelt lieber die Software oder Webseite. Die Kommunikation findet auf der persönlichen Ebene statt, die Team-Mitglieder agieren als Individuen. Personen außerhalb des Teams haben nur wenig Einfluss und werden als Störung wahrgenommen. Die entstehenden Ergebnisse sind oft raffiniert und clever programmiert, ihnen fehlt allerdings meist die klare Ausrichtung und die Berücksichtigung aller Nutzerbedürfnisse.

Das ist meist verschmerzbar, wenn die Konkurrenz gering ist oder ein neuer Ansatz umgesetzt wird. Der Projektverantwortliche muss sich im Klaren sein, dass die entstehende Lösung maximal drei Jahre halten wird, dann sollte sie komplett ersetzt sein; je länger später die Ersetzung und Neukonzeption hinausgezögert wird, desto ärger sind die Auswirkungen der Altlasten („Technische Schuld"). Was im spontan agierenden Entwicklerteam gut funktioniert, belastet langfristig ein Unternehmen, das auf diese Software oder Webseite angewiesen ist. Das Start-up-Modell liefert gute Wegwerflösungen, die den Weg in den Markt bereiten.

Qualitätsanspruch

Dass das Ergebnis funktioniert, wird vorausgesetzt. Dadurch verschiebt sich der Fokus weg von der grundsätzlichen „zum Laufen bekommen"-Mentalität und berücksichtigt aus Entwicklersicht scheinbare Nebensächlichkeiten. Diese Verschiebung ist ein guter Indikator, ob ein Unternehmen die Start-up-Phase verlässt. Bestimmt weniger das „Ob" (es überhaupt funktioniert) als vielmehr das „Wie" (zuverlässig, einfach es funktioniert) die Ansprüche und geraten zunehmend Detailwünsche auf den Entwicklertischen, ist die Start-up-Phase vorbei.

Der Qualitätsanspruch basiert weniger auf der zwischenmenschlichen Kommunikation von Individuen, sondern auf Kommunikationsregeln und -abläufen zwischen Funktionsträgern. Der Person, die Anforderungen formuliert, sind Name und Persönlichkeit des Entwicklers egal. Persönliche Befindlichkeiten werden bei der Anforderungsaufname nicht mehr berücksichtigt, sondern es zählen Fakten:

◇ die zu erwartende Produktivitätssteigerung

◇ die zu senkende Fehlerquote

◇ die Beseitigung fachlicher Fehler

◇ die Erweiterung um Funktionen, die „andere auch haben"

◇ nachprüfbare Aufwände zur Umsetzung

Während in der Start-up-Phase Usability nur dann eine Rolle spielt, wenn das Team es zulässt oder ein Team-Mitglied diese Aspekte berücksichtigt, gehört sie bei Qualitätssoftware oder -webseiten zu den Grundanforderungen. Das bedingt vor allem eine gute Anforderungsaufnahme. Das folgende Beispiel beschreibt einen **Vier-Wochen-Plan** und orientiert sich an den Abläufen zur Weiterentwicklung einer bestehenden Software in einem Unternehmen oder an der Integration neuer Funktionen in eine bestehende Webseite.

Ziel ist, nach vier Wochen die Anforderungen für ein Feature oder eine Funktion so weit abgestimmt und geklärt zu haben, dass die praktische Umsetzung beauftragt werden kann. In der Realität erhalten die Entwickler den Auftrag meist mit halbfertigen Anforderungen, die im Lauf der Umsetzung weiter spezifiziert werden. Dadurch erhöht sich der Aufwand – scheinbar geeignete Strategien oder Technologien sind doch nicht nutzbar, Datenschemen sind anzupassen, Bedienprozesse umzubauen, das Bedienparadigma bricht, etc. Oft weiten sich solche Projekte endlos aus und werden nie fertig.

Woche 1: Aufgabe verstehen

◇ Zwei Stunden gemeinsame Debatte zum Verständnis der Problemlage bzw. Anforderung

◇ Hauptfokus: Use-Case oder User-Story, allgemeines Verständnis, was eigentlich geschehen soll – **Wer** soll **Was** erreichen?

◇ Ziel: Anwendungsfälle zusammentragen, benötigte Eingaben und erwartete Ausgaben definieren

◇ folgend ggf. Detailfragen in Zweiergesprächen oder kleiner Runde klären; je nach Problemlage interne Workshops (mit Zeitlimit) der Entwickler, User-Interface-Designer und anderer Beteiligter

Bewusst werden keine Lösungen auf technischer Ebene besprochen, allenfalls Skizzen sind zulässig. Auch interne und externe Abhängigkeiten werden veranschlagt, diese werden oft in kleineren Teams vertieft und analysiert. Eine ideale Begleitdokumentation sind Prozessabläufe, Ablaufdiagramme und tabellarische Übersichten zu bestimmten Aspekten.

Woche 2: Lösung besprechen

Nach dem Meeting der ersten Woche erarbeiten die Fachabteilungen Lösungsansätze und -vorschläge, die sie nun vorstellen.

- ⋄ Zwei Stunden gemeinsames Debattieren der Lösungsvorschläge (mindestens einer, maximal drei)
- ⋄ **Hauptfokus:** Wie gut kann die Lösung den Use-Case abbilden – Wie kann Wer Was erreichen?
- ⋄ **Ziel:** alle Anwendungsfälle, Abläufe und Prozesse sind hinreichend spezifiziert; welche Zuarbeiten werden benötigt
- ⋄ folgend Überarbeiten der Vorschläge gemäß des Feedbacks und der Fragen und Hinweise

An der gemeinsamen Debatte sind Kollegen aus verschiedenen Fachbereichen beteiligt. Diese verfügen über unterschiedliche Kenntnisse und Kompetenzen. Dabei liefern weder ein technizistisches Detailtum noch ein allgemeines „Vertraut uns einfach" eine geeignete Grundlage. Die Vorschläge werden in einer Weise vorgestellt, die es allen ermöglichen, sie nachzuvollziehen. Im Detail müssen sie nur die jeweils Umsetzenden verstehen. Der Moderator achtet darauf, dass die Debatte sich nicht in Details verliert, die nur für wenige Teilnehmer verständlich sind. Mitunter ist es hilfreich, Teilnehmern im Vorfeld bestimmte Aspekte vorzustellen, damit diese sich in der Debatte einbringen können.

Die vorgeschlagene Lösung wird gemeinsam auf ihre Geeignetheit untersucht. Dabei werden verschiedene Arbeitspakete identifiziert und teilweise bereits spezifiziert. Mindestens ein Arbeitspaket ist die Nutzerinteraktion. Skizzen des Interface bilden den Vorgang wie in einem Film-Storyboard ab. Alle Beteiligten können sich den Bedienablauf mit seinen Ein- und Ausgaben vorstellen.

Woche 3: Probleme erkennen

- ⋄ Zwei Stunden gemeinsames Debattieren des modifizierten Lösungsvorschlags
- ⋄ **Hauptfokus:** die häufigsten/wichtigsten/kritischsten Anwendungsfälle
- ⋄ **Ziel:** Welche Sonderfälle können auftreten? Berücksichtigt der Vorschlag alle Anwendungsfälle? Welche müssen noch einmal detailliert geklärt werden? Wo bzw. Wodurch kann der Ablauf gestört werden oder scheitern?
- ⋄ folgend Integration der Änderungshinweise

In der dritten Phase werden die Vorarbeiten gegen den Strich gelesen: Alle bemühen sich, Fälle zu finden, an denen die vorgeschlagene Lösung scheitern wird, oder Aspekte aufzuzeigen, die schlecht oder falsch berücksichtigt wurden.

In dieser Phase kann es geschehen, dass die Lösung verworfen werden muss, weil kritische Aspekte nicht umzusetzen sind oder nicht funktionieren werden. Beispielsweise kann das Interface bestimmte Aktionen nicht geeignet abbilden, oder der vorgeschlagene Bildschirmaufbau passt zu Teilaktionen nicht, oder einige Vorannahmen haben sich als falsch und lückenhaft erwiesen. Dann erfolgt der Rücksprung in Phase 2. Dabei profitieren die Beteiligten von den erhaltenen Einwänden und der geleisteten Vorarbeit, der neue Vorschlag wird ausgereifter.

Gern führen einige Kollegen bereits zu Anfang diese Argumentationslinie und insistieren auf dem Scheitern und der Unmöglichkeit der Umsetzung. Solche Argumente gehören jedoch in die dritte Woche, wenn der Lösungsansatz so weit ausgearbeitet ist, dass er sachlich betrachtet werden kann. Zu der gebotenen Sachlichkeit gehört auch die Erkenntnis, dass eine hundertprozentige Perfektion nicht erreicht werden wird. Stattdessen sind Defizite bereits im Vorfeld erkennbar, der Umgang damit ist planbar.

Beispielsweise lässt sich ein Vorgang nur begrenzt automatisieren (z.B. die Verarbeitung von Zahlungseingängen, die Qualitätssicherung, die Berechnung von Angeboten, die Kalkulation der Preise, die Fertigung von Bauteilen) – sollte man deshalb die Automatisierung ganz unterlassen oder so weit automatisieren wie möglich und dadurch personelle Ressourcen freisetzen, die sich um die verbleibenden nicht-automatisierbaren Schritte oder Fälle kümmern?

Ein Start-up würde euphorisch die Automatisierung umsetzen und anschließend erkennen, dass manuelle Eingriffe nötig sind, für die gar keine Ressourcen zur Verfügung stehen, weil diese anderweitig eingeplant wurden. Ein Projekt mit Qualitätsanspruch erarbeitet in der dritten Woche, wie hoch der tatsächliche Automatisierungsanteil sein wird und erkennt, wie viel Arbeit noch manuell zu erledigen bleibt. So sind bereits in der Planungsphase die Auswirkungen nach Projektabschluss realistisch abschätzbar, und diese werden in benötigter Weise in der Unternahmensplanung berücksichtigt.

Memento mori

In einigen Fällen bietet sich in dieser dritten Woche ein sogenanntes „Memento mori" an. Dabei setzen sich die Beteiligten zusammen und versetzen sich in die Situation des Projektabschlussdatums. Die These ist: „Das Projekt ist gescheitert." Unter dieser Prämisse erörtern alle im Memento mori, wodurch ein Scheitern ausgelöst werden konnte. Schnell werden so die kritischen Punkte offenbar: externe Abhängigkeiten, vage Entscheidungen, technische Unwägbarkeiten, unklare Prozesse oder unausgereifte Technologie. Mitunter stellt sich heraus, dass die Anforderung unzureichend verstanden wurde oder es mit den vorhandenen Ressourcen (Zeit, Personal, Geld) keine Lösung geben kann.

Besteht Zuversicht, dass das Projekt rechtzeitig fertig wird oder wird der Projekterfolg auch an der Markt- oder Nutzerakzeptanz gemessen, bietet sich ein separates zweites Memento mori an. Dabei versetzen sich die Beteiligten in eine Situation wenige Wochen oder Monate nach Fertigstellung und erörtern, welche Probleme die Nutzer mit der Software oder Webseite haben. Warum werden bestimmte Funktionen nicht angenommen? Warum bleibt der Erfolg aus? Welche Schwierigkeiten werden die Nutzer haben? Die theoretisch bereits fertige Lösung wird also noch einmal gegen die Personas und User-Storys abgeglichen. An solch einem Meeting sollte die Marketing-Abteilung beteiligt sein, denn ein Teil des Erfolges hängt von deren Aktivitäten zum Erwartungsmanagement ab.

Memento-mori-Situationen schärfen bei allen noch einmal die Sinne für die potenziellen Gefahren, Risiken und Scheiter-Aspekte. Oft helfen sie, sich gemeinsam klar zu fokussieren, Wichtiges von Unwichtigem zu trennen, große Projekte in handlichere Teilprojekte zu gliedern sowie Machbarkeitsuntersuchungen und Tests zu planen. Memento-mori-Meetings sind jedoch nur nützlich, wenn die Beteiligten sich genügend mit einer Aufgabe beschäftigt haben, um auch deren Probleme erkennen zu können. Daher sind sie erst in der letzten Vorbereitungsphase vor der Umsetzung wirklich zielführend.

Woche 4: Vorgehen bestätigen

- ◇ Präsentation des Workflows sowie der konkreten Lösungsidee
- ◇ Hauptfokus: Integration in die Prozesse, Alltagsworkflows, Verständnis für Bedienweise der Lösung
- ◇ Ziel: Vorführen aller Anwendungsfälle, relevante Korrekturen erfassen, Vorbereiten zur Übergabe an Umsetzung
- ◇ anschließend maximal zwei Stunden Debatte über Details
- ◇ folgend Schätzung des Umsetzungsaufwands
- ◇ Beauftragung: Freigabe durch Projektauftraggeber und Annahme der Beauftragung durch die Fachbereiche (ja, dies erfolgt erst in diesem Schritt! Vorher hätten die Fachbereiche den Auftrag nicht guten Gewissens annehmen können)

Je nach Umfang des Projekts und Erfahrung der Beteiligten lässt sich der Ablauf straffen. Vor allem bei kleinen Projekten genügen die Schritte der ersten und vierten Woche. Der Vorteil besteht zunächst darin, dass nach vier Wochen eine Lösung erarbeitet wurde. Diese Lösung berücksichtigt eine Vielzahl von Perspektiven. Außerdem sind die Entwickler in der Lage, den entstehenden Umsetzungsaufwand gut abzuschätzen. Auf der psychologischen Ebene ist wichtig, dass jeder die Chance hatte, seine Hinweise oder Bedenken vorzubringen und dass diese direkt oder indirekt in die Lösung eingeflossen sind. Als psychologischer „Nachteil" ist jedoch anzumerken, dass ein solches Vorgehen Heldentum verhindert. Nicht die geniale Lösung eines Einzelnen steht im Mittelpunkt, sondern die gemeinsam erarbeitete – die Teammitglieder und anderen Beteiligten müssen ihre Rollen (neu) lernen und alte Denkmuster hinter sich lassen. Eine gute Moderation, die auf sachliche Aspekte fokussiert und persönliche Befindlichkeiten kanalisiert, beeinflusst den Erfolg entscheidend.

Am Ende entsteht zwar keine perfekte Lösung, aber eine, die „gut genug" ist und auf jeden Fall besser als alles, was sich eine Person allein hätte ausdenken können. Vor allem berücksichtigt diese Lösung sehr viele verschiedene Ansprüche: die der Nutzer und jene der Unternehmensleitung, funktionale, technische und andere Aspekte. Oft sind diese Lösungen sogar schneller umgesetzt als diktatorisch vorgesetzte. Vor allem ist das Projekt mit klarem Ziel sowie in vereinbartem Umfang definiert, was die Ressourchenschätzung verbessert. Detail-Optimierungen sind in späteren Phasen noch möglich, aber die grundsätzlichen Aspekte sind gemeinsam vereinbart und bilden eine gute Basis für die Umsetzung, ob nun im Wasserfallmodell oder als agiler Prozess.

Die Entwickler sind motivierter bei der Arbeit und erarbeiten bereits während der ersten Gesprächsrunde Ideen für die Umsetzung. Diese Ideen haben Zeit zum Reifen. Einige Ideen benötigen Machbarkeitstests oder andere Vorarbeiten, die somit zu Beginn der Umsetzung abgeschlossen sind. Damit wird ein häufiger Überraschungsmoment entfernt bzw. so weit nach vorne gezogen, dass Änderungen mit wenig Aufwand möglich sind.

Personas, Akteure, User-Storys, Use-Cases, Szenarien etc. klingt nach wahnsinnig viel Papierkram, bevor es endlich an die Umsetzung geht. Für die Vorarbeitsphase gelten drei Regeln:

⬦ Alle künftig Beteiligten verständigen sich auf eine gemeinsame **Vision**, auf ein gemeinsames **Vokabular**. Kommunikation und brauchbare Entscheidungen sind das Wesentliche (lieber eine halbgare Entscheidung, die tauglich ist und später modifiziert wird, als keine oder eine ewig hinausgezögerte).

⬦ Es wird so viel Papier verbraucht wie nötig, so wenig wie möglich. Jeder kann Skizzen, Dokumente, Diagramme und mehr beitragen. Ein Akteur fungiert als „Schriftführer", verwaltet die Daten und sorgt für eine **Dokumentation** der Ergebnisse (lieber in Stichpunkten als in Romanform).

⬦ Das geeignetste Tool bzw. die geeignetste Methode sind jene, die mit dem geringsten **Aufwand** geeignete Ergebnisse liefern. Was als geeignet gilt, entscheidet das **Team**.

So entwickelt jedes Team, jedes Unternehmen seine eigene Kultur für die Vorarbeiten. Darin spiegelt sich auch die Unternehmenskultur wider, die Phase wird somit nicht vom übrigen Unternehmen abgeschirmt, sondern aktiv in dessen Abläufe integriert. Das senkt die Hemmschwellen für die Beteiligung. Da wird nicht stundenlang um die korrekte Formulierung gefeilscht, sondern so miteinander kommuniziert, dass Entscheidungen getroffen werden können.

Natürlich werden Entscheidungen nicht von jedem getroffen. Die Entscheidung beispielsweise zu einer Bedienweise trifft der Usability-Experte oder User-Interface-Designer, niemand sonst. Alle anderen sind jedoch berufen, seine Entscheidungen zu hinterfragen oder diese mit weiteren Informationen zu verbessern. **Jede Entscheidung ist zunächst eine Arbeitshypothese, die so lange gilt, bis aufgrund neuer Fakten oder Informationen eine Revidierung nötig wird.**

Arbeiten die verschiedenen Fachbereiche respektvoll, vertrauensvoll, unterstützend, verständnisvoll und kommunikativ zusammen, wird die entstehende Lösung diese fünf Werte ebenfalls widerspiegeln.

Die Vorbereitungsphase ergibt nur einen groben Abarbeitungsplan. Zahlreiche Entscheidungen und Aspekte stehen noch aus. So wie beim Hausbau die Planung weder Tapetenmuster noch Schrauben für Türverschläge vorschreibt, werden auch bei der Projektplanung viele Details erst im Lauf der Umsetzung geklärt. Aber alle Beteiligten gehen mit dem selben Grundriss ans Werk, der die Küche und benötigte Anschlüsse ebenso an der richtigen Stelle vorsieht wie den Balkon, damit die Aussicht sich lohnt und die Sonneneinstrahlung optimal ist. Über Kühlschrankfabrikat, Badarmaturentyp und Balkonpflanzensorte ist auch später gut zu entscheiden.

Die Anforderung ergibt den Grundriss, also eine hinreichend präzise Vorstellung des Gesamtergebnisses. Nötige Details und technische Feinheiten werden separat geklärt, vor oder während der tatsächlichen Umsetzung.

Skeptiker der Vier-Wochen-„Verzögerung" würden von Alfred Hitchcock verlacht. Dieser plante seine Filme so minutiös und detailliert voraus, dass ihn die eigentliche Regie-Arbeit am Set und in der Nachbearbeitung anödete. Der Film war bereits fertig in seinem Kopf, alle Einstellungen und Raffinessen ausgearbeitet und sorgfältig geplant. Die meisten Filmregisseure arbeiten ähnlich und schaffen beeindruckende und erfolgreiche Werke, von „Fight Club" über „Shining", die „Herr der Ringe"-Trilogie oder „Manche mögen's heiß" bis zu „Titanic". Je besser die Vorbereitung, desto besser sind spontane Optimierungen möglich. In „Titanic" sollte beispielsweise laut Drehbuch Rose DeWitt Bukater (Kate Winslet) ihrer Mutter das Korsett schnüren; Regisseur James Cameron entschied am Vorabend der Dreharbeiten dieser Szene, dass besser die Tochter eingeschnürt werden sollte – und gab der Szene so ein sehr viel tieferes Gewicht.

Die Anforderungsaufnahme ist letztlich nichts anderes als die Filmvorbereitungen mit Drehbuch, Story-Board, Besetzung, Drehortsuche, Bauten, Kostümen und Ausstattung. Diese bilden keinen Garanten für Erfolg, sie ermöglichen ihn nur. Auf hundert erfolgreiche Filme mit guter Vorbereitung kommen nicht einmal zehn, die trotz schlechter Vorbereitung erfolgreich sind.

Alfred Hitchcocks Ansatz ist auch für User-Interfaces geeignet: „Bevor ich einen Film mache, sind auch die kleinsten Einzelheiten in meinem Kopf schon fertig. Mir ist dann, als hätte ich den Film schon gesehen, und deshalb mache ich ihn manchmal gar nicht." Solche diktatorischen Ansätze und mythenbildenden Sprüche verschleiern, dass die Filmproduktion ein kollaborativer Prozess ist, genau wie die Entwicklung einer Software oder Webseite:

Tab. 9.1: Filme und User-Interfaces

Was ist zu tun?	Beim Film	Beim UI-Design
Handlung entwickeln	Drehbuchentwurf, Exposé	Anforderungsaufnahme: User-Story
Szenen ausgestalten, Dialoge verfassen	Drehbuch	Anforderungsaufnahme: Use-Cases
Zielvision verdeutlichen	Story-Boards, Test-Aufnahmen	Story-Boards, Prototypen, Mock-ups
Technische Machbarkeit	Special Effects	Entwickler
Idee lebendig werden lassen	Casting: Besetzung mit Schauspielern	Anforderungsaufnahme: Personas
„Look and Feel" entwickeln	Ausstattung, Kostüme, Kulissen, Drehortauswahl	Style-Guide
Abbildung des Geschehens	Kameramann, Beleuchter: Bildausschnitt, Komposition, Fokus, „Bildsprache"	UI-Design: Elemente, Anordnung, Style-Guide
Gesamtplanung und Umsetzung(sbegleitung)	Produzent/en	abgestimmter Plan: Zeit, Geld, Ressourcen
Umsetzungsplanung	Drehplan: Drehtage, Szenen, Reihenfolge, Einsatzplanung	Projektplan: Arbeitspakete, Abnahmen, Abhängigkeiten
Idee umsetzen	Szenen inszenieren und aufnehmen	Arbeitspakete umsetzen
Reibungslosen Ablauf erstellen	Schnitt	Entwickler, Schnittstellendesigner
Reaktion der Zielgruppe prüfen	Testvorführung	Testläufe
Kohärentes Werk erstellen	Regie	Projektleiter

Im Fernsehen hat sich eine sehr effektive Herstellungsweise etabliert, die von den konkreten Personen unabhängig ist. Solange die Schauspieler nicht wechseln, genügen reibungslos ablaufende Prozesse im Hintergrund, um gute Unterhaltung entstehen zu lassen. Nicht die geniale Leistung eines Autors oder Regisseurs oder Komponisten ergibt den Erfolg, sondern die produktive Zusammenarbeit in vereinbarten Abläufen. Wer kennt die Regisseure der „Friends"- oder „Sopranos"- oder „Game of Thrones"-Folgen? Gutes Fernsehen ist Ensemble-Leistung, vom Nebendarsteller über Autor, Beleuchter, Ausstatter bis zum Produzenten. Die von der ersten „SitCom" „I Love Lucy" (1951–1957) erarbeiteten Herstellungsprozesse liefern bis heute erfolgreiche Fernsehunterhaltung. Gute Prozesse sind persönlichkeitsneutral und ermöglichen gute Ergebnisse.

Natürlich unterscheiden sich die konkreten Abläufe für ein Kammerspiel oder eine Seifen-Oper erheblich von dem Herangehen an ein Action-Effekte-Spektakel. Ebenso unterscheidet sich ein Webshop von einer Software, die technologisches Neuland betritt. Aber sie berücksichtigen alle die selben skizzierten Punkte; je nach umzusetzender Vision erhalten die verschiedenen Bereiche andere Wichtungen oder Bedeutungen.

So wie uns gute Serien oder Filme mitreißen, unterhalten oder begeistern, so fällt uns auch auf, wenn ein Film nicht „rund ist", die erhoffte Wirkung nicht eintreten mag. Das Versagen in bereits einem Bereich genügt, um einen Film schlecht werden zu lassen; als „schlecht" gelten in diesem Sinne Filme, die man weder empfehlen noch ein zweites Mal schauen würde.

Für Nutzer-Schnittstellen gilt das Gleiche. Dabei sind die Herausforderungen oft noch größer. Denn der Nutzer sitzt nicht statisch davor und lässt sich berieseln, sondern agiert in der Software oder auf der Webseite. Kennen wir seine Ziele, können wir ihm die geeigneten Wege zur Verfügung stellen, und er gleitet mühelos dahin.

Die ausführliche Vorbereitung dient dazu, die Vision bzw. Idee in ihren Details zu verstehen sowie den Rahmen und die benötigten Ressourcen möglichst gut abzuschätzen. Durch die Klarheit und die Planung entsteht der Raum für weitere Optimierungen und Improvisationen. Deren Tauglichkeit lässt sich nur angemessen beurteilen, wenn das Ziel und der Plan klar herausgearbeitet sind.

Checkliste für die Anforderungsaufnahme

⬦ Haben sich alle Beteiligten auf ein gemeinsames Vokabular verständigt?

⬦ Wurden die Anforderungen korrekt und vollständig erfasst?

⬦ Sind die Unterlagen und Dokumente in einer Weise erstellt, dass diese – nach jetzigem Wissensstand – keine Rückfragen auslösen?

⬦ Gibt es User-Storys, Use-Cases? Wurden Akteure und Rollen definiert? Liegen Beschreibungen der Personas vor?

⬦ Wie war die Reaktion auf die vorgelegte Schätzung der benötigten Ressourcen (Zeit, Personal, Geld)?

⬦ Verfügen die Beteiligten über genügend Zeit- und technische Ressourcen, oder sind andere Projekte oder Aufgaben zu berücksichtigen?

⬦ Wo liegen die Prioritäten für das konkrete Projekt? Gibt es eine fixe „Deadline", die aus externen, internen oder strategischen Gründen gehalten werden muss?

⬦ Ist der Umgang mit externen Abhängigkeiten geklärt? Wer fungiert als Ansprechpartner und Kümmerer gegenüber Externen?

⬦ Sind die benötigten Zuarbeiten genügend spezifiziert, um diese zu beauftragen?

⬦ Bestehen interne Abhängigkeiten von bestimmten Personen? Wie können diese reduziert oder kompensiert werden, um den Projektfortschritt durch Ausfälle nicht zu beeinträchtigen?

⬦ Sind alle Unwägbarkeiten und Risiken fair benannt worden? Gibt es jeweils einen „Plan B", oder zumindest eine Entscheidung, wie im Fall von auftauchenden Problemen verfahren wird?

Mein Recht auf Usability

„Die Erkenntnisse über die Verarbeitung von Informationen beim Menschen müssen berücksichtigt werden" (Bildschirmarbeitsverordnung, Absatz 20)

Damit haben Arbeitnehmer de facto ein einklagbares Recht auf gebrauchstaugliche Software. In der Praxis gibt es zwar keine Gerichtsprozesse zu diesem Thema, aber jeder Unternehmer hat ein kalkulatorisches Interesse an guter Software und eine akute Abneigung gegen minderwertige Gebrauchstauglichkeit. Diese äußert sich in hohen Fehlerraten, langer Eingewöhnung und aufwändiger Schulung neuer Mitarbeiter, schlechterer Performanz und Geschwindigkeit oder Qualität als die Mitbewerber, höherer Unzufriedenheit und Trägheit der Mitarbeiter.

Regeln und Guidelines

Auch wenn die Regeln keinen Gesetzes- oder Vorschriftscharakter besitzen, so beschreiben sie doch, worauf sich Nutzer verlassen. Diese Regeln stellen den abstrakten Konsens dar, der aus praktischer Erfahrung, psychologischen Erkenntnissen und Nutzerstudien destilliert wurde.

Die acht Goldenen Regeln des Schnittstellendesigns

Ben Shneiderman (1987)

Konsistenz   Konsistenz im Schnittstellendesign bedeutet, dass Gleiches zu Gleichem führt, also gleiche Eingaben zu gleichen Ergebnissen führen, gleiche Elemente gleiche Bedeutung tragen etc. Das bedeutet, dass es Gruppen gleicher Elemente gibt, die sich von anderen Gruppen gleicher Elemente eindeutig unterscheiden, und dass die Elemente einer Gruppe von der Erscheinung her auf gleiches Verhalten schließen lassen – und diese Erwartung dann auch erfüllen.

Durch die korrekte Nutzung von Standards wird auf dem Mikrolevel bereits eine Konsistenz erzeugt. Inkonsistenzen dagegen erhöhen den Lernaufwand, die Abweichungen von dem bekannten Standard sind schwieriger zu merken. Die Anwender werden ausgebremst und machen häufiger Fehler.

Vereinfachungen für regelmäßige Benutzer   Um regelmäßigen Anwendern die Benutzung zu erleichtern, sollen häufig benötigte Befehle mit Tastenkürzeln (Shortcuts) belegt sein. (Seite 39)

Zur Vereinfachung gehört, dass – wo immer möglich – eine reine Tastatursteuerung möglich ist. Innerhalb von Formularen wechselt [Tab] zum nächsten Feld. Für die Eingabe ist die Maus nur nötig, wenn es keine andere Option gibt. Meist existieren Tastatur-Auswege, z.B. kann ein Farbton aus einer Palette oder einem Farbrad gewählt werden, aber der Farbwert wird in ein Eingabefeld eingetragen. D.h. der Cursor springt mit [Tab] in das Eingabefeld, wo der kundige Nutzer seinen Wert direkt einträgt; der Novize wählt den Farbton mit der Maus aus, das Eingabefeld zeigt dabei den gewählten Farbwert. Slider oder andere Regler sind auch über Cursor-Tasten oder Zahleneingabe bedienbar. Abgesehen von der Bildbearbeitung und von der Notwendigkeit, in bestimmten Kontexten den Fokus mit dem Mauszeiger zu wählen, gibt es wenige Anwendungsfälle, wo die Hand des „Heavy Users" wirklich von der Tastatur weg und hin zur Maus greifen muss.

Informatives Feedback Jede Aktion an einem Computer löst eine Reaktion der Maschine aus, und sei es nur das Bewegen des Mauszeigers analog zur Bewegung der Maus durch den Benutzer. Darüber hinaus erfolgt für jeden Befehl ein Feedback der Art, dass der Nutzer erkennt, dass er erfolgreich/erfolglos ausgeführt wurde bzw. wie lange die Ausführung noch dauert.

Insgesamt soll ein System kurze Reaktions- und Antwortzeiten aufweisen.

Geschlossene Dialoge Jede Handlungssequenz besitzt einen Anfang, eine Mitte und ein Ende. Ein Betriebssystem läuft endlos im Hintergrund, aber jede Interaktion muss vom Nutzer gestartet werden (Anfang), worauf möglicherweise noch Parameter abgefragt werden (Mitte), und abschließend eine Meldung die erfolgreiche Ausführung meldet (Ende). Ein Abbrechen bringt den Nutzer immer zum Zustand direkt vor dem Anfang zurück.

Fehlervermeidung und einfache Fehlerbehebung Solange Maschinen von Menschen bedient werden, können letztere Fehler machen, mit denen erstere umgehen müssen. Daher fängt die Maschine alle Fehlerfälle ab und setzt den Menschen darüber in Kenntnis, wo der Fehler lag und wie eine fehlerfreie Eingabe aussieht bzw. welche Eingabe erwartet wird. Das schließt beispielsweise ein, dass die gemachte Eingabe zu korrigieren und nicht alles neu einzugeben ist. Das bedeutet ebenso, dass eine fehlerhafte Eingabe das System nicht zerstört.

Aktionen sollen umkehrbar sein Nahezu jede Aktion kann auf heutigen Computersystemen rückgängig gemacht werden. Dies hilft nicht nur, Fehler zu beseitigen, sondern nimmt Unerfahrenen auch die Angst, etwas auszuprobieren.

Die Tastenkombination $\boxed{\text{Strg}}$ $\boxed{\text{Z}}$ geht den meisten Nutzern rasch in Fleisch und Blut über. Umso kritischer ist es, wenn diese einmal nicht funktioniert.

Das Kontrollbedürfnis unterstützen   Das System darf nicht von sich aus Dinge tun, auf die der Nutzer keinen Einfluss hat, die Informationen müssen stets zugänglich und bei Bedarf veränderbar sein. Akausalität ist zu vermeiden, und Nutzer sollen die Aktionen auslösen, nicht nur auf sie reagieren.

Belastung für das Kurzzeitgedächtnis reduzieren   Nach der Faustregel, dass ein Mensch sich im Kurzzeitgedächtnis an „sieben $\pm$ zwei" Informationen erinnern kann, sind einfache Anzeigen notwendig und die Reduzierung von Einzelschritten für eine Aktion. Bei Berücksichtigung der anderen sieben Regeln ergibt sich eine Reduzierung der Gedächtnis-Belastung als Nebeneffekt.

Zehn Usability-Heuristiken

Jakob Nielsen (1995, www.nngroup.com/articles/ten-usability-heuristics)

Wenn auch bereits zwei Jahrzehnte alt, so bilden Nielsens Anforderungen an gute Usability immer noch eine geeignete Orientierung. Er betrachtet sie bewusst nicht als Richtlinien, sondern eher als Orientierungshilfe, die er aus seiner praktischen Arbeit abgeleitet hat, und nennt sie daher „Heuristiken".

Sichtbarkeit des Systemstatus   Das System informiert den Nutzer stets darüber, was/dass etwas geschieht. Dafür wird geeignetes Feedback innerhalb angemessener Zeit benötigt.

Für Aktionen, die bis maximal zwei Sekunden dauern, genügt meist, dass ein Ergebnis bzw. die Aktion erkennbar ist. Dauert ein Vorgang länger als eine Sekunde, aber weniger als zehn Sekunden, ist ein „es geschieht etwas"-Feedback nötig, z.B. ein rotierender Kreisel oder ähnliche Kurz-Animationen, die keinen Fortschritt symbolisieren. Alle Aktionen, die länger als zehn Sekunden dauern, benötigen eine Fortschrittsanzeige. Diese gibt auch die geschätzte Restdauer an. Im Zweifelsfall erfolgt die Kalkulation zunächst konservativ, und die Fortschrittsanzeige startet langsam und beschleunigt am Ende. Andersherum (schneller Anfang, Verlangsamung am Ende) ist es für Nutzer weniger angenehm.

Zum Systemstatus gehört, dass der Mauszeiger stets auf Eingaben reagiert, dass im Fall eines relevanten Status' (beispielsweise einer zu steuernden Maschine) dieser stets angegeben ist, nicht nur im Problemfall. Erfolgs- und Fehlermeldungen bzw. Problemhinweise informieren unmittelbar über das Ende oder Scheitern bzw. Verzögern einer Aktion.

Übereinstimmung zwischen System und realer Welt   Software und Webseiten verwenden die Sprache der Nutzer: deren Begriffe, Phrasen und Konzepte, die Nutzern vertraut sind – statt der systemeigenen Sprache. Die Konventionen der realen Welt gelten ebenso in der Software-Bedienung und Webseitennutzung. Informationen erscheinen in ihrer natürlichen und logischen Reihenfolge.

Nutzersteuerung und -freiheit   Nutzer wählen Funktionen oft versehentlich und benötigen einen erkennbaren Notausgang. „Abbrechen"-Button, „Zurück" und „Wiederholen" sind an allen Stellen verfügbar und ermöglichen das verlustlose Zurückkehren zum vorherigen Zustand und geben die Gewähr, dass jeder Fehler behoben werden kann.

Konsistenz und Standards   Nutzer dürfen sich nie fragen, ob verschiedene Begriffe, Kontexte oder Aktionen das gleiche bedeuten könnten. Den Großteil ihrer Zeit verbringen Nutzer auf fremden Webseiten und mit fremder Software – das bildet die Basis ihrer Kompetenz und trainiert ihre Erwartungen. Sich an Konventionen und Standards (egal ob festgeschrieben oder de facto) zu halten, erleichtert die Bedienung und verringert Fehlbedienungen.

Fehlervermeidung   Fehlermeldungen helfen, Probleme zu vermeiden – gute Fehlermeldungen gehören zu jedem guten Design. Noch besser als jede perfekte Fehlermeldungen ist es, Probleme gar nicht erst entstehen zu lassen. Nutzer können durch den Kontext beeinflusst werden, korrekte Eingaben vorzunehmen bzw. die richtige Aktion auszuwählen. Bestätigungsdialoge sowie angemessene Informationen über die Konsequenzen einer Aktion helfen ebenso wie Automatismen, die häufige Fehleingaben abfangen und dem Nutzer geeignete Alternativen zur Bestätigung vorlegen.

Die Erfassung von Fehlern und die Auswertung der entsprechenden Log-Dateien helfen, Fehler-Häufigkeiten zu erkennen und Wege zu ersinnen, um diese zu vermeiden. Mitunter genügen die Umsortierung von Bedienelementen oder die Umformulierung von Beschriftungen. In einigen Fällen ist es aber auch notwendig, den Prozess dahinter zu hinterfragen und in geeigneter Weise neu zu konzipieren.

Erkennung statt Erinnerung   Die Gedächtnisbelastung wird reduziert, wenn alle benötigen Objekte, Aktionen und Optionen sichtbar sind. Der Nutzer soll sich nicht merken müssen, was er vor einigen Schritten getan hat.

Das psychologische Prinzip basiert darauf, dass die Frage „Endete der 30-Jährige Krieg mit dem Westfälischen Frieden? Ja/Nein" leichter zu beantworten ist als die inhaltlich fast gleiche Frage „Womit endete der 30-jährige Krieg?". Im ersten Fall kennt der Nutzer vermutlich beide Begriffe und kann den Zusammenhang in einer Ecke seines Hirns reaktivieren. Im zweiten Fall dagegen muss er zum aktuellen Fakt (30-jähriger Krieg) den zweiten aus einer selten benötigten Hirnecke herauskramen. Genauso stellt eine Software oder Webseite stets alle verfügbaren Daten und Funktionen dar. So muss der Nutzer sich nicht erinnern, welche Funktion er verwenden kann oder welche Daten für eine Funktion bereits vorhanden sind und welche noch benötigt werden.

Flexibilität und Effizienz der Nutzung Vereinfacher – oft unsichtbar für Novizen – beschleunigen die Bedienung für Experten deutlich. Dazu gehören Tastaturkürzel, Makros, Schnellzugriff, individualisierbare Paletten und Symbolleisten. So unterstützt eine Software oder Webseite sowohl neue als auch erfahrene Nutzer. Häufige Aktionen kann der Nutzer an seine Bedürfnisse anpassen.

Ästhetik und minimalistisches Design Dialoge enthalten keine irrelevanten oder unnötigen Informationen. Jedes überflüssige Jot an Informationen konkurriert mit den relevanten Informationen und verringert deren Sichtbarkeit.

Das Design unterstützt die inhaltliche Aussage durch die Form (beispielsweise Platzierung, Schriftdarstellung, Farbigkeit). Inhalt und Form dienen stets der funktionalen Aussage. Es gibt keine Funktionen ohne Bedienelemente mit geeignetem Inhalt (Beschriftung) und angemessener Form (Gestaltung, Platzierung) und keine Elemente mit Inhalt und Form ohne funktionalen Gehalt.

Unterstützung beim Erkennen, Vestehen und Beheben von Fehlern Fehlermeldungen sind in verständlicher Sprache verfasst. Sie benennen das Problem möglichst genau und beschreiben konstruktiv eine Lösung. Statt „Die Eingabe kann nicht verarbeitet werden, Fehler-Code 13X04" hilft die Meldung „Die Adresse ist nicht korrekt, die PLZ muss aus genau fünf Ziffern bestehen." (oder „. . . die eingegebene PLZ existiert nicht." oder „. . . die eingegebene PLZ gilt nicht für den eingegebenen Ort – meinten Sie Ortsname?" etc. – je nach Fall).

Fehler-Codes sind allenfalls in technischen Kontexten geeignet. Jeder (interne) Fehler-Code, der häufiger als einmal im Jahr auftritt, sollte statt des Codes eine verständliche Aussage und Behebungshilfe anzeigen.

Hilfe und Dokumentation Natürlich wäre es besser, wenn eine Software oder Webseite ohne Dokumentation benutzt werden könnte. Dennoch sind Hilfe und Dokumentation nützlich. Ein Webshop nimmt Novizen Ängste, wenn er den Bestellablauf und dessen Optionen beschreibt. Für Software ist es geeignet, Funktionen und deren Bedienung in einer Dokumentation oder Online-Hilfe vorzustellen. Insbesondere Funktionen mit Parametern oder mehreren Schrittfolgen profitieren davon. Knappe Hilfetexte unterstützen bei der Eingabe von Daten.

Die Informationen sind einfach zu finden, entweder vor Ort oder über eine Suche. Dokumentation und Hilfe fokussieren auf den Nutzer und dessen Aufgaben, sie beschreiben die konkret auszuführenden Schritte. Hilfsdokumente sind so knapp wie möglich und so ausführlich wie nötig. In einigen Fällen bietet es sich an, die Hilfsdokumente untereinander oder mit einem Glossar zu verlinken, damit der Nutzer bei Bedarf vertiefende Informationen oder Erklärungen erhält.

Interface Guidelines

Bei der Entwicklung ihrer User Interfaces haben sich die Firmen und Entwickler etwas gedacht. Sie verfügen über langjährige Erfahrungen mit ihren Systemen und den darauf eingesetzten Programmen. Mit ihren Grundelementen schaffen sie den De-Facto-Standard, dem die Nutzer begegnen, selbst wenn sie keine andere Software verwenden. Auch wenn bei Befolgung der Empfehlungen „nur" Standard-Lösungen entstehen, so sind diese dennoch praxiserprobt und senken die Entwicklungskosten erheblich. Nur in sehr wenigen Sonderfällen ist ein Abweichen von den Guidelines angebracht und wird sich durch höhere Nutzerzufriedenheit und -produktivität auszahlen.

Diese Richtlinien stehen online bereit und werden kontinuierlich aktualisiert:

Windows: http://dev.windows.com/de-de/design

Windows Desktop: http://msdn.microsoft.com/de-de/windows/desktop/
aa511258.aspx

MacOS X Human Interface Guidelines: https://developer.apple.com/library/mac/
documentation/UserExperience/Conceptual/OSXHIGuidelines/

iOS Human Interface Guidelines: https://developer.apple.com/library/ios/
documentation/userexperience/conceptual/mobilehig/

Android Design: https://developer.android.com/design/index.html

Die Guidelines informieren nicht nur, wann welche Elemente einzusetzen sind, sondern auch über deren Zusammenspiel und die etablierte Anordnung. Daneben gibt es Hilfestellungen und Beispiele zur Formulierung der verschiedenen Beschriftungen und Hilfstexte. Somit sind diese Dokumente weit mehr als technische Nachschlagewerke. Sie beschreiben, wie eine Software aufgebaut sein sollte und funktioniert, um sich auf dem entsprechenden System „richtig" anzufühlen.

Praktisch bedeutet das auch, dass keine Software von einem System einfach auf ein anderes übertragen werden kann, viele Anpassungen sind nötig. Einige sind kosmetischer Natur (das Menü heißt auf dem Mac „Ablage" und nicht „Datei"; unter Windows wird ein Eintrag im Startmenü bzw. auf dem Start-Screen erwartet), andere betreffen die Bedienlogik, den Aufbau und die Integration von Funktionen.

Auch wenn sich Windows und MacOS X in ihrer Bedienung immer weiter annähern, so gibt es zahlreiche Unterschiede im Detail, die im Alltag eine lediglich übertragene Software als solche ausweisen. So fehlt auf dem Mac-System beispielsweise ein Pendant zur Ribbon-Bedienung, die durch das omnipräsente Menü am oberen Bildschirmrand allerdings weniger dringlich scheint, wichtiger sind gute Symbolleisten und Paletten, die der Nutzer jeweils individuell anpasst. Beim Entwickeln für mobile Plattformen sind die Unterschiede der Systeme noch größer, und die jeweiligen Konventionen weichen teilweise stark voneinander ab.

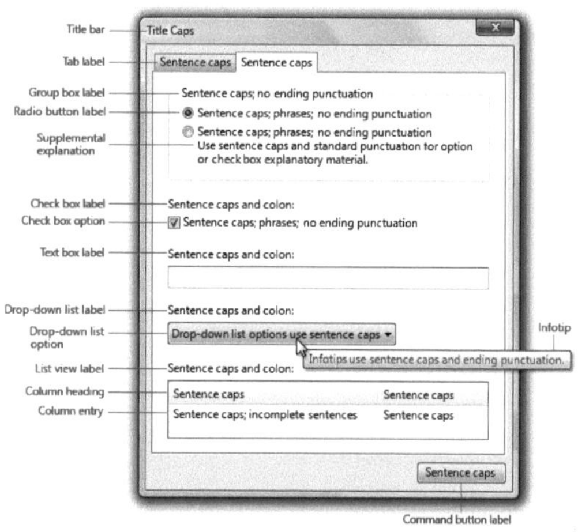

Abb. 9.1: Das Microsoft Dev-Center für Desktop-Anwendungen illustriert mit diesem Beispiel den geeigneten Einsatz zahlreicher Elemente.

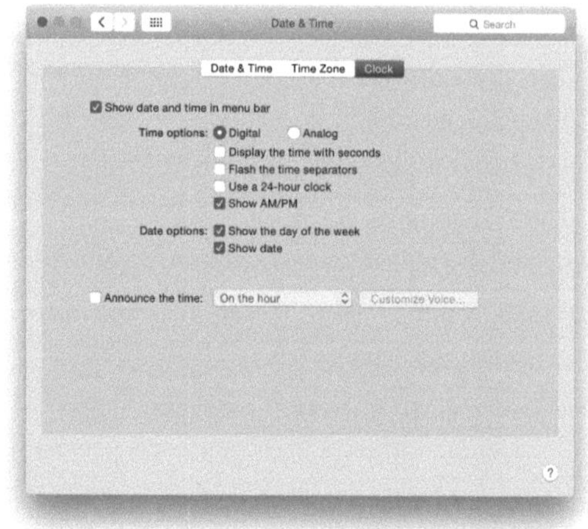

Abb. 9.2: Die OS X Human Interface Guidelines illustrieren die textlichen Ausführungen mit Abbildungen aus realen Apps, die auf jedem Mac vorhanden sind.

Für Web-Entwickler und -Designer gibt es bislang keinen solchen Leitfaden wie für Software-Entwickler und -Designer. Sie sind in gewisser Weise auf sich selbst gestellt, wenn sie die Goldenen Regeln und Usability-Heuristiken umsetzen. Grundsätzlich ist alles erlaubt, was nicht mit den Regeln bricht. Die System-Interface-Guidelines bieten dabei gute Anregungen, beispielsweise für Formulare und zum Formulieren. Für den Grundaufbau und die Darstellung bzw. Platzierung von Funktionen ist es zielführend, sich an etablierten Webseiten zu orientieren und zu erarbeiten, welche Quasi-Standards für bestimmte Funktionen derzeit gelten, mit welcher Bedienweise die Nutzer vermutlich bereits vertraut sind.

Letztlich gibt es keine „intuitive" Software oder Webseite. Wer seine ersten Lebensjahrzehnte in der Wildnis verbracht hat und nun das erste Mal vor einem Computer sitzt, benötigt eine Anleitung. Es gibt nur Software und Webseiten, die es dem Nutzer einfacher machen und solche, die ihn herausfordern oder gar behindern. Herausfordernd oder behindernd ist jede Bedienweise, die sich nicht an den bekannten Standards orientiert.

So wie der Tag durch quasi-rituelle Abläufe (Aufstehen, Morgentoilette, Frühstück, Arbeit, Mittag, Arbeit, Heimweg, Freizeit, Abendessen, Abendtoilette, Bettruhe) ein Grundraster zur Orientierung bietet, so bieten Standards ein Fundament zur Bedien-Orientierung. Würde das Mittag grundlos ausfallen, entspräche das dem Fehlen des „Abbrechen"-Buttons bei einer kritischen Aktion. Der Mensch wird verunsichert und verliert das Grundvertrauen in die Zuverlässigkeit seiner Tagesstruktur bzw. der Softwarebedienung.

Normen und Vorschriften

Die geltenden Normen wurden aus Best Practice, De-facto-Standards und juristischen Anforderungen abgeleitet. Durch die ersten beiden Einflüsse ergibt sich eine große Übereinstimmung mit den bereits dargestellten Grundlagen. Wer sich an diese hält, hat damit bereits einen großen Anteil der Norm-Anforderungen erfüllt. Doch im Detail gibt es teilweise Abweichungen, aus juristischen, politischen oder anderen Gründen. Daher ist der Blick in die entsprechende Norm unumgänglich, wenn eine solche in einem Projekt vorgeschrieben ist. Hier kann nur ein grober Überblick geboten werden.

DIN EN ISO 9241

Der internationale Standard zu den Richtlinien der Mensch-Computer-Interaktion ist in der Normenreihe 9241 beschrieben. Diese Kern-Norm für User Interfaces liegt seit April 2006 in einer neuen, überarbeiteten Form vor. Im Zuge der Überarbeitung wurde der Geltungsbereich der Norm auf interaktive Systeme aller Art erweitert. Seit 2006 firmiert die Normenreihe unter dem Titel „Ergonomie der Mensch-System-Interaktion", zuvor war sie „Ergonomische Anforderungen für Bürotätigkeiten mit Bildschirmgeräten" betitelt. In den einzelnen Teilen sind die Anforderungen an die Arbeitsumgebung, Hardware und Software aufgeführt. Damit sollen gesundheitliche Schäden beim Arbeiten am Bildschirm vermieden und dem Benutzer die Ausführung seiner Aufgaben erleichtert werden.

Die DIN EN ISO 9241 gilt national (als DIN), europäisch (als EN) und weltweit (als ISO). Auf der Grundlage einer Norm der internationalen Normungsorganisation ISO wurde eine Europäische Norm erarbeitet, die als DIN-Norm übernommen wurde. Die Integration inhaltlich zur ISO 9241 gehöriger Normen in die Normenreihe, machte eine neue Nummerierung der Normreihe notwendig.

◇ Teil 1: Allgemeine Einführung

◇ Teil 2: Anforderungen an die Arbeitsaufgaben – Leitsätze

◇ Teil 3: Anforderungen an visuelle Anzeigen

◇ Teil 4: Anforderungen an Tastaturen

◇ Teil 5: Anforderungen an die Arbeitsplatzgestaltung und Körperhaltung

◇ Teil 6: Anforderungen an die Arbeitsumgebung

◇ *Teil 7: Anforderungen an visuelle Anzeigen bezüglich Reflexionen (seit 2006 ersetzt durch Teil 302, 303 und 305)*

◇ *Teil 8: Anforderungen an Farbdarstellungen (seit 2006 ersetzt durch Teil 302, 303 und 305)*

◇ Teil 9: Anforderungen an Eingabegeräte (außer Tastaturen)

◇ *Teil 10: Grundsätze der Dialoggestaltung (seit 2006 ersetzt durch Teil 110)*

◇ Teil 11: Anforderungen an die Gebrauchstauglichkeit – Leitsätze

◇ Teil 12: Informationsdarstellung

◇ Teil 13: Benutzerführung

◇ Teil 14: Dialogführung mittels Menüs

◇ Teil 15: Dialogführung mittels Kommandosprachen

◇ Teil 16: Dialogführung mittels direkter Manipulation

◇ Teil 17: Dialogführung mittels Bildschirmformularen (ersetzt durch: EN ISO 9241-143:2012)

◇ Teil 20: Leitlinien für die Zugänglichkeit der Geräte und Dienste in der Informations- und Kommunikationstechnologie

◇ Teil 110: Grundsätze der Dialoggestaltung (ersetzt bisherigen Teil 10)

◇ Teil 129: Leitlinien für die Individualisierung von User Interfaces

◇ Teil 143: Formulardialoge (ersetzt bisherigen Teil 17)

◇ Teil 151: Leitlinien zur Gestaltung von Benutzungsschnittstellen für das World Wide Web

- Teil 171: Leitlinien für die Zugänglichkeit von Software
- Teil 210: Prozess zur Gestaltung gebrauchstauglicher interaktiver Systeme (Ersatz für EN ISO 13407)
- Teil 300: Einführung in Anforderungen und Messtechniken für elektronische optische Anzeigen
- Teil 302: Terminologie für elektronische optische Anzeigen
- Teil 303: Anforderungen an elektronische optische Anzeigen
- Teil 304: Prüfverfahren zur Benutzerleistung für elektronische optische Anzeigen
- Teil 305: Optische Laborprüfverfahren für elektronische optische Anzeigen
- Teil 306: Vor-Ort-Bewertungsverfahren für elektronische optische Anzeigen
- Teil 307: Analyse und Konformitätsverfahren für elektronische optische Anzeigen
- Teil 400: Grundsätze und Anforderungen für physikalische Eingabegeräte
- Teil 410: Gestaltungskriterien für physikalische Eingabegeräte
- Teil 420: Auswahlmethoden für physikalische Eingabegeräte
- Teil 910: Rahmen für die taktile und haptische Interaktion
- Teil 920: Empfehlungen für die taktile und haptische Interaktion

DIN EN ISO 9241-11 Dieser Normenteil definiert drei Leitkriterien, um die Usability einer Software zu beurteilen:

Effektivität: „Die Genauigkeit und Vollständigkeit, mit der Benutzer ein bestimmtes Ziel erreichen." Die Aufgaben sollen möglichst vollständig und korrekt erfüllt werden.

Effizienz: „Der im Verhältnis zur Genauigkeit und Vollständigkeit eingesetzte Aufwand, mit dem Benutzer ein bestimmtes Ziel erreichen." Der Nutzer kann demnach die Aufgaben zuverlässig und mit möglichst wenig Aufwand lösen, damit steht die Effizienz im Verhältnis zur Effektivität. Dies wird anhand der Zeit gemessen, die ein Nutzer benötigt, um eine Aufgabe zu erfüllen.

Zufriedenstellung: „Freiheit von Beeinträchtigung und positive Einstellung gegenüber der Nutzung des Produkts." Dieses Kriterium ist eher subjektiv und wird anhand von drei Parametern erfasst:

- Verhältnis positiver zu negativer Kommentare während der Nutzung
- Häufigkeit des Produktverkaufs
- Häufigkeit von Beschwerden

Die Effektivität, Effizienz und Zufriedenstellung wird dabei abhängig vom Kontext beurteilt. Dieser beinhaltet:

◇ Benutzer

◇ deren Ziele

◇ deren Arbeitsaufgaben

◇ Arbeitsmittel (Hardware, Software, Materialien)

◇ physische und soziale Umgebung

DIN EN ISO 9241-13 Zur Benutzerführung gehören alle Informationen, die über den regulären Nutzer-Computer-Dialog hinausgehen. Diese werden entweder auf Verlangen des Nutzers oder automatisch durch das System präsentiert. Diese Informationen unterscheiden sich in der Gestaltung von den anderen Ausgabeinformationen.

Rückmeldungen: Jede Nutzeraktion erzeugt eine wahrnehmbare Reaktion des Systems, die den Nutzer zwar informiert, aber nicht von seiner Aufgabe ablenkt. Sobald sich ein Zustand des Systems oder der Modus ändert, zeigt das System dies an. Objekte oder ausgewählte Elemente werden hervorgehoben. Der Nutzer erhält eine Erfolgsmeldung (direkt oder indirekt), wenn Aktionen abgeschlossen sind. Ist eine sofortige Ausführung nicht möglich, so erhält der Nutzer geeignete Informationen, dass die Aktion ausgelöst wird und deren Ausführung länger dauert. Das System entfernt automatisch alle Informationen, die nicht mehr zutreffen. Die Informationen können direkt (z.B. als Dialogfenster, Fortschrittsbalken, Textausgabe) oder indirekt (z.B. Mauszeigerbewegung, Farbänderung eines Elements, Erscheinen des Ergebnisses an der erwarteten Stelle) erfolgen.

Statusanzeigen: Gleichartige Statusangaben erfolgen an gleicher Stelle auf dem Bildschirm in gleicher Art und Weise. Ist eine Eingabe nicht möglich, wird dies dem Nutzer (indirekt) mitgeteilt, beispielsweise durch veränderten Mauszeiger, Deaktivieren des Arbeitsbereichs. Verfügt eine Software oder Webseite über verschiedene Arbeitsmodi, so sind diese eindeutig voneinander unterscheidbar.

Fehlermanagement: In kritischen Fällen oder wenn Aktionen nicht rückgängig gemacht werden können, erhält der Nutzer eine Sicherheits- oder Bestätigungsfrage. Auf vorhersehbare Probleme wird vor deren Eintreten hingewiesen. Potenzieller Datenverlust (z.B. beim Programmschließen ohne Speichern vorgenommener Änderungen) wird durch angefragte Nutzerentscheidungen („Änderungen speichern oder verwerfen?") verhindert. Die Prüfung auf Plausibilität und Validität von Eingaben erfolgt so früh wie möglich, und der Nutzer erhält entsprechendes Feedback. Fehlermeldungen benennen klar, was geschehen ist und welche Korrekturmöglichkeiten bestehen. Wo immer möglich, erhält der Nutzer auf Wunsch Detailinformationen zu Meldungen oder benötigten Eingaben.

DIN EN ISO 9241-110 Die sieben Grundsätze der Dialoggestaltung der alten Norm ISO 9241-10 wurden in der neuen Norm ISO 9241-110 „Ergonomie der Mensch-System-Interaktion" grundsätzlich beibehalten aber durch eine Präzisierung weiter verbessert. Die Norm bezeichnet die Interaktionen (Eingaben, Ausgaben) zwischen Mensch und Computer allgemein als Dialoge, meint damit also deutlich mehr als Dialogfenster.

Aufgabenangemessenheit: Die Software oder Webseite bietet geeignete Funktionalität und Interaktionen. Als aufgabenangemessen gilt, wenn der Nutzer bei der Erledigung seiner Aufgabe unterstützt wird; Funktionalität und die Kommunikation basieren auf den charakteristischen Eigenschaften der Aufgabe – nicht auf den eingesetzten Technologien. Dazu gehören beispielsweise geeignete Default-Werte.

Selbstbeschreibungsfähigkeit: Mittels (optischer) Hilfen und Rückmeldungen erfährt der Nutzer jederzeit, an welcher Stelle er sich befindet, welche Aktionen möglich sind bzw. von ihm erwartet werden und wie er diese ausführen kann. Beispielsweise erkennt der Nutzer, welche Eingaben das System gerade benötigt, welche Schritte er in einem Ablauf abarbeiten muss und in welchem er sich gerade befindet.

Lernförderlichkeit: Der Nutzer wird darin unterstützt, sich das System selbst zu erschließen, die Logik der Bedienung zu erkennen und möglichst viel Vorwissen anzuwenden. Die Konsistenz trägt wesentlich dazu bei. Auch die Sortierung der Funktionen in geeigneten Menüs sowie aussagekräftige Bildschirmhinweise sind nützlich.

Steuerbarkeit: Der Nutzer steuert das System, startet beispielsweise einen Dialogablauf oder Programm (diese starten nicht einfach „von selbst"), er bestimmt dessen Richtung und Geschwindigkeit, bis das Ziel erreicht ist. Beispielsweise verfügt ein Ablauf über „Weiter"- und „Zurück"-Tasten, und mindestens die letzte Eingabe kann rückgängig gemacht werden.

Erwartungskonformität: Durch Konsistenz und Konventionen (Best Practice, De-facto-Standards) erkennt der Nutzer vor jedem Bedienschritt, was dieser im konkreten Nutzungskontext auslösen wird. Dabei werden die üblichen (vorhersehbaren) Nutzerschritte und -belange berücksichtigt. Beispielsweise lösen Standard-Tastenkürzel in allen Programmen die gleiche Funktion aus, in Abläufen erhält der jeweils geeignete Button die Defaultmarkierung, die Defaultsetzung ist während eines Ablaufs (und innerhalb eines Systems) nachvollziehbar und vorhersehbar.

Individualisierbarkeit: Der Nutzer kann die Oberfläche an seine Bedürfnisse und Kenntnisse anpassen. Dazu gehören Bedienelemente (Menüs, Symbolleisten, Paletten) und die Darstellung von Informationen.

Fehlertoleranz: Das beabsichtigte Ergebnis kann trotz fehlerhafter Eingaben durch geringen Korrekturaufwand seitens des Nutzers erreicht werden. Dazu gehören klare Meldungen (möglichst umgehend), die den Nutzer so wenig wie möglich ausbremsen, er kann (wenn möglich) seine Arbeit zunächst fortsetzen und die Korrektur später vornehmen.

DIN EN ISO 9241-210   Diese Teilnom ersetzt seit 2010 die alte ISO 13407 und regelt das benutzerorientierte Vorgehen in Entwicklungsprojekten. Die Anforderungen richten sich vorwiegend an Projektleiter.

⋄ Das Design basiert auf einem klaren Verständnis der Benutzer, Aufgaben und Umgebung. Dabei wird der Nutzerkontext (wer sind die Nutzer, was sind ihre Ziele, in welcher Umgebung erfolgt die Nutzung) berücksichtigt.

⋄ Benutzer werden aktiv in alle Phasen von Design und Entwicklung einbezogen.

⋄ Das Design folgt einer benutzerzentrierten Bewertung. Im Design-Prozess sind demnach Usability-Tests (mehrere in den verschiedenen Phasen) vorzusehen.

⋄ Der Prozess ist iterativ. Aus vorgelegten Vorschlägen und Ideen (was benötigen die Nutzer *vermutlich*) wird zunehmend erarbeitet, was die Nutzer *tatsächlich* benötigen. Dabei werden Aspekte detailliert, Varianten gegeneinander getestet, Vorschläge verworfen oder modifiziert – bis ein optimales Ergebnis vorliegt.

⋄ Das Design zielt auf eine vollständige „User Experience", ein ganzheitliches Nutzungserlebnis. Usability wird als holistisches Vorgehen begriffen, das mehr als die aktuelle Aufgabe und mehr als das vorliegende Projekt umfasst.

⋄ Das Design-Team enthält multidisziplinäre Fähigkeiten und Perspektiven. Dazu gehören beispielsweise Grafikdesigner, Accessibility-Experten, Nutzer, Fachexperten, Marketingmitarbeiter, Administratoren, technische Redakteure, Business-Analysten.

ISO 14915

Diese Norm formuliert Grundsätze für die Gestaltung von Multimedia-Anwendungen, sie ergänzt damit die Normenreihe DIN EN ISO 9241.

Eignung für das Kommunikationsziel: Präsentation der Informationen ist für die Zielerreichung geeignet.

Eignung für Wahrnehmung und Verständnis: Übermittelte Information sind leicht verständlich und leicht erfassbar.

Eignung für die Exploration: Keine Vorkenntnisse oder Erfahrungen sind nötig, um gewünschte Informationen zu finden oder beabsichtigte Aufgaben zu erledigen.

Eignung für die Benutzungsmotivation: Der Nutzer wird zur Handlung angeregt. Die Ausrichtung auf seine Bedürfnisse sowie eine ansprechende Präsentation und zielgerichtete Führung motivieren User.

DIN 66272

Auch wenn diese Norm mit Qualitätskriterien 2006 ersatzlos zurückgezogen wurde, so gibt sie doch einen guten Überblick, welche Ansprüche eine Software erfüllen soll. Dabei geht es weniger um Ja/Nein-Entscheidungen als vielmehr um Kriterien, anhand derer geprüft wird, wie gut bestimmte Anforderungen von einer fertigen Software erfüllt werden.

Funktionalität: Sind alle geforderten Funktionen implementiert und auch ausführbar? Entsprechen die umgesetzten Funktionen den geforderten?

Zuverlässigkeit: Ist die Software verfügbar und korrekt? Dies wird anhand von vordefinierten Testmustern bestimmt.

Benutzbarkeit: Bedienbarkeit, Erlernbarkeit, Reaktion auf Fehleingaben – Um den Schulungsaufwand möglichst gering zu halten, wird eine intuitive Benutzbarkeit angestrebt. Dabei wird die Usability beurteilt:

- ◇ Wie lässt sich das Programm bedienen?
- ◇ Wie leicht lässt sich die Software erlernen?
- ◇ Wie wird auf Fehleingaben reagiert?

Effizienz: Wie ist das zeitliche Verhalten bei Anfragen und Bearbeitungen? Wie gestaltet sich der Ressourcenverbrauch in Hinblick auf Speicherkapazität und Systemanforderungen?

Änderbarkeit: Wie hoch ist der Aufwand für Verbesserungen, Fehlerbeseitigungen oder Anpassungen an Umgebungsänderungen?

Übertragbarkeit: Ist die Software auf anderen Systemen einsetzbar (Hard- und
Software)?

EN ISO 13407

Die EN ISO 13407 wurde im November 2000 in der deutschen Fassung als DIN-
Norm veröffentlicht. Ab Januar 2011 ist als Ersatz für diese Norm die DIN EN
ISO 9241-210 gültig. Die EN ISO 13407 „Benutzerorientierte Gestaltung inter-
aktiver Systeme" war eine Norm, die einen prototypischen benutzerorientierten
Softwareentwicklungsprozess beschreibt.

Die Norm stellt nutzerorientierte Gestaltung als fachübergreifende Aktivität
dar, die Wissen über menschliche Faktoren und ergonomische Kenntnisse und
Techniken umfasst. Der ISO-Prozess besteht aus vier wesentlichen Teilaktivitä-
ten.

Nutzungskontext verstehen: dokumentierte Beschreibung der relevanten Benutzer, ihrer Arbeitsaufgaben und Umgebung.

Anforderungen spezifizieren: Zielgrößen auf Kompromissebene ableiten, Teilung
der Aufgaben für Menschen und Technik

Lösungen produzieren: Prototyping oder ein anderer iterativer Prozess

Lösungen bewerten: Prüfung auf Erfüllung der Anforderungen mit beispielsweise Experten-Reviews, Usability-Tests, Befragungen oder ähnlichem

Nächste Iteration

ISO IEC 12119

Diese Norm läuft unter dem Titel „Software-Erzeugnisse – Qualitätsanforderun-
gen und Prüfbestimmungen" und beschreibt die Anforderungen an Software.
Sie beschränkt sich dabei aber fast vollständig auf technische und funktionale
Qualitätsmerkmale. Diese sind vor allem für Entwicklungsaufträge relevant.

Für jede Software muss eine Produktbeschreibung vorliegen, die Käufern
als Prüfgrundlage dient. Potenzielle Nutzer beurteilen anhand dieser, ob die
Software für ihre Zwecke geeignet ist. Daher sind Verständlichkeit, Vollständigkeit, Übersichtlichkeit und Widerspruchsfreiheit wichtige Grundanforderungen
an die Beschreibung, deren inhaltlicher Mindestumfang in der Norm geregelt
ist. Gleiches gilt für die Benutzerdokumentation.

Für Software gilt die Anforderungen, dass die Installation vom Kunden
auch tatsächlich durchgeführt werden kann (sofern sein System die in der Produktbeschreibung benannten Anforderungen erfüllt). Und natürlich sollen die

beschriebenen Funktionen auch tatsächlich vorhanden und korrekt ausgeführt werden.

Im Vertrag werden die Software-Eigenschaften möglichst präzise definiert.

Verständlichkeit: Fragen, Meldungen und Ergebnisse verwenden angemessene Begriffe, grafische Darstellungen.

Übersichtlichkeit: Datenträger sind eindeutig beschriftet, der Nutzer erkennt jederzeit, welche Funktion gerade ausgeführt wird, der Nutzer wird geeignet geführt und kann Meldungen leicht nach ihrer Art unterscheiden (Bestätigungen, Nachfragen, Warnungen, Fehlermeldungen).

Steuerbarkeit: Entweder können schwerwiegende Wirkungen zurückgenommen werden oder vor Auslösen der entsprechenden Aktion wird der Nutzer deutlich informiert.

Insbesondere Fehler oder Probleme bei der Steuerbarkeit gelten als objektiver Mangel. Werden beispielsweise Daten gelöscht oder überschrieben, ohne vorherigen Hinweis an den Nutzer oder die „Undo"-Möglichkeit, kann der Anwalt Gewährleistungsansprüche prüfen.

Interne Vorgaben

Neben den offiziellen Normen gelten meist interne Vorgaben des Auftraggebers bzw. des anbietenden Softwarehauses oder der Webseite. Das **Corporate Design**, das sich in Farb- und Schriftwahl, Bildschirmaufbau, Begriffen oder im grafischen Stil äußert, ist zu berücksichtigen.

Die Programme der Microsoft-Office- oder der Adobe-Creative-Suite verwenden beispielsweise jeweils einen einheitlichen Grundaufbau, eine gemeinsame Iconsprache und Begriffe für Funktionen und Objekte. Die interne Software eines Unternehmens, teilweise inhouse und durch Externe entwickelt, folgt dem Beispiel und lässt den Nutzer die unterschiedliche Urheberschaft vergessen. Content-Webseiten orientieren sich zumeist an Print-Produkten, beispielsweise verwendet Spiegel-Online den gleichen Farbton wie die Druckausgabe.

Daneben gilt die **funktionale Konsistenz**, die Beispiele folgen jeweils gleichen Bedienparadigmen, verwenden den gleichen Aufbau, bieten ähnliche Funktionen an ähnlichen Stellen an, gestalten gleiche Funktionen gleich und nutzen die gleiche Benutzerführung. Wer die Bedienung eines Programms erlernt hat, kann dieses Wissens auf die anderen anwenden. Die Regeln, die für die Software gelten, werden in die Anforderungen aufgenommen. Die Formulierung „analog zu XY" bietet oftmals zu viel Entscheidungsspielraum; allenfalls in agilen Prozesse kann sie dafür sorgen, schnell Ergebnisse zu produzieren, die in der nächsten

Iteration den nötigen Feinschliff erhalten, um die funktionale Konsistenz korrekt anzubieten.

Webshops und Content-Webseiten orientieren sich oft an Konkurrenten. Spiegel-, Focus- und Stern-Online sind ähnlich aufgebaut und bieten eine vergleichbare Funktionalität. Die thematische Strukturierung lehnt sich an die jeweilige Print-Ausgabe an. Bei der Beauftragung von Designs kann es sich anbieten, in den Anforderungen gezielt Konkurrenzwebseiten aufzuführen. Ein guter Designer schaut sie sich sowieso an, dann sollte der Auftraggeber gleich geeignete benennen und festhalten, welche Aspekte anzustreben und welche zu vermeiden sind. Gerade bei Design-Aufträgen ist ein zu starres Vorschreiben oft kontraproduktiv, geeigneter sind iterative Abläufe oder mehrstufige Entwicklungsprozesse.

Je schwammiger die Anforderungen formuliert sind, desto größer ist der Spielraum in der Umsetzung. Das ist für agile Prozesse sehr hilfreich und kann die Entwicklung beschleunigen. Dann ist jedoch zu gewährleisten, dass die agile Entwicklung effektiv begleitet wird. Es benötigt (mindestens) eine Person, die Zwischenergebnisse bewertet, Richtungen korrigiert, Feinschliff-Notwendigkeiten erkennt und die jeweils nötigen Detail-Anforderungen formuliert.

Usability testen

Bei Usability kommt es nicht primär darauf an, auf irgendeiner Skala besonders gute Werte zu erlangen. Viel entscheidender ist, dass die Abläufe klar und verständlich sind, die Nutzer damit ihre Ziele erreichen und keine ungeeignete Ablenkung besteht. Um das zu beurteilen, sind User-Tests und Expertenreviews die Mittel der Wahl. Letztere sind vor allem in Vorphasen geeignet, um Schwachstellen und Probleme frühzeitig zu erkennen. Sobald die Software oder Webseite (oder relevante Teile davon) funktionstauglich sind, ist ein Test mit echten Usern unumgänglich und in der ISO 9241-210 auch vorgeschrieben (Seite 320).

Es gibt Anbieter, die bei der Umsetzung von User-Tests helfen, sodass diese mit geringem internen Aufwand durchgeführt werden können. Dabei werden beispielsweise für eine Webseite Aufgaben definiert, die eine bestimmte Nutzerzahl (aus der vereinbarten Zielgruppe) dann erledigt. Deren Ausführung wird beobachtet und dokumentiert. Je nach Budget gibt es verschiedene Optionen, die miteinander kombinierbar sind:

◇ Zeitmessung: Wie lange dauert es, bis die Nutzer eine bestimmte (kompakte) Aufgabe erfüllt haben. Damit können vor allem verschiedene Varianten auf der Mikro-Ebene gegeneinander verglichen werden.

◇ Lautes Denken: Die Nutzer beschreiben, was sie tun, wonach sie auf dem Bildschirm suchen, was ihnen durch den Kopf geht. So erhält man einen brauchbaren Eindruck von den ablaufenden Denkprozessen.

◇ Screen-Recording: Der Bildschirminhalt wird als Video aufgezeichnet, da die Mausbewegung und -aktion gut die Verfassung des Nutzers widerspiegelt. So sind Irrwege und Ablenkungen gut zu erkennen.

◇ Eye-Tracking: Die Augenbewegungen werden in einem speziellen Labor exakt aufgezeichnet. So ist erkennbar, wie die Blickführung des Nutzers abläuft, ob die Elemente geeignet angeordnet und gestaltet sind und was den Blick ablenkt.

◇ User-Inquiry: Der Tester beantwortet konkrete Fragen, entweder schriftlich oder mündlich oder durch Eintragen eines Werts auf einer Skala.

Testmöglichkeiten

Tests lassen sich nach geskripteten und ungeskripteten unterscheiden. Ein Test-Skript ist dann sinnvoll, wenn bestimmte Use-Cases oder Abläufe getestet werden sollen. Je spezifischer das Skript ist, desto stärker wird beim Testdurchlauf die Aufmerksamkeit von der Software oder Webseite abgelenkt. Je vager ein Skript formuliert ist, desto besser kann die explorative Erkundung beobachtet werden. Geeignet ist eine Aufgabenstellung in ein bis drei Zeilen, die in etwa fünf bis zehn Minuten erledigt werden kann.

Die Aufgabe wird so gestellt, dass der Tester sie im Kopf behalten kann und nicht einer Schritt-für-Schritt-Anleitung folgt, beispielsweise „Bestellen Sie drei verschiedene Produkte, die sie für einen Camping-Urlaub benötigen. Verwenden Sie Ihre private Adresse für die Lieferung. Für die Zahlung verwenden Sie folgende Angaben." Es ist unterhaltsam zu erleben, wie die Tester sich für Produkte entscheiden. Die Aufgabe entspricht zwar nicht der realen Welt, aber sie hilft den Nutzern sich in den Webshop einzufinden und verschiedene Möglichkeiten zur Produktsuche zu nutzen. Schnell sind so auch motivierte von unmotivierten Nutzern zu unterscheiden. Bei Tests sollte so viel der Nutzerwelt aufgegriffen werden wie möglich. Denn der Tester lebt wie der Nutzer in seiner Welt und soll sich nicht erst in die Welt der zu testenden Software oder Webseite einfühlen – dabei würden immer Fehlannahmen zu falschem Handeln oder unrealistischem Verhalten verführen. Im Idealfall entspricht der Tester daher genau der Zielgruppe.

Dass Nutzer und deren Verhalten durch eine Vielzahl von Faktoren beeinflusst werden, gilt auch für Tests. Tester sind auch nur Menschen, die Umgebung, das Licht, die Situation haben Auswirkungen auf die Performanz. Vor allem ungeübte Tester geraten in milden bis starken Prüfungsstress, weil ihnen nicht bewusst ist – unabhängig davon, wie oft man ihnen das Gegenteil versichert –, dass nicht sie, sondern ein Interface getestet wird. Die Vorstellung des Tests und das Schaffen einer geeigneten Test-Umgebung sind daher essenziell.

Ein erfahrener Moderator oder Testleiter unterstützt den Test, nicht die Tester. Er oder sie schafft eine produktive Atmosphäre, motiviert zum lauten Denken, zum Ausprobieren und beobachtet die Körpersprache. Ein Moderator ist geeignet:

◇ Beim Testen von Prototypen oder unfertigen Bereichen beantwortet der Moderator Fragen oder erläutert Stolperstellen.

◇ Handelt es sich um eine komplizierte Software oder neue Bedienparadigmen, übernimmt der Moderator die Funktion der Schulung und sorgt so dafür, dass die Tester die Software oder Webseite überhaupt benutzen können.

◇ In sicherheitsrelevanten Tests achtet der Moderator darauf, dass die Tester nur die zulässigen Bereiche nutzen und keine sensiblen Daten einsehen.

Heutzutage kann die Moderation auch über Video-Chat oder ähnliche Kanäle erfolgen, sodass der Tester in seiner gewohnten Umgebung bleibt.

In den meisten Fällen genügen jedoch unmoderierte Tests. Der Aufwand für diese ist beträchtlich niedriger, sie sind einfacher durchzuführen, und wesentlich mehr Tests sind möglich. Da die Tests remote stattfinden, verhalten sich die Tester realistischer, und die Bedienung entspricht eher der tatsächlichen Nutzung.

Um Informationsstrukturen und -hierarchien zu testen, bietet sich der sogenannte **Baum-Test** an. Dabei werden die Informationen von allem Design befreit und nüchtern in einem aufklappbaren Baum integriert. Wie schnell und sicher finden die Tester die gewünschte Funktion oder Information? So sind Schwächen in Beschriftungen, Bezeichnungen und hierarchischen Zuordnungen sowie in der Systematik schnell erkennbar. Solche Baum-Tests sind vor allem im Vorfeld geeignet, um die geplante Informations- oder Navigationsstruktur zu testen.

Ein **Usability Benchmark Test** dagegen taugt nur für fertige Produkte. Dieser beurteilt eine Software oder Webseite als Ganzes, die Aufgaben dürfen daher nicht zu spezifisch sein. Die Tester denken nicht laut, die Moderation hält sich zurück, nur eindeutige Daten werden gemessen: Erfolgsrate, benötigte Zeit,

Fehlerrate, Zufriedenheitswerte. Ist die Testgruppe jeweils groß genug, sind die Benchmark-Zahlen für verschiedene Versionen der selben Software oder Webseite vergleichbar.

Beim **Korridor Usability Test** greift man sich einfach irgendjemanden vom Büroflur und bittet diesen, eine Test-Aufgabe zu erledigen. Dabei werden die Zeit gemessen, das Verhalten beobachtet oder anschließend Fragen gestellt. Manche Testorganisatoren schwören darauf, in einer Starbuck's-Filiale zu testen, andere greifen in Parks oder Einkaufsmeilen die Passanten ab. Mit wenigen Personen entdeckt man so die größten und wichtigsten Usability-Probleme.

„1 Usertest ist besser als 0 Tests", postulierte der Usability-Guru Jakob Nielsen, und er hat Recht. Nur ein echter Nutzer erkennt die Probleme. Projektbeteiligte machen zu wenig Fehler, auch Mitarbeiter anderer Abteilungen sind oft bereits im korrekten Denktunnel und folgen eher den korrekten Wegen und erkennen viele Probleme nicht.

Für User-Tests gilt die Maxime: Teste schnell und teste oft. Dabei hat es sich bewährt, Steve Krugs Verfahren anzuwenden. In „Rocket Surgery Made Easy: The Do-it-yourself Guide to Finding and Fixing Usability Problems" (2009) beschreibt er ausführlich und praxisnah eine Testvariante, die die Einfachheit von Korridor-Tests mit einigen Ansprüchen an Labortests kombiniert. Tests mit wenigen Nutzern zeigen bereits 80 Prozent der Probleme auf. Krug empfiehlt folgendes Vorgehen:

1. Test mit mindestens 3 (besser 5 bis 8) Testern (mit Zeiterfassung auf grobem Level, lautem Denken und Inquiry)
2. die auftretenden Probleme erfassen, Fragen und Hindernisse ernstnehmen
3. die von den Nutzern vorgebrachten Lösungsansätze ignorieren
4. das Team wichtet gemeinsam die vorgebrachten Probleme (und zwar die der Nutzer, nicht die selbst entdeckten)
5. Priorisierung auf die drei bis maximal fünf schlimmsten Probleme
6. nächster Durchlauf (der die Problembeseitigungen bestätigt und die nächsten Hauptprobleme aufzeigt)

Pro Nutzer werden dabei 20 Minuten bis eine Stunde eingeplant. Länger arbeiten Tester nicht konzentriert. Pro Test wird noch einmal die gleiche Zeit für die Auswertung benötigt (idealerweise schaut sich das gesamte Team die Aufzeichnung an). Nach der Erfassung und Wichtung der erkannten Probleme und Optimierungspotenziale liegen so schnell die Lösungsvorschläge auf dem Tisch. Der Gesamtaufwand für eine Testreihe bleibt mit diesem Verfahren überschaubar, und man erhält schnell Ergebnisse. Entscheidend für die Testqualität sind die Aufgaben- und Fragestellung an die Nutzer, diese sollten von Testerfahrenen ausgearbeitet werden.

Amazon hat herausgefunden, dass die Umsätze um 1 Prozent sinken, wenn ihre Webseite 0,1 Sekunde langsamer lädt. Das ist zwar kein klassischer User-Test, aber auch die Beobachtung des Verhaltens im Produktiveinsatz bietet wichtige Hinweise für Verbesserungen und Optimierungen. Gutes Tracking ist für jeden Webseitenbetreiber heute Pflicht, um Probleme schnell zu erkennen.

A/B-Tests

Diese Testart eignet sich kaum für Software, sondern nur für Webseiten und Web-Applikationen, wenn im Vorfeld keine eindeutige Entscheidung für eine Variante gefunden werden kann. A/B-Tests übertragen die Logik der Evolution auf Webseiten: Die bessere gewinnt. Deshalb wird dieser Test unter realen Bedingungen mit realen Nutzern – quasi in freier Wildbahn – durchgeführt.

Eine Webseite präsentiert nach einer vereinbarten Verteilung Besuchern unterschiedliche Varianten der selben Seite. Die Version, die eine bessere Konversion oder kürzere Bearbeitungsdauer oder geringere Fehlerzahl erzeugt, ist die bessere. Die Webseite muss dazu technisch in der Lage sein, die Nutzer und die Varianten eindeutig nach dem vorgegebenen Schlüssel zuzuordnen. Beispielsweise erhält jeder zweite Besucher Version B, alle übrigen Version A. Oder die Verteilung erfolgt zufällig oder nach 80-20. Wichtig ist, dass ein Besucher nicht innerhalb eines Besuches zwischen A und B wechselt, sonst ist das Ergebnis verfälscht.

Manche Unternehmen evaluieren jede noch so kleine Veränderung ihrer Webseite mittels A/B-Test (bestehende Version gegen neue Version). Andere bieten eine neue Variante zunächst einer kleinen Nutzergruppe an (1 bis 10 Prozent, je nach Nutzermenge), während die übrigen Nutzer weiterhin die etablierte Version erhalten. Wieder andere lassen Kunden wählen, ob sie Variante B verwenden wollen, oder laden Nutzer ein, diese zu verwenden, oder bieten in dieser Variante für eine gewisse Zeit die Möglichkeit, in Variante A zu wechseln. Eine aktive Kundenentscheidung verfälscht jedoch die Aussagekraft der Zahlen.

Unterscheiden sich A und B zu sehr voneinander, kann es in Foren und anderen Kanälen Austausch darüber geben, der Kunden irritiert oder das Ergebnis verzerrt. Große Webseiten wie Google, Amazon oder Facebook kommunizieren daher oft offen und laden Nutzer zum Beta-Test ein. Kleinere Webseiten wie lokale Webshops oder Seiten mit geringerer Nutzungsfrequenz können meist unbeschadet einen stillen A/B-Test machen. Solange beide Varianten gleiche Funktionen bieten und sich nur in der Bedienung unterscheiden, ist dies der vorzuziehende Ansatz.

Usability evaluieren

Vertreter-Kennzahlen, beispielsweise Konversionsraten in einer Webseite oder Arbeitsgeschwindigkeit mit einer Software, scheinen geeignet. Diese Werte werden jedoch von Faktoren außerhalb der Software und Webseite beeinflusst und dürfen nicht direkt mit allen Nachkommastellen überinterpretiert werden. Tests dagegen zeigen vor allem, wie groß der Problemgehalt ist. Natürlich kann das Ergebnis einer Testreihe mit fünf Personen nicht als Kennzahl herangezogen werden, aber es bildet die Tendenz gut ab. Ein Test mit 100 Personen wäre nicht 20-fach besser, sondern einfach nur besser kennzahlengeeignet, die schlimmsten Probleme haben bereits die ersten fünf benannt, die übrigen 95 bestätigen diese meist nur und ermöglichen eine bessere graduelle Gewichtung.

Ein rein formalistischer Bewertungsansatz berechnet die Vorgangsdauer, indem für jede Aktion die realen Bedienzeiten addiert werden: Fokussierung, Mausbewegung, Zeigerpositionierung, Klicken, Reaktionszeit der Software. Theoretisch ergeben sich so sehr präzise, mikrosekundengenaue Voraussagen. Praktisch sind diese begrenzt aussagekräftig, da sie nur ideale Nutzer im Idealzustand abbilden. In vielen Fällen ist es sogar nutzerfreundlicher, eine Bedienfolge zu verlängern. Der Bestellvorgang in einem Webshop könnte alle benötigten Daten auf einer einzigen Seite abfragen, oft sind jedoch die Angaben, wie Rechnungsadresse, Lieferadresse und -optionen, Zahlweise, sonstige Optionen, voneinander getrennt. Die benötigte Zeit eines idealen Nutzers wäre deutlich länger als die durchlaufzeitoptimierte Ein-Seiten-Version. Der normale Nutzer dagegen fühlt sich trotz der größeren Klick-Anzahl wohler und absolviert den Bestellvorgang souverän.

So wie Usability durch die Kombination verschiedener Disziplinen entsteht, so bildet keine Kennzahl allein das Maß der Usability ab. Benötigt werden Kundenfeedback, aussagekräftige Messungen und ein gutes Gespür sowie die ganzheitliche Betrachtung. Sinkt die Feedbackquote auf Null, kann das sehr gut sein, wenn zuvor der Großteil des Feedbacks aus Beschwerden bestand. Sinkt zwar die Bearbeitungsdauer, aber steigt gleichzeitig die Fehler- oder Nachbearbeitungsquote, so ist die Usability nicht besser geworden.

10 Ganzheitlicher Ansatz

Anhand des Würfelmodells werden die 27 wichtigsten Aspekte für gute Usability auf dem abstrakten Level vorgestellt. Die praktische Umsetzung und Marktrealitäten sind dabei ebenso zu berücksichtigen wie idealistische Visionen und verfügbare Ressourcen. Die 27 Aspekte verdichten bereits Gesagtes und weisen auf weitere Bereiche hin, die für jedes Projekt gesondert zu vertiefen sind.

Usability benötigt einen ganzheitlichen Ansatz; in einem Bereich super zu sein und andere zu vernachlässigen führt niemals zu einem guten Nutzer-Erlebnis. Diese Ganzheitlichkeit lässt sich gut vor Augen führen, indem man Usability als kompakten Würfel auffasst, der drei Dimensionen repräsentiert:

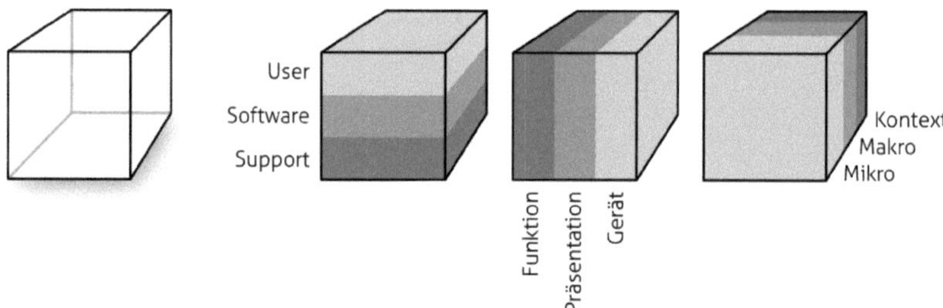

Abb. 10.1: Usability funktioniert nur als großes Ganzes. Die drei Dimensionen verdeutlichen relevante Aspekte.

⬦ User: Nutzer und deren Bedürfnisse
⬦ Software: Programme, Webseiten, Web-Applikationen
⬦ Support: jede Art von (indirekter) Unterstützung

⬦ Funktion: was die Software leistet bzw. welche Funktionalitäten eine Webseite anbietet
⬦ Präsentation: wie die Software oder Webseite ihre Funktionen dem Nuzter anbietet
⬦ Gerät: in welchem (technischen) Kontext die Software funktioniert bzw. die Webseite genutzt wird

⬦ Mikro: konkrete Software, Software-Einheit oder Webseite bzw. Webseitenelement
⬦ Makro: Gruppe aller gleichartigen Software- bzw. Web-Angebote
⬦ Kontext: die Welt außerhalb der fokussierten Software bzw. Webseite

Oft steht bei Usability die Beziehung zwischen Nutzer und Software im Vordergrund. Diese zwei Schichten bilden ein Usability-Sandwich, gut für den Hunger zwischendurch, aber keine vollwertige Mahlzeit. Dazu benötigt es noch die nachgelagerten Prozesse, die hier unter Support subsumiert werden.

Die Verbindung aus Funktionalität und Präsentation ist in allen denkbaren Zusammenhängen beliebt, als „Inhalt und Form", „Ursache und Effekt" oder „Sein und Schein". Daneben bestimmt die konkrete Umgebung in Form der Hardware, welche Funktionen möglich sind und welche Regeln für die Präsentation gelten.

Gleichermaßen wird gern der Kontext vernachlässigt, in dem Usability stattfindet. Auf dem Mikro-Level ist alles klar, und die Software ist fantastisch, auch auf dem Makro-Level funktioniert alles super, beispielsweise im Arbeitsalltag. Doch die Nutzerwelt endet nicht an den Unternehmensmauern, das weiß jeder, der seine schlechte private Laune morgens ins Büro mitbringt oder den im Tagesverlauf angestauten Stress auch auf dem Heimweg nicht loswird.

In der Kombination der drei skizzierten Dimensionen ergeben sich 27 Teilwürfel. Je nach Projekt dominieren ein einzelner oder wenige die Planung. Misserfolge geschehen selten, weil ein Projekt in Fokus-Teilwürfeln zu schlecht durchdacht wurde, sondern weil andere Aspekte zu wenig Beachtung fanden. Daher werden in der Vorbereitungsphase sämtliche Würfel kurz besprochen: Das Team verständigt sich über den Fokus und die tatsächlichen Notwendigkeiten. Vor dem Release oder Live-Gang erfolgt eine zweite Gesamtbetrachtung über alle

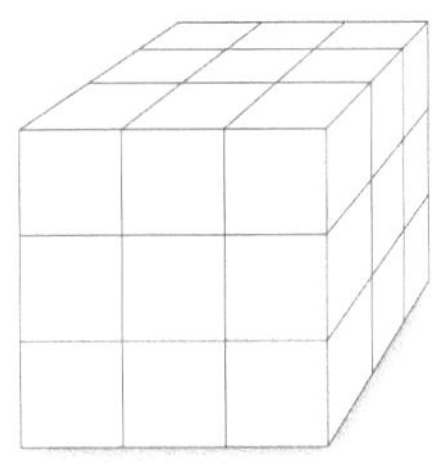

Abb. 10.2: 27 Aspekte sind für gute Usability zu berücksichtigen.

27 Aspekte. Die Beteiligten vergewissern sich über Stärken, Schwächen des eigenen Ergebnisses und erkennen, ob das Projekt insgesamt „gut genug" ist, oder ob ein Teilwürfel noch Nachbesserungen verlangt.

Sequenzen

Indem Einzelaktionen zu Sequenzen zusammengefasst werden, entstehen neue Funktionen für den Benutzer. Auf der Kommandozeile sorgte „move" für das Verschieben einer Datei an einen anderen Ort. Dazu wurde die Datei erst kopiert und anschließend vom alten Ort gelöscht. Die Kombination der (technischen) Aktionen Kopieren und Löschen zu einer Bewegen-Funktion (für den Nutzer) vereinfacht die Benutzung und ist näher am Nutzerziel.

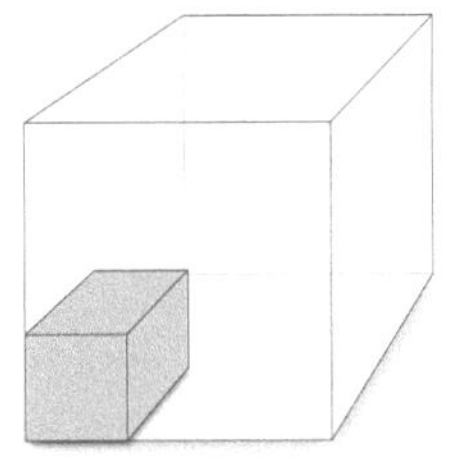

Abb. 10.3: Support – Funktion – Mikro: Sequenzen

In Tabellenkalkulationsprogrammen bildet die Diagramm-Erstellung ein populäres Beispiel für Sequenzen. Aus der Nutzeraktion „Diagramm erstellen" resultieren zahlreiche technische Einzelaktionen, die den Nutzer gar nicht interessieren, aber dafür sorgen, dass die gewählten Daten für den gewählten Diagrammstil aufbereitet werden, die Beziehung zwischen der Grafik und den Tabellenwerten erhalten bleibt und tatsächlich eine Grafik im gewünschten Design im Dokument erscheint.

So entstehen aus Einzelaktionen neue Funktionen für den Nutzer. In manchen Programmen zeichnet der Nutzer die Aktionen als Makro auf und kann sie später erneut ausführen; er kreiert eigene Funktionen. Andersherum formuliert: Die vom Nutzer formulierten Ziele lassen sich mit geeigneten Sequenzen schneller erreichen. Die Details der verknüpften Aktionen sind dabei irrelevant; der Nutzer interessiert sich für die neu entstandene Funktion.

Assistenten

Komplexe Funktionen lassen sich gut als Assistenten präsentieren. Dabei werden nach Aufruf der Funktion die benötigten Parameter oder Angaben abgefragt. Ein theoretischer Datei-Verschieben-Assistent erfragt nach Aufruf des Move-Befehls zwei Angaben: Welche Datei oder Dateien sollen verschoben werden (Quelle), und wohin sollen diese verschoben werden (Ziel).

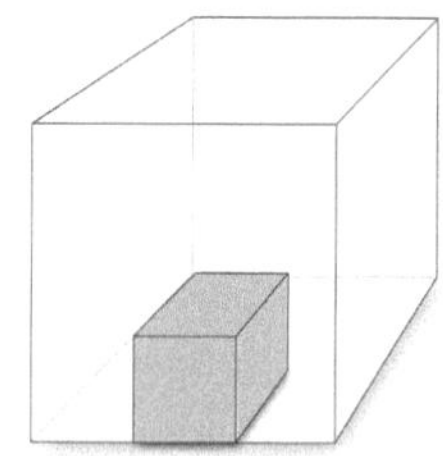

Abb. 10.4: Support – Präsentation – Mikro: Assistenten

Assistenten treten in vielerlei Gestalt auf, viele Dialogfenster fungieren als Assistenten. Beispielsweise erfasst bei Aufruf einer Funktion in einem Bildbearbeitungsprogramm ein Abfragefenster verschiedene Werte, begleitend erscheint eine Vorschau. So unterstützt der Dialog/Assistent dabei, geeignete Einstellungen für einen Filter, eine Bildkorrektur oder andere Manipulationen zu finden. Bekannt sind auch Assistenten zur (erstmaligen) Konfiguration eines Computers oder zur Installation einer Software, die verschiedene Daten abfragen.

Die Hauptaufgabe eines Assistenten ist, den Nutzer zu unterstützen und nicht zu gängeln oder zu bevormunden. Während Assistenten Novizen die Bedienung komplexer Funktionen erleichtern, empfinden erfahrene Nutzer sie mitunter als belästigend und bremsend. Daher ist abzuwägen, wie viel Funktionalität in Assistenten ausgelagert wird, oder ob diese lediglich bestimmte Funktionen abarbeiten, die der Experte auch selbst wählen kann.

Akzeptiert werden nur Assistenten, deren Ablauf als notwendig angesehen wird (wie bei Software-Installation) oder die eine zusätzliche Hilfe darstellen. Zu letzteren gehören geführte Eintragungen in Buchhaltungsprogrammen, die (früher beliebten) Ablauf-Dialoge bei Brennprogrammen, um korrekte Medien-Datenträger zu erzeugen, oder Diagnose-Tools bei Problemen. Animierte Assistenten, wie sie in früheren Microsoft-Office-Versionen vorkamen, haben eine begrenzte Existenzberechtigung; sie eignen sich allenfalls für Vorgänge oder Abläufe, die ein- bis dreimal in einem Nutzerleben vorkommen.

Input-/Output-Möglichkeiten und Sensoren

Je nach Gerät stehen andere Ein- und Ausgabemöglichkeiten zur Verfügung. Vor allem Mobilgeräte besitzen ergänzend zahlreiche Sensoren, die in die Bedienung integriert werden können. Bei der Konzeption des User Interface ist zu berücksichtigen:

⋄ Welche Geräte stehen zur Verfügung?

⋄ Wie vertraut ist der Nutzer mit diesen?

⋄ Eignen sich diese für die benötigten Eingaben und beabsichtigten Ausgaben, oder sind sie gar Voraussetzung?

⋄ Welche Eingabe hat Vorrang, wie sieht die alternative Ein- oder Ausgabe aus?

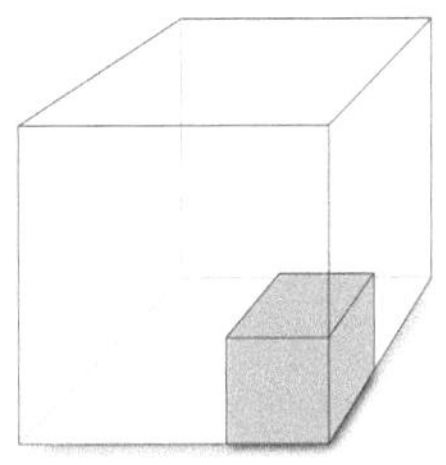

Abb. 10.5: Support – Gerät – Mikro: I/O-Möglichkeiten und Sensoren

Ein Drucker beispielsweise ist ein optionales Ausgabegerät, Programme und Webseiten müssen also berücksichtigen, dass der Nutzer eine Ausgabe auf dem Drucker vornehmen könnte. Die Bildschirmanzeige ist dagegen nicht optional, sondern Voraussetzung für die Bedienung. Lange galt beispielsweise auch die Maus als optional, heute ist sie Voraussetzung für die Computerbedienung. Daraus ergeben sich Konsequenzen für die Nutzer-Schnittstelle.

Die verfügbaren Geräte (und deren Leistungsparameter) wirken sich direkt und indirekt auf die Konzeption der Nutzerschnittstelle und auf das Nutzererlebnis aus. Gerade bei Nutzung der Sensoren in Mobilgeräten ist deren Qualität zu berücksichtigen. Beispielsweise hat der Entwickler einer erfolgreichen iOS-App die Android-Version abgesagt, da die Qualität der Sensoren und deren Exaktheit zu sehr zwischen den verschiedenen Hardware-Modellen schwankt.

Entwickler

Auf der Mikro-Ebene setzen Entwickler die beabsichtigte Software, Web-Applikation oder Webseite um. Deren Bedürfnisse, Ansprüche, Wissen und Erfahrungen sind ebenso bei der Konzeption zu berücksichtigen wie die Bedürfnisse der Nutzer. Beispielsweise können kleine Funktionen einen erheblichen Entwicklungsaufwand verursachen, die das Gesamtprojekt gefährden. Daher ist jeder Aspekt auch auf Umsetzbarkeit zu prüfen. Das beste Konzept nützt nichts, wenn es nicht mit akzeptablem Aufwand umgesetzt werden kann.

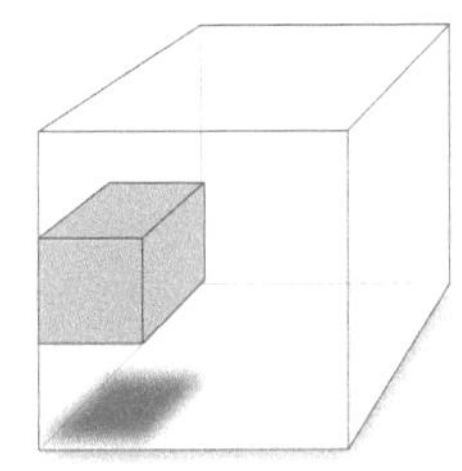

Abb. 10.6: Software – Funktion – Mikro: Entwickler

Insbesondere bei Ansätzen wie dem Widget-Level-Modell (Seite 126) sind die Entwickler in die Konzeption und Planung einzubeziehen. Denn die konkrete Umsetzung im Code kann bestimmte Einsatzzwecke oder Integrationsmöglichkeiten fördern oder behindern. Auch ist der Fall nicht selten, dass Entwickler weitere Funktionen vorschlagen oder empfehlen können, an die bei der Konzeption nicht gedacht wurde. Die Entscheidung, ob und wie diese integriert werden, obliegt jedoch dem Usability-Team.

Tests und Prototypen

Ob eine Nutzerschnittstelle tatsächlich funktioniert, ist nur mit Tests und Prototypen herauszufinden. Dabei werden weniger die Funktionalitäten evaluiert als vielmehr die konkrete Präsentation und die Abläufe auf dem Bildschirm. Bereits in der Planung werden Tests und Prototypen berücksichtigt und mit den nötigen Ressourcen einkalkuliert. Diese erfüllen oft auch den Zweck von Machbarkeitsstudien.

So ist gewährleistet, dass in der konkreten Umsetzung (auf dem Mikrolevel) die gesetzten Ziele tatsächlich erreicht werden und die Software den Nutzer geeignet unterstützt.

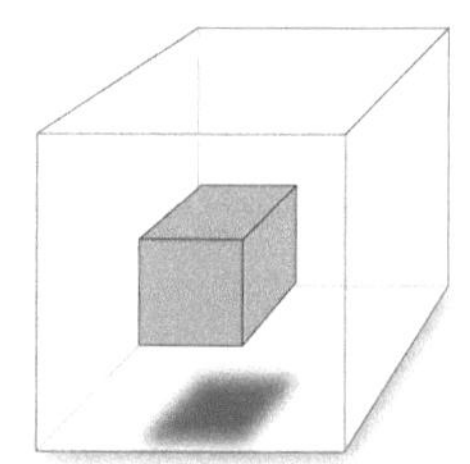

Abb. 10.7: Software – Präsentation – Mikro: Tests und Prototypen

⋄ Sind Bezeichnungen und Elemente verständlich und eindeutig?

⋄ Werden Abläufe geeignet abgebildet?

⋄ Finden Nutzer gewünschte Funktionen, und bedienen sie diese korrekt?

⋄ Funktioniert der Bildschirmaufbau, sind Nutzerverständnis und tatsächliches Angebot synchron?

Responsivität

Zahlreiche Begriffe beschreiben gescheiterte Responsivität: Sloppiness, Hänger, Ruckelzuckel, „es tut sich nichts", hakelig etc. Nur wenn das System stets auf Nutzereingaben reagiert, besteht das nötige Vertrauen. In den (wenigen) Fällen, wo das unmittelbare Reagieren nicht möglich ist, wird der Nutzer darüber informiert (durch Wartezeichen, Fortschrittsbalken oder andere deutliche Zeichen).

Eine Funktion, die die Responsivität beeinträchtigt, kann nicht angeboten werden bzw. jede Funk-

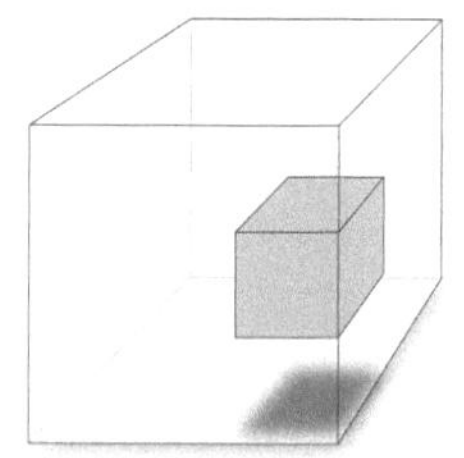

Abb. 10.8: Software – Gerät – Mikro: Responsivität

tion und Konstellation ist zu prüfen, ob die verzögerungsfreie Reaktion auf Nutzereingaben gewährleistet ist.

Fehlende Responsivität ist das digitale Pendant zur Kommunikation mit einem Kommunikations-Verweigerer oder einem bockigen Kind.

Use-Cases

Anwendungsfälle (Seite 60) bilden die Basis für die Funktionalität. Dazu sind die Use-Cases vollständig und verständlich erfasst. Sie leiten sich teilweise aus den User-Storys (Seite 62) ab. Der Anwendungsfall fokussiert auf konkrete Funktionalitäten und beschreibt, welche (Teil-)Aufgabe der Nutzer erledigt, welche Angaben dazu benötigt werden und welche Ausgabe bzw. welches Ergebnis er erhält.

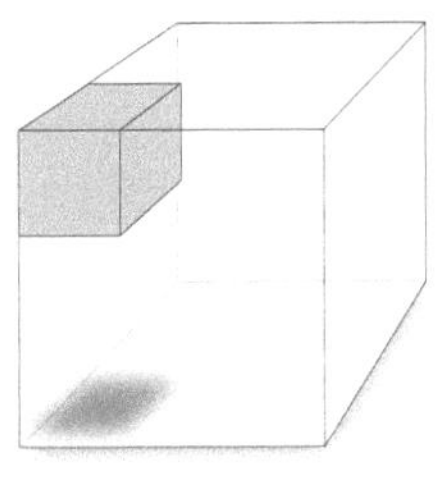

Abb. 10.9: User – Funktion – Mikro: Use-Cases

Der Use-Case in einem Buchhaltungsprogramm „Der Nutzer druckt seine Ausgabenliste aus." benötigt für die Umsetzung die Generierung einer Liste mit allen relevanten Daten, die Aufbereitung dieser zur Druckausgabe, die Übergabe an die Druckfunktionen des Systems. Gegebenenfalls kann der Nutzer zwischen verschiedenen Listen (Hoch-, Querformat), verschiedenen Detailstufen (kurze oder ausführliche Liste) wählen. All diese funktionalen Anforderungen werden so konkret wie möglich erfasst. Dabei wird die konkrete Code-Umsetzung vernachlässigt, sondern nur die Ein- und Ausgaben präzise definiert.

Screen-Design und Wording

Dieser Bereich wird häufig als zentral für Usability angesehen. In gewisser Weise ist er es auch, denn das Design und die (Bildschirm-)Texte sind das, was die Nutzer primär wahrnehmen. Ein gutes Design und passende Formulierungen entstehen durch die Berücksichtigung der übrigen 26 Würfel. Gern wird in diesen Bereich sehr viel Arbeit und Energie gesteckt und dabei viele Aspekte vernachlässigt, die für die Gesamterfahrung nötig sind.

Der häufigste Fehler besteht darin, Usability auf diesen Teilwürfel zu reduzieren.

Abb. 10.10: User – Präsentation – Mikro: Screen-Designs und Wordings

Die sichtbare Oberfläche ist nur das Versprechen. Die Technologie dahinter und das Zusammenspiel aller Bestandteile muss dieses Versprechen einlösen.

Steuerung und Bedienelemente

Je nach Gerät und darauf vorhandenem System
stehen andere Steuermöglichkeiten und Bedienelemente zur Verfügung. Die unterschiedliche Gestaltung, beispielsweise von Auswahllisten auf Computern und Smartphones (wo sie ein Drittel des
Bildschirms verdecken), ändert die Anmutung und
den Bedienfluss. Bedien- und Steuerelemente sind
eindeutig zu verwenden und gemäß ihrer Spezifikation zu verwenden. Eine Checkbox (Seite 251) hat
andere Aufgaben als ein Radio-Button (Seite 253)
oder ein Auswahlmenü (Seite 256). Das jeweils ge-

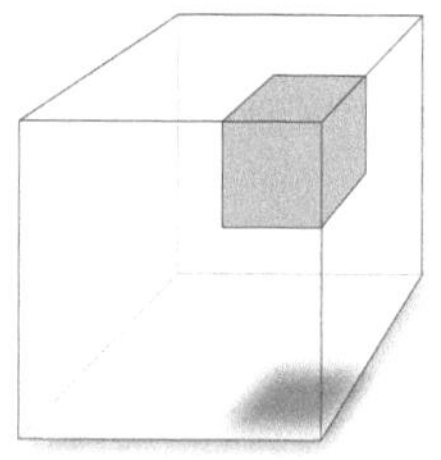

Abb. 10.11: User – Gerät –
Mikro: Steuerung
und Bedienelemen-
te

wählte Element entspricht dem Zweck sowie der aktuellen Nutzungssituation
bzw. dem Nutzungskontext und kommuniziert bereits über seine Erscheinung,
welche Entscheidung vom Nutzer verlangt wird bzw. wie die Bedienung erfolgt.

Bei Maschinen erfüllen Schalter, Hebel, Stellräder, Schieberegler und Pedale
unterschiedliche Funktionen bzw. werden in unterschiedlichen Situationen
eingesetzt. In einem Pkw befindet sich ein Lenkrad, in einem Computerspiel
wird das gleiche (virtuelle) Fahrzeug über ein nachgebildetes (kleineres) Lenkrad,
Tasten oder Joystick gesteuert. Die Lichtanlage in einem Lagerhaus nutzt andere
Schalter als die Beleuchtung in einer Wohnung. Große Maschinen oder Anlagen
werden durch Hebelschalter eingeschaltet, kleinere Maschinen mit Kippschalter
oder elektronischen Druckschaltern.

Gewöhnung

Nutzer gewöhnen sich an (fast) alles. Das ist einerseits ein Vorteil. Der Nachteil tritt auf, wenn ein
anderes Verhalten erwartet wird als das, an das der
Nutzer gewöhnt ist. Bei Überarbeitungen bestehender Software oder Webseiten reagieren Nutzer mit
hoher Gewöhnung irritiert, einige wenden sich sogar
komplett ab. Den Nutzern ist dabei meist egal, ob
das andere besser ist, es ist einfach „anders", und
deshalb schlechter („respektlos").

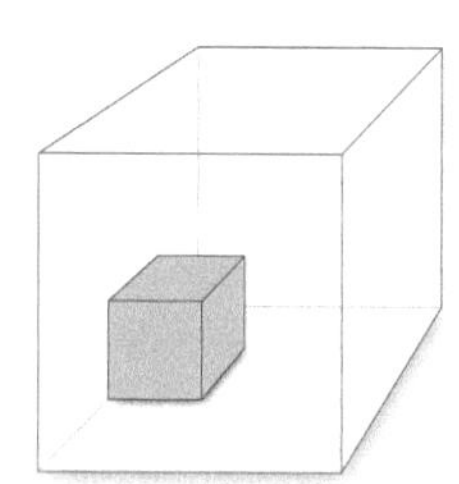

Abb. 10.12: Support – Funktion – Makro: Ge-
wöhnung

Nutzer gewöhnen sich ebenso an bestimmte Kon-
ventionen von Abläufen oder Software-Typen. Fehlen gewohnte Funktionen an
den gewohnten Stellen, entsteht der Eindruck von groben Fehlern. Andererseits
können Gewohnheiten gezielt genutzt werden:

338

◇ Neue Funktionen oder Angebote werden (auch) an Stellen mit hoher Gewohnheitsnutzung integriert oder dort angeteasert.

◇ Aus Personas (Seite 55) lassen sich Gewohnheiten und benötigte Bedienfolgen und Funktionen ableiten.

◇ Nutzer sind es gewohnt, auf bestimmten Wegen Hilfe zu erhalten – diese Kanäle und Wege werden bei Neuheiten besonders genutzt.

Mitunter gibt es sehr gute Gründe, Gewohnheiten zu überwinden. Neue Funktionen bedingen häufig auch das Brechen mit alten Gewohnheiten. In einigen Fällen begleiten spezielle Anleitungen die Nutzer beim Wechsel vom Alten zum Neuen und stellen direkt die Unterschiede und Änderungen dar – dann fühlen sich auch Bestandsnutzer respektiert und ernstgenommen.

Styleguides

Der Styleguide bezieht sich auf das konkrete Design und auf den abstrakten Aufbau (das Layout). Er definiert Schriften, Farben, Elemente sowie deren Platzierung und Verwendungsweise. Oft berücksichtigt er die Corporate Designs der Marke oder des Unternehmens. Das wird nur kritisch, wenn das CD eine für das Gerät oder den Einsatzzweck ungeeignete Gestaltung vorgibt; im Zweifelsfall ist dann einem allgemeineren System-Styleguide der Verzug zu geben oder der Corporate Styleguide an die besonderen Herausforderungen anzupassen.

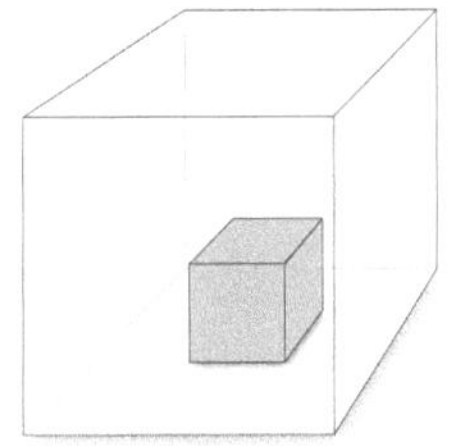

Abb. 10.13: Support – Präsentation – Makro: Style-Guides

Konventionen bzw. Standards und Best-Practice fließen ebenso in den Styleguide ein wie Corporate Designs. Dass beispielsweise Checkboxen (Seite 251) quadratisch und Radio-Buttons (Seite 253) rund sind, bleibt bestehen, aber der Styleguide regelt beispielsweise die konkrete Gestaltung der Quadrate, Kreise, Aktiv-Setzungen, die Platzierung und Gestaltung der Label.

Styleguides sorgen für Einheitlichkeit und unterstützen damit die Konsistenz der Bedienoberfläche. Der Macintosh war 1984 aus Entwicklersicht bemerkenswert, weil er genau vorschrieb, wie welche Elemente auszusehen und zu funktionieren hatten. Für Nutzer fühlten sich dadurch die verschiedenen Programme in ihrer Grundbedienung ähnlich an. Die Lernkurve und die Erfolgserlebnisse der Nutzer bestätigten, dass diese Vorschriften nützlich waren.

Support und Hotlines

Hinter jeder Software und hinter jeder Webseite stehen Einzelpersonen oder Unternehmen. Diese sind nicht nur Empfänger von Lobpreisung und Auszeichnungen, sondern bilden eine wichtige Feedback-Instanz. Je nach Geschäftsmodell ist ein anderer Support-Level geeignet. Microsoft Windows beispielsweise benötigt sowohl Server, um Windows-Lizenzen automatisch aktivieren zu können, als auch ein Call-Center, das eMails liest und beantwortet und telefonische Hilfestellung bietet. Die technische

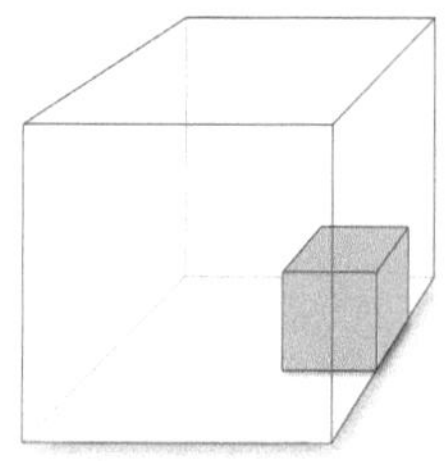

Abb. 10.14: Support – Gerät – Makro: Support und Hotlines

Umsetzung der Aktivierung bedingt Investitionen in völlig unverwandten Bereichen. Ähnlich bieten alle Software-Anbieter geeignete Unterstützung bei Fragen oder Problemen an.

Ebenso benötigen Webshops und Content-Webseiten geeignete Kanäle für Nutzerfragen oder -probleme. In Webshops ist oft eine Telefon-Hotline oder eine Chat-Funktion sinnvoll. Bei einer Content-Webseite wie Spiegel Online gehört auch die Beantwortung von eMail-Anfragen zum Tagesgeschäft. Welcher Unternehmer für diese nachgelagerten (vermeintlichen Zusatz-)Prozesse nicht die nötigen Ressourcen bereitstellt, beeinträchtigt langfristig die Reputation seiner Unternehmung.

Diese Support-Leister müssen nicht nur geschult werden. Sie benötigen auch geeignete Werkzeuge, um Kundenfragen effektiv zu bearbeiten. Mitunter sind spezielle Hintertüren in Online-Diensten nötig, damit der Support-Mitarbeiter einem telefonischen Kundenwunsch nachkommen kann. Das telefonische Stornieren einer Online-Bestellung ist noch ein harmloser Fall.

In der Software und auf der Webseite werden die Support-Angebote gut auffindbar integriert. Gibt es häufige Probleme auf einer bestimmten Seite einer Web-Applikation, könnte ein Web-Chat dort angeboten werden. Die Support-Angebote sind auf die jeweiligen Kontexte optimiert. Wird eine Support-eMail aus einem Programm heraus erstellt, so werden Angaben wie Programmversion, Betriebssystem und andere technische Parameter bereits in der eMail vorausgefüllt. Der Nutzer muss nur die für ihn relevanten Informationen schreiben, und der Support-Mitarbeiter erhält alle nötigen Angaben.

Frameworks

Wie Styleguides den Designern die Detailarbeit erleichtern, so vereinfachen Frameworks den Entwicklern die Arbeit. In gewisser Weise verwenden alle Software-Entwickler Frameworks, indem sie die empfohlene Programmiersprache nutzen. DotNet, Java, Zend, jQuery oder Bootstrap sind etablierte Frameworks für Software- und Webentwicklung.

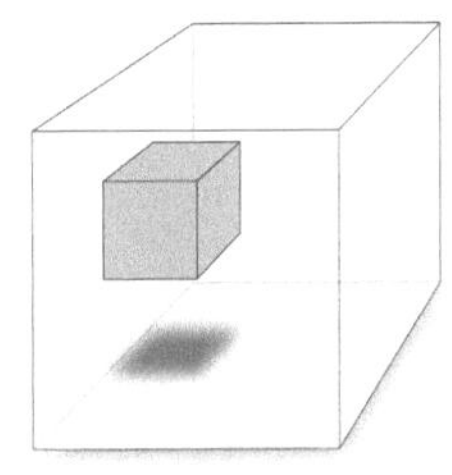

Abb. 10.15: Software – Funktion – Makro: Frameworks

Frameworks abstrahieren von der direkten Programmierung und bündeln Aktionen zu benötigten Funktionen. Häufig benötigte Funktionen werden nicht mehr in vielzeiligen Einzelaktionen notiert, sondern als Framework-Funktion aufgerufen. Das dient mehreren Zwecken:

- Verwendung von Best Practice
- Verschlankung des Programm-Codes
- Reduzierung der Fehler
- Beschleunigung der Entwicklung
- Verbesserung der Wartbarkeit
- Wiederverwendung und Einheitlichkeit

Zu berücksichtigen ist, dass Frameworks auch Grenzen setzen. Einige Funktionen sind nicht oder nur mit erheblichem Aufwand damit abzudecken. Die Auswahl des Frameworks erfolgt mit Blick auf die Potenziale und Einschränkungen.

Konsistenz

Nicht nur im Würfel, sondern auch in der gesamten Usability bildet die Konsistenz das Kernstück. Diese gestattet es den Nutzern

- Funktionen wiederzuerkennen
- neue Funktionen als solche zu erkennen
- gelerntes Verhalten in neuen Situationen anzuwenden
- sich Bedienungen selbst beizubringen
- Vertrauen in die Software bzw. Webseite aufzubauen.

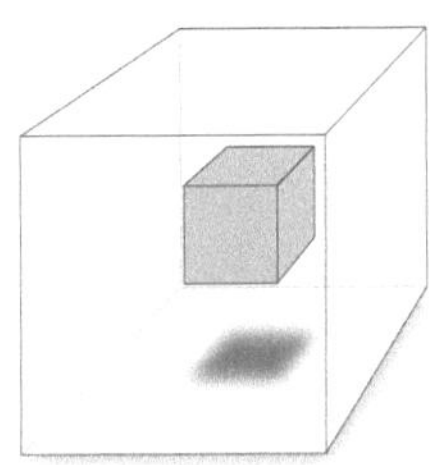

Abb. 10.16: Software – Präsentation – Makro: Konsistenz

Konsistenz bedeutet in der verkürzten Darstellung aus Nutzersicht:
◇ gleiches Aussehen => gleiche Funktion, gleiches Verhalten
◇ ähnliches Aussehen => ähnliche Funktion, ähnliches Verhalten
◇ unterschiedliches Aussehen => unterschiedliche Funktion, unterschiedliches Verhalten

Gleichzeitig gilt auch die Umkehrung:
◇ gleiche Funktion, gleiches Verhalten => gleiches Aussehen
◇ ähnliche Funktion, ähnliches Verhalten => ähnliches Aussehen
◇ unterschiedliche Funktion, unterschiedliches Verhalten => unterschiedliches Aussehen

Aussehen und Funktion sind eineindeutig: Aus dem Aussehen lässt sich stets auf die Funktionalität schließen, und die Funktionalität bedingt stets ein bestimmtes Aussehen. Die Gleichheit, Ähnlichkeit bzw. Unterschiedlichkeit äußert sich in zahlreichen Parametern:
◇ Nähe, Entfernung, Gruppierung
◇ Platzierung auf dem Monitor (in welchen Layoutblöcken)
◇ konkrete Gestaltung als Icon, Symbol
◇ Beschriftung, Wording
◇ Kontext, Situation, Umgebung
◇ erlaubte Interaktionen, Reaktion auf Interaktionen

Konsistenz besteht auf zahlreichen Ebenen, beispielsweise:
◇ Alle Buttons (anklickbare Funktionsflächen) haben die gleiche Grundform: Funktionsaussage, die von einer rechteckigen Form umgeben ist. Alle Links (innerhalb des selben Kontextes) haben die gleiche Gestaltung: farbiger Linkname, der unterstrichen ist. Ein Link, der wie ein Button gestaltet ist, besitzt die Funktionalität eines Buttons. Eine Funktion wird nicht über einen Link ausgelöst.
◇ Auf einem eBook-Reader werden die Seiten von rechts nach links umgeblättert, wie es in der westlichen Welt üblich ist. Arabische eBooks dagegen werden von links nach rechts umgeblättert. Die Simulation (virtuelle Metapher) entspricht dem Verhalten in der realen Welt.
◇ Gibt es verschiedene Ansichten für eine Webseite (Responsive Design, Seite 233), so ist in jeder Größe das Funktionsangebot entweder identisch oder auf allen Seiten unterschiedlich. Letzteres wird durch ein verändertes Design und Layout betont.
◇ Werden Funktionen in Symbolleisten, Paletten oder Kontextmenüs angeboten, so stehen diese außerdem im Menü (oder Ribbon) zur Verfügung.

Stabilität

Während die Responsivität vorwiegend das Interface betrifft, beschreibt die Stabilität vor allem die technische Robustheit. Als Bill Gates die Plug'n-Play-Fähigkeiten von Windows 98 präsentierte, und ihm das System dabei abstürzte, schuf er den Präzedenzfall von Nicht-Stabilität. Der berüchtigte BSOD (Blue Screen of Death), der dank schlampig programmierter Treiber oder schlecht konzipierter Software so manche Windows-Nutzung zum Frust werden ließ, und die Absturzmeldung mit Bomben-Icon im klassischen Mac-System sind für die meisten Nutzer heute Relikte der Vergangenheit. Die Systeme und deren Software sind insgesamt robuster geworden und nutzen clevere Mechanismen, um Probleme abzufangen, bevor der Nutzer von deren katastrophalen Auswirkungen betroffen wird.

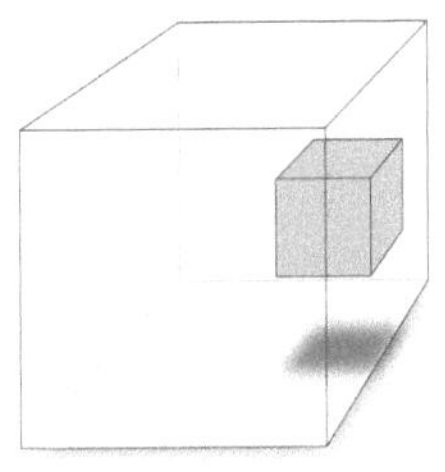

Abb. 10.17: Software – Gerät – Makro: Stabilität

Dazu gehören so scheinbar lapidare Aspekte wie die Prüfung, ob die Verbindung zu einer Datenbank oder einem Gerät besteht – bevor auf diese zugegriffen wird. Oder das Prüfen, ob ein Vorgang im Hintergrund tatsächlich korrekt ausgeführt wurde oder ob er wiederholt werden muss. Das lässt den Entwicklungsaufwand steigen, doch in vielen Frameworks enthalten die Funktionen bereits Prüf- und Abfangmechanismen. Eine Software, die den Rechner regelmäßig zum Absturz bringt oder selbst regelmäßig abstürzt, ist genauso inakzeptabel wie eine Webseite, die bestimmte Browser „lahmlegt".

Das Verletzen der Stabilitätsanforderung ist das digitale Pendant zur Körperverletzung.

User-Story

Die User-Story (Seite 62) formuliert aus User-Sicht, warum der Nutzer die Software oder Webseite nutzen möchte. So wird die Nutzung vorstellbar und bleibt nicht auf einen abstrakten Anwendungsfall (Seite 60) beschränkt.

Aus der knappen User-Story „Als Frau mit Familie und Job habe ich wenig Zeit. Ich möchte meine Kosmetikprodukte unkompliziert kaufen und dabei geeignete Produkte empfohlen bekommen." erwächst ein komplexes Projekt, das aus Webshop (inkl. Produktverwaltung, Lager, Logistik, Bestel-

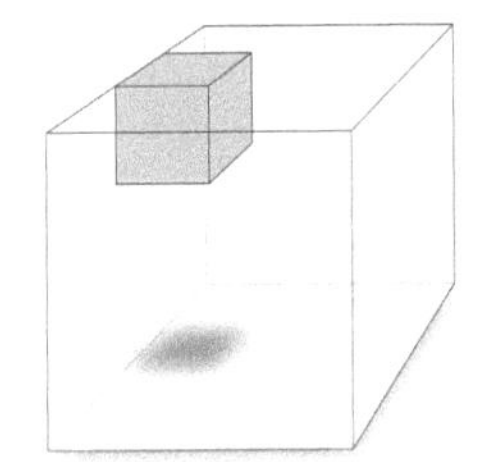

Abb. 10.18: User – Funktion – Makro: User-Storys

labwicklung, Zahlungs- und Lieferoptionen) sowie integrierter Produktempfehlung besteht. Aus der Phrase „geeignete Produkte empfohlen" lassen sich zahlreiche Teilprojekte ableiten. Mit der skizzierten Frau vor dem geistigen Auge können sich alle vorstellen, wie sie unter Zeitdruck versucht, passende Produkte für sich zu entdecken. Aus dieser Vorstellung entstehen Ansätze, wie solche Empfehlungen generiert und angeboten werden können.

Layout und Informationsmanagement

Der Widerspruch der Nutzer besteht darin, dass sie immer alle Informationen haben wollen, aber zu faul sind, diese zu finden. Dem Nutzer also einfach alle Informationen anzubieten und ihm die Relevanzbeurteilung zu überlassen, ist kontraproduktiv.

Ein gutes Interface zeigt alle benötigten Daten an – keine mehr und keine zu wenig. Der Bildschirmaufbau (Seite 194) platziert die Elemente so, dass ihre Bedeutung durch den Ort auf dem Monitor und die visuelle Gestaltung mindestens betont wird. Optische Präsentation und informationeller Gehalt sind dabei synchron.

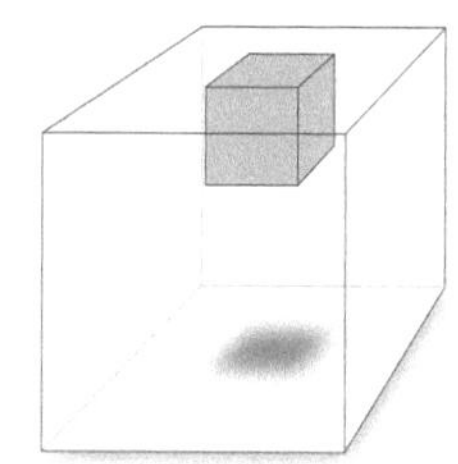

Abb. 10.19: User – Präsentation – Makro: Layout und Informationsmanagement

Je nach Situation sind andere Informationen wichtig. Dabei befinden sich die für die aktuelle Funktion oder Funktionsfolge benötigten Angaben alle im sichtbaren Bereich, entsprechend ihrer logischen, hierarchischen oder chronologischen Reihenfolge. Mitunter werden aggregierte Daten angezeigt, beispielsweise „8 Produkte, 123,45 Euro", und erst bei Anklicken eines Aufklapp-Elements (Seite 282) werden die acht Produkte einzeln aufgelistet.

Bedienparadigmen

Die Gesamtheit der grafischen Elemente, deren Interaktions- und Bedienmöglichkeiten bildet ein Paradigma. Innerhalb dessen gelten bestimmte Standards (und damit Erwartungen).

In der klassischen grafischen Oberfläche gelten andere Paradigmen als auf einem Touch-Gerät oder einer Spielkonsole. Die Bedienung einer Smart Watch erfolgt auf ganz andere Weise als die einer Textverarbeitung auf dem Computer. Es gelten andere Grenzen, dafür gibt es aber auch andere

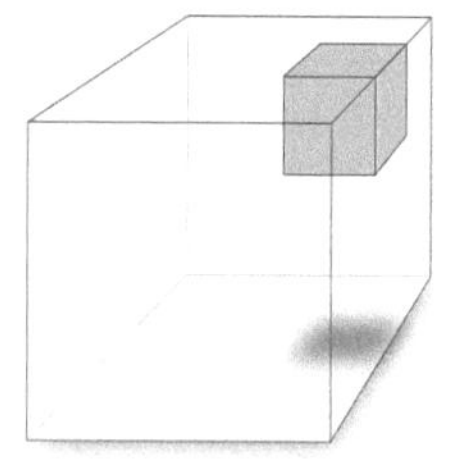

Abb. 10.20: User – Gerät – Makro: Bedienparadigmen

344

Möglichkeiten. Daneben beinhalten die Anlage einer Software als Single-, Sroll-
oder Zoom-View (Seite 139) jeweils eigene Paradigmen. Je nach Einsatzzweck
eignen sich manche Paradigmen besser als andere. Ein Autorennen macht auf
dem (meist größeren) Fernseher mehr Spaß als auf dem Computer, und die
Nutzungssituation ist eher locker, was die Freude unterstützt. Dagegen ist das
Verfassen eines technischen Aufsatzes auf einem Smartphone eher beschwer-
lich. Auf dem Computer wäre für diesen Zweck eine Scroll-View-Anwendung
geeignet.

Tab. 10.1: Drei scheinbar ähnliche Gerätetypen

	GUI-Computer	Touch-Gerät	Spielkonsole
Texteingabe	Tastatur	Bildschirmtastatur (verdeckt Bildschirmteile)	Buchstabenwahl auf Bildschirm mit Steuergerät
Steuerung	Maus (Point'n Click und Drag'n Drop)	Fingerberührung auf Bildschirm und (quasi-natürliche) Gesten; z.T. Sprache, Sensoren	Spiel-Controller, Gesten, Bewegung, Sprache, Spezial-Sensoren (z.T. Perspektivübernahme)
Bedienung	Mauszeiger als Stellvertreter	unmittelbar-direkte Manipulation	vermittelte Steuerung
Arbeitsbereich	Fenster (optional: Fullscreen)	meist Fullscreen	Fullscreen
Ausgabe	Monitor (aufrecht vor Nutzer); optional: Lautsprecher, Drucker	Monitor (meist liegend oder schräg vor Nutzer); optional: Kopfhörer/Lautsprecher	Fernseher (inkl. Lautsprecher)
Nutzung	Multitasking	Mikro-Monotasking	intensives Monotasking
Einsatzzweck	Arbeiten, Effizienz	kurze, zielgerichtete Aufgaben, Kurzweil	Kurzweil, Immersion

Das jeweilige Bedienparadigma konfiguriert den Erwartungsraum der Nutzer,
ähnlich der Genre-Konventionen in Filmen oder Romanen.

Erfahrungen

Ähnlich wie die Gewöhnung hilft die Erfahrung den Nutzern, sich zurechtzufinden und Neues zu erschließen. Aus Erfahrungen lernen Nutzer und eignen sich (autodidaktisch) neues Wissen an, was ihre Kompetenz erhöht und den Erfahrungsschatz wachsen lässt. Während die Gewöhnung auf konkreten Bedienweisen basiert, beispielsweise der automatische Klick auf den „Ok"-Button, wenn eine Datei gelöscht wird, zielt die Erfahrung auf allgemeines oder abstraktes Wissen. Dazu gehört unter anderem:

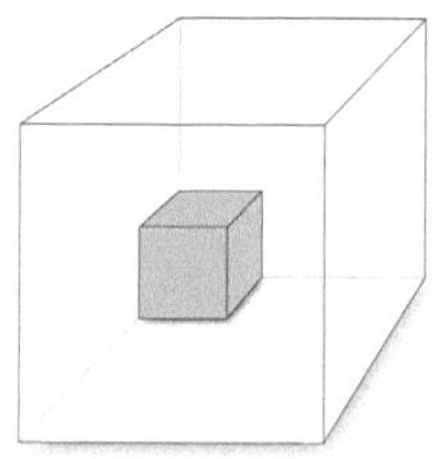

Abb. 10.21: Support – Funktion – Kontext: Erfahrungen

◇ Suche ich eine Funktion, finde ich diese im Menü – oder es gibt sie nicht.

◇ Legt der Bildschirmaufbau eine Hierarchie nahe, so sind Elemente im rechten Bereich dem im linken Bereich ausgewählten Element untergeordnet.

◇ Ich kann nichts wirklich kaputt machen oder Werte zerstören. Bei kritischen Aktionen erhalte ich eine Warnung oder werde um eine Bestätigung gefragt.

◇ Je mehr ein Programm kann, desto komplexer wirkt es. Einfach aussehende Programme haben keine umfangreiche Funktionalität. (Dieser Rückschluss zwischen Aussehen und Funktionalität wird gezogen, ob er stimmt oder nicht.)

Dokumentation

Im weiteren Sinne sind auch sämtliche Marketingmaterialien und Presseberichte (auf der Webseite, in einer Broschüre, in einem Produktvergleich) Teil der Dokumentation. Sie stellen die Funktionalität einer Software oder Webseite vor, deren Bedienung und ihre Geeignetheit für die Aufgaben und Ziele des Nutzers.

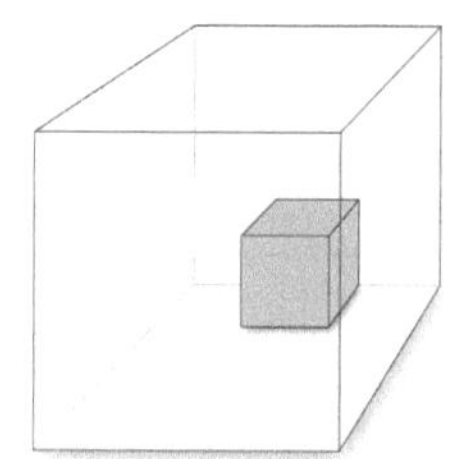

Abb. 10.22: Support – Präsentation – Kontext: Dokumentation

Neben der Dokumentation gegenüber den Kunden ist die interne Dokumentation für den langfristigen Erfolg essenziell. Ein gutes Produkt überlebt seine Schöpfer und wird von einem Unternehmen weitergepflegt – nicht von einer Einzelperson oder einem eingeschworenen Team. Daher enthält die Dokumentation:

- Styleguide, Beschreibung der von den Standards abweichenden Bedienelemente, Bedienparadigmen
- technische Dokumentation und Definition der Schnittstellen
- Übersicht über Prozesse/Abläufe, das Zusammenspiel zwischen Funktionalität und Code
- bekannte Fehler und geplante Weiterentwicklungen
- relevante Dokumente der Projektplanung und -konzeption (v.a. User-Storys, Use-Cases, Personas)

Diese Dokumente sind in einer Detailtiefe verfasst, dass ein neues Teammitglied, das mit den Grundlagen des entsprechenden Fachbereichs vertraut ist, die Arbeit aufnehmen kann.

Die Dokumentation hat noch einen Nebenzweck: Sie verdeutlicht Defizite. Wird die Dokumentation von Anfang an eingeplant und betrieben, dämmt sie Wildwuchs ein und behindert das zu wilde Drauflosprogrammieren. Dieses taugt zwar gut für Einzelaspekte, aber wenig für ein gesamtes Projekt. Eine begleitende Dokumentation befördert eine bessere Planung und Konzeption der Grundlagen und des Grundgerüsts.

Garantie

Alle Aktionen, die mit wirtschaftlichen Folgen verbunden sind, sollten bereits in der Planung berücksichtigt werden: beispielsweise Ersatzlieferungen, Haftungsfragen, Kulanz bei Problem- oder Schadensfällen. So werden Aspekte erkennbar, die vermeidbare Fälle auslösen. Auch nicht einklagbare Garantien sind dabei zu berücksichtigen, ebenso wie andere rechtliche Aspekte:

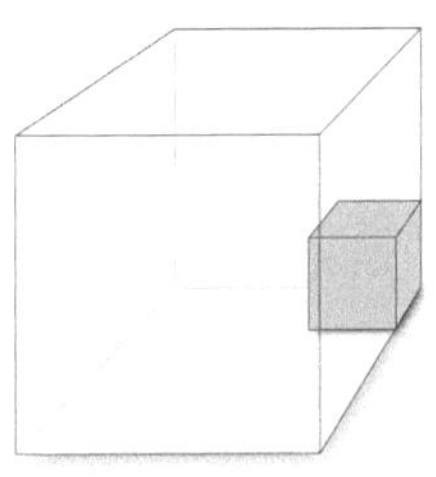

Abb. 10.23: Support – Gerät – Kontext: Garantie

- Leistet die Software oder Webseite tatsächlich das Versprochene?
- Welche Vertragsbeziehungen sind möglich? Beispielsweise Kaufverträge in Webshops, Werbeverträge für Content-Webseiten, Lizenzverträge für Software. Wie werden diese technisch abgebildet bzw. deren korrekte Erfüllung gewährleistet?
- Welche Haftungs- oder Abmahnrisiken bestehen?
- Besteht die Möglichkeit der Beschädigung des Nutzergeräts durch die Nutzung?

Die Garantie-Betrachtung entspricht einem milden „Memento mori"-Meeting (Seite 301).

Markt

Jede Software bzw. Webseite muss auf einem Markt gegen andere Angebote bestehen. Selbst kostenlose Software hat nicht zwangsläufig durch den Preisvorteil bessere Marktchancen. Zahlreiche Programme oder Apps bieten ähnliche Funktionalitäten an, der Unterschied liegt häufig in Details oder ergänzenden Zusatzfunktionen. Die Marktanalyse ist klassisches Terrain der Marketing-Abteilung.

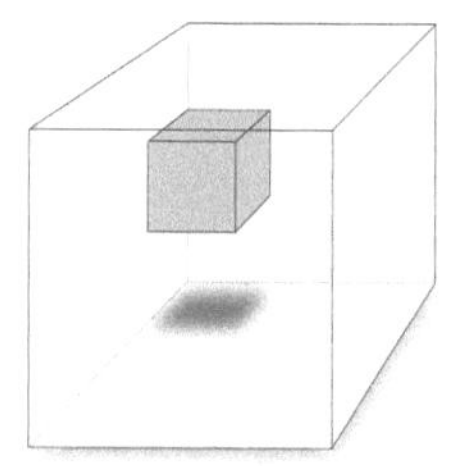

Abb. 10.24: Software – Funktion – Kontext: Markt

Dabei gilt es, die Bedienung nicht als Funktionalität zu „missbrauchen". Das Programm iDVD ist ein Ausnahmefall, wo die bewusst einfache Bedienung tatsächlich ein funktionales Unterscheidungsmerkmal bildet. Sie hat das „DVD-Authoring" für eine neue Nutzerschaft erschlossen. Dagegen hat Linux vorwiegend aufgrund seines Andersseins zu Windows und aufgrund seiner oft nicht konsistenten Programme immer noch keine relevante Verbreitung auf Nutzercomputern gefunden.

Die eigene Software oder Webseite erhält ihre Marktberechtigung über ihre Funktionalität, ihren Nutzen für die potenziellen Kunden (ob diese nun mit Geld, Verweilzeit oder Anerkennung bezahlen, ist dabei nebensächlich). Ob ihr auch Erfolg beschieden sein wird, hängt teilweise auch von der Bedienung ab, aber auch von zahlreichen anderen Faktoren wie Renommee, Positionierung, Zielgruppenansprache oder Glück.

Normen: DIN, EN, ISO

Einige Normen (Seite 315) definieren sehr genaue Anforderungen an Software oder Webseiten. Auch Test-Institute legen bestimmte Maßstäbe bei ihrer Bewertung an. Je nach Zielgruppe ist die Befolgung solcher Normen Pflicht oder Kür. Bereits zu Anfang ist zu klären, welche Normen und Vorschriften strikt zu befolgen sind, welche als Anregung dienen und welche vernachlässigt werden dürfen. Beispielsweise müssen Webseiten und Software für öffentliche Einrichtungen behindertengerecht sein. Für die Zertifizierung von Webseiten oder Software gelten die

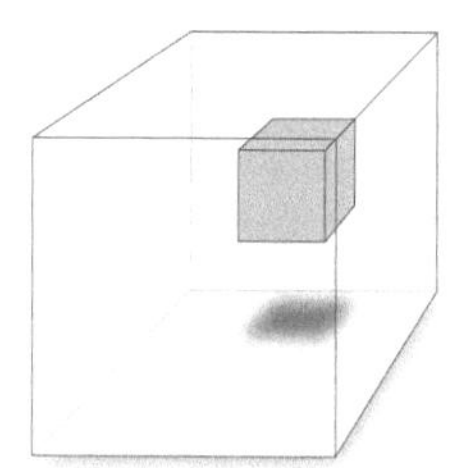

Abb. 10.25: Software – Präsentation – Kontext: Normen, DIN, EN, ISO

Regelungen der jeweiligen Institute, die sich teilweise an die Normen anlehnen. Wird so eine Zertifizierung angestrebt oder benötigt, ist dies von Anfang an zu berücksichtigen, sowohl von den Designern als auch von den Entwicklern.

Geeignetheit

Die Kernfrage lautet ganz lapidar: Kann mit unserer Software oder Webseite auf den gewählten Geräten überhaupt das Nutzerziel erreicht werden? Der Enthusiast ruft sofort „Alles ist möglich! Wir schaffen das auf jeden Fall!" Der Skeptiker dagegen prüft, ob die Hardwarebedingungen, Bedienparadigmen, Verbreitung der Geräte und andere Parameter die Umsetzung fördern oder behindern.

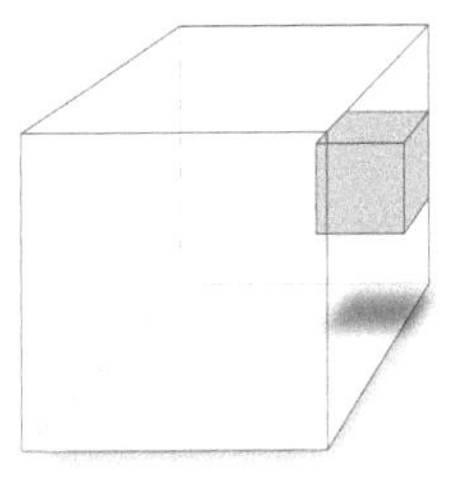

Abb. 10.26: Software – Gerät – Kontext: Geeignetheit

So cool es wäre, ein DJ-Mischpult auf einem Smartphone abzubilden, die Bildschirmgröße und die geltenden Bedienparadigmen würden ein holpriges Nutzererlebnis ergeben. Daher könnte eine solche App nicht einfach vom Computer oder Tablet für Smartphones portiert werden, sonden benötigt ein komplett eigenes User Interface, das den Beschränkungen Rechnung trägt.

Ziele

Nutzer verwenden Software und Webseiten nicht zum Selbstzweck (von wenigen Ausnahmen abgesehen). Sie wollen mit diesen ihre Ziele erreichen, bestimmte Aufgaben bewältigen. Diese Ziele und Aufgaben sind zumeist in der realen Welt verhaftet – niemand antwortet auf eine eMail, nur um zu antworten, sondern um der empfangenden Person etwas mitzuteilen. Diese Ziele, Aufgaben und die Motivationen der Nutzer gilt es zu erfassen (beispielsweise als User-Story (Seite 62), sie bilden den

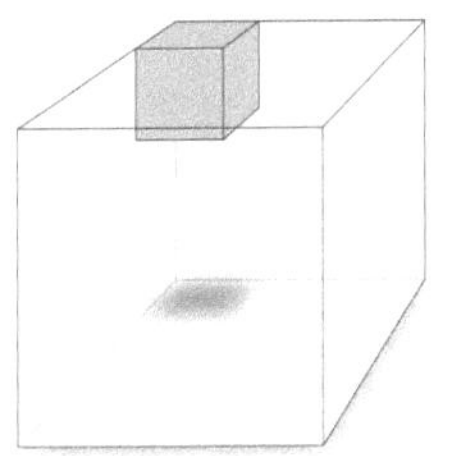

Abb. 10.27: User – Funktion – Kontext: Ziele

Haupttestfall, gegen den sich jede Software und Webseite behaupten muss.

Daneben gibt es den häufigen Effekt, dass eine Software oder Webseite anders genutzt wird, als die ursprünglichen Ziele und Aufgaben nahelegen, oder von anderen Personen als beabsichtigt. Statt die nächste Version nun stärker auf die ursprüngliche Zielgruppe auszurichten, sollten die neue (tatsächlich erreichte) Zielgruppe und ihre Motivation und Nutzungsweise untersucht werden. So reift die Software bzw. Webseite mit ihren Nutzern.

Erwartungen

Gute Usability beinhaltet gutes Erwartungsmanagement. Das beginnt mit dem Marketing, geht über die Bedienung und endet nicht mit dem Ende einer Nutzungssitzung. Die Erwartungen werden durch andere Produkte und Anbieter geprägt. Abweichungen vom erwarteten Verhalten müssen beim ersten Auftreten einsichtig und verständlich sein.

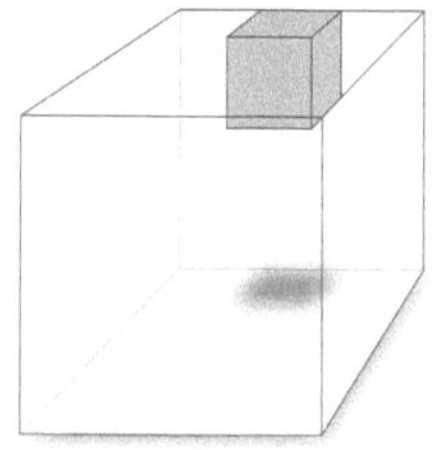

Abb. 10.28: User – Präsentation – Kontext: Erwartungen

Die Erwartung basiert auf Erfahrungen und Gewöhnung. Manche Erwartungen sind selbstverständlich, beispielsweise dass ein Webshop im Hauptmenü oder in dessen Nähe (meist oben rechts) Zugriff auf den Warenkorb bietet, statt am unteren Seitenende, wohin erst zu scrollen ist. Andere müssen durch Beobachtung, Zielgruppenanalyse und Ausprobieren entdeckt werden.

Beispielsweise besitzt die „Mighty Maus" von Apple keine erkennbare rechte Maustaste. Dennoch wird der unsichtbare Sensor korrekt von allen Anwendern getroffen und ein Rechtsklick ausgelöst. Die Möglichkeit, mit einer Maus einen Rechtsklick auszuführen, ist so selbstverständlich geworden, dass die Nutzer gar nicht wahrnehmen, ob eine Maus diese Taste überhaupt besitzt – sie klicken einfach. Aus der Erwartung, den Rechtsklick benutzen zu können, resultiert direktes Handeln. Ähnlich ist es beispielsweise in einem Webshop: Der größte, auffälligste Button in der Nähe eines Produkts bedeutet „in den Warenkorb", unabhängig, was die Beschriftung aussagt. Das heißt, die Erwartung (aufgrund von Erfahrung und Gewöhnung) ist so stark, dass sie eine konkrete Abweichung davon sogar ignoriert.

Enttäuschte Erwartungen bedeuten Frust, der zur Ablehnung durch den Nutzer führt. Daher werden gute Interfaces quasi rückwärts entwickelt. Ausgehend von der Primär- oder Basisfunktionalität werden Layout und Design so konzipiert, dass dieses der Funktionalität entspricht. Auch alle Berührungspunkte der Nutzer werden so gestaltet, dass die korrekte Erwartung geweckt wird: Eine Textverarbeitung erhält ein nüchternes Aussehen und eine pragmatische Bewerbung, eine Lyrik-Webseite gönnt sich Schnörkel und große Schrift, ein Luxus-Webshop arbeitet mit großen, atmosphärischen Fotos, ein Discounter mit mittelgroßen, produktfokussierten Fotos und großen Preisangaben, eine Lern-App für Kinder mit flächig-farbigen Illustrationen, ein Analyse-Programm mit Ampeln oder Diagrammen. Solche visuellen Schlüsselreize wecken Erwartungen, mithilfe des Designs werden diese so gesteuert (oder auch manipuliert), dass die Software oder Webseite diesen entspricht.

Konkurrenz

Auf dem Markt buhlen viele Teilnehmer um die Gunst, das Geld, die Aufmerksamkeit der Nutzer. Je nach anvisierter Nutzung und Zielgruppe besteht die Konkurrenz beispielsweise aus wenigen Apps oder Webseiten. Während der (potenzielle) Markt in seiner Gesamtheit zwar relevant ist, stehen die direkten Konkurrenten in individuellem Fokus. „Know Your Foe", kenne deinen Gegner. Dabei gilt es, diesen Kunden abzuwerben (also vom eigenen Produkt zu überzeugen), eine parallele Nutzung zu erleich-

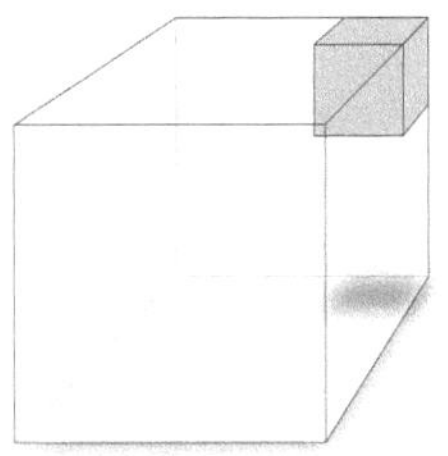

Abb. 10.29: User – Gerät – Kontext: Konkurrenz

tern oder bisher unerreichte Kunden zu erschließen (den Markt also auch für die Konkurrenten mit zu vergrößern).

Zur Konkurrenz gehören nicht nur das Geschäftsmodell und Geschäftszahlen, sondern auch:

⬦ Ort und Art der Geschäftsabwicklung: Webseite, App, Mobilseite, Lizensierung, Aktivierung, Updates

⬦ Kundengewinnung und Kundenbindung

⬦ Marketing (Kanäle, Mittel, Frequenz) und Kundenansprache

⬦ Funktionalität (direkt, z.B. Webshop, und indirekt, z.B. logistische Prozesse) und Sortiment (z.B. Fokus, Bezugsquellen)

Konkurrenz belebt das Geschäft, der Wettlauf um die Gunst der Kunden, treibt viele Unternehmen an. Wer seine Konkurrenten nicht analysiert, vergibt sich wichtige Chancen. Zum einen lässt sich aus deren Erfolg erkennen, welche Bedienungen funktionieren, welche Potenziale ungenutzt bleiben, wie ein fertiges Produkt aussieht und funktioniert. Die Konkurrenz liefert quasi „Best-Practice"-Beispiele und zeigt, wie es geht oder auch wie man es nicht machen sollte.

Ja, irgendwie steht jeder Webshop in Konkurrenz zu Amazon (70 Milliarden US-Dollar Jahresumsatz 2013, das entspricht 7 Prozent des Gesamt-E-Commerce-Umsatzes 2013). Andererseits ist der Webshop mit dem weltweit zweithöchsten Gesamtumsatz der völlig anders geartete Apple-Online-Store (18 Milliarden US-Dollar 2013). Die übrigen Webshops müssen sich damit abfinden, dass selbst der drittplatzierte nicht einmal 15 Prozent des Amazon-Umsatzes hat. Auf der globalen Rangliste steht Dell (3,5 Milliarden US-Dollar 2013) auf Platz 10.

Für Deutschland ist das Gefälle ähnlich: Amazon führt mit fast 6 Milliarden Euro und vereinnahmt ein Drittel der Umsätze der deutschen Top–100-Webshops. Otto folgt mit knapp 2 Milliarden, auf Platz 15 liegt Thomann mit 240 Millionen. In der Top 100 der deutschen Online-Shop-Umsätze generieren die sechs umsatzstärksten so viel wie die übrigen 94, nämlich fast 10 Milliarden Euro. Übrigens gelangte die Schlafwelt mit 35 Millionen Euro Jahresumsatz 2013 auf Platz 100.

Amazon und Apple sind aufgrund ihrer Größe eine eigene Liga und kein Maßstab für den eigenen Online-Shop. Natürlich sollte man beide kennen und analysieren, aber aus deren Erfolg Rezepte für den eigenen Webshop abzuleiten, wird scheitern. Der lokale Reifenhändler konkurriert auch nicht mit Tirendo (kann mit diesen allerdings kooperieren, wie zahlreiche Händler mit Amazon), sondern mit den anderen Reifenhändlern am Ort, von diesen setzt er sich durch Preis, Marketing, Sortiment, Service oder Qualität ab. Die friedliche Koexistenz mehrerer gleichartiger Anbieter ist im Online- und Softwarebereich aufgrund der Reichweite jedoch eher die Ausnahme als die Regel. Der deutsche Markt ist eng, und jeder Teilnehmer ist bestrebt, seinen Anteil zu verteidigen und auszubauen.

Achja, das Geschäftsmodell eines anderen Anbieters zu übernehmen und dessen Software oder Webseite möglichst nah nachzubauen, kann auch ein geeigneter Weg zu Reichtum sein. Dazu gehören jedoch einerseits Chuzpe und andererseits ein Mehr in anderen Bereichen, beispielsweise ein üppiges Marketing-Budget.

11 Glossar & Index

Im Folgenden werden die wichtigsten Begriffe kurz erklärt. Die Zahlen in eckigen Klammern verweisen auf die entsprechenden Seiten im Buch.

Akteur: Nutzerrolle in einem bestimmten Kontext einer Software oder Webseite, beispielsweise Bearbeiter, Datenerfasser oder Besucher, Kunde. Hilft beim Erfassen der Anforderungen und beim Verfassen der Use-Cases und User-Storys. [56]

Aktion: Aus Sicht des User-Interface jede Möglichkeit des Nutzers, auf den Computer einzuwirken, z.B. durch Maus-, Tastatur- oder Spracheingabe. Aus Entwicklersicht jeder in sich abgeschlossene Bearbeitungsschritt der Datenverarbeitung. Aus vielen Einzelaktionen (z.B. Daten lesen, verarbeiten, an ein Gerät ausgeben, Bestätigung der korrekten Übertragung) können komplexe Aktionen bzw. Funktionen (z.B. Datei drucken) zusammengefügt werden.

Alpha-Release: Erste nutzbare Version einer Software, meist nur für einen begrenzten (internen) Nutzerkreis. Dient vorrangig dem Finden von Fehlern.

Android: Betriebssystem für Mobilgeräte (Smartphones, Tablets), wird von Google entwickelt und Hardware-Herstellern (kostenlos) zur Verfügung gestellt, die dafür Lizenzgebühren an patenthaltende Unternehmen wie Microsoft (und Nokia) entrichten. Die grundsätzliche Bedienweise entspricht der von iOS.

ARM: Advanced RISC Machines Ltd., ein britischer Chiphersteller. ARM bezeichnet auch eine Musterarchitektur (Advanced RISC Maschine), die ihre Stärken in Ausführungsgeschwindigkeit und Energieeffizienz hat und bevorzugt in Mobilgeräten (Smartphones, Tablets) verwendet wird.

Assistent: Unterstützung des Nutzers durch „automatisches" Generieren von Ergebnissen anhand der Eingaben. Etabliert sind die Assistenten, in denen der Nutzer Schritt für Schritt Angaben macht, mit „Weiter" zum nächsten Eingabebereich wechselt und so Einstellungen an seinem Computer vornimmt oder eine Office-Programm-Vorlage nutzt. Assistenten gewährleisten, dass alle relevanten Daten vorliegen, auch bieten diese die Möglichkeit, den Kontext für Eingaben oder Daten darzustellen, der an anderer Stelle oft fehlt. Der Assistent orientiert sich bei seiner Abfrage an den Schritten, die der Nutzer für das Erreichen seines Zieles als geeignet ansieht. Assistenten werden als modale Dialoge umgesetzt, müssen meist vom Nutzer aktiv aufgerufen, können abgebrochen und nach Durchlaufen abgeschlossen werden. Daneben unterstützen Assistenz-Programme (wie Siri, Cortana oder Google Now) allgemein den Nutzer, indem sie beispielsweise aus einer Spracheingabe einen Befehl erkennen und diesen umsetzen, z.B. eine Nachricht versenden, einen Anruf auslösen oder einen Termin im Kalender eintragen. Auch die Office- Assistenten, die sich aus Microsoft Bob heraus entwickelt haben, arbeiten eher allgemein und bieten dem Nutzer geeignet scheinende Aktionen an. [334]

Auswahlliste: Bedienelement, um mindestens eine Option aus einer Reihe von gleichartigen Alternativen auszuwählen. Darstellung erfolgt als Liste, in der ggf. gescrollt werden kann, die alle verfügbaren Optionen enthält. Die Auswahl erfolgt über Anklicken eines Eintrags, bei Mehrfachauswahl wird die ⌜strg⌟ - bzw. ⌜cmd⌟ -Taste beim Anklicken gedrückt. Die gewählten Optionen werden in der Liste markiert. [260]

Auswahlmenü: Bedienelement, um (genau) eine Option aus einer Reihe von gleichartigen Alternativen auszuwählen. Das Menü zeigt die gewählte Option an, beim Anklicken wird die Liste aller verfügbaren Optionen angezeigt (z.B. die Wahl eines Landes, einer Anrede). [256]

Auto-Vervollständigung: Unterstützende Funktion bei der Eingabe in Formularen oder auf der Kommandozeile. Anhand der eingegebenen Zeichen werden geeignete Vorschläge eingeblendet (z.B. „Berlin" bei „ber" oder „Mit freundlichen Grüßen" bei „mfg"), dies kann automatisch oder durch Drücken einer speziellen Taste erfolgen. In iOS und MacOS ist die Auto-Vervollständigung mit der Auto-Korrektur kombiniert und steht systemweit an allen Stellen mit Texteingabe zur Verfügung, und die Ersetzung erfolgt automatisch. Bekannte Vertreter sind die Auto-Vervollständigung in der Browser-Adresszeile und in der Google-Eingabemaske.

Beta-Release: Erste Version einer Software, die auch externen Nutzern zur Verfügung gestellt wird. Dient vorwiegend dem Entdecken von Fehlern. Sollte nicht in Produktivumgebungen verwendet werden, kann aber die Nutzer auf die fertige Software einstimmen und helfen, Probleme im Alltag zu entdecken.

Box-Modell: Mit HTML lassen sich Blöcke bilden; meist durch <div>-Container, aber viele HTML-Element können durch CSS-Anweisungen als Block fungieren. Diese Blöcke werden mittels CSS in der Webseite und zueinander angeordnet. Bis vor einigen Jahren wichen die Box-Modelle der Browser voneinander ab, rechneten beispielsweise einen Innenabstand (Padding) mal der Boxgröße hinzu oder zogen diesen von der definierten Größe ab. Dadurch entstanden unterschiedliche Darstellungen in den verschiedenen Browsern. Seit etwa 2010 verwenden alle Web-Browser das selbe Box-Modell mit Innen- und Außenabständen.

Button: (auch „Schaltfläche") Bedienelement, das bei Anklicken eine Aktion auslöst. Diese Aktion ist durch Beschriftung oder Icon eindeutig auf dem Button angegeben. Üblich sind „Ok"- oder „Abbrechen"-Buttons zur Bestätigung bzw. Abbruch einer zuvor angeforderten Aktion. Auch „Weiter"-,

„Zurück"-, „Drucken"- und ähnliche Schaltflächen sind gebräuchlich. Entweder wirken Buttons durch ihr Design wie drückbare Tasten oder sind aufgrund ihrer Platzierung, Beschriftung, Gestaltung als anklickbare Elemente erkennbar. Im Gegensatz zu Links haben sie entweder (z.T. indirekt) bestätigenden, ablehnenden oder funktionalen Charakter. [265]

Checkbox: Bedienelement mit zwei Zuständen (□ und ☑ bzw. ☒). Bei allein auftretenden Checkboxes ist das Setzen des Häkchens die Bestätigung der Beschriftung (z.B. „Newsletter abonnieren", „Helligkeit automatisch anpassen", „doppelseitig drucken"); das Nicht-Setzen des Häkchens entspricht der Ablehnung der Beschriftung. Sind mehrere Checkboxen miteinander kombiniert (z.B. für verschiedene Schrift-Formate wie fett, kursiv, hochgestellt), so kann jedes einzeln gesetzt werden, oder auch alle. Das Setzen aktiviert die entsprechende Option. [251]

Checkout-Prozess: (auch „Bestellvorgang" oder „Bestelltunnel") Bezeichnet die Schritte in einem Webshop zwischen Warenkorb-Ansicht und „Kaufen"-Button („zahlungspflichtig bestellen"). Dabei werden Rechnungs- und Lieferadresse, Zahlungsweise und ggf. Bestelloptionen eingetragen oder aus dem Kundenkonto übernommen (wenn vorhanden).

Codec: Kunstwort aus Coder und Decoder. Verfahren, um Medieninhalte komprimiert abzuspeichern und wiederzugeben. Für Bildinhalte ist jpg der Quasi-Standard, bei Musik MP3 und AAC, bei Videos mpg und H.264 (oft in Dateien mit der Endung .mp4). Diese Verfahren reduzieren die Dateigröße nach psychologischen Aspekten, entfernen also Inhaltsinformationen, die dem Gehirn kaum auffallen bzw. die von diesem leicht wieder ergänzt werden können. Dabei wird häufig eine Reduktion um den Faktor 10 erreicht.

Combo-Box: Bedienelement, das Auswahlmenü mit Eingabefeld kombiniert. Beim Anklicken werden die verfügbaren Optionen angezeigt und können ausgewählt werden. Alternativ kann in das Feld eine Option direkt eingetragen werden, z.B. für die Auswahl einer Schriftgröße. Mit Vorsicht einzusetzen, da manuelle Eingaben fehlerhaft sein können. Ist heute meist durch andere Eingabemöglichkeiten ersetzt, z.B. Eingabefelder mit Auto-Vervollständigung. [261]

Contextual Inquiry: Usertest, indem dem Tester Fragen gestellt werden. Der Tester befindet sich dabei in der Nutzungssituation, die Befragung erfolgt parallel zur Nutzung oder direkt im Anschluss.

CSS: Abkürzung für Cascading Style Sheets. Bei Webseiten wird zwischen Inhalt und Form getrennt. Die HTML-Datei enthält den Inhalt, die CSS-Datei steuert das Aussehen der in HTML verwendeten Elemente. Durch

Unterschiede bei der Interpretation des „Box-Modells" war umfangreiches
Testen mit den verschiedenen Browsern nötig. Heute interpretieren alle
Browser den Standard CSS2 nahezu identisch. Mit CSS3 sind in moder-
nen Browsern die flexible Gestaltung mit Farbverläufen, Schatten und
Animationen möglich.

Cut & Paste: Möglichkeit, einen Inhaltsbereich zu entfernen und an anderer
Stelle einzufügen. Das gilt z.B. für Textabschnitte, Bildbereiche oder Dateien. Statt entfernen, kann der gewählte Bereich auch kopiert und durch
das (mehrfache) Einfügen (an anderen Stellen) vervielfältigt werden.

Default-Wert: Standard- oder empfohlener oder wahrscheinlich genutzer Wert,
der voreingestellt ist. Nutzer kann ihn bei Bedarf durch eigenen Eintrag
überschreiben. Auch Checkboxen, Radio-Buttons oder Auswahlmenüs
können Default-Einstellungen aufweisen – das nimmt dem Nutzer Entscheidungen ab bzw. präsentiert eine plausible Auswahl zur Orientierung.
In psychologischen Kontexten bezeichnet der „Default-Wert" die übliche
Wahrnehmung, den „unmarkierten Zustand" bzw. das gängige Interpre-
tationsmuster, das auf etwas angewendet wird.

Design: Konkrete optische Gestaltung eines funktionalen oder Inhaltsbereichs
in einer Software oder Webseite. Das Design kann eine eigene „Sprache"
beinhalten, die das Aussehen und die Funktionalität von Elementen
definiert. Dazu gehören u.a. Farben, Schriftarten, optische Effekte, Stil
von Icons und Abbildungen, Linien und geometrische Figuren.

Dialog: Kleines Fenster, das mindestens eine bestätigende Schaltfläche besitzt
und die Interaktion mit dem eigentlichen Interface unterbricht. In einem
Dialogfeld werden Hinweise gegeben, Bestätigungen eingefordert, Daten
abgefragt oder Assistenten integriert.[284]

Direkte Manipulation: Bedienparadigma, das darauf basiert, dass durch ein
Hilfsmittel (wie Maus oder Touchpad) der Bildschirminhalt direkt beeinflusst werden kann. Auf Touch-Geräten (wie Smartphones oder Tablets)
erfolgt die Bedienung meist durch Fingerberührung. Technische Bedingung ist, dass die ausgeführte Aktion in „Echtzeit" – ohne wahrnehmbare
Verzögerung – ausgeführt wird; z.B. wirkt das Verschieben einer Webseite,
als würde die Seite am Finger kleben und von diesem tatsächlich direkt
verschoben. Gibt es Verzögerungen oder stolpert die Reaktion, ist die
Illusion der direkten Manipulation gebrochen.

Drag'n Drop: Ziehen und Fallenlassen. Bedienparadigma der grafischen Oberfläche, wo der Mauszeiger Objekte aufnimmt (Klick), bewegt (Klick
halten) und loslässt (Klick lösen). Dient neben der Möglichkeit der Um-
platzierung dazu, Aktionen auszulösen, z.B. eine Datei zum Löschen

auf den Papierkorb zu bewegen. Zieht man z.B. ein Datei-Icon auf ein Programm-Icon, wird die Datei von diesem Programm geöffnet.

DTP: Abkürzung für Desktop Publishing. Erstellung von Publikationen auf dem (virtuellen) Schreibtisch. Print-Produkte werden rein digital erzeugt und als Postscript-Datei oder PDF an die Druckerei gegeben. Bleisatz oder andere gestaltende Zwischenstufen sind nicht nötig. [84]

Eingabefeld: Bereich, in den Daten per Tastatur eingetragen werden, von Einzelzeichen bis zu Texten. Durch eine Umrandung optisch begrenzt; diese muss nicht synchron zur funktionalen Begrenzung sein (kann schmaler sein als die akzeptierte Textmenge). [247]

Ergonomie: Vorfahr der Usability. Unter Ergonomie werden alle physischen Aspekte zusammengefasst, die ein angenehmes Arbeiten ermöglichen (dadurch Reduktion von Unfallgefahren und Fehlern sowie Steigerung der Produktivität): beispielsweise Größe und Platzierung von Hebeln an einer Maschine, Lichtsetzung in Büros, Einstellmöglichkeiten für Büromöbel, Wartungsfreundlichkeit von Maschinen und Geräten. Als Begründer gilt unter anderem Raymond Loewy, der in seiner Biografie „Hässlichkeit verkauft sich schlecht" Beispiele aus zahlreichen Bereichen seit Anfang des 20. Jahrhunderts beschreibt.

Farbverlauf: Innerhalb einer Fläche wechselt die Farbfüllung von einem Farbwert zu einem anderen. Dadurch erhält die Fläche eine farbige Dynamik und eine räumliche Anmutung. Bewährt haben sich dezente Verläufe, die von einem Farbton in eine bis zu zehn Prozent hellere oder dunklere Version des selben Tons übergehen. Mit CSS3 auch direkt in Webseiten möglich.

Feedback: Rückmeldung, Begriff aus der Kommunikationstheorie. Feedback bezeichnet jede Reaktion, die ausdrückt, dass der Computer auf Nutzeraktionen reagiert, der sich bewegende Mauszeiger ist das Feedback auf die Mausbewegung, eine Dialogbox kann das Feedback einer Anweisung sein. Feedback sollte affirmativ, bestätigend und motivierend erfolgen.

Fehlermeldung: Hinweismeldung, dass eine Eingabe nicht korrekt erfolgt ist oder etwas nicht wie vorgesehen läuft. Je nach Schweregrad des Fehlers wird eine Bestätigung angefordert. Fehlermeldungen sind konstruktiv formuliert, sodass der Nutzer erkennt, worin der Fehler besteht und wie er ihn beheben kann. [287]

Fenster: In der WIMP-GUI bildet ein Fenster den Arbeitsbereich, der den Monitor teilweise oder vollständig („Fullscreen") ausfüllt. Die meisten Programme verwenden Fenster, um Informationen darzustellen oder bearbeiten zu lassen (Dokumente). Fenster verfügen über Titelzeile,

Buttons zum Schließen, Vergrößern, gegebenenfalls Scrollbalken, um den sichtbaren (Dokument-) Ausschnitt zu wählen, und den Hauptbereich. Zu unterscheiden sind Programm-, Dokument-, Pop-up- bzw. Dialog- und Palettenfenster. Fenster können auf dem Monitor frei verschoben und ihre Größe (meist) geändert werden.

Formular: In Analogie zu Papierformularen enthalten Formulare auf dem Monitor Eingabefelder, die auszufüllen sind. Übliche Daten sind: Zahlen, Texte, Ja/Nein-Angaben mittels Checkboxen oder eine Auswahl aus mehreren Optionen mittels Radio-Buttons. Für Formulare ist kennzeichnend, dass die Eingabefelder in einer bestimmten Weise angeordnet sind, z.B. bestehen Adressformulare aus: ein oder zwei Feldern für die Namenseingabe in der ersten Zeile, einem Feld für Zusätze, ein oder zwei Feldern für Straße und Hausnummer in der dritten Zeile und zwei Feldern für Postleitzahl und Ort in der vierten Zeile. Dieser optische Quasi-Standard erleichtert die Orientierung und unterstützt beim Ausfüllen. Die Formulareingabe wird mit Klick auf einen Button abgeschlossen. Formulare können sich über mehrere Bildschirmseiten erstrecken, die zu erscrollen sind, oder zwischen denen mit Weiter- und Zurück-Tasten gewechselt wird.

Foveale Wahrnehmung: Der Sichtbereich, auf den fokussiert wird, der als scharf erscheint. Auf einem Computermonitor meist der Bereich etwas oberhalb der Bildschirmmitte. [155]

Gesten: Auf Touch-Geräten bzw. Touch-Eingabegeräten für Computer sind einige Aktionen durch Gesten steuerbar, beispielsweise Zoomen durch Auseinanderspreizen bzw. Zusammenziehen von zwei Fingern oder das Erscheinen einer Befehlsliste durch Bewegen des Fingers vom Bildschirmrand. Gesten müssen erlernt werden, es gibt keine optischen Hinweise, wann welche Gesten wie funktionieren. Auf Spielkonsolen gibt es Gestensteuerung, die durch kameraerfasste Bewegung erfolgt; diese hat sich bislang nicht in der Computerbedienung etabliert.

Gitter: Ein unsichtbares Raster (in nur einer Dimension, meist Einteilung in Spalten), das bei der Anordnung der Elemente hilft, vergleichbar dem Satzspiegel im Drucklayout. [196]

GOMS-Modell: Verfahren zur Beschreibung eines Interface. Dabei werden Ziele (Goals), Aktionen (Operators), Aktions-Sequenzen (Methods) und Nutzungsregeln (Selection Rules) definiert bzw. beschrieben. [122]

GUI: Abkürzung für Graphical User Interface, grafische Benutzeroberfläche. Computerbedienung mit WIMP-Elementen via Point'n Click.

Hierarchie: Gibt es mehrere Elemente, können diese in Abhängigkeit zueinander stehen. Eines bildet ein Unterelement zu einem anderen oder ist in seiner Wirkung von diesem abhängig. Solche Abhängigkeiten bestehen in der funktionalen, optischen bzw. gestalterischen und auf der inhaltlichen (semantischen) Dimension. Alle drei Hierarchie-Dimensionen sind synchron, d.h. eine funktionale Abhängigkeit ist auch optisch und semantisch erkennbar bzw. eine optische Unterordnung entspricht der funktionalen Abhängigkeit. Durch inhaltliche und optische Hierarchisierung wird der Arbeitsraum strukturiert und das Funktionsangebot erschlossen. Mitunter kann es geeignet sein, eine Hierarchieebene zur besseren Übersicht einzufügen, beispielsweise „Verzeichnis einfügen" und erst auf der Hierarchieebene darunter wird der konkrete Verzeichnistyp (Inhalts-, Abbildungs-, Tabellen- oder anderes Verzeichnis) gewählt. Ziel ist, die Funktionen so in Hierarchien zu strukturieren, dass auf jeder Ebene zwei bis acht Elemente vorhanden sind. [166]

Hover: Optische Reaktion eines Elements auf die Berührung durch den Mauszeiger, beispielsweise das Färben eines Links vor dem tatsächlichen Klick. Steht auf Touch-Geräten nicht zur Verfügung, da kein Mauszeiger zum Berühren existiert.

HTML: Abkürzung für Hypertext Markup Language. Eine Seiten-Beschreibungssprache, in der gesteuert wird, was eine Internetseite enthält. Guter HTML-Code nutzt semantische Auszeichnungen (z.B. `<header>` `<artice>` `<nav>` `<footer>` `<h1>` `<h2>` `<ul>` `<p>` `<strong>` `<em>` etc.), um den Seiteninhalt zu strukturieren. Die Gestaltung erfolgt über CSS, Dynamisierungen sind mittes Javascript möglich.

Icon: Repräsentiert manipulierbare Objekte auf dem Bildschirm. Sinnbildliche Darstellung für Dateien, Programme, Laufwerke oder andere Elemente. Kann mittels Zeigegerät (Maus) aufgenommen und bewegt werden (Drag'n Drop).

Infinite Scrolling: Endloses Scrollen auf Webseiten. Eine Liste wird nicht auf mehrere Seiten verteilt, zwischen denen der Nutzer navigiert, sondern beim Erreichen des aktuellen Seitenendes wird automatisch der nächste Teil der Liste nachgeladen. Dadurch wirkt die Liste unendlich, und das Scrollen wird zur Hauptnavigation; eignet sich vorwiegend für Content und nicht für eCommerce. [146]

Interface: Schnittstelle. Bezeichnet den Bereich, in dem der Nutzer mit einem Gerät interagieren kann. Bei einem heutigen Computer umfasst dies mindestens: Monitor, Tastatur, Maus bzw. Touchpad. Auf einem Smartphone oder Tablet sind die Interaktionselemente in einem Gerät kombiniert, und die Interaktion erfolgt fast ausschließlich über den Bildschirm.

iOS: Betriebssystem für iPhone und iPad. Dieses wird über Touchberührungen und -gesten bedient und stellt mangels Fenstern und Mauszeiger eine Abkehr vom WIMP-Bedienparadigma dar. Wird im Jahrestakt auf eine neue Version („Major-Release") aktualisiert, das auf die aktuelle Hardware-Version von iPad und iPhone optimiert ist, aber auch mindestens die zwei Vorversionen dieser Geräte unterstützt. Die Basis des Betriebssystems ist die gleiche wie bei MacOS, doch die Nutzeroberfläche ist speziell an Touch-Geräte angepasst und nur für diese verfügbar.

iPad: Tablet der Firma Apple, erschien 2010 in der Größe von 9,7 Zoll, seit 2012 auch als „mini" mit 7,9 Zoll. Wird mit iOS betrieben. [98]

iPhone: Smartphone der Firma Apple, erschien 2007 und erhält jährlich Updates der Hardware und Software (iOS). [96]

Javascript: Ermöglicht interaktive Funktionen innerhalb einer Webseite. Während Webseiten aus statischem HTML-Code bestehen, können mittels Javascript Teile der Seite nachgeladen, ein- oder ausgeblendet werden. Auch das Einlesen von Daten aus Datenquellen oder das Speichern in diese ist möglich. Das ermöglicht Webseiten, bei denen der Nutzer nur innerhalb einer Webseite bleibt, aber vielfältige Aktionen ausführen kann; meist als sogenannte AJAX-Applikation umgesetzt, „Asynchronous Java-Script and XML". Zu solchen Web-Applikationen gehören beispielsweise Webmailer, Cloud-Dienste zur Online-Bearbeitung von Dokumenten oder Online-Kalender.

Kommandozeile: Tastaturbasierte Eingabemöglichkeit für Computerbefehle. Der Computer wird „in seiner Sprache" direkt angewiesen, etwas zu tun. Populäre Beispiele sind MS-DOS, Unix/Linux-Shell („Terminal" oder „Konsole") und CP/M. [75]

Kommunikation: Faktor für gute Usability. Direkte (inhaltliche) und indirekte (gestalterische, behavioristische) Aussagen sind stets synchron und widerspruchsfrei. Der Nutzer erhält stets Feedback; jede Nutzer-Aktion bewirkt eine Computer-Reaktion. Motto: *„Do tell me, what I need to know, and don't hide information from me."* [19]

Kommunikation (2): Gemäß dem Sender-Empfänger-Modell wird eine Nachricht zwischen zwei Entitäten ausgetauscht. Kommunikation entsteht dann, wenn eine Reaktion (in Form von Rück-Kommunikation bzw. Feedback) erfolgt, die in sinnhaftem Zusammenhang mit der ersten Nachricht steht. Auch die Bedienung eines Computers kann nach Kommunikationsregeln erfasst werden, indem Eingabe- und Ausgabedaten als Nachrichten interpretiert werden. Eine Kommunikation weist innere Kohärenz auf, und es ist „nicht möglich, nicht zu kommunizieren" (Paul Watzlawik). Jede Ausgabe des Computers wird vom menschlichen Nutzer als Kommunikationsbestandteil wahrgenommen. Die Kommunikation zweier Computer über Netzwerke ist stärker formalisiert, sie basiert auf Protokollen, die Anfang, Übertragung und Ende genau definieren.

Konsistenz: Zusammenhalt, Einheitlichkeit. Gleiches führt zu Gleichem, Unterschiedliches zu Unterschiedlichem. Sehen sich zwei Bedienelemente ähnlich, dann ist deren Funktionalität und/oder Verhalten auch ähnlich, sehen sie unterschiedlich aus, unterscheiden sie sich auch hinsichtlich Funktionalität und Verhalten. Konsistenz bezieht sich beispielsweise auf die Darstellung, Platzierung, Gestaltungskontext, Text bzw. Beschriftung, Interaktionsmöglichkeiten. [341]

Kontextmenü: Mittels Rechtsklick wird eine Liste geeigneter Funktionen aufgerufen. Diese stammen aus verschiedenen Menüs des Hauptmenüs und sind entsprechend des Umfelds, in dem der Rechtsklick erfolgt, zusammengestellt. Der Rechtsklick auf eine Datei liefert andere Kontextmenü-Einträge als der Rechtsklick auf ein Wort in einer Textverarbeitung. Webseiten verwenden standardmäßig das Kontextmenü des Browsers; zunehmend nutzen Web-Applikationen eigene Kontextmenüs, die besser an die konkreten Aufgaben angepasst sind. Da es keine optischen Hinweise gibt, ob sich das Öffnen des Kontextmenüs lohnt, listet es nur Funktionen auf, die auch an anderer Stelle (z.B. im Menü) vorhanden bzw. auch auf anderem Wege erreichbar sind. Kontextmenüs sind für viele Novizen die ersten Elemente, um sich als fortgeschrittene Nutzer zu fühlen.

Konversion: Gibt den Quotienten aus Erfolg und Potenzial an. In einem Webshop wird der Erfolg in Bestellzahlen gemessen und das Potenzial in Besucherzahlen; wenn von 1.000 Besuchern 80 eine Bestellung auslösen, hat der Webshop eine Konversion von 8 Prozent. Die Konversion kann für verschiedene Bereiche gemessen werden, z.B. Newsletteranmeldung, Anlegen eines Kundenkontos, Lesen eines bestimmten Beitrages, das Verfassen eines Kommentars oder einer Kundenrezension, auch das Verweilen auf der Webseite für mindestens x Minuten kann ein Konversionsziel darstellen. In vielen Situationen werden Konversionszahlen für die Erfolgsmessung verwendet, doch ist zu berücksichtigen, dass nur das Ergebnis erfasst wird und keine Antworten auf die Fragen, wie oder warum ein Ergebnis erzielt wurde. Mitunter hat die Welt außerhalb des Computers (z.B. Wetter, News, Epidemien, Politik) eine stärkere Auswirkung auf das Nutzerverhalten als alle Elemente auf einer Webseite oder in einer Software.

Layout: Anordnungssystem für die optische Organisation in der zweidimensionalen Fläche. Das Layout definiert die Regeln für die Platzierung, Größenverhältnisse und Relationen (z.B. oben/unten, links/rechts) der Funktions- und Inhaltsbereiche. Die potenzielle Gesamtfläche wird dazu in Bereiche unterteilt, z.B. mithilfe eines Rasters oder Gitters. Die Funktionen und Inhalte einer Software oder Webseite werden anschließend den Bereichen zugeordnet, dabei können mehrere Raster- oder Gitter-Bereiche zu einem funktionalen oder Inhaltsbereich zusammengefasst werden. Erst das Design schafft dann die konkrete optische Ausprägung der Elemente.

Macintosh: Name der Computer mit grafischer Oberfläche, die 1984 von der Firma Apple erstmals vorgestellt wurden. Lebt als „Mac" fort, das als Bestandteil der Computernamen seitdem in Apple-Computern vorkommt, vom PowerMac über MacBook bis iMac und MacPro. Das Betriebssystem der Mac-Computer heißt entsprechend MacOS und teilt sich die Basis mit iOS. MacOS folgt – im Gegensatz zu iOS – der WIMP-Bedienung, die durch Übernahme von Touch-Gesten erweitert wurde. [81]

Makro: Der Nutzer zeichnet Einzelaktionen auf und kann diese dann als eigene Funktion genau so erneut aufrufen und nutzen. Visual Basic, Scripting-Fähigkeiten einiger Programme oder das MacOS-X-Tool „Automator" (früher AppleScript) erlauben es so, eigene Funktionen zu definieren, die aus zahlreichen Einzelaktionen bestehen. Dies bewährt sich vor allem bei häufig wiederkehrenden Aufgaben und senkt die Fehlerquote, da kein Einzelschritt vergessen werden kann.

Maus: Eingabegerät für GUIs, das über eine Oberfläche bewegt wird. Die (durch eine Kugel oder einen optischen Sensor erfasste) Bewegung vollzieht der Mauszeiger auf dem Bildschirm nach. Die Maus verfügt über mindestens eine Taste, um auf dem Bildschirm einen Klick auszulösen. Die meisten Modelle bieten weitere Tasten für Zusatzfunktionen, beispielsweise den populären „Rechtsklick", um das Kontextmenü aufzurufen.

Memento mori: Lateinisch für Gedenken des Todes. Diskussionsszenario, um die Ursachen für das (unterstellte) Scheitern zu untersuchen. [301]

Menü: Hierarchische Gliederung der Befehle innerhalb eines Programms. In einer Zeile sind die Rubriken (mit ihren Menütiteln) aufgelistet, beim Klick darauf öffnet sich das zugehörige Menü und zeigt die möglichen Befehle an, ein Klick auf einen der Befehle führt diesen aus. Somit sind potenziell alle verfügbaren Befehle stets zugänglich und müssen nicht nachgeschlagen werden.[270]

Microsoft Bob: Softwarepaket von Microsoft, wurde 1995 veröffentlicht. Eine spielerische Oberfläche bildet die grafische Benutzeroberfläche des Betriebssystems, ein Comic-Assistent unterstützt den Anwender bei der Arbeit. Enthalten waren diverse Einzelprogramme für private Anwender, beispielsweise Finanzberater, Haushaltsmanager, E-Mail-Clienten, GeoSafari Quiz, Schreibprogramm, Kalender, Adressbuch. Für PC-unerfahrene Benutzer wurden technische Details unter den Analogien aus der häuslichen Umgebung verborgen. [27]

Mock-up: Ein „Als ob"-Entwurf. Die Stufe einer Software oder Webseite zwischen Skizze und fertigem Prototyp. Ein Mock-up verdeutlicht die wesentlichen Funktionen in einer reduzierten Gestaltung, um die Bedienung und Funktionsweise begutachten zu können. Je nach Fokus kann ein Mock-up bereits sehr weit gestaltet sein, z.B. bei Internetseiten, aber die Funktionalität nur andeuten. Oder es simuliert eine Funktionalität und dient dazu, die gestalterischen Entscheidungen zu prüfen und ggf. zu modifizieren.

Modus: Eigener Zustand des Interface. Der einfachste Modus ist der ausgeschaltete Computer, denn dann erfolgt keine Reaktion auf Nutzerinteraktionen, allenfalls auf das Drücken der „Ein"-Taste. Innerhalb eines Modus wirken sich die Nutzer-Aktionen anders aus, z.B. führt im Format-Dialog von MS-Word das [Enter]-Drücken zum Übernehmen getätigter Einstellungen, und der Dialog wird geschlossen; im Textbearbeiten-Modus bewirkt die [Enter]-Taste ein Absatzende. Jeder Modus hat Anfang und Ende, der Nutzer muss ihn beginnen und beenden. Daher sind modale Dialoge (da sie die Interaktion mit dem eigentlichen Programm verhindern) mit „Ok" oder „Abbrechen" zu schließen. Wenn möglich, sind modale Dialoge zu vermeiden, z.B. lassen sich Formate über Paletten oder Symbolleisten direkt zuweisen, ohne einen interaktionsverändernden Dialog aufzurufen.

MS-DOS: Microsoft Disk Operating System, erschien 1981 für den IBM-PC. Kommandozeilenbasiertes Betriebssystem, fand in den 1980ern rasch Verbreitung, bildete den Standard für sogenannte IBM-kompatible PCs und diente als Unterbau für Windows 1 bis 3, 95, 98 und Me.

Multi-Touch: Eingabemethode, bei der auf einer berührungssensitiven Fläche (z.B. Touch-Display oder Trackpad) mehrere Fingerbewegungen auf einmal (als Geste) erkannt und als eine Eingabe behandelt werden. Z.B. löst das Auseinanderziehen zweier Finger ein Hineinzoomen aus, während das Zusammenschieben ein Herauszooomen bewirkt. Das parallele Bewegen zweier Finger bewirkt ein Scrollen. Daneben sind zahlreiche spezielle Gesten mit mehreren Fingern möglich.

Norton Commander: Ein Dateimanager (erschienen 1986), der durch sein Layout (zwei Spalten, in denen die Inhalte unterschiedlicher Bereiche von Datenträgern angezeigt wurde) den Standard für Dateiverwaltung in den 1980ern setzte. Für nahezu alle Betriebssysteme gab es Dateimanager, die nach dem gleichen Prinzip funktionierten. Dieses wurde erst obsolet, als sich die Browser-Logik in der Dateiverwaltung durchsetzte. [26]

Nutzer: Der konkrete oder idealisierte Anwender einer Software oder Besucher einer Webseite. Wird in der Planung als Persona beschrieben.

Nutzergruppe: Mehrere Software-Anwender oder Webseiten-Besucher, die in bestimmten Eigenschaften Gemeinsamkeiten haben. Sinnvoll ist die Gruppenbildung nach Erfahrungslevel, Aufgabenziel, Nutzungskontext oder (für Marketingzwecke) nach sozialen bzw. demografischen Aspekten.

Objekt: Element, das in eine Aktion einbezogen bzw. von dieser direkt betroffen ist: Icon, markierter Textabschnitt, Dokumentbereich oder Listenauszug; manche Funktionen wirken sich auf das gesamte Dokument oder andere Entiäten aus (Druckauftrag, Papierkorbinhalt, Maschinenauftrag, Festplatten- oder Ordnerinhalt).

Optische Achse: (Trenn-)Linie, die zwar nicht existiert, aber durch andere Elemente evoziert wird. Die Tabellen in diesem Buch besitzen keine vertikalen Linien, dennoch werden die Spalten durch die Textränder deutlich als optische Achsen markiert. Jeder Bildschirmaufbau sollte möglichst wenige solcher Achsen aufweisen (aber deutliche), idealerweise im rechten Winkel zueinander. [163]

Palette: Zusatzfenster in Programmen zur Dokumentbearbeitung. Palettenfenster bzw. -bereiche enthalten (wie Symbolleisten) Funktionen zum schnellen Zugriff. Insbesondere funktionsreiche Programme wie die Adobe Creative Suite beschleunigen so die Arbeit, indem der Nutzer selbst wählt, welche Paletten er verwendet; somit sind diese Funktionen schneller (in einer nicht-modalen Arbeitsweise) erreichbar und unterbrechen die Arbeit nicht.

Periphere Wahrnehmung: Bereich auf dem Monitor, der nicht fokussiert wird und daher außerhalb der fovealen Wahrnehmung liegt. [155]

Persona: Prototypische (fiktive) Nutzer einer Software oder Webseite. Werden für die Anforderungserfassung (in Form von User-Storys) benötigt. Jede Persona wird mit Steckbrief und biografischen Daten sowie Motivation und Nutzungskontext skizziert. [55]

Piktogramm: Oberbegriff für Icon und Symbol, bildet eine Information durch vereinfachte grafische Darstellung ab.

Point'n Click: Zeigen und Klicken. Bezeichnet den Aktionsrahmen des Mauszeigers: auf etwas zeigen (sich bewegen) und etwas anklicken. Bedienparadigma der grafischen Oberfläche (WIMP), wo der Mauszeiger auf Befehle bzw. Bedienelemente zeigt und diese durch Klick ausgelöst werden bzw. Elemente mit dem Mauszeiger durch Klick aufgenommen und verschoben werden (Drag'n Drop).

Prototyp: Entwicklungsstufe einer Software oder Webseite (als Ganzes oder eines Teils), die bestimmte Funktionen abbildet und der finalen Gestaltung recht nahe ist. Wird vor allem für Machbarkeitsbelege oder Akzeptanztests benötigt. Je nach Fokus kann eine Funktion korrekt implementiert oder simuliert werden. Relevant ist, dass der Prototyp einen definierten Bereich der finalen Software oder Webseite erlebbar umfasst.

Radio-Buttons: Bedienelement mit zwei Zuständen ($\bigcirc$ und $\odot$), markiert die gewählte Option von mindestens zwei. Radio-Buttons sind in Gruppen organisiert, die mehrere alternative (sich gegenseitig ausschließende) Optionen beschreiben (z.B. Hochformat/Querformat, Lautstärke-Level 0 bis 7), von denen genau eine gewählt wird. Wie ein Auswahlmenü ermöglicht es ausschließlich die Wahl einer Option von mehreren; es ist nicht vorgesehen, keine Wahl zu treffen. [253]

Raster: Ein unsichtbares Gitter (in zwei Dimensionen), das bei der Anordnung der Elemente hilft. Die verfügbare Fläche wird in gleichgroße Rechtecke aufgeteilt, die für benötigte Funktions- und Inhaltsblöcke dann zusammengefasst werden. [196]

Respekt: Faktor für gute Usability. Fachliche Kompetenz, angemessenes Verhalten in Bezug auf Nutzerstärken und -schwächen. Motto: „*Don't waste my time.*" [16]

Ribbon: Bedienparadigma der grafischen Benutzeroberfläche, von Microsoft in der Version von MS Office 2007 erstmals vorgestellt. Dabei werden alle Befehle grafisch dargestellt (beispielsweise als Piktogramm oder Formatvorschau) und diese durch Anklicken ausgelöst. Die Befehle sind in mehren Bereichen untergebracht, zwischen denen gewechselt werden kann. Die Ribbons ersetzen in Microsoft-Programmen die vormaligen Text-Menüs. [95, 274]

Schatten: Gestalterisches Mittel, um Räumlichkeit zu simulieren. Einander überlagernde Elemente werden durch Schattenwurf hierarchisiert, dabei wird in der zweidimensionalen Arbeitsfläche eine räumliche Tiefe suggeriert und somit ein Arbeitsraum geschaffen. Mit CSS3 sind auch Schattenwürfe in Webseiten unaufwändig möglich.

Schnittstelle: (auch Interface) Vermittlung zwischen zwei voneinander unabhängigen Bereichen, z.B. zwischen Computer und Drucker oder zwischen Prozessor und Festplatte oder zwischen Mensch und Maschine. Die Schnittstelle definiert den Punkt der Verbindung und die Möglichkeiten, Bedingungen und Regeln der Datenübergabe zwischen beiden Bereichen.

Schriftart: Grafische Gestaltung eines Zeichensatzes. Dabei wird u.a. zwischen Serifen- (Times, Cambria oder Garamond) und serifenlosen Schriften (Helvetica, Arial oder Calibri) unterschieden, zwischen proportionalen Schriften (Times oder Helvetica) und jenen mit fester Laufweite (Monaco, Consolas oder Courier). Jede Schriftart liegt als Font-Datei im System vor, meist TrueType (.ttf) oder OpenType (.otf), und kann für die Darstellung von Schrift ausgewählt werden. Für die GUI sind vom System oder Nutzer Standard-Schriften eingestellt. Im Browser sind nur Schriftarten darstellbar, die auch auf dem eigenen Rechner installiert sind; moderne Browser binden zusätzliche Schriften für die Webdarstellung ein. [217]

Scrollen: Verschieben des sichtbaren Bereichs. Sind Dokumente, Ansichten oder Webseiten zu groß, um sie auf einmal darzustellen, ist nur ein Ausschnitt sichtbar. Der Nutzer holt mittels Touch-Geste, Mausrad oder Verschieben der Scrollbalken am Fensterrand einen anderen Ausschnitt in den sichtbaren Bereich. Dabei verdeutlichen Scrollbalken die relative Position des Ausschnitts.

Sieben Stufen der Interaktion: Von Donald Norman in „The Design of Everyday Things“ (1988) definiert: 1. Formulierung des Ziels. 2. Formulierung des Plans. 3. Spezifikation der Aktion. 4. Ausführung der Aktion. 5. Wahrnehmung des Systemstatus. 6. Interpretation des Systemstatus. 7. Auswertung des Resultats. [108]

Skeuomorphismus: Designrichtung, die eine möglichst realistische Abbildung realer Objekte auf dem Monitor anstrebte. Da der Monitor als zweidimensionale Abbildung die dritte Raumdimension vernachlässigen muss und aufgrund seiner Maus- und Tastaturbedienung nach anderen Bedienparadigmen verlangt als die Objekte in der realen Welt, geriet dieser Ansatz in Verruf. Gern wurde dabei auf die Kalender-App von MacOS X verwiesen, die durch hyperrealistische Texturen und unnötigen Realismus die Bedienung eher behinderte als förderte. [210]

Slider oder Regler: Bedienelement für das Einstellen eines Zahlenwertes in einem definierten Bereich. Ein Slider ist einem Schieberegler nachgebildet. Ein Element wird entlang einer markierten Achse verschoben und dadurch ein Wert eingestellt, der meist daneben oder darunter angezeigt wird. Werden zwei Schiebe-Elemente auf einem Slider kombiniert, lässt sich ein Wertebereich „Von–Bis" einstellen. Problematisch ist die exakte Bedienung, insbesondere bei Touch-Bedienung gestaltet sich das pixelgenaue Einstellen des Wertes schwierig. „Slider" dient auch als Bezeichnung für einen Bereich auf Webseiten, wo mehrere gleichartige Elemente neben- oder untereinander angezeigt werden und der Nutzer weitere dieser Elemente in dem Bereich anzeigen lassen kann, z.B. durch Scrollen oder Klicken auf Pfeil-Tasten am Bereichsrand. [262]

Status: Zustand, der dem Nutzer mitgeteilt wird, dabei gibt es mindestens zwei voneinander klar unterscheidbare Zustände. Im User-Interface erfolgt meist die Bewertung zur Entscheidungsunterstützung, ob es sich um einen guten Zustand („Es hat alles geklappt."), einen Hinweis („... Trotzdem fortfahren?") oder ein Problem oder einen Fehler handelt. Ggf. genügt eine sogenannte Statuszeile zur Information des Nutzers.

Symbol: Repräsentiert Aktionen in bildhafter Form. Werden beispielsweise in Symbolleisten oder Paletten zusammengefasst.

Symbolleiste: Sammlung von Symbolen oder Funktionen, die (meist am oberen Fensterrand) Zugriff auf häufig benötigte Funktionen bieten. [274]

Tastenkürzel: (auch Tastaturkürzel) Mehrere gemeinsam gedrückte Tasten lösen die gleiche Aktion aus wie der Klick auf einen Menüeintrag oder eine bestimmte Funktion. Dank Tastenkürzel muss der Nutzer nicht die Hände von der Tastatur heben, bei genügend Übung ist fast die komplette Bedienung über Tastatur möglich. [39]

Technische Schulden: In der Architektur-Metapher entspricht dies den Hypotheken, die mit jeder technologischen Entscheidung und schlechter Umsetzung aufgenommen werden. Dazu gehören Aufwände für Änderungen, Erweiterungen, Ersatzlösungen. Technische Schulden können bewusst in Kauf genommen werden, um ein Projekt schnell abzuschließen, oder unbewusst entstehen, wenn beispielsweise die Auswirkungen einer technologischen Entscheidung nicht absehbar waren. [4]

Touch Screen: Bildschirminhalte können direkt mittels Fingerberührung „angeklickt" (also ausgelöst) oder via -bewegung manipuliert werden. Dabei entfällt das „Point" des „Point'n Click", was zum Teil neue Bedienkonzepte nötig macht; damit orientiert sich die Touch-GUI nicht mehr am WIMP-Paradigma.

Trackpad: (auch „Touchpad") Eingabemöglichkeit, bei der der Mauszeiger durch Fingerbewegungen über eine sensitive Oberfläche gesteuert wird. Moderne Trackpads erkennen auch Gesten und Multi-Touch-Bedienung.

Transparenz: Gestalterisches Mittel, um Räumlichkeit zu simulieren. Bestimmte
Elemente erscheinen halb-durchsichtig, sodass das Dahinterliegende sichtbar wird. Meist erfolgt die Kombination mit einem Weichzeichner-Filter.
Einander überlagernde Elemente werden durch Transparenz hierarchisiert, dabei wird in der zweidimensionalen Arbeitsfläche eine räumliche
Tiefe suggeriert und somit ein Arbeitsraum geschaffen. Mit CSS sind
auch Transparenzen in Webseiten unaufwändig möglich. Vorsicht ist
geboten, da durch Transparenz auch Bildschirmteile sichtbar werden,
die für die eigentliche Aufgabe keine Relevanz besitzen. Transparenz
kann helfen, den Kontext für bestimmte Aktionen sichtbar zu halten
(z.B. bei transparenten Menüs oder Abdunkeln einer Webseite bei einer
sogenannten Light- oder Shadow-Box).

Unterstützung: Faktor für gute Usability. Beschreibt das Maß, in dem der
Nutzer etwas als nützlich und hilfreich empfindet. Wird der Grat zur
Gängelung oder Bevormundung überschritten, schlägt der Faktor in sein
Gegenteil um. Motto: *„Do help me doing what needs to be done.“* [17]

Usability: Begriff, der Konzepte zur Erreichung, Messung, Beurteilung der
Brauchbarkeit, (Be-)Nutzbarkeit, Bedienbarkeit, Gebrauchstauglichkeit,
Software-Ergonomie und Benutzerfreundlichkeit umfasst.

Use-Case: Anwendungsfall, der als Anforderung erfasst wird. Sachliche Beschreibung aus Nutzersicht, wie eine Software oder Webseite zur Erreichung
eines Zieles benutzt wird („Ich klicke … und erhalte … ich wähle …
und bestätige …“). Die konkreten Funktionen werden dabei als „Black
Box“ behandelt und nicht näher beschrieben. [60]

User Experience: Beschreibt die Gesamterfahrung aus Gestaltung, Funktionalität und Leistungsmerkmalen eines Produkts. Usability ist davon nur ein
Aspekt. [9]

User-Interface: Die Schnittstelle zwischen Mensch und Maschine. Besteht aus
Ausgabe (meist auf dem Bildschirm), Eingabemöglichkeiten (via Tastatur,
Maus, Trackpad u.a.m.) sowie den definierten Interaktionsmöglichkeiten.

User-Story: Textliche Beschreibung, was der Nutzer erreichen will und wie er
es erreichen wird. Basiert auf den Personas, die mit bestimmtem Wissen
und konkreten Zielen eine Software oder Webseite nutzen. [62]

User-Test: Versuchsreihe mit 1 bis X Vertretern der Zielgruppe, die eine fertige
Software oder Webseite bzw. deren Prototypen in möglichst realistischer
Weise anhand von Aufgaben verwenden. Ziel ist, dabei Fehler und Pro-
bleme in der Bedienung zu erkennen. Zu den Methoden gehören u.a.
Eye-Tracking, „lautes Denken“, Bildschirm- und/oder Videoaufzeichnung,

Zeitmessungen, Contextual Inquiry. User-Tests zeigen nur, welche Defizite oder Optimierungspotenziale bestehen, konkrete Maßnahmen werden erst im nächsten Schritt aus den Erkenntnissen abgeleitet. [324]

Verständnis: Faktor für gute Usabiliy. Die Ziele des Nutzers stehen im Vordergrund, und dessen Schwächen wird aktiv begegnet. Motto: *„Do not pretend you didn't understand me."* [18]

Vertrauen: Faktor für gute Usability. Basiert auf Zuverlässigkeit und Konsistenz. Motto: *„Do as I expect you to do."* [17]

Weißraum: Die leere, funktionslose Fläche zwischen Funktions- und Inhaltsblöcken. Hilft bei der Strukturierung und optischen Gliederung der Arbeitsfläche, schafft Kontraste und bietet dem Auge Erholung. [168]

Widget: Ein in sich abgeschlossener Funktionsblock, z.B. in der Nutzeraktion oder in der Software selbst. Widgets sind so gestaltet, dass sie an mehreren Stellen verwendet werden können. Beispiele: Die Formateinstellungen für Schrift können an mehreren Stellen in einem Programm aufgerufen werden (z.B. als Palette, als Dialog, als Bestandteil anderer Einstellungen), dabei wird stets das selbe Widget verwendet, d.h. das selbe Aussehen und die selben Funktionen (optische und funktionale Konsistenz). Die Suchlogik kann als Software-Widget programmiert werden, sodass sie an vielen Stellen wiederverwendet wird und je nach Kontext korrekt reagiert.

Widget-Level: Methode zur Beschreibung eines User-Interface. Dabei wird das Interface in möglichst kompakte Funktionsblöcke (Widgets) zerlegt. [126]

Windows: Name des grafischen Betriebssystems von Microsoft, das ursprünglich auf MS-DOS aufsetzte, später (als Windows NT) eine eigene Basis mitbrachte. Seit Windows Acht verschmelzen alle Gerätetypen (Computer, Laptop, mobile Touch-Geräte) und erhalten das selbe Windows. Das sogenannte „Modern Design" (mit Kacheln, Ribbons und Charmbar) ist speziell auf die Bedürfnisse von Touch-Geräten abgestimmt. Windows folgt der WIMP-Bedienung, die durch Übernahme von Touch-Gesten erweitert wurde. Microsoft Windows ist nicht an einen bestimmten Hardware-Hersteller gebunden, sondern für nahezu alle Computer verfügbar (auch für Mac-Computer mittels Virtualisierungssoftware oder nativ via „Boot Camp"). Derzeit läuft Windows auf weit über 90 Prozent der Computer weltweit, damit bilden dessen Bedienlogik und -elemente die Basis für die Erwartungshaltung der meisten Nutzer.

WIMP: Bezeichnung für die grafische Bedienung, die aus Windows (Fenster), Icons, Menus und Pointer (Mauszeiger) besteht.

Wysiwyg: What you see is what you get. Der Text sieht auf dem Bildschirm so aus, wie er aus dem Drucker kommt. Ohne Wysiwyg würde man einfach den Text hintereinanderweg schreiben, mit bestimmten Befehlen Formatierungen vornehmen und dann schauen, wie es beim Drucken aussieht. Z.B. Latex als Textsystem basiert nicht auf Wysiwyg, auch die Bearbeitung von HTML-Quelltext ist Nicht-Wysiwyg. Gibt es eindeutige Formatvorlagen oder -vorgaben, die nur mit entsprechendem Inhalt gefüllt werden, ist die Eingabe in einem Nicht-Wysiwyg-Editor effektiv. Software benötigt Wysiwyg-Fähigkeiten, wenn der Nutzer das fertige Aussehen aktiv beeinflussen kann (Layout, Design; Fett- oder Kursivsetzungen sind kein aktives Gestalten) und entsprechend seiner Ziele auch will bzw. muss.

Ziel: Das, was der Nutzer erreichen will oder muss. Das Ziel bildet die Antwort zur Kernfrage „Warum soll ich etwas benutzen?" D.h. während der Nutzung kommuniziert die Software bzw. Webseite, dass sie zur Zielerreichung geeignet ist.